稳态磁场的生物学效应

（原书第二版）

Biological Effects of Static Magnetic Fields

(Second Edition)

张 欣 编著

张 欣 等 译

科 学 出 版 社

北 京

内 容 简 介

近年来，稳态磁场对人体健康的影响引起了越来越多的关注。在第一版中，我们通过 7 个章节来对本领域进行了介绍，包括磁场参数及其生物学效应的差异，稳态磁场对人体的作用，电磁场生物感应的分子机制，稳态磁场对细胞的影响，稳态磁场对微生物、植物和动物的影响，稳态磁场在癌症治疗中的潜在应用，以及稳态磁场用于磁疗的前景、困难和机遇。在过去几年中，磁生物学领域发展迅速，因此我们在第二版中增加了 8 个新的章节，包括稳态磁场方向引起的不同生物学效应，生物样品磁学特性，非均匀稳态磁场调控细胞膜电位，稳态磁场对糖尿病及其并发症、骨骼健康、免疫系统、神经系统的影响，以及稳态磁场长期暴露的生物学效应。

本书可供高等院校、研发机构和医院等对磁生物学领域感兴趣的人员阅读和参考。

图书在版编目（CIP）数据

稳态磁场的生物学效应：原书第二版 / 张欣编著；张欣等译. -- 北京：科学出版社，2025. 2. -- ISBN 978-7-03-079525-0

Ⅰ. Q689

中国国家版本馆 CIP 数据核字第 2024FK5918 号

责任编辑：刘凤娟 郭学雯 / 责任校对：周思梦
责任印制：张 伟 / 封面设计：王 丁

科 学 出 版 社 出版
北京东黄城根北街 16 号
邮政编码：100717
http://www.sciencep.com
北京中科印刷有限公司印刷
科学出版社发行 各地新华书店经销
*
2018 年 1 月第 一 版 开本：720×1000 1/16
2025 年 2 月第 二 版 印张：23 3/4
2025 年 2 月第一次印刷 字数：466 000
定价：**199.00 元**
（如有印装质量问题，我社负责调换）

前　　言

我们生活的地球本身就是一个大磁体。地磁场虽然只有约 0.5 Gs（1 Gs=10^{-4} T），但它笼罩整个地球，形成了地球生命的巨大保护层。与此同时，随着现代科技的发展，人们也越来越多地暴露于各种类型的人工磁场中，包括不随时间变化的稳态磁场（也称稳恒磁场或静磁场），以及各种不同频率的时变磁场。其中，常见的稳态磁场包括医院里磁共振成像（MRI）仪器的核心部件所产生的特斯拉（T）级强稳态磁场，以及由各种永磁体（如冰箱贴等）产生的 mT 级中等稳态磁场等。

稳态磁场具有高穿透、非侵入和安全性良好等特点，因此在生命健康领域具有多种优势。本书主要从分子、亚细胞、细胞到整个生物体来总结关于稳态磁场对生命健康的影响及其机制的研究进展，不仅包括人们所观察到的各种生物医学现象，还包括从生物样品磁学特性和细胞膜电位等角度来探索稳态磁场影响生命体的潜在机制，并分析由于磁场参数和生物样品不同等多因素造成的生物学效应差异，以及目前本领域面临的瓶颈与挑战。

通过本书我们可以看出：一方面，磁生物学这一跨学科领域涉及生物、物理、化学和工程等多个学科，而人们对此的了解还严重不足；另一方面，在磁场生物学效应相关的文献中还存在着许多其他实验室无法重复的结果。但我们相信，通过结合跨学科研究中的先进技术和理念，同时坚持标准化的双盲实验和精确化的数据分析，人们可以解决（或至少大大减少）本领域的模糊性，有助于澄清本领域的许多困惑；并通过进一步阐明生物医学现象背后的物理化学机制，从而能够在未来更好地将稳态磁场应用于临床诊断和治疗。

需要指出的是，近年来，不仅磁性纳米颗粒相关研究进展飞速，由大脑、心脏和肌肉等器官内的生物电流所产生的弱磁场检测也取得了一系列突破性进展，形成了极具前景的医学诊断和治疗新领域。由于篇幅所限，我们在本书中对此并不进行详述，而是将重点放在外加稳态磁场在人类和动物体上所引起的生物学效应，以及生物体作为一种物质而言其本身具有的磁学特性。我们尽量涵盖更多的相关研究，但也为未能包括的遗漏表示歉意。本书的目的是希望人们能够对稳态磁场所产生的生物学效应有所了解，鼓励更多的科研人员加入本领域，从而使得我们对稳态磁场生物学效应这一领域能有更清晰的科学认识，促进其在生物医学领域更好地发挥作用。

本书英文版（Springer. 2023, ISBN: 978-981-19-8868-4）共 15 章，其中，笔者撰写 10 章，美国约翰斯·霍普金斯大学的 Kevin Yarema 教授撰写 2 章，捷克科学院物理研究所的 Vitalii Zablostkii 撰写 1 章，中国科学院合肥物质科学研究院强磁场科学中心许安研究员与西北工业大学吕欢欢老师各撰写 1 章。本书的翻译工作由笔者带领课题组成员共同完成，包括陈含笑、冯传林、纪新苗、王欣雨、郭若文、郁彪、柳轶、谢文静、陈卫丽、张磊、周晓媛。

感谢领域内多位专家提出宝贵意见和建议，感谢科技部国家重点研发计划（2023YFB3507004）、国家自然科学基金区域创新发展联合基金（U21A20148）、中国科学院国际伙伴计划"全球共性挑战"专项（116134KYSB20210052）、中国科学院稳定支持基础研究领域青年团队（YSBR-097）和中国科学院合肥物质科学研究院院长基金等的支持。

张　欣

中国科学院合肥物质科学研究院强磁场科学中心

中国安徽合肥

2024 年 10 月

第一版前言

随着现代科技的发展，人类会接触到越来越多的磁场。本书侧重于讨论稳态磁场（SMF，也叫静磁场、恒定磁场等），即强度不随时间变化的磁场。稳态磁场不同于动态磁场（也叫动磁场、时变磁场等）。例如，手机或微波炉等产生的是不同频率的动磁场，所以不在本书中讨论。生活中最常见的稳态磁场是家用的磁铁、医院中磁共振成像仪（MRI）的核心部件以及微弱但广泛存在的地磁场，它们都是强度不同的稳态磁场。人们接触到的磁场强度从 0.05mT（地磁场）到接近 10 T（临床前研究中的高场强 MRI）不等。

为了建立人体暴露于稳态磁场的安全标准，科学家们进行了很多关于磁场在分子、细胞、动物以及人体水平影响的研究。因此，世界卫生组织（WHO）和国际非电离辐射保护委员会（ICNIRP）公布了一些指导性意见，确保人们不会过度暴露于磁场中。同时，虽然磁疗从未被主流医学所接受，但是它却作为替代或辅助治疗手段被广泛应用。目前，磁疗大多被用于缓解疼痛，以及其他一些非紧急情况。然而，目前还没有足够全面的科学证据来证实和解释磁疗的效果。只有正确和翔实地认识磁场的生物学效应，人们才可以在日常生活中最大限度地正确使用磁场而避免伤害到自己的身体。所以，我们需要对生物系统的磁效应进行严谨和实用的研究，以期在医学和科学方面获得实用的知识。

需要注意的是，本书将不讨论关于磁性纳米颗粒的研究，尽管该领域研究发展迅速，而且在未来医学治疗中有广泛的应用前景；我们将着重探讨作用于人和动物的外加磁场，而不是活的有机体（生物）产生的磁场。我们尽可能使本书囊括稳态磁场对人体细胞的生物学效应的绝大部分研究进展，同时对任何有遗漏的研究发现深表歉意。我们的目标是努力为读者提供稳态磁场生物学效应的最新研究成果的概述，希望更多的科学家能够涉足这一领域，使得该领域在不久的将来能够获得更清晰、更科学的研究成果。

本书的三位作者，均是曾经或目前正在从事磁场生物学效应研究的学者，他们分别是：张欣博士，中国科学院强磁场科学中心研究员（撰写第 1、2、4、6 章）；Kevin Yarema 博士，美国约翰·霍普金斯大学医学院生物医学工程系副教授（撰写第 3、7 章）；许安博士，中国科学院合肥物质科学研究院技术生物与农业工程研究所研究员（撰写第 5 章）。

张　欣　中国合肥

Kevin　Yarema　美国马里兰州巴尔的摩

许　安　中国合肥

2017 年 7 月 10 日

目　　录

前言

第一版前言

第1章　磁场参数和生物样品差异导致不同生物学效应 ·························· 1

1.1　引言 ··· 1

1.2　影响生物学效应的磁场参数 ··· 2

    1.2.1　稳态磁场和时变磁场 ··· 2

    1.2.2　不同磁感应强度 ··· 2

    1.2.3　均匀磁场和非均匀磁场 ··· 7

    1.2.4　暴露时间 ·· 10

    1.2.5　磁极和磁场方向 ·· 11

1.3　生物样品的不同对磁场生物学效应的影响 ······································· 11

    1.3.1　稳态磁场对细胞类型的依赖效应 ·· 12

    1.3.2　稳态磁场对细胞铺板密度的依赖效应 ······································· 13

    1.3.3　细胞状态对稳态磁场细胞效应的影响 ······································· 15

1.4　造成磁场生物学效应研究缺乏一致性的其他因素 ······························· 17

1.5　结论 ·· 20

    参考文献 ··· 21

第2章　稳态磁场方向引起的不同生物学效应 ······································· 27

2.1　引言 ·· 27

2.2　磁极与磁场方向 ··· 28

2.3　不同磁极或磁场方向诱导的生物学效应 ··· 30

    2.3.1　不同方向稳态磁场在生物体中的生物学效应 ······························· 30

    2.3.2　不同方向稳态磁场在细胞水平的生物学效应 ······························· 35

2.4　可能的机制 ·· 40

2.5　结论和展望 ·· 41

参考文献 ·························· 42

第 3 章　生物样品磁学特性 ·························· **45**

3.1　引言 ·························· 45

3.2　生物大分子的磁性 ·························· 48

　　3.2.1　核酸 ·························· 48

　　3.2.2　蛋白质 ·························· 49

　　3.2.3　脂类 ·························· 53

3.3　血液和相关化学成分 ·························· 54

3.4　生物体、组织和细胞的磁特性 ·························· 55

　　3.4.1　单细胞生物 ·························· 55

　　3.4.2　组织 ·························· 56

　　3.4.3　细胞 ·························· 59

3.5　结论 ·························· 61

参考文献 ·························· 62

第 4 章　电磁场生物感应的分子机制 ·························· **68**

4.1　引言 ·························· 68

4.2　磁性基本定义 ·························· 69

　　4.2.1　铁磁性、顺磁性和抗磁性 ·························· 69

　　4.2.2　磁场类型和强度 ·························· 70

4.3　各种生物体的磁感应概述 ·························· 71

　　4.3.1　细菌 ·························· 72

　　4.3.2　植物 ·························· 72

　　4.3.3　无脊椎动物 ·························· 73

　　4.3.4　脊椎动物 ·························· 75

4.4　生物磁感应器的类型 ·························· 78

　　4.4.1　磁铁矿 ·························· 78

　　4.4.2　化学传感 ·························· 80

　　4.4.3　电磁感应 ·························· 82

4.5　稳态磁场对人类生物学影响的机制 ·························· 83

　　4.5.1　"已确立的"磁传感器 ·························· 83

　　4.5.2　"其他"人体生物传感器 ·························· 85

4.6　结论 ·························· 90

　　参考文献 ·· 91

第 5 章　非均匀稳态磁场调控细胞膜电位 ················· **100**

5.1　引言 ·· 100

5.2　磁力 ·· 101

5.3　梯度磁场中的静息细胞膜电位：广义能斯特方程 ········· 102

5.4　最小的磁体产生最高的梯度 ·························· 105

　　5.4.1　磁性纳米颗粒 ·································· 105

　　5.4.2　磁化板 ·· 106

　　5.4.3　带孔的轴向磁化圆柱体 ························ 106

5.5　磁性纳米颗粒与离子通道结合来调控细胞膜电位 ····· 107

5.6　结论 ·· 111

　　参考文献 ·· 112

第 6 章　稳态磁场对细胞的影响 ························· **115**

6.1　引言 ·· 115

6.2　稳态磁场的细胞生物学效应 ························· 117

　　6.2.1　细胞取向 ······································ 117

　　6.2.2　细胞增殖/生长 ································· 121

　　6.2.3　微管和细胞分裂 ································ 124

　　6.2.4　肌动蛋白 ······································ 127

　　6.2.5　细胞活力 ······································ 128

　　6.2.6　细胞附着/黏附 ································· 129

　　6.2.7　细胞形态 ······································ 130

　　6.2.8　细胞迁移 ······································ 131

　　6.2.9　干细胞分化 ···································· 132

　　6.2.10　细胞膜 ·· 133

　　6.2.11　细胞周期 ······································ 135

　　6.2.12　DNA ··· 136

　　6.2.13　细胞内的活性氧 ································ 137

　　6.2.14　三磷酸腺苷 ···································· 138

　　6.2.15　钙 ··· 144

6.3　结论 ·· 148

　　参考文献 ·· 148

第7章　稳态磁场对微生物、植物和动物的影响·····································**163**

7.1　引言···163

7.2　稳态磁场对微生物的影响···164

　　7.2.1　稳态磁场对细胞生长和活力的影响·····································164

　　7.2.2　稳态磁场引起的形态和生化修饰·······································165

　　7.2.3　稳态磁场的遗传毒性···166

　　7.2.4　稳态磁场对基因和蛋白质表达的影响···································167

　　7.2.5　感应磁场的磁小体形成···167

　　7.2.6　磁场在抗生素耐药性、发酵和废水处理中的应用·······················169

7.3　稳态磁场对植物的影响···170

　　7.3.1　稳态磁场对植物种子发芽的影响·······································170

　　7.3.2　稳态磁场对植物生长的影响···172

　　7.3.3　稳态磁场对植物向重性的影响···173

　　7.3.4　稳态磁场对植物光合作用的影响·······································173

　　7.3.5　稳态磁场对植物氧化还原状态的影响···································174

　　7.3.6　隐花色素感应磁场···175

7.4　稳态磁场对动物的影响···176

　　7.4.1　稳态磁场对秀丽隐杆线虫的影响·······································176

　　7.4.2　稳态磁场对昆虫的影响···179

　　7.4.3　稳态磁场对罗马蜗牛的影响···180

　　7.4.4　稳态磁场对水生动物的影响···181

　　7.4.5　稳态磁场对非洲爪蟾的影响···182

　　7.4.6　稳态磁场对小鼠和大鼠的影响···183

　　7.4.7　动物中的磁感应蛋白···189

7.5　结论和展望···190

参考文献···191

第8章　稳态磁场对人体的影响···**209**

8.1　引言···209

8.2　地球磁场/地磁场···212

8.3　时变磁场及其临床应用···214

　　8.3.1　脑磁图和心磁图···214

　　8.3.2　经颅磁刺激···215

8.4　稳态磁场及其临床应用···215

　　　8.4.1　磁共振成像 ·· 215
　　　8.4.2　磁外科 ·· 218
　　　8.4.3　使用稳态磁场的磁场疗法 ··································· 219
　8.5　讨论 ·· 222
　8.6　结论 ·· 223
　参考文献 ·· 224

第 9 章　稳态磁场在癌症治疗中的潜在应用 ·························· **230**

　9.1　引言 ·· 230
　9.2　稳态磁场对体外和体内癌细胞的直接影响 ······················ 232
　　　9.2.1　稳态磁场可抑制某些癌细胞的增殖 ······················ 232
　　　9.2.2　稳态磁场与癌细胞分裂 ·································· 239
　　　9.2.3　稳态磁场与癌症转移 ···································· 239
　　　9.2.4　稳态磁场与癌细胞干性 ·································· 242
　9.3　稳态磁场与肿瘤微循环和血管生成 ······························ 244
　9.4　稳态磁场通过免疫调节抑制癌症 ································· 246
　9.5　稳态磁场与其他治疗方法的结合 ································· 248
　　　9.5.1　稳态磁场与化学药物的结合 ···························· 248
　　　9.5.2　稳态磁场与时变磁场的结合 ···························· 252
　　　9.5.3　稳态磁场与放疗的结合 ·································· 253
　9.6　患者研究 ·· 255
　9.7　讨论 ·· 257
　9.8　结论 ·· 257
　参考文献 ·· 258

第 10 章　稳态磁场对糖尿病及其并发症的影响 ···················· **263**

　10.1　引言 ··· 263
　10.2　稳态磁场对糖尿病动物血糖水平的影响 ······················· 265
　10.3　稳态磁场对糖尿病动物模型胰岛素水平的影响 ················· 266
　10.4　稳态磁场对糖尿病并发症的影响 ······························· 267
　10.5　稳态磁场对细胞及非糖尿病动物的血糖和胰岛素水平的影响 ···· 269
　10.6　稳态磁场对血糖和胰岛素影响效果不统一的原因分析 ·········· 271
　10.7　稳态磁场对血糖或胰岛素影响的潜在机制 ····················· 273
　10.8　结论 ··· 275
　参考文献 ··· 275

第 11 章　稳态磁场对骨骼健康的影响 ················· **279**

11.1　引言 ································· 279

11.2　稳态磁场对骨质疏松的影响 ················· 279

11.2.1　稳态磁场对骨髓间充质干细胞和成骨细胞等的影响 ·········· 280

11.2.2　稳态磁场结合磁性纳米材料对骨髓间充质干细胞和成骨细胞
的影响 ································ 281

11.2.3　稳态磁场对破骨细胞的影响 ················· 283

11.2.4　稳态磁场对绝经后骨质疏松症的影响 ·············· 283

11.2.5　稳态磁场对糖尿病骨质疏松症的影响 ·············· 284

11.3　亚磁场对骨质代谢的影响 ················· 284

11.4　稳态磁场对骨肉瘤的影响 ················· 285

11.5　结论 ································· 287

参考文献 ································· 287

第 12 章　稳态磁场对免疫系统的影响 ················· **292**

12.1　引言 ································· 292

12.2　稳态磁场对免疫器官的影响 ················· 293

12.3　稳态磁场对免疫细胞的影响 ················· 295

12.3.1　稳态磁场对巨噬细胞的影响 ················· 297

12.3.2　稳态磁场对中性粒细胞的影响 ··············· 297

12.3.3　稳态磁场对淋巴细胞的影响 ················· 298

12.4　稳态磁场对细胞因子的影响 ················· 300

12.5　稳态磁场可能通过中枢神经系统调节免疫功能 ········· 302

12.6　结论 ································· 303

参考文献 ································· 304

第 13 章　稳态磁场对神经系统的生物学效应 ················· **307**

13.1　引言 ································· 307

13.2　稳态磁场对神经细胞的影响 ················· 308

13.2.1　一些稳态磁场可以促进神经细胞功能 ············· 310

13.2.2　一些稳态磁场对神经细胞无明显影响 ············· 311

13.2.3　一些稳态磁场抑制了神经细胞的功能 ············· 311

13.3　稳态磁场对动物行为的影响 ················· 311

13.3.1　稳态磁场对啮齿动物行为的影响 ·············· 312

　　13.3.2　稳态磁场对斑马鱼行为的影响 ………………………………………… 315

　　13.3.3　稳态磁场暴露对其他动物行为的影响 ………………………………… 315

13.4　稳态磁场对人类神经系统的影响 ……………………………………………… 317

　　13.4.1　与 MRI 有关的研究 ……………………………………………………… 317

　　13.4.2　稳态磁场对人类神经系统影响的其他研究 …………………………… 319

13.5　讨论 …………………………………………………………………………………… 319

13.6　结论 …………………………………………………………………………………… 321

参考文献 ……………………………………………………………………………………… 322

第 14 章　稳态磁场长期暴露的生物学效应 ……………………………………… **327**

14.1　引言 …………………………………………………………………………………… 327

14.2　动物实验 …………………………………………………………………………… 328

　　14.2.1　连续暴露 …………………………………………………………………… 329

　　14.2.2　间歇暴露 …………………………………………………………………… 334

14.3　人体实验 …………………………………………………………………………… 336

14.4　流行病学研究 ……………………………………………………………………… 337

14.5　讨论 …………………………………………………………………………………… 338

14.6　结论 …………………………………………………………………………………… 339

参考文献 ……………………………………………………………………………………… 340

第 15 章　稳态磁场用于磁疗的前景、困难和机遇 …………………………… **345**

15.1　引言 …………………………………………………………………………………… 345

15.2　电磁场治疗方式概述 …………………………………………………………… 346

　　15.2.1　低频正弦波 ………………………………………………………………… 346

　　15.2.2　脉冲电磁场 ………………………………………………………………… 346

　　15.2.3　脉冲射频场 ………………………………………………………………… 347

　　15.2.4　经颅磁/电刺激 …………………………………………………………… 347

　　15.2.5　稳态磁场 …………………………………………………………………… 348

　　15.2.6　"非治疗用途"电磁场暴露减轻安全性担忧 ………………………… 348

15.3　不同磁感应强度的稳态磁场疗法的生物医学效应 ……………………… 349

　　15.3.1　未经许可但广泛使用的中低稳态磁场"DIY"自制疗法 ………… 349

　　15.3.2　亚磁场——默认磁疗的依据？ ……………………………………… 350

　　15.3.3　更高场强的磁场对人类健康的影响 ………………………………… 351

15.4　治疗领域的前景 ………………………………………………………………… 352

15.4.1 疼痛感知 ·· 353

15.4.2 血液流动/血管形成 ·· 353

15.4.3 用于治疗神经系统疾病和神经再生的体外证据 ············ 355

15.4.4 干细胞 ·· 356

15.4.5 稳态磁场的其他治疗领域 ····································· 357

15.5 稳态磁场的临床研究面临的困难和磁疗的接纳 ················ 357

15.5.1 夸大和模棱两可的言论和完全反对磁疗 ····················· 357

15.5.2 磁疗中需要控制的参数 ·· 358

15.5.3 安慰剂效应 ·· 358

15.6 结论 ·· 359

参考文献 ·· 360

第 1 章
磁场参数和生物样品差异导致不同生物学效应

不得不承认，电磁场生物学效应的文献中充斥着许多其他实验室无法重复的研究结果。除了可以通过金标准盲法分析来减少或避免由有意或潜意识导致的实验者偏差之外，文献中报道的大多数不一致的实验结果事实上是由混杂效应、不同磁场参数以及生物样本之间的差异所导致的。本章旨在总结导致稳态磁场生物学效应差异的因素，包括磁场暴露参数（如磁场类型、磁感应强度、均匀性、方向、分布和暴露时间），以及生物样本的差异（包括细胞类型、密度和状态等）。很显然，这些因素对于稳态磁场生物学效应至关重要，也是文献结果看起来不一致的主要原因。因此，我们鼓励科研人员在进行研究时不仅要进行双盲分析，还要在报道中清楚地描述其实验细节，包括各种磁场暴露参数、生物样本和实验过程等，从而才可以为科研人员后续进一步客观分析和深入研究机制提供重要依据。

1.1 引言

概括来讲，磁生物学是研究磁场与生物系统之间相互作用的一门学科，包括但不限于磁场诱导的生物学效应和机制、生物对磁场的感知和利用，以及磁场相关技术等。它是一个涉及生物、物理和化学等多学科的跨学科领域（图 1.1），在过去的几十年中取得了巨大进步。根据是否随时间变化，磁场可分为稳态磁场（SMF）或时变磁场/动态磁场。根据其频率和其他参数，又可进一步分为不同类别：例如，根据磁场强度的不同，可分为弱磁场、中等磁场、强（高）磁场和超强（超高）磁场；根据空间分布，可分为均匀或不均匀磁场。本书将介绍稳态磁场，即在一定时间内强度、方向和分布都不发生改变的磁场。我们在本章主要讨论磁场参数的变化及其对生物体的不同影响。

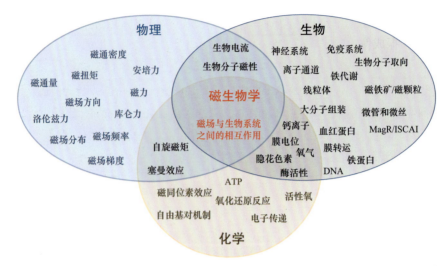

图 1.1 磁生物学是一门跨学科研究领域。MagR 为磁受体；ISCAI 为铁硫簇组装蛋白 I

1.2 影响生物学效应的磁场参数

1.2.1 稳态磁场和时变磁场

多项证据表明，细胞和生物体对稳态磁场和时变磁场的反应非常不同，强度相同但类型不同的磁场对同一生物样本会产生完全不同的效应。例如，0.4 mT、50 Hz 和 2 μT、1.8 GHz 的脉冲磁场（PMF）都能增加表皮生长因子受体（EGFR）的磷酸化，但此效应却能被相同强度的非相干（"噪声"）磁场所逆转[1, 2]。笔者课题组前期也报道了 0 Hz、50 Hz 和 120 Hz 的 6 mT 磁场对多种细胞系中三磷酸腺苷(ATP)水平的影响有所不同[3]。

本书只关注稳态磁场，其可变参数少且不会产生电流或热效应，因此在基础研究中与时变磁场相比具有更明显的优势。然而需要指出的是，人们在日常生活中更多的是暴露在时变磁场中，例如，来自电线的工频交流电产生的 50 Hz 或 60 Hz 磁场，以及来自手机的射频磁场等。并且美国食品药品监督管理局已批准一种基于时变磁场的医疗设备——经颅磁刺激设备，可用于治疗抑郁症和其他神经系统疾病。此外，低频旋转磁场也显示出了巨大的医学前景。

1.2.2 不同磁感应强度

根据磁感应强度的不同，磁场生物学效应研究中使用的稳态磁场大致可分为弱（<1 mT）、中等（1 mT～1 T）、高/强（1～20 T）和超高/强（20 T 以上）磁

场。值得注意的是，磁场分类标准在不同领域以及不同时期会有所不同。例如，目前在磁共振成像（MRI）领域，人们经常把稳态磁场高于 5 T 的称为超高场。

1 T（特斯拉）= 10000 Gs（高斯），1 Gs = 100 μT

图 1.2 列举了一些不同来源的磁场所对应的磁感应强度。例如，流经大脑神经元的电流会产生微弱磁场，可以通过头部表面灵敏的磁探测器来记录；地球产生的磁场很弱，但无处不在，可以保护我们的地球免受太阳风暴的影响；永磁体产生的磁场通常为中等强度，在日常生活中被广泛使用；目前医院里的大多数 MRI 仪产生的磁场都在 0.5～3 T 范围内，同时人们也针对特殊情况开发了

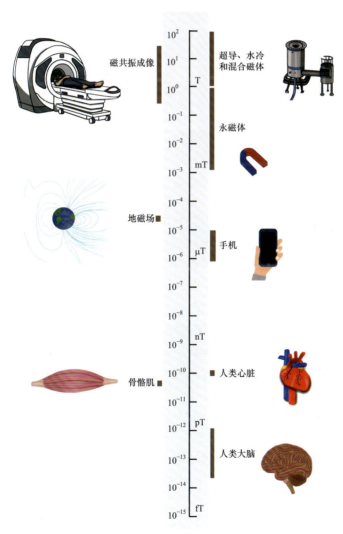

图 1.2　不同强度的磁场。插图由王丁提供

更高和更低强度的 MRI；还有用于科学研究和制造领域的超高强度的超导、水冷和混合磁体。

1. 地磁场

在过去几十年中，人们对于强度较弱的地磁场已有大量研究，尤其在磁感应领域。总体而言，人们对此还有诸多争议。目前主要有四种不同假说（图 1.3），包括自由基对机制（图 1.3（A））、磁铁矿（图 1.3（B））、电磁感应（图 1.3（C））以及潜在的磁受体假说（图 1.3（D））。由于每种假说都有其局限性，因此还需要更多的研究来解开磁感应之谜。除了物理计算和生物观测间的矛盾之外，不同的生物可能会采用不同的方式来感知地磁场，并且在复杂的生物系统及其与地磁场的相互作用中，也可能存在着其他尚未被发现的机制。并且这些机制之间可能并不互斥[4]。关于磁感应方面的研究，文献中有很多相关综述可供参考，我们在本书第 4 章也将对此进行讨论。

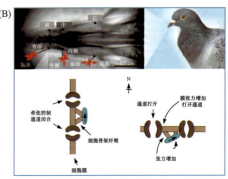

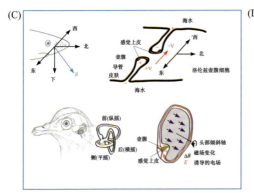

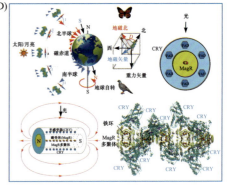

图 1.3　磁感应的四种不同假说。（A）自由基对机制（RPM）假说[10-12]，FAD 为黄素腺嘌呤二核苷酸。（B）磁铁矿假说[13, 14]。（C）电磁感应假说[15-17]。（D）潜在的磁受体假说[14, 18]。附图改编于已授权参考文献[10, 14, 17]

2. 中等和高强度稳态磁场（1 mT～20 T）

目前在各项研究和日常生活中最常见的稳态磁场是由永磁体所提供的，如冰箱贴、玩具和一些配件等。除非经过特殊设计，一般情况下永磁体产生的场强并不是很高（大多都在 1 T 以下）。此外，目前大多数医院里的 MRI 核心部件也为稳态磁场，其场强通常在 0.5～3 T。随着大众对健康的重视，医院里以及临床研究中 MRI 仪所产生的 0.5～9.4 T 稳态磁场对人类健康的可能影响也受到了极大关注（值得指出的是，MRI 仪检查过程中用到了均匀稳态磁场、梯度磁场和脉冲射频磁场）。目前认为在规范操作下，医院里 MRI 仪产生的磁场对人体是安全的。并且研究表明，7 T 超高场 MRI 仪也可以被人体很好地耐受，并无过度不适[5-7]，也未造成 DNA 损伤[8]或细胞异常[9]。与此同时，由于强度更高的磁场可以提供更高分辨率，科研人员和工程师还在不断地研究具有更高稳态磁场强度的 MRI 仪。例如，21.1 T 的 MRI 仪已在啮齿动物的脑中得到了开发和初步应用。

3. 超强稳态磁场（20 T 以上）

由于技术条件的限制，20 T 以上超强稳态磁场的生物学效应直到最近几年才得到系统研究。虽然目前超高场核磁共振（NMR）谱仪可以产生约 20 T 的稳态磁场，但由于机器孔径非常狭窄，无法容纳细胞培养皿，并且动物和人类细胞需要在精确的温度、湿度和气体控制下才能正常生长，所以现有的 NMR 仪器并不适合进行多种生物学实验。而国际上能够产生 20 T 以上超高稳态磁场的大口径稳态磁场设备数量有限，并且大多用于材料科学和物理学研究，因此科研人员需要构造专用的生物样品培养装置，才能使这些超高稳态磁场设备可以用来研究动物和人类细胞，以及其他各种小动物模型。

我们前期依托中国科学院合肥物质科学研究院强磁场科学中心的稳态磁场大科学装置，搭建了一系列适用于大口径超强磁体的生物实验装置系统，可以为细胞培养和小动物提供精确的温度和气体控制，从而可以进行一系列 20 T 以上，甚至 30 T 的细胞[19, 20]和动物实验[21-25]。例如，我们研究了高达 33 T 的稳态磁场暴露 1 h 和高达 23 T 的稳态磁场暴露 2 h 对健康小鼠的影响（图 1.4）。根据我们的初步研究结果来看，超强稳态磁场并不会对健康小鼠造成明显的不利影响。并且更有趣的是，短时间的稳态强磁场处理还显示出对小鼠具有抗抑郁和改善记忆的效果。

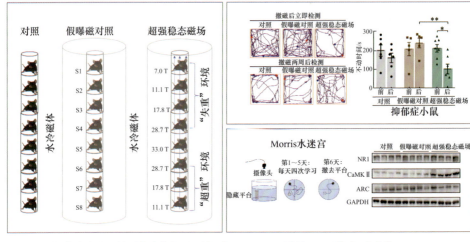

图 1.4   健康小鼠短时间暴露在超强磁场中。NR1: N-甲基-D-天冬氨酸受体 1；CaMK Ⅱ: 钙调蛋白依赖性蛋白激酶 Ⅱ；ARC（activity-regulated cytoskeleton-associated protein）：活性调节的细胞骨架相关蛋白；GAPDH：甘油醛-3-磷酸脱氢酶。图片经许可改编自参考文献[21, 24]。*代表 $p<0.05$, **代表 $p<0.01$

4. 磁感应强度引起的差异

许多研究表明，磁感应强度是造成生物学效应差异的关键因素。但不同强度磁场对生物样品的影响需要具体实验具体分析。在许多情况下，高强度稳态磁场可以产生更明显的表型，或者产生低强度磁场不能诱导的新现象。例如，红细胞（RBC）可以通过稳态磁场来使其圆盘平面平行于磁场方向排列，并且排列的程度取决于磁场强度[26]。具体来说，红细胞在 1 T 稳态磁场下只能检测到排列效应，而当场强达到 4 T 时，几乎 100% 的红细胞都沿着磁场方向定向排列[26]。Prina-Mello 等报道，暴露于 2 T 和 5 T 稳态磁场后，大鼠皮质神经细胞的 p-JNK（磷酸化氨基末端蛋白激酶）水平增加，但在 0.1～1 T 较弱的稳态磁场中并没有增加[27]。此外，我们课题组发现稳态磁场可以抑制人鼻咽癌 CNE-2Z 细胞和人结肠癌 HCT-116 细胞的增殖，并呈场强依赖性[28]。其中，1 T 稳态磁场作用 3 天，CNE-2Z 和 HCT-116 细胞数减少约 15%；而 9 T 稳态磁场作用 3 天，CNE-2Z 和 HCT-116 细胞数则减少 30%以上。相比之下，0.05 T 稳态磁场对这两种细胞的数目并无显著影响[28]。Okano 等发现，磁感应强度最高为 0.7 T 的梯度稳态磁场可以显著降低青蛙神经 C 纤维的神经传导速度，而磁感应强度最高为 0.21 T 的梯度稳态磁场则无此效果[29]。我们前期发现 1～9 T 稳态磁场可以影响 EGFR 的取向，抑制其活性细胞和癌细胞生长，而较弱的稳态磁场则难以产生此效果[28]。此外，我们还发现 27 T 超强稳态磁场可以直接影响有丝分裂细胞中纺锤体的取向，而中等强度的稳态磁场则无此效应[19]。

尽管多项研究表明一些生物学效应与稳态磁场强度呈线性关系，并且较高的场强往往与较强的表型相关[30-33]，但同时也有一些研究显示，不同强度的稳态磁场可能会产生不同甚至是相反的生物学效应。例如，Ghibelli 等发现 6 mT 稳态磁场具有抗凋亡活性，而 1 mT 稳态磁场则增强了小分子的凋亡效应[34]。Morris 等发现对于组胺引起的水肿，立即用 10 mT 或 70 mT 稳态磁场处理 15 min 或 30 min，可显著减少其水肿的形成，而 400 mT 的稳态磁场处理相同时间却没有效果[35]。2014 年，商澎课题组比较了 500 nT、0.2 T 和 16 T 稳态磁场对成骨细胞 MC3T3-E1 矿质元素的影响[36]，发现 500 nT 和 0.2 T 都会降低成骨细胞的分化，但 16 T 稳态强磁场则会增加其分化。同时，500 nT 不影响矿质元素水平，但 0.2 T 则增加了铁含量，而 16 T 稳态强磁场增加了除铜以外的多种矿质元素[36]。此外他们还发现，500 nT 和 0.2 T 的稳态磁场能促进破骨细胞的分化、形成和吸收，而 16 T 稳态强磁场则起到了抑制作用[37]。

由此可见，不同强度的稳态磁场可以在不同生物系统中引起完全不同的效应。正如 Ghibeli 等在其论文中提到，并不存在一个直接的磁场强度与生物学效应之间的线性关系，这也是文献中存在许多相互矛盾实验结果的一个主要原因[34]。

1.2.3 均匀磁场和非均匀磁场

根据磁场的空间分布，稳态磁场可以分为均匀和非均匀（梯度）稳态磁场，即场强的空间分布可以是均匀的，也可以是不均匀的。而在多数情况下，均匀和非均匀磁场存在于同一系统中。对于为稳态磁场设计的电磁体，只要样品放置在一定的范围内，磁体中心通常可以提供均匀稳态磁场。然而，如果样品放置在远离中心的位置，那么磁场通常会变得不均匀。例如，MRI 仪的中心具有均匀稳态磁场，但站在与 MRI 仪有一步距离之处的工作人员则会暴露在非均匀（梯度）稳态磁场中。而大多数永磁体所产生的稳态磁场都是非均匀稳态磁场。作为例子，这里我们展示了本课题组使用的 4 种不同永磁体表面的磁感应强度分布（图 1.5）。对于在平行于磁体表面的 x、y 方向上产生均匀分布的磁感应强度的矩形磁体（图 1.5（A），（B）），沿 z 垂直方向仍然存在梯度（离磁体越远，磁感应强度越低）。而对于更常见的由多个小的磁块拼接组成的磁板，其 x、y 方向也为非均匀稳态磁场（图 1.5（C），（D））。

此外，磁悬浮中使用的磁场属于一种典型的非均匀稳态磁场。其磁场方向竖直，场强沿远离中心位置向上逐渐减小。因此对于抗磁性物体而言，在向上方向上能产生一个与重力方向相反的磁力。若磁力大于重力，物体就会悬浮。著名的"悬浮的青蛙"使用的就是一个 16 T 超导磁体，该磁体具有较大的磁场梯度，当青蛙被放置在磁体上部远离中心位置时，青蛙受到的磁力大于它的重力，因此能够"飞起来"（图 1.6）。显然，磁悬浮只能在非均匀稳态磁场中实现，而在脉冲磁场或均匀稳态磁场中都不可以。

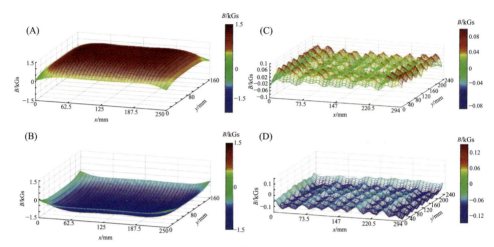

图 1.5　4 种不同永磁体表面的磁感应强度分布图。（A）磁场方向竖直向上，水平方向场强均匀。（B）磁场方向竖直向下，水平方向场强均匀。（C）磁场方向竖直向上，水平方向场强不均匀。（D）磁场方向竖直向下，水平方向场强不均匀

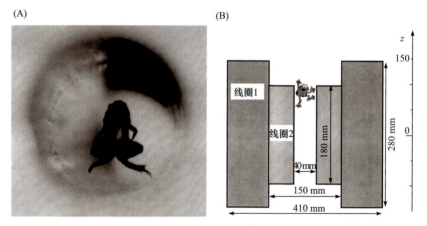

图 1.6　悬浮的青蛙。（A）一只青蛙悬浮在 16 T 磁体的稳定区。（B）青蛙在磁体中的位置。附图经许可转载自参考文献[38]。版权所有　© 2000, AIP Publishing LLC

除青蛙外，另一个成功的例子是通过磁悬浮技术让更小的活体（单个细胞）"飞翔"。2015 年，Durmus 等制作了一个小型磁悬浮平台（图 1.7（A）），能将癌细胞、白细胞和红细胞利用磁力悬浮在不同平面（图 1.7（B））。细胞显然比青蛙小得多也轻得多，因此该平台比磁悬浮青蛙所需平台要小很多（图 1.7（C）），强度也弱得多（图 1.7（D））。事实上，Durmus 等在此使用的是数百 mT 的中

等强度永磁体（图 1.7（D））。而这种相对简单的磁场设置就可以进行超灵敏的密度测量，因为每个细胞都有独特的悬浮特征（图 1.7（E））[39]。并且 Durmus 等提出这项技术可以用于各种生理条件下多种生物反应的无标记鉴定和监测，包括个性化医疗中的药物筛选。

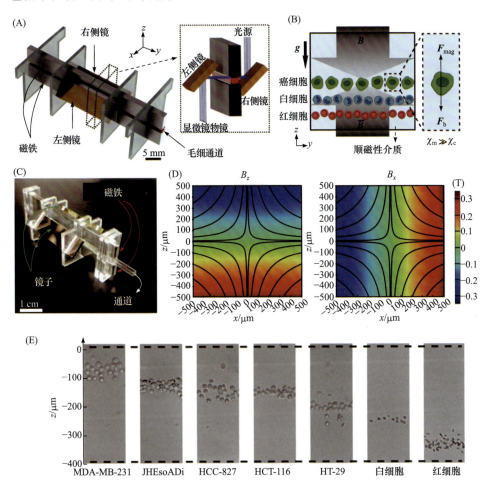

图 1.7　利用单细胞磁悬浮的密度测量平台，即 MagDense 细胞密度计。（A）平台示意图。（B）细胞的最终平衡高度。由于磁感应强度（B）和重力（g），细胞悬浮在通道中，并聚焦在磁力（F_{mag}）和浮力（F_b）的平衡面上。介质的磁化率（χ_m）选择为大于细胞的磁化率（χ_c）。具有不同密度的不同类型的细胞，如癌细胞、白细胞和红细胞，可以被相互分离。（C）密度测量平台照片。在两个相同磁极相对的永磁体之间引入了毛细管道。（D）有限元模拟结果显示通道内磁感应强度的 z 和 x 分量（B_z，B_x）。总磁感应强度（B_z+B_x）也在图像上以流线形式表示。（E）癌细胞和血细胞沿管道在 MagDense 内的分布。附图经许可转载自参考文献[39]

事实上，已经有多个研究组利用磁悬浮技术来模拟失重状态，并研究其对细胞的影响。例如，商澎课题组使用大梯度超导磁体来研究竖直梯度稳态磁场的效应[40-42]。他们将样品放置在三个位置：磁体中心上方（0 g）、磁体中心下方（2 g）以及 0 梯度（1 g）。在 0 g 位置，磁力与重力方向相反，因此 0 g 位置可以研究失重状态的影响。在 2 g 位置，磁力与重力方向相同，因此 2 g 位置可以研究超重状态的影响。在 1 g 位置，磁体提供了均匀无梯度的稳态磁场，因此可用于研究磁场本身的影响。由于 0 g 和 2 g 具有相同的磁感应强度，并且磁场方向在两个位置都向上，所以这两个位置唯一的区别就是磁力方向。其研究结果表明，磁场和失重共同作用，影响了成骨样细胞中整合素的表达。此外，他们还发现 12～16 T 稳态磁场可以增加骨肉瘤 MG-63 和成骨细胞 MC3T3-E1 的细胞数/存活率。而 16 T 处 1 g 与 12 T 处 0 g 和 2 g 之间的差异，更有可能是由相差的 4 T 磁感应强度所导致。

稳态磁场的均匀性会直接影响生物学效应并不奇怪，因为作用在任何特定物体上的磁力与该物体暴露的磁感应强度、磁场梯度和物体本身的磁化率成正比。低梯度或无梯度的磁场可以用来诱导磁力矩，而不是作用在磁性物体上使其沿磁场梯度移动的磁力。例如，Kiss 等比较了由永磁体产生的均匀和非均匀稳态磁场，认为虽然中等强度的均匀和非均匀稳态磁场都可以显著减轻小鼠的疼痛，但空间稳态磁场梯度可能是疼痛缓解的原因，而不是稳态磁场本身[43]。此外，具有高梯度的稳态磁场已被应用于红细胞分离以及疟疾感染的红细胞分离和诊断[44-46]。

1.2.4　暴露时间

现如今，人们暴露在日益增长的手机和电线等多种来源的电磁辐射中，其对人类健康的影响仍存在争议。其中一个主要制约因素即缺乏长期暴露效应的相关研究。相比之下，除地磁场外，人类在大多数稳态磁场环境中的暴露时间都比较有限。例如，在医院进行 MRI 检查的时间不到 1 h，即使对于 MRI 操作人员来说，暴露时间也相对有限。目前尚无有关 MRI 操作人员在规范操作下身体出现异常的确切报道。在本书第 14 章我们将会讨论稳态磁场的长期影响，主要总结连续或间歇性暴露在稳态磁场中超过两周的动物和人的相关实验数据。

多项研究已经证明暴露时间是导致磁场对生物样品产生不同效应的关键因素。例如，2003 年，Chionna 等发现人淋巴瘤 U937 细胞在暴露于 6 mT 稳态磁场的 24 h 后细胞表面微绒毛形状发生变化，在更长时间暴露后细胞形状发生了扭曲[47]。2005 年，Chionna 等发现人肝癌细胞的细胞骨架也会在暴露于 6 mT 稳态磁场后以时间依赖的方式发生改变[48]。2008 年，Strieth 等发现将暴露时间从 1 min 延长到 3 h 会增加 587 mT 稳态磁场对红细胞流动速度和功能性血管密度的降低效应[49]。2009 年，Rosen 和 Chastney 将大鼠垂体瘤 GH3 细胞暴露于 0.5 T 稳态磁场中 1 周后发现细胞生长速度下降 22%，但撤磁 1 周后又恢复到了对照水平；磁场暴露 4 周后细胞生长速度降至 51%，而撤磁 4 周后也恢复到了对照水平[50]。2011 年，Sullivan 等发现中等稳态磁场暴露 18 h，胎儿肺成纤维细胞 WI-38 细胞中的活性氧（ROS）显著增加，但将暴露时间延长到 5 天时却未观察到 ROS 增加[51]。同年，Tatarov 等测试了 100 mT 稳态磁场对携带转移性乳腺癌 EpH4-MEK-Bcl2 细胞的小鼠的影响，发现在长达 4 周的时间里，小鼠每天暴露在磁场中 3 h 或 6 h 会抑制肿瘤生长，但暴露 1 h 却无此效果[52]。2014 年，Gellrich 等发现，尽管稳态磁场单次暴露和重复暴露都增加了血管渗漏以及减少了功能性肿瘤微血管数量，但重复暴露的影响更强[53]。2021 年，Zhao 等证明了梯度稳态磁场可以在暴露 1 天后增加骨肉瘤干细胞中的 ROS 水平，但将暴露时间延到 3 天或 5 天时，ROS 却无变化[54]。这些研究都表明了暴露时间是稳态磁场对生物系统影响的关键因素之一，因此科研人员在设计实验和分析结果时应充分考虑这一因素。

1.2.5　磁极和磁场方向

如上所述，磁场强度、梯度、暴露时间都是影响磁场生物学效应差异化的重要因素。但相比而言，大多数科研人员在研究过程中并不太关注磁极或磁场方向。而事实上，这是导致电磁场领域研究结果不一致的另一个被忽略的重要因素，值得对此进行具体分析。不同的磁极是否真的会像一些磁疗网站上所说的那样造成截然不同的效果？是因为磁极本身还是磁场方向？磁场方向是否能够影响所有类型的生物学效应？其潜在的机制又是什么？关于这些疑问，我们将在本书的第 2 章中进行讨论，希望能够通过已有的报道来对上述问题进行分析。

1.3　生物样品的不同对磁场生物学效应的影响

我们已经知道磁场可以影响生物分子、电流、自由基、膜电位等。此外，生物样品的磁性也可以决定其对外部磁场的响应。对此，我们将在本书第 3～5 章进行详细讨论。Torbati 等在最近发表的一篇综述中，总结了一个与软生物实体密切相关的统一数学框架。该框架由非线性变形和电磁行为耦合而成，给未来研究提供了非常有价值的基础。然而，由于生命体不仅是一个由不同类型组织和细胞分子组成的复杂系统，还包括各种动态过程。因此，如何将已知的物理、化学原理转化为宏观现象仍是一项艰巨的任务（图 1.8）。

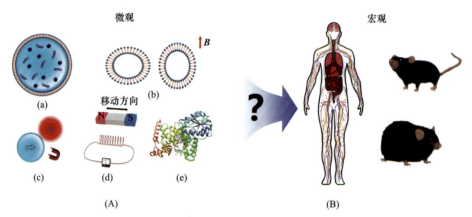

图 1.8   微观机制和宏观效应研究之间存在缺口。（A）经许可转载自参考文献[55]，（B）由王舒童和王丁提供

细胞作为生物体的最基本单元，是微观机制与宏观现象相交之处。本章在细胞水平上讨论一些常见的已被证明能够影响磁场诱导的生物学效应的生物样本差异的因素，包括细胞类型、细胞密度和细胞状态。除细胞水平外，我们最近的研究发现，生物体不同生理和病理状态在磁场作用下也会产生显著不同的效应，也同样值得关注。

1.3.1   稳态磁场对细胞类型的依赖效应

除磁场各种参数外，不同类型的细胞具有不同的遗传背景，这使得它们在研究中往往对磁场响应不同。例如，早在 1992 年，Short 等就表明 4.7 T 稳态磁场可以改变人恶性黑色素瘤细胞在组织培养板上的附着能力，但对正常人成纤维细胞无影响[56]。1999 年和 2003 年，Pacini 等发现 0.2 T 稳态磁场诱导了人神经元 FNC-B4 细胞和人皮肤成纤维细胞发生明显形态变化，但对小鼠白血病或人乳腺癌细胞无影响[57, 58]。2004 年，Ogiue-Ikeda 和 Ueno 比较了三种不同细胞系在 8 T 稳态磁场处理 60 h 后的取向变化。他们发现，虽然平滑肌 A7r5 细胞和人胶质瘤 GI-1 细胞可以沿 8 T 稳态磁场方向排列，但人肾 HEK293 细胞无此现象[59]。2010 年，人们发现 16 T 超高场没有引起单细胞酵母明显变化[60]，但引起了青蛙卵裂的改变[61]。2011 年，Sullivan 等发现 35～120 mT 中等稳态磁场可以影响人成纤维细胞的附着和生长以及人黑色素瘤细胞的生长，但不影响成人脂肪干细胞的附着和生长[51]。2013 年，VerGallo 等表明，476 mT 非均匀稳态磁场暴露会对淋巴细胞产生危害，但并不影响巨噬细胞[62]。这些研究都表明了不同类型细胞对稳态磁场响应不同。

稳态磁场对不同细胞类型作用不同，可能是因为这些细胞来源于不同的组织，而不同组织具有完全不同的生物学功能和遗传背景，因此对磁场有不同的响应也就不足为奇。然而，人们发现即使是来自相同组织的细胞，对相同稳态磁场的响应也可能有所不同。例如，商澎课题组不仅发现成骨细胞的分化和矿质元素会受到低、中等和超高稳态磁场的不同影响[36]，也发现不同类型骨细胞磁响应明显不同。他们比较了 500 nT、0.2 T 和 16 T 稳态磁场对成骨细胞 MC3T3-E1[36]和破骨前细胞 Raw264.7 分化为破骨细胞的影响[37]，发现低强度和中等强度稳态磁场都会减少成骨细胞的分化，但会促进破骨细胞的分化、形成和吸收。相反，16 T 稳态强磁场可以促进成骨细胞分化而抑制破骨细胞分化。由此可见，成骨和破骨细胞对这些稳态磁场的响应完全相反。他们也在一篇综述中详细总结了稳态磁场对骨骼的影响[63]。

有趣的是，许多研究都表明稳态磁场对癌细胞有抑制作用，但对正常细胞无抑制效果。例如，Aldinucci 等发现 4.75 T 稳态磁场显著抑制 Jurkat 白血病细胞的增殖，但不影响正常淋巴细胞[64]。Rayman 等表明，7 T 稳态磁场可以抑制少数癌细胞的生长[65]，但其他一些研究表明，10~13 T 的稳态磁场并不会影响非癌细胞，如 CHO（中国仓鼠卵巢）细胞或人成纤维细胞[66, 67]。这些结果表明，细胞类型是导致细胞对稳态磁场差异性响应的重要因素。此外，笔者课题组发现 EGFR 及其下游通路在稳态磁场诱导的肿瘤细胞增殖抑制中起着关键作用。其中，不表达 EGFR 的 CHO 细胞对 1 T 中等或 9 T 稳态强磁场无明显响应，但转入 EGFR 之后的 CHO 细胞生长则受到了中等、强稳态磁场的抑制。相关机制将在本书第 9 章进行讨论。

到目前为止，大多数报道只研究了一种或极少数类型的细胞，这不足以让人们了解磁场对不同细胞的影响。而比较不同类型细胞对磁场的响应十分必要。我们在 2017 年的一项工作中同时比较了 15 种不同细胞，包括人类细胞和一些啮齿动物细胞对 1 T 稳态磁场的响应[68]，结果证实稳态磁场可以在不同类型细胞中引起完全相反的效应。由于生物系统非常复杂，而我们掌握的知识十分有限，因此科研人员还需进行更多更系统的研究来全面了解稳态磁场对不同类型细胞的影响。

1.3.2　稳态磁场对细胞铺板密度的依赖效应

我们前期发现细胞铺板密度在稳态磁场诱导的细胞效应中也起着非常重要

的作用[68]。在研究 1 T 稳态磁场对人鼻咽癌 CNE-2Z 细胞增殖的影响时我们偶然发现，当以不同的细胞密度铺板时，会得到不同的结果。为了验证这一点，我们以 4 种不同细胞密度铺板 CNE-2Z 细胞并进行检测。发现在较低细胞密度下，1 T 稳态磁场处理 2 天并不能抑制 CNE-2Z 细胞增殖，甚至还会有细胞数量增加的趋势。然而，当细胞以较高密度铺板时，1 T 稳态磁场却可以持续抑制其增殖。这些结果证明了细胞铺板密度直接影响 1 T 稳态磁场对 CNE-2Z 细胞的作用。

我们认为细胞密度的不同至少是导致文献中结果不统一的部分原因。然而，包括笔者在内的大多数科研人员之前并没有真正对细胞密度给予足够的重视，或者至少没有意识到细胞密度会导致实验结果发生如此巨大的变化。事实上，已有文献证明细胞密度可以直接导致细胞生长速度、蛋白表达以及一些信号通路[69-76]和 ROS 水平等多种变化（图 1.9）[77]。除人鼻咽癌 CNE-2Z 细胞外，我们还选择了其他 6 种人类癌细胞株，发现对于大多数细胞而言，在较高密度下铺板时，1 T 稳态磁场都会使细胞数量减少，但在较低密度下则不会[68]。这表明细胞密度可能至少会影响稳态磁场对人类癌细胞生长的影响。

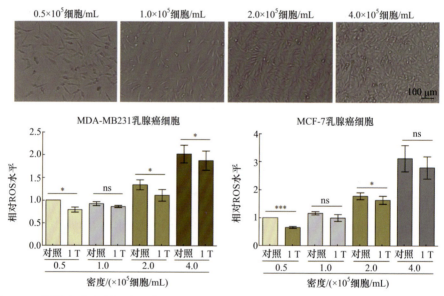

图 1.9   不同铺板密度的细胞具有不同的 ROS 水平。两种乳腺癌细胞株以四种不同密度铺板，并暴露在磁场强度最大为 1 T 的非均匀稳态磁场。ns 代表无统计学差异；*代表 $p<0.05$；***代表 $p<0.001$。附图经许可转载自参考文献[77]

此外，我们进一步测试了其他一些非肿瘤细胞系，发现细胞密度也可以直接影响稳态磁场对其增殖的影响。并且在不同类型细胞中，影响的方式不同。

虽然机制仍不完全清楚，但我们的数据显示，EGFR 及其下游通路可能在不同细胞类型和细胞密度诱导的变化中发挥作用。然而，如上所述，由于细胞密度可以对细胞有多种影响，如钙水平[78]和信号通路等，因此这里可能还涉及其他多种因素。例如，Ogiue-Ikeda 和 Ueno 发现，A7r5 细胞（纺锤形平滑肌细胞）和 GI-1 细胞（纺锤形人胶质瘤细胞）可以在 8 T 稳态磁场中定向排列，并且只有细胞密度较高的增殖细胞才会显示磁场中的定向现象[59]。然而有趣的是，当开始磁场暴露时细胞密度过高，则无细胞定向排列的现象产生。

显然，人们需要进一步分析来揭开稳态磁场与细胞密度相关效应的完整机制。但在对此机制有清晰认识之前，科研人员在自己的研究中以及在阅读文献时都应该对细胞密度进行关注。

1.3.3　细胞状态对稳态磁场细胞效应的影响

除细胞类型和细胞密度外，细胞状态也会影响稳态磁场的细胞效应。例如，在红细胞中血红蛋白的状态可以直接影响整个细胞的磁性。在正常红细胞中，血红蛋白为氧合状态，细胞呈抗磁性。由于血红蛋白中的珠蛋白具有抗磁性，因此血红蛋白的抗磁性略高于水。然而，当细胞用等渗的连二亚硫酸钠处理使血红蛋白处于脱氧还原状态，或用亚硝酸钠处理使血红蛋白转变为高铁血红蛋白时，红细胞则呈顺磁性。1975 年，Melville 等使用 1.75 T 稳态磁场直接从全血中分离红细胞[79]。1978 年，Owen 使用 3.3 T 高梯度稳态磁场分离红细胞[46]，含有顺磁性高铁血红蛋白的红细胞可以从未经处理的抗磁性红细胞和抗磁性白细胞中分离出来[46]。事实上，"磁泳"已经应用于红细胞分离，称为红细胞磁泳，即利用这些细胞中生物大分子的磁性，施加外加磁场来进行表征和分离[80, 81]。2013 年，Moore 等设计了一种开放式梯度磁性红细胞分选器，并在无标记细胞混合物上进行了测试[81]。其结果表明，含氧红细胞在此分选器中会被推离磁体，而脱氧红细胞会被磁体吸引。含氧红细胞与血液中其他不含血红蛋白的细胞相当，可以被认为"无磁性"。他们提出，细胞悬浮液中红细胞迁移率的定量测量是工程设计、分析和制造实验室磁性红细胞分选器原型的基础，该原型由市场上可买到的块状永磁体即可构建，可用于磁性红细胞分离[81]。

另一个可显示细胞具有不同磁性的代表性例子是感染疟疾的红细胞。科研人员利用疟疾副产物疟原虫色素，在梯度磁场中研究和分离感染了疟疾的红细胞[45, 82-84]。在红细胞内成熟期间，疟疾滋养体可以消化高达 80%的血红蛋白，从而积累有毒的亚铁血红素。为了防止亚铁血红素参与细胞破坏反应，疟原虫还会聚合 β-血红素二聚体，合成不溶性的疟原虫色素晶体。在此过程中，亚铁血红素被转化为高自旋的高铁血红素，其磁性早已被研究[85]。事实上，Moore 等在 2006

年使用了磁泳细胞运动分析，为活细胞磁化率随血液寄生虫的发展而逐渐增加提供了直接证据，与疟原虫色素增加现象相一致[82]。2009 年，Hackett 等通过实验确定了疟原虫生长过程中细胞磁性的来源。他们发现，疟原虫将大约 60%的宿主细胞血红蛋白转化为疟原虫色素，这是细胞磁化率增加的主要来源（图 1.10）。未感染细胞的磁化率与水相似，而通过磁铁富集的寄生细胞具有更高的磁化率[83]。因此，具有梯度的磁场可用于疟疾诊断和疟疾感染的红细胞分离[45, 84]。

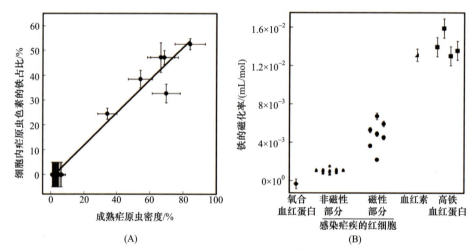

(A)　(B)

图 1.10　感染疟疾的红细胞中铁的磁化率。（A）细胞内的铁转化为疟原虫色素的百分比与成熟寄生虫（疟原虫）密度的关系。（B）氧合血红蛋白、血红素、高铁血红蛋白标准样品中铁的摩尔磁化率散点图，以及感染疟疾的红细胞样品中的磁性和非磁性部分。图片转载自参考文献[83]。开放获取

　　感染疟疾的红细胞的磁分离也被用于从寄生虫培养物中浓缩感染细胞，并在生物学和流行病学中进行研究，以及在临床诊断中分离感染和未感染细胞。2010 年，Karl 等使用高梯度磁性分离柱对磁性分离过程进行了定量表征。他们发现感染的细胞与磁柱的亲和力大约比未感染细胞高出 350 倍[86]。此外，随着初始样本中感染细胞数量和流速的增加，捕获的寄生虫发育阶段的分布也转为成熟阶段[86]。此外，Nam 等在 2013 年使用永磁体和铁磁丝制作了聚二甲基硅氧烷（PDMS）微流控通道，并将铁磁丝固定在玻璃片上，以分离不同发育阶段的受感染红细胞（图 1.11）。结果显示，分离晚期感染红细胞的回收率在98.3%左右。早期感染的红细胞由于顺磁性低而相对较难，但也可以被成功分离，回收率为 73%。因此，它可以为疟疾相关研究提供一个潜在的工具[44]。

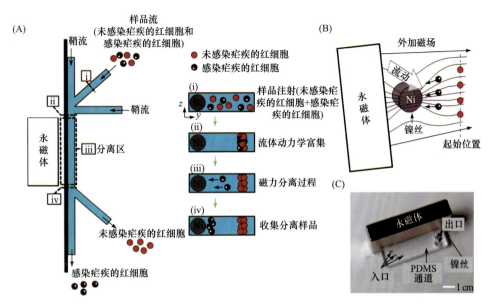

图 1.11　使用高梯度磁场分离感染疟疾的红细胞。（A）利用红细胞中疟原虫色素的顺磁
性分离感染红细胞示意图。（B）铁磁性的镍丝在外磁场中导致磁力分离的工作原理。
（C）用于在微通道中施加外部磁场的永磁体与由 PDMS 微通道和镍丝组成的微流控装置
照片。图片经许可转载自参考文献[44]。版权所有 © 2013, American Chemical Society

　　除上述细胞状态外，细胞寿命或年龄也会影响稳态磁场诱导的细胞生物学
效应。2011 年，Sullivan 等发现，胎儿肺成纤维细胞 WI-38 生命周期的不同阶
段会影响细胞对中等强度稳态磁场的响应[51]。稳态磁场暴露可使年轻细胞的
贴壁率降低不到 10%，但可使较老的细胞贴壁率降低 60%以上。2004 年，
Ogiue-Ikeda 和 Ueno 发现，只有当细胞在较高密度下活跃增殖时，平滑肌 A7r5
细胞才能沿 8 T 磁场方向排列[59]。此外，在 2014 年，Surma 等还发现，发育
后期的完全分化的肌管对弱稳态磁场并不敏感，而在机电耦合形成阶段，肌管
在弱稳态磁场暴露期间第 1 min 的收缩频率就可以显著降低[87]。这些结果表
明，即使对于相同的细胞类型和相同的稳态磁场暴露，细胞效应也可能受到其
寿命/年龄等状态的影响，但其潜在机制尚不清楚，还需进一步研究。

1.4　造成磁场生物学效应研究缺乏一致性的其他因素

　　上述参数，包括磁感应强度、细胞类型、细胞铺板密度和细胞状态，只是

可以直接影响稳态磁场细胞效应的几个例子，而细胞状态的其他方面很可能也会导致稳态磁场细胞生物学效应的不同，并且还有许多其他因素，如磁场暴露时间、方向、梯度等。笔者建议本领域科研人员对实验装置和生物样本提供尽可能详细的信息，这将不仅有助于我们更好地了解稳态磁场的细胞效应，还可以在细胞和分子水平上开展进一步机制探究。

如上所述，尽管有关磁场生物学效应的科学研究和非科学案例报道不计其数，但磁场对生物系统的影响仍在一定程度上受到了该领域之外的许多科学家以及主流医学界的怀疑。其中一个主要原因就是磁场生物学效应缺乏规律性。虽然很多效应确实有着确凿的科学证据和解释，但不可否认的是，在大量的科学研究和非科学案例报告中，充斥着许多看似矛盾的结果，这让许多科研人员感到困惑并产生怀疑，也包括几年前的笔者本人。然而，笔者随后仔细阅读了文献中有关磁场生物学效应的证据，也尝试着用更科学的方式来对其分析之后，发现这些不一致的结果大多可以用磁场参数的不同，或是生物样本的不同来解释。例如，本章中提到的磁场参数，如磁场类型、强度、均匀性和方向、磁极以及在磁场中的暴露时间等。更重要的是，笔者发现科研人员研究的生物样本直接影响到磁场效应。例如，细胞类型和细胞密度都直接影响 1 T 稳态磁场对细胞的作用[68]。商澎课题组比较了 500 nT、0.2 T、16 T 对成骨细胞 MC3T3-E1 的影响[36]，以及对破骨前细胞 Raw264.7 的影响[37]，发现成骨细胞和破骨细胞对稳态磁场的响应完全相反。弱磁场和中等磁场均抑制成骨细胞分化，但能促进破骨细胞的分化、形成和吸收。相反，16 T 稳态磁场促进成骨细胞分化，但抑制破骨细胞分化。并且更令人惊讶的是，细胞传代的数量也会影响磁生物学效应实验结果。

此外还应该注意的是，从理论上讲，如果两个磁场设备都提供相同参数的稳态磁场（包括磁场强度、梯度和分布），那么它们对生物系统的影响应该没有差异。然而，通过分析文献中关于稳态磁场诱导的生殖发育效应，我们发现不同类型的磁场设备有时也会导致不同的生物学效应[88]。具体来讲，某些电磁场可能由于不可忽略的梯度、热效应和微小的 50 Hz/60 Hz 纹波而产生一些生物学效应，而这些问题可以在超导磁体或永磁体中避免或减少。

2009 年，Colbert 等撰写了一篇综述《静磁场疗法：治疗参数的批判性综述》[89]。他们总结了有关永磁体在人类身上的应用研究。在这篇综述中，他们批判性地评估了 10 个稳态磁场基本剂量和治疗参数的报告质量，并提出了一套在未来临床试验中报告稳态磁场治疗参数的标准（图 1.12）。他们总结了 56 项关于磁疗的研究，其中 42 项是在患者群体中进行，14 项是在健康志愿者中进行。正如笔者在本章前面部分所讨论，磁场参数对生物系统影响很大。然而通过分析这些研究中与磁场相关的 10 个参数，包括磁性材料、磁体尺寸、磁极分布、场强、使用频率、使用时间、使用部位、磁体支撑材料、靶向组织、与磁体表面的距离，发现61%的研究均未能提供足够的关于稳态磁场相关参数的实验细节，这使得后人无法准确复制其实验方案。

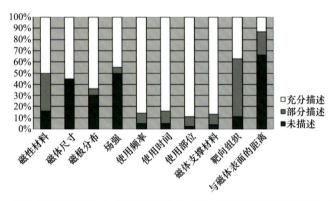

图 1.12　在 56 项人体研究中对 10 个稳态磁场及磁场处理参数的报道情况。图片转载自参考文献[89]。开放获取

　　此外，造成这些差异的还有一些其他因素，例如，在一些研究中没有检测到磁场效应可能仅仅是由于技术的限制和/或对实验条件控制不充分。而仪器和技术的灵敏度等都在过去几十年中得到了很大改善。如今，科研人员拥有了许多先进的仪器和技术，这为检测更多的实验现象提供了有力支持。例如，笔者课题组使用了溶液扫描隧道显微镜（STM）来获得高分辨率蛋白质单分子图像[90]，并结合生物化学、细胞生物学以及分子动力学模拟揭示了中等和强稳态磁场可以改变 EGFR 取向，抑制其激活和一些癌细胞的生长[28]。

　　同时，当我们进行自己的研究和分析相关文献时，应考虑所有相关因素，如磁场类型和强度、细胞类型和密度等。显然，对稳态磁场参数缺乏足够详细的描述极大地阻碍了科研人员从这些研究中得出一致结论。笔者强烈建议本领域科研人员在自己的研究中要清楚描述其实验细节（表 1.1），这不仅有助于减少这一领域实验结果的多样性和矛盾性，也有助于正确理解磁场所引起的生物学效应的机制。

表 1.1　在报道稳态磁场生物学效应时应包括的信息

生物样本	稳态磁场	实验细节
物种	磁性材料	使用频率
组织	磁性设备类型	使用时间
细胞类型	磁极分布	实验时间（上午 vs. 下午）*

续表

生物样本	稳态磁场	实验细节
细胞密度	磁场分布（包括方向）	使用部位
培养条件	磁场强度	磁体支撑装置
	磁场梯度	假曝磁组
		与磁体表面的距离

注：*由于昼夜生物钟和地球磁场的波动，昼夜变化也可能是影响稳态磁场生物学效应的一个潜在因素。

　　最后，我们应该认识到，在电磁场对生物系统影响领域充满了其他实验室无法复制的实验结果。除了本章前面提到的因素，实验者偏差几乎总是会无意识发生，这也是导致本领域存在重复性差这一问题的重要因素。因此，为了消除实验者偏差从而达到评估磁场对生物系统影响的金标准，分析数据的人不应知道实验所用磁场处理条件。换句话说，科研人员应该进行盲法分析。此外，为了获得公正和可重复性结果，笔者课题组一直努力通过由至少两名不同的科研人员进行相同的实验至少三次，从而来尽量减少实验差异，即科研人员分别独立进行实验，然后再将结果汇集在一起进行盲法分析。

1.5　结论

　　由于人体本身是一个电磁体，因此磁场会对其产生一些影响也就不足为奇。关于磁场对某些生物分子的影响，确实有许多令人信服的实验证据和理论解释，如细胞骨架微管、膜以及一些蛋白质（将在第 3～6 章中讨论）。与此同时，文献中很多关于磁场对生物和健康影响的研究都不够确定或相互矛盾，这在很大程度上是由于多个研究中使用的各种参数，包括磁场本身、所检测的样品以及实验设置的不同。原子/分子水平和细胞/组织/生物体水平之间似乎存在着很大差距需要科研人员来填补，从而能够正确、科学地理解磁场的生物学效应。目前，实验和理论研究都处于比较初步的阶段。我们强烈呼吁科研人员要更系统、更好地控制并充分描述其实验细节。此外，物理学家、生物学家和化学家之间要加强紧密合作，从而可以帮助我们更全面地了解磁生物学效应及其潜在机制，推动这一新兴领域取得巨大进展。

参 考 文 献

[1] Li Y, Song L Q, Chen M Q, et al. Low strength static magnetic field inhibits the proliferation, migration, and adhesion of human vascular smooth muscle cells in a restenosis model through mediating integrins β1-FAK, Ca^{2+} signaling pathway. Ann. Biomed. Eng., 2012, 40(12): 2611-2618.

[2] Wang Z Y, Che P L, Du J, et al. Static magnetic field exposure reproduces cellular effects of the Parkinson's disease drug candidate ZM241385. PLoS One, 2010, 5(11): e13883.

[3] Wang D M, Zhang L, Shao G Z, et al. 6-mT 0-120-Hz magnetic fields differentially affect cellular ATP levels. Environ. Sci. Pollut. Res. Int., 2018, 25(28): 28237-28247.

[4] Xie C. Searching for unity in diversity of animal magnetoreception: From biology to quantum mechanics and back. Innovation(Camb)., 2022, 3(3): 100229.

[5] Heilmaier C, Theysohn J M, Maderwald S, et al. A large-scale study on subjective perception of discomfort during 7 and 1.5 T MRI examinations. Bioelectromagnetics, 2011, 32(8): 610-619.

[6] Miyakoshi J. The review of cellular effects of a static magnetic field. Sci. Technol. Adv. Mater., 2006, 7(4): 305-307.

[7] Simkó M. Cell type specific redox status is responsible for diverse electromagnetic field effects. Curr. Med. Chem., 2007, 14(10): 1141-1152.

[8] Fatahi M, Reddig A, Vijayalaxmi, et al. DNA double-strand breaks and micronuclei in human blood lymphocytes after repeated whole body exposures to 7 T magnetic resonance imaging. Neuroimage, 2016, 133: 288-293.

[9] Sakurai H, Okuno K, Kubo A, et al. Effect of a 7-tesla homogeneous magnetic field on mammalian cells. Bioelectrochem. Bioenerg., 1999, 49(1): 57-63.

[10] Ball P. Physics of life: The dawn of quantum biology. Nature, 2011, 474(7351): 272-274.

[11] Hore P J, Mouritsen H. The radical-pair mechanism of magnetoreception. Annu. Rev. Biophys., 2016, 45: 299-344.

[12] Ritz T, Adem S, Schulten K. A model for photoreceptor-based magnetoreception in birds. Biophys. J., 2000, 78(2): 707-718.

[13] Johnsen S, Lohmann K J. Magnetoreception in animals. Phys. Today, 2008, 61(3): 29.

[14] Lohmann K J. Protein complexes: A candidate magnetoreceptor. Nat. Mater., 2016, 15(2): 136-138.

[15] Nimpf S, Nordmann G C, Kagerbauer D, et al. A putative mechanism for magnetoreception by electromagnetic induction in the pigeon inner ear. Curr. Biol., 2019, 29(23): 4052-4059 e4.

[16] Bellono N W, Leitch D B, Julius D. Molecular tuning of electroreception in sharks and skates. Nature, 2018, 558(7708): 122-126.

[17] Winklhofer M. Magnetoreception: A dynamo in the inner ear of pigeons. Curr. Biol., 2019, 29(23): R1224-R1226.

[18] Qin S Y, Yin H, Yang C L, et al. A magnetic protein biocompass. Nat. Mater., 2016, 15(2):

217-226.

[19] Zhang L, Hou Y B, Li Z Y, et al. 27 T ultra-high static magnetic field changes orientation and morphology of mitotic spindles in human cells. eLife, 2017, 6: e22911.

[20] Tao Q P, Zhang L, Han X Y, et al. Magnetic susceptibility difference-induced nucleus positioning in gradient ultrahigh magnetic field. Biophys. J., 2020, 118(3): 578-585.

[21] Lv Y, Fan Y X, Tian X F, et al. The anti-depressive effects of ultra-high static magnetic field. J. Magn. Reson. Imaging., 2022, 56(2): 354-365.

[22] Tian X F, Wang D M, Feng S, et al. Effects of 3.5—23.0T static magnetic fields on mice: A safety study. NeuroImage, 2019, 199: 273-280.

[23] Tian X F, Lv Y, Fan Y X, et al. Safety evaluation of mice exposed to 7.0-33.0 T high-static magnetic fields. J. Magn. Reson. Imaging., 2021, 53(6): 1872-1884.

[24] Khan M H, Huang X F, Tian X F, et al. Short- and long-term effects of 3.5-23.0 Tesla ultra-high magnetic fields on mice behaviour. Eur. Radiol., 2022, 32(8): 5596-5605.

[25] Tian X F, Wang Z, Zhang L, et al. Effects of 3.7T—24.5 T high magnetic fields on tumor bearing mice. Chinese. Physics. B., 2018, 27(11): 118703.

[26] Higashi T, Yamagishi A, Takeuchi T, et al. Orientation of erythrocytes in a strong static magnetic field. Blood, 1993, 82(4): 1328-1334.

[27] Prina-Mello A, Farrell E, Prendergast P J, et al. Influence of strong static magnetic fields on primary cortical neurons. Bioelectromagnetics, 2006, 27(1): 35-42.

[28] Zhang L, Wang J H, Wang H L, et al. Moderate and strong static magnetic fields directly affect EGFR kinase domain orientation to inhibit cancer cell proliferation. Oncotarget, 2016, 7(27): 41527-41539.

[29] Okano H, Ino H, Osawa Y, et al. The effects of moderate-intensity gradient static magnetic fields on nerve conduction. Bioelectromagnetics, 2012, 33(6): 518-526.

[30] Bras W, Diakun G P, Díaz J F, et al. The susceptibility of pure tubulin to high magnetic fields: A magnetic birefringence and X-ray fiber diffraction study. Biophys. J., 1998, 74(3): 1509-1521.

[31] Glade N, Tabony J. Brief exposure to high magnetic fields determines microtubule self-organisation by reaction-diffusion processes. Biophys. Chem., 2005, 115(1): 29-35.

[32] Guevorkian K, Valles J M Jr. Aligning Paramecium caudatum with static magnetic fields. Biophys. J., 2006, 90(8): 3004-3011.

[33] Takashima Y, Miyakoshi J, Ikehata M, et al. Genotoxic effects of strong static magnetic fields in DNA-repair defective mutants of Drosophila melanogaster. J. Radiat. Res., 2004, 45(3): 393-397.

[34] Ghibelli L, Cerella C, Cordisco S, et al. NMR exposure sensitizes tumor cells to apoptosis. Apoptosis, 2006, 11(3): 359-365.

[35] Morris C E, Skalak T C. Acute exposure to a moderate strength static magnetic field reduces edema formation in rats. Am. J. Physiol. Heart. Circ. Physiol., 2008, 294(1): H50-H57.

[36] Zhang J, Ding C, Shang P. Alterations of mineral elements in osteoblast during differentiation under hypo, moderate and high static magnetic fields. Biol. Trace. Elem. Res., 2014, 162(1-

3): 153-157.

[37] Zhang J, Meng X F, Ding C, et al. Regulation of osteoclast differentiation by static magnetic fields. Electromagn. Biol. Med., 2017, 36(1): 8-19.

[38] Simon M D, Geim A K. Diamagnetic levitation: Flying frogs and floating magnets(invited). J. Appl. Phys., 2000, 87(8): 6200-6204.

[39] Durmus N G, Tekin H C, Guven S, et al. Magnetic levitation of single cells. Proc. Natl. Acad. Sci. U. S. A., 2015, 112(28): E3661-E3668.

[40] Qian A R, Hu L F, Gao X, et al. Large gradient high magnetic field affects the association of MACF1 with actin and microtubule cytoskeleton. Bioelectromagnetics, 2009, 30(7): 545-555.

[41] Di S M, Tian Z C, Qian A R, et al. Large gradient high magnetic field affects FLG29.1 cells differentiation to form osteoclast-like cells. Int. J. Radiat. Biol., 2012, 88(11): 806-813.

[42] Qian A R, Gao X, Zhang W, et al. Large gradient high magnetic fields affect osteoblast ultrastructure and function by disrupting collagen I or fibronectin/αβ1 integrin. PLoS One, 2013, 8(1): e51036.

[43] Kiss B, Gyires K, Kellermayer M, et al. Lateral gradients significantly enhance static magnetic field-induced inhibition of pain responses in mice—a double blind experimental study. Bioelectromagnetics, 2013, 34(5): 385-396.

[44] Nam J, Huang H, Lim H, et al. Magnetic separation of malaria-infected red blood cells in various developmental stages. Anal Chem., 2013, 85(15): 7316-7323.

[45] Paul F, Roath S, Melville D, et al. Separation of malaria-infected erythrocytes from whole blood: Use of a selective high-gradient magnetic separation technique. Lancet, 1981, 2(8237): 70-71.

[46] Owen C S. High gradient magnetic separation of erythrocytes. Biophys. J., 1978, 22(2): 171-178.

[47] Chionna A, Dwikat M, Panzarini E, et al. Cell shape and plasma membrane alterations after static magnetic fields exposure. Eur. J. Histochem., 2003, 47(4): 299-308.

[48] Chionna A, Tenuzzo B, Panzarini E, et al. Time dependent modifications of Hep G2 cells during exposure to static magnetic fields. Bioelectromagnetics, 2005, 26(4): 275-286.

[49] Strieth S, Strelczyk D, Eichhorn M E, et al. Static magnetic fields induce blood flow decrease and platelet adherence in tumor microvessels. Cancer. Biol. Ther., 2008, 7(6): 814-819.

[50] Rosen A D, Chastney E E. Effect of long term exposure to 0.5 T static magnetic fields on growth and size of GH3 cells. Bioelectromagnetics, 2009, 30(2): 114-119.

[51] Sullivan K, Balin A K, Allen R G. Effects of static magnetic fields on the growth of various types of human cells. Bioelectromagnetics, 2011, 32(2): 140-147.

[52] Tatarov I, Panda A, Petkov D, et al. Effect of magnetic fields on tumor growth and viability. Comp. Med., 2011, 61(4): 339-345.

[53] Gellrich D, Becker S, Strieth S. Static magnetic fields increase tumor microvessel leakiness and improve antitumoral efficacy in combination with paclitaxel. Cancer. Lett., 2014, 343(1): 107-114.

[54] Zhao B, Yu T, Wang S, et al. Static magnetic field(0.2T—0.4 T)stimulates the self-renewal

ability of osteosarcoma stem cells through autophagic degradation of ferritin. Bioelectromagnetics, 2021, 42(5): 371-383.

[55] Torbati M, Mozaffari K, Liu L, et al. Coupling of mechanical deformation and electromagnetic fields in biological cells. Rev. Mod. Phys., 2022, 94: 025003.

[56] Short W O, Goodwill L, Taylor C W, et al. Alteration of human tumor cell adhesion by high-strength static magnetic fields. Invest. Radiol., 1992, 27(10): 836-840.

[57] Pacini S, Aterini S, Pacini P, et al. Influence of static magnetic field on the antiproliferative effects of vitamin D on human breast cancer cells. Oncol. Res., 1999, 11(6): 265-271.

[58] Pacini S, Gulisano M, Peruzzi B, et al. Effects of 0.2 T static magnetic field on human skin fibroblasts. Cancer. Detect. Prev, 2003, 27(5): 327-332.

[59] Ogiue-Ikeda M, Ueno S. Magnetic cell orientation depending on cell type and cell density. IEEE. Trans. Magn., 2004, 40(4): 3024-3026.

[60] Anton-Leberre V, Haanappel E, Marsaud N, et al. Exposure to high static or pulsed magnetic fields does not affect cellular processes in the yeast Saccharomyces cerevisiae. Bioelectromagnetics, 2010, 31(1): 28-38.

[61] Denegre J M, Valles J M, Jr, Lin K, et al. Cleavage planes in frog eggs are altered by strong magnetic fields. Proc. Natl. Acad. Sci. U. S. A., 1998, 95(25): 14729-14732.

[62] Vergallo C, Dini L, Szamosvölgyi Z, et al. In vitro analysis of the anti-inflammatory effect of inhomogeneous static magnetic field-exposure on human macrophages and lymphocytes. PLoS One, 2013, 8(8): e72374.

[63] Zhang J, Ding C, Ren L, et al. The effects of static magnetic fields on bone. Prog. Biophys. Mol. Biol., 2014, 114(3): 146-152.

[64] Aldinucci C, Garcia J B, Palmi M, et al. The effect of strong static magnetic field on lymphocytes. Bioelectromagnetics, 2003, 24(2): 109-117.

[65] Raylman R R, Clavo A C, Wahl R L. Exposure to strong static magnetic field slows the growth of human cancer cells in vitro. Bioelectromagnetics, 1996, 17(5): 358-363.

[66] Zhao G P, Chen S P, Zhao Y, et al. Effects of 13 T static magnetic fields(SMF)in the cell cycle distribution and cell viability in immortalized hamster cells and human primary fibroblasts cells. Plasma Sci. Technol., 2010, 12(1): 123-128.

[67] Nakahara T, Yaguchi H, Yoshida M, et al. Effects of exposure of CHO-K1 cells to a 10-T static magnetic field. Radiology, 2002, 224(3): 817-822.

[68] Zhang L, Ji X M, Yang X X, et al. Cell type- and density-dependent effect of 1 T static magnetic field on cell proliferation. Oncotarget, 2017, 8(8): 13126-13141.

[69] Swat A, Dolado I, Rojas J M, et al. Cell density-dependent inhibition of epidermal growth factor receptor signaling by p38alpha mitogen-activated protein kinase via Sprouty2 downregulation. Mol. Cell. Biol., 2009, 29(12): 3332-3343.

[70] Caceres-Cortes J R, Alvarado-Moreno J A, Waga K, et al. Implication of tyrosine kinase receptor and steel factor in cell density-dependent growth in cervical cancers and leukemias. Cancer. Res., 2001, 61(16): 6281-6289.

[71] Baba M, Hirai S, Kawakami S, et al. Tumor suppressor protein VHL is induced at high cell

density and mediates contact inhibition of cell growth. Oncogene, 2001, 20(22): 2727-2736.

[72] Caceres-Cortes J R, Alvarado-Moreno J A, Rangel-Corona R, et al. Implication of c-mt and steel factor in cell-density dependent growth in hematological and non hematological tumors. Blood, 1999, 94(10): 74a.

[73] Takahashi K, Suzuki K. Density-dependent inhibition of growth involves prevention of EGF receptor activation by E-cadherin-mediated cell-cell adhesion. Exp. Cell. Res., 1996, 226(1): 214-222.

[74] Holley R W, Armour R, Baldwin J H, et al. Density-dependent regulation of growth of BSC-1 cells in cell culture: Control of growth by serum factors. Proc. Natl. Acad. Sci. U. S. A., 1977, 74(11): 5046-5050.

[75] Macieira-Coelho A. Influence of cell density on growth inhibition of human fibroblasts in vitro. Proc. Soc. Exp. Biol. Med., 1967, 125(2): 548-552.

[76] McClain D A, Edelman G M. Density-dependent stimulation and inhibition of cell growth by agents that disrupt microtubules. Proc. Natl. Acad. Sci. U. S. A., 1980, 77(5): 2748-2752.

[77] Wang H Z, Zhang X. ROS reduction does not decrease the anticancer efficacy of X-ray in two breast cancer cell lines. Oxid. Med. Cell. Longev., 2019, 2019: 3782074.

[78] Carson J J, Prato F S, Drost D J, et al. Time-varying magnetic-fields increase cytosolic free Ca^{2+} in HL-60 Cells. Am. J. Physiol., 1990, 259(4): C687-C692.

[79] Melville D, Paul F, Roath S. Direct magnetic separation of red cells from whole blood. Nature, 1975, 255(5511): 706.

[80] Zborowski M, Ostera G R, Moore L R, et al. Red blood cell magnetophoresis. Biophys. J., 2003, 84(4): 2638-2645.

[81] Moore L R, Nehl F, Dorn J, et al. Open gradient magnetic red blood cell sorter evaluation on model cell mixtures. IEEE. Trans. Magn., 2013, 49(1): 309-315.

[82] Moore L R, Fujioka H, Williams P S, et al. Hemoglobin degradation in malaria-infected erythrocytes determined from live cell magnetophoresis. FASEB. J, 2006, 20(6): 747-749.

[83] Hackett S, Hamzah J, Davis T M, et al. Magnetic susceptibility of iron in malaria-infected red blood cells. Biochim. Biophys. Acta., 2009, 1792(2): 93-99.

[84] Kasetsirikul S, Buranapong J, Srituravanich W, et al. The development of malaria diagnostic techniques: A review of the approaches with focus on dielectrophoretic and magnetophoretic methods. Malar. J., 2016, 15(1): 358.

[85] Pauling L, Coryell C D. The magnetic properties and structure of hemoglobin, oxyhemoglobin and carbonmonoxyhemoglobin. Proc. Natl. Acad. Sci. U. S. A., 1936, 22(4): 210-216.

[86] Karl S, Davis T M, St Pierre T G. Parameterization of high magnetic field gradient fractionation columns for applications with Plasmodium falciparum infected human erythrocytes. Malar. J., 2010, 9: 116.

[87] Surma S V, Belostotskaya G B, Shchegolev B F, et al. Effect of weak static magnetic fields on the development of cultured skeletal muscle cells. Bioelectromagnetics, 2014, 35(8): 537-546.

[88] Song C, Yu B, Wang J J, et al. Effects of moderate to high static magnetic fields on reproduction. Bioelectromagnetics, 2022, 43(4): 278-291.

[89] Colbert A P, Wahbeh H, Harling N, et al. Static magnetic field therapy: A critical review of treatment parameters. Evid. Based. Complemen.t Alternat. Med., 2009, 6(2): 133-139.

[90] Wang J H, Zhang L, Hu C, et al. Sub-molecular features of single proteins in solution resolved with scanning tunneling microscopy. Nano. Research., 2016, 9: 2551-2560.

第 2 章
稳态磁场方向引起的不同生物学效应

　　尽管缺乏科学依据，但早在几十年前就有报道提出永磁体的不同磁极可能对生物系统产生不同的作用，特别是在磁疗领域。近年来，一些研究表明不同磁场方向在多种生物体内可以产生不同的生物学效应，包括抑制肿瘤生长、调节血糖水平等。事实上，磁场方向这一重要磁场参数一直都被大多数研究者所忽视，这也是导致磁生物学效应文献中实验结果存在不一致现象的重要原因之一。本章旨在系统比较并总结不同方向稳态磁场诱导的生物学效应。虽然其背后的物理化学机制目前在很大程度上还是个谜团，但本章也对其研究进展进行讨论。我们希望磁生物学领域的研究人员能对磁场方向进行关注，在各自的研究中能够清晰地描述磁场方向和/或磁场分布信息，这将有助于解释一些不一致的磁生物学实验结果，也为今后的研究提供基础。

2.1 引言

　　一方面，地球本身可以看作一个具有南北两极的大磁铁，但动物如何感知地球磁场方向仍是一个悬而未决的问题；另一方面，磁场对人体健康的影响早就引起了人们的注意，对此本书在第 8 章和第 15 章将进行更详细的讨论。虽然磁场方向导致的生物学效应差异一直被大多数研究者所忽略，但在磁疗领域，人们却经常提到他们观察到了永磁体不同磁极之间存在着差异。然而，直到几年前，无论是科学实验的验证还是理论解释都十分缺乏。在本章中，我们总结了文献中的相关研究，这些研究证明了稳态磁场的方向确实是导致磁场诱导生物学效应中很多实验结果不统一的一个重要因素。

2.2　磁极与磁场方向

　　在磁疗领域有一些报告指出，永磁体的不同磁极对人体会有不同的影响。最著名的当属 1974 年 Albert Roy Davis 和 Walter C. Rawls 提出的论断。他们合著了一本非常有趣的书，名为《磁性及其对生命系统的影响》（*Magnetism and Its Effects on the Living Systems*），书中称磁铁的 N 极和 S 极对生命系统的影响有着显著的差别。根据他们的这本书所述，该发现最初源于 1936 年的一个"蚯蚓事件"，他们偶然发现位于 S 极（0.3 T）附近的蚯蚓会将纸箱啃透，但放置在 N 极附近的蚯蚓则无此现象。进一步的实验分析表明，S 极附近饲养的蚯蚓"更大、更长、非常活跃"。在这本书中，他们还描述了许多其他有趣的现象，例如，发现绿番茄的成熟速度、萝卜种子发芽情况、小动物以及癌细胞等在不同磁极作用下均有不同的效应。他们认为 N 极是"负能量极"，具有抑制生命生长或发展的作用；而 S 极是"正能量极"，能够促进生命的生长和发展。虽然目前他们的理论还没有得到科学证明，但是仍然有一些非科学性的报道支持该理论。由于他们的书中没有提供有关这些实验的具体细节，如示意图或照片，所以蚯蚓和其他生物样品相对于磁体的位置并不清楚。这本书中所提及的实验均缺乏实验细节。

　　阅读完这本有趣但令人疑惑的书后，我们不禁产生了很多疑问：磁极对生物体真的重要吗？如果事实如此，那么是因为"磁极"本身，还是因为磁场方向？当北极或南极磁体放置在样品的顶部、底部或侧面时，是否会产生相同的效果？磁场方向是否会特异性地影响生命活动的某些特定方面？

　　显然，要回答这些问题，研究人员需要仔细设计严谨的有对照的实验才能证实。例如，在 2018 年，我们课题组进行了一项研究，通过将永磁铁的不同磁极进行不同的摆放，来向细胞提供不同或者相同的磁场方向以及磁极（图 2.1）。所用钕铁硼永磁体的表面磁感应强度约为 0.5 T，细胞处的磁感应强度为 0.2~0.5 T。N 极或 S 极分别朝向不同的方向。"N 极在下"和"S 极在上"都提供了竖直向上（与重力方向相反）的磁场（图 2.1（A）），而"N 极在上"和"S 极在下"均提供了竖直向下（与重力方向相同）的磁场（图 2.1（B））。此外，"N 极在右"和"S 极在左"均提供水平方向磁场，但区别是由不同的磁极朝向生物样本（图 2.1（C）），从而模拟大多数医院中的 MRI 仪器为患者提供的水平方向磁场。通过以上这些方式，我们设置了不同参数的稳态磁场，从而可以对比磁场方向或者磁极对生物样本的影响（图 2.1（D），（E））。

我们发现，在 A549 和 PC9 两种肺癌细胞中，方向向上的磁场处理细胞 2 天后细胞数目减少；而方向向下的磁场以及"N 极在右"和"S 极在左"的水平方向磁场均未影响细胞数目[1]。这首先说明了不同磁场方向确实可以引起不同的细胞生物学效应，同时也说明至少对于细胞实验而言，磁场方向而不是磁极本身，才是关键因素。

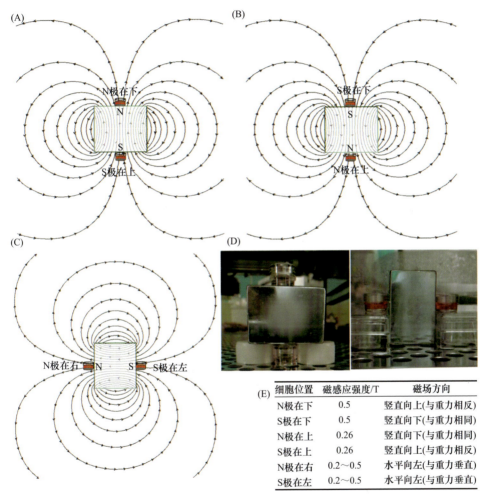

细胞位置	磁感应强度/T	磁场方向
N极在下	0.5	竖直向上(与重力相反)
S极在下	0.5	竖直向下(与重力相同)
N极在上	0.26	竖直向下(与重力相同)
S极在上	0.26	竖直向上(与重力相反)
N极在右	0.2~0.5	水平向左(与重力垂直)
S极在左	0.2~0.5	水平向左(与重力垂直)

图 2.1　用于研究磁场方向与磁极引起生物学效应的实验装置。（A）～（C）实验装置图示。黑色箭头表示磁场方向。将细胞培养皿置于 6 cm × 5 cm × 3.5 cm N 极或 S 极朝上的钕铁硼永磁体的中心位置（测得的表面磁感应强度约为 0.5 T）。对照组放置在距离磁体至少 30～40 cm 处，测量的磁感应强度背景为 0.9 Gs，为 0.5 T 实验组磁场的 1/5000。（D）细胞实验磁场处理设置照片。（E）不同实验条件下的磁感应强度和磁场方向信息。附图经许可改编自参考文献[1]

2.3　不同磁极或磁场方向诱导的生物学效应

为回答不同的磁极或磁场方向是否会诱导不同生物学效应的问题，我们进行了全面的文献检索，发现大多都在过去 10 年内完成，包括我们自己课题组的研究。在这里，我们总结和分析可以找到的所有研究，主要包括不同磁场方向（或磁极）对生物体（表 2.1）或细胞（表 2.2）的影响。虽然磁场方向对生物体某些方面的影响比较明显，但在现阶段还没有十分明确的规律。值得指出的是，笔者在归纳总结相关文献时，排除了仅使用单一磁场方向的研究，或以特定方式在动物体内植入磁体的研究。因为这些研究无法提供不同磁极或磁场方向之间的并行比较。然而有趣的是，目前找到的所有关于并行比较磁场方向的研究都是竖直向上（与重力方向相反）与竖直向下（与重力方向相同）的。

2.3.1　不同方向稳态磁场在生物体中的生物学效应

近几年来，越来越多的研究开始探讨磁场方向是否可以以及如何影响生物体，但结果并不完全一致。基于竖直向上和竖直向下方向的磁场是否对生物体具有相似的生物学效应这一问题，我们在这里进行总结和比较，将其结果分类为："向上≠向下"和"向上=向下"（表 2.1）。

在 26 项相关研究中，有 14 项研究揭示了向上和向下方向磁场处理结果存在着差异。虽然研究对象、磁场参数和所研究的实验指标不同，导致报道出来的实验结果存在差异，但有趣的是，有多项研究表明暴露于竖直向上方向的磁场处理可能比竖直向下方向的磁场处理具有更有利的影响。例如，向上方向磁场处理（0.01~0.5 T，6 h/d，持续 38 天）对 GIST-T1 荷瘤小鼠的肿瘤生长抑制率约为 19.3%，而向下方向磁场对荷瘤小鼠未产生影响[1]。此外，杨等发现向上方向 9.4 T 磁场累计 88 h 处理可以显著抑制 A549 荷瘤小鼠的肿瘤生长（肿瘤生长抑制率约 41%），但在向下方向 9.4 T 磁场并没有出现肿瘤抑制现象[2]。此外，向上方向磁场处理显著增加了黄粉虫（昆虫）的移动距离和平均速度[3]，而向下方向磁场促进了拟南芥幼苗的根生长[4]。

相比之下，也有一些研究表明竖直向下方向的磁场比竖直向上方向的磁场更显著地改善了生物体状态（表 2.1）。例如，三项均使用约 0.1 T 向下方向磁场的独立研究，发现向下方向磁场有效降低了 2 型糖尿病[5]和 1 型糖尿病小鼠（未发表数据）血糖水平，有效减轻了由酒精诱导的肝损伤和脂质蓄积并改善了其肝功能[6]，同时改善了多种糖尿病并发症[7]，但约 0.1 T 向上方向磁场对血糖水平未见改善[5]（未发表数据）。此外，在自发性高血压大鼠中进行的两项研究发现，16 mT

表 2.1　在生物体内竖直向上和向下方向磁场引起的生物学效应

物种	动物	磁场参数	观察指标	向上方向	向下方向	对比效应	参考文献
小鼠	A549 肿瘤细胞荷瘤裸鼠	9.4 T, 8 h/d, 11 d	A549 肿瘤生长情况	减少	无影响		[2]
	GIST-T1 肿瘤细胞荷瘤裸鼠	0.01~0.5 T, 6 h/d, 38 d	GIST-T1 肿瘤生长情况	增加	减少		[1]
	HFD/STZ 诱导的 T2D 小鼠	0.1 T, 24 h/d, 12 w	血糖水平		增加		[5]
	STZ 诱导的 T1D 小鼠	0.1 T, 24 h/d, 9 w	胫骨小梁数目	无影响	增加		未发表数据
			血糖水平	无影响	减少		
	Lieber-DeCarli 饮食喂养的酒精性脂肪肝肝小鼠	0.1 T, 12 h/d, 6 w	脂肪肝、肝炎	增加	减少		[6]
	Swiss Webster 小鼠	128 mT, 1 h/d, 5 d	脑水肿、脾细胞增多	增加	无影响		[11]
			肝炎	无影响	减少		
		16 mT, 28 d	血清转铁蛋白和铁	增加	无影响		[10]
			大脑和肝脏中的铁	增加	减少		
		1 mT, 30 d	脾脏组织中锌含量	减少	无影响		[20]
大鼠	亨廷顿舞蹈症 Wistar 大鼠	0.32 T, 7 d	行为活动运动距离	无影响	增加	向上方向 ≠向下方向	[25]
			紧张样的行为	减少	减少		
	自发性高血压大鼠	16 mT, 30 d	血液淋巴细胞数、骨髓红细胞数	减少	无影响		[8]
			骨髓红细胞数	无影响	增加		
			高频域的收缩压变异性	无影响	无影响		
			心率、收缩压低频变异性	增加	增加		
昆虫	黄粉虫 (Tenebrio)	50 mT, 24 h	移动距离、平均速度	增加	减少		[9]
			自主活动	减少	增加		[3]
植物	拟南芥 (Arabidopsis) 幼苗	600 mT, 4 d	根生长	无影响	增加		[4]

续表

物种	动物	磁场参数	观察指标	磁场诱导的生物学效应			参考文献
				向上方向	向下方向	对比效应	
微生物	拟杆菌门（Bacteroidetes）、厚壁菌门（Firmicutes）	0.1 T, 24 h/d, 12 w	拟杆菌门丰度	减少	增加	向上方向 ≠向下方向	[5]
			厚壁菌门丰度	增加	减少		
小鼠	Swiss Webster 小鼠	128 mT, 1 h/d, 5 d	白细胞、淋巴细胞、脾脏粒细胞		减少		[11]
		16 mT, 28 d	脾脏粒细胞		减少		[10]
	蒙古沙鼠（Mongolian gerbil）	1 mT, 30 d	肝脏中的铜和锌含量、大脑中的铜含量		减少		[20]
		0.32 T, 4 d	旋转杆测试时间				[26]
			CA1区神经元密度 M1和纹状体神经元占的数量		增加		
	糖尿病 db/db 鼠	15 mT, 24 h/d, 10 w	伤口愈合		增加		[7]
	血栓形成鼠	1.4~46 mT, 7 d	抗血栓形成				[12]
	Wistar 大鼠	0.16 T, 24 h/d, 5~15 d	组织修复				[27]
大鼠	自发性高血压大鼠	16 mT, 30 d	外周血中的血小板，脾脏和骨髓中的粒细胞		减少	向上方向=向下方向	[8]
			脾脏中的红细胞		增加		
			心脏和肾脏形态特征，收缩压在极低频域的变异性		无影响		[9]
			动脉血压，收缩压在极低频域的变异性		减少		
			气压感受器反射敏感性		增加		

续表

物种	动物	磁场参数	观察指标	磁场诱导的生物学效应			参考文献
				向上方向	向下方向	对比效应	
大鼠	帕金森病 Wistar 大鼠	0.32 T，14 d	旋转杆测试时间；神经元数量		增加	向上方向=向下方向	[28]
			胶质细胞数量	减少			
微生物	白念珠菌	0.5 T，24 h	白念珠菌菌丝长度				[29]
昆虫	尾草履虫（Paramecium caudatum）	200~220 mT，96 h	种群数目				[30]

注：w 表示周；HFD：高脂饮食；STZ：链脲佐菌素。

向下方向磁场可改善焦虑样行为[8]和心率[9]，但向上方向的磁场未能改善。还有一些其他研究发现竖直向下方向磁场能显著促进拟南芥根及其分生组织的增长[4]，增加了 2 型糖尿病小鼠肠道菌群丰富度[5]，而竖直向上方向磁场却不能发挥相似作用。

与此同时，也有 12 项研究表明向上方向和向下方向磁场处理并未显示显著差异。例如，Swiss Webster 小鼠经不同方向的 16 mT[10]和 128 mT[11]磁场处理后，多项血液生理指标和生物学指标发生了变化，但不同磁场方向之间未见差异。San 等发现，BALB/c 小鼠血栓形成情况经 1.4～46 mT 向上和向下方向磁场处理后均得到显著改善[12]。

由此可见，不同磁场方向对生物体造成不同影响的差异可能由多个方面所致。包括不同研究对象、磁感应强度和磁场分布（图 2.2）以及实验流程（包括磁场暴露时间和实验测定的时间点）。因此，人们需要进一步的系统性研究从而可以获得更深入的信息。

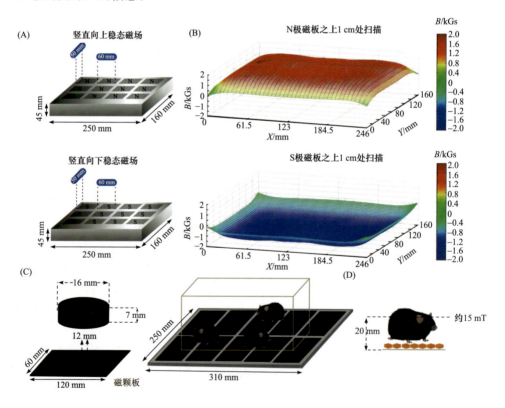

(E)

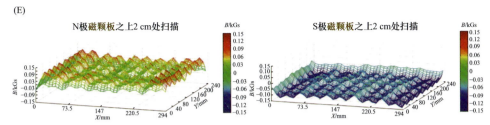

图 2.2 应用于生物体的不同方向和分布的磁场举例。（A）可以提供向上和向下方向磁场的磁板示意图和（B）距离磁板上方 1 cm 处小鼠身体所在位置的磁场分布图[5]。（C）该磁场装置由 10 块板组成，每块板包含 8 个圆柱形永磁体。此外，磁体以相同的方向彼此相邻放置。磁场处理过程是将整个鼠笼置于磁板上方。（D）在磁板上方 2 cm 处（小鼠伤口所在位置）的磁感应强度约为 15 mT。（E）小鼠在每种磁场处理条件下所处位置的磁场分布情况[7]。经许可图摘自上述参考文献

2.3.2 不同方向稳态磁场在细胞水平的生物学效应

与生物体中的研究结果相似，不同方向磁场在细胞中也产生了看似不一致的实验结果，这在一定程度上是合理的，因为细胞实验比体内实验具有更多的可变参数。同样，笔者总结并比较已发表的研究结果将其分为"向上≠向下"或"向上=向下"（表 2.2）。

在总计 12 项有关不同方向磁场在细胞水平实验的相关研究中，7 项研究显示了不同方向的磁场处理存在差异，而 5 项研究未显示差异效应。在 7 项表现出差异效应的研究中，有 4 项研究显示向上方向的磁场具有更显著的生物学效应[1,2,13,14]，而另外 3 项研究指出了向下方向的磁场处理引起的生物学效应更加显著[5-7]。正如笔者在本书第 1 章中介绍，细胞类型、细胞密度和磁场处理时间等都可能导致实验结果存在差异。并且笔者在图 2.2 中也提到了不同磁场装置所产生的磁场分布可能不同，也是导致结果存在差异的关键因素。在这里笔者给出几个例子来显示，尽管都使用了相同尺寸的方形永磁体，其产生的磁场方向和磁场分布则可能完全不同（图 2.3）。

因此，如本书第 1 章所述，在进行这些磁场相关实验时应考虑多个细节，包括样品到磁体表面的距离、磁感应强度分布、组成磁体的材料成分和磁体尺寸、磁极和磁场处理时间等。例如，如图 2.3 所示，三种类型距磁体表面 1 mm 处的磁感应强度分别为 4700～4980 Gs、4190～4890 Gs 和 9630～10330 Gs；在距磁体表面 5 mm 处，磁感应强度分别减少至 3520～3890 Gs、2180～2450 Gs 和 4370～5120 Gs；在距磁体表面 10 mm 处，磁感应强度进一步降低至 2420～3090 Gs、1050～1120 Gs 和 2120～2450 Gs。磁感应强度和磁场空间分布的不同，导致磁感应强度值存在显著差异。因此，建议研究人员应注重使用空间磁场分布测量仪等来精确测量各项磁场参数，从而可以提供准确的磁场强度和分布的三维信息（图 2.3）。

表 2.2　在细胞实验中竖直向上和向下方向磁场引起的生物效应

物种	细胞系	磁场参数	检测指标	磁场诱导的生物学效应			参考文献
				向上方向	向下方向	方向对比	
大鼠	大鼠骨骼肌成肌细胞（L6）	（80±5）mT，3 d	肌源性细胞分化和肥大	增加			[13]
			融合成多核肌管的细胞数量				
	肺癌细胞系（A549）	9.4 T，24 h	ROS 和 p53 水平		无影响		[2]
人	肺癌细胞系（A549 和 PC9）、结肠癌（HCT-116）和结直肠癌（LoVo）细胞	1 T，8 h、48 h	DNA 合成、细胞数目	减少			[14]
	胃肠间质瘤（GIST-T1）、肺癌（PC9 和 A549）、结肠癌（HCT-116）和乳腺癌（MCF7）细胞	0.2～1 T，24 h	细胞数目			向上方向 ≠ 向下方向	[1]
	人肝细胞（HL7702）	0.5 T，24 h	ROS 水平	无影响	减少		[6]
	小鼠胚胎成纤维细胞（NIH3T3）		Transwell 细胞迁移和细胞增殖能力	减少	增加		[7]
小鼠			细胞 ROS 水平	无影响	无影响		
	小鼠胰岛 β 细胞瘤细胞系（Min 6）	0.14～0.5 T，24 h	不稳定铁水平与核转录因子红系 2 相关因子 2（NrF2）表达	增加	减少		[5]
			ROS 水平	减少			
			相对细胞数目		增加		

续表

物种	细胞系	磁场参数	检测指标	磁场诱导的生物学效应			参考文献
				向上方向	向下方向	方向对比	
人	肺癌细胞（A549）	9.4 T，24 h	DNA 合成	减少		向上方向 = 向下方向	[2]
	慢性髓细胞性白血病（K562）细胞、早幼粒细胞白血病（HL-60）细胞	0.2～1 T，24 h	细胞数目	无影响			[1]
	小气道上皮细胞（HSAEC2-KT 和 HSAEC30-KT）、气管上皮（HBEC30-KT）、视网膜色素上皮（RPE1）细胞	0.2～0.5 T 和/或 1 T，24 h					
	人角膜上皮细胞	20 Gs 和 250 Gs；25 Gs 和 1500 Gs，10h，12 h，24h，6～7 d	旋涡或螺旋状	增加			[31]
	中国仓鼠卵巢细胞（CHO）	0.5 T、0.26 T，6 h	ATP 水平	无影响			[15]
小鼠	小鼠胚胎成纤维细胞（NIH3T3）、小鼠成纤维细胞（L929）	0.5 T，24 h	NrF2 入核情况	减少			[7]

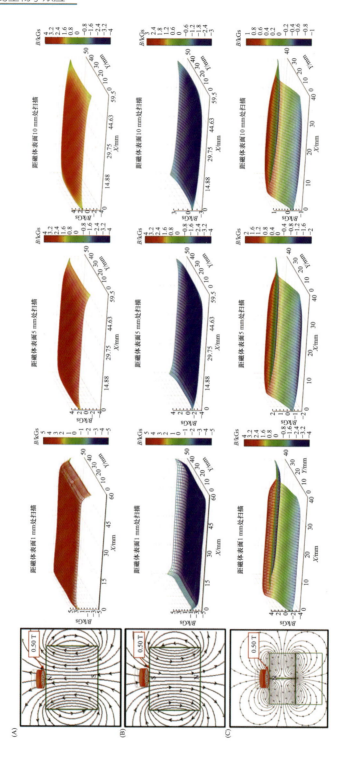

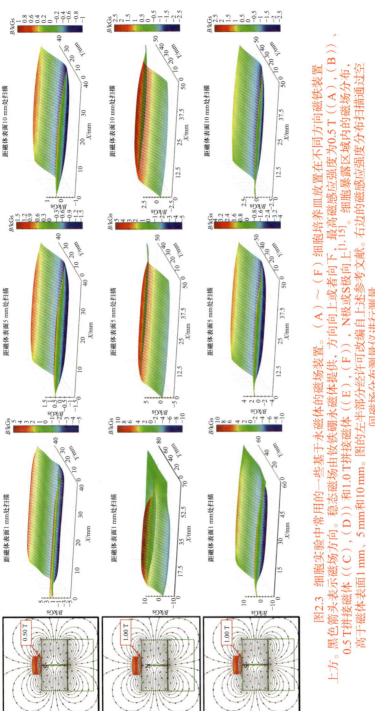

图2.3　细胞实验中常用的一些基于永磁体的磁场装置。（A）~（F）细胞培养皿放置在不同方向磁铁装置上方。黑色箭头表示磁场方向。稳态磁场由钕铁硼永磁体磁体提供，方向向上或者向下，最高磁感应强度为0.5 T（（A），（B）），0.5 T拼接磁体（（C），（D））和1.0 T拼接磁体（（E），（F）），N极或S极向上[1,15]。细胞暴露区域内的磁场分布，高于磁体表面1 mm，5 mm和10 mm。图中的左半部分经许可收编自上述参考文献。右边的磁感应强度分布通过空间磁场分布扫描仪进行测量

2.4 可能的机制

如第 1 章所述，在体内和体外导致磁场生物学效应差异的因素有很多，包括磁感应强度、梯度、暴露时间和细胞类型等。从本章所提到的不同方向磁场在动物和细胞水平的研究可以看出，磁场方向也是产生某些特定生物学效应的关键因素。虽然观察到的现象背后的机制还没有完全弄清楚，但已有一些研究试图解决这些问题，并提供了一些重要线索。

第一，磁场可以影响电子的状态，操纵自由基中未配对电子，这为磁场调节细胞活性氧（ROS）提供了理论基础[16,17]。然而，磁场对细胞 ROS 水平的确切影响在不同的研究中存在很大差异[18]，该部分内容将在第 6 章中进行系统总结。虽然一些研究提出了细胞内 ROS 的形成可能会受到磁场方向的影响[2,5,6,8-11,19-22]，但目前尚缺乏物理机制解释。这可能是由于生物体和细胞中存在复杂的 ROS 生成和清除系统。

第二，贴壁细胞与悬浮细胞在稳态磁场方向诱导的效应上似乎存在差异，这可能是由细胞的形状各向异性所造成的。我们之前的研究表明，向上或向下的磁场对多种类型贴壁细胞的细胞数目有显著差异性影响，而对液体细胞培养基中的悬浮细胞的细胞数目似乎没有影响[1]。这可能是由于贴壁细胞形状扁平且位置固定，因此它们具有形状各向异性和方向上的偏好。相比之下，悬浮细胞为球形，并可以在液体培养基中自由旋转，这使得它们并不依赖于方向。

第三，不同方向的磁场对 DNA 合成的调控存在差异。由于 DNA 带负电，在活细胞中复制时会经过快速旋转来缠绕和解旋，而外部施加的磁场会通过洛伦兹力影响 DNA 的运动和状态。我们前期结合理论计算和细胞实验，证明了向上和向下的磁场对细胞内 DNA 的旋转和双螺旋具有不同的影响（图 2.4）[14]，从而导致磁场对 DNA 合成的不同影响。例如，方向向上的中等到强稳态磁场可通过在带负电运动着的 DNA 上施加洛伦兹力来抑制 DNA 合成[2,14]。这一理论实际上与其他表明向上的磁场具有抑制细胞增殖作用的结果一致[1,2,23,24]。

第四，这些磁场方向诱导的生物学效应可能与地球磁场之间存在某种联系。众所周知，地球磁场是一个近均匀磁场，尽管它在大部分时间是相对静态的，但仍会受到太阳风暴等因素的影响。此外，南半球和北半球的地磁场方向相反。然而，地球磁场比已报道的研究中使用的磁场强度弱得多。这些因素是否相互影响以及如何相互关联，目前尚不清楚。

此外，虽然对不同方向磁场所产生不同生物学效应的物理机制仍不明确，但已有一些生物学实验证据为研究人员未来的探究提供基础。例如，笔者课题组前期研究表明，向上和向下的磁场对糖尿病小鼠的铁代谢水平影响不同。我们发现单一的方向向下约 100 mT 的磁场可以通过调节铁代谢和 ROS 的产生来改善胰腺功能。同时，方向向下的稳态磁场显著恢复了拟杆菌门的数量，增加了小鼠肠道微生物菌群中铁复合物外膜受体基因的表达，并减少了胰腺中的铁沉积[5]。

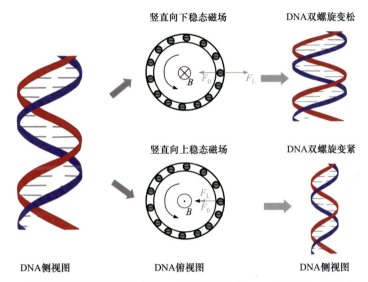

图 2.4　DNA 的运动性和磁场的洛伦兹力。左图和右图为 DNA 侧视图，中图为 DNA 横截面俯视图。对于向下和向上的磁场，带负电的 DNA 所受洛伦兹力（F_L）具有不同的方向。F_0 是决定 DNA 旋转的内源性向心力。黑色箭头为 DNA 旋转方向。插图由王丁基于参考文献 [14]提供

最后，尽管目前还没有充足的证据，但我们猜想细胞中可能存在一些具有较强磁学特性（如铁磁性）的生物分子或聚合物。它们类似于微小的指南针，当施加外部磁场时，其取向会发生改变，继而在细胞中触发不同的下游信号转导通路，最终引起不同的生物学效应。然而生物系统十分复杂，我们目前对生物体内各种物质磁性的了解还非常有限（对此我们将在本书第 3 章进行综述）。事实上，借助逐渐发展起来的新技术来更好地了解各种生物分子、细胞和组织的磁学性质，是我们课题组的重点研究方向。

2.5　结论和展望

根据目前收集到的实验证据我们可以看出，产生差异效应的是磁场方向，而

不是磁极本身。事实上，多项研究显然已证明磁场方向可以在细胞和生物体水平上影响生物学效应。因此我们认为，文献中存在大量的磁场生物学效应研究实验结果的不统一性，除了生物样品类型、磁场类型、磁感应强度和梯度差异之外，还需要考虑磁场方向。虽然大多数磁场方向引起的生物学效应差异的确切机制还不清楚，但我们呼吁本领域研究人员使用磁体扫描仪等设备来精确测量其磁场参数，提供详细、准确的三维信息，并在磁生物学研究中关注磁场方向。此外值得注意的是，目前有一部分与磁疗或磁场生物学效应相关的研究并没有准确描述所用磁场参数，或者缺少合适的对照组。还有许多其他因素也会导致有关磁场研究的临床试验或研究中的差异。同时，这些研究也都需要进行重复验证，我们希望在对磁场和生物系统有了足够的认识后能够取得更大进展，并改善磁疗领域的现状。事实上，利用磁场的不同方向还有可能在未来有助于将稳态磁场发展成为一种新型的物理治疗方式。

参 考 文 献

[1] Tian X F, Wang D M, Zha M, et al. Magnetic field direction differentially impacts the growth of different cell types. Electromagn. Biol. Med., 2018, 37 (2): 114-125.

[2] Yang X X, Song C, Zhang L, et al. An upward 9.4 T static magnetic field inhibits DNA synthesis and increases ROS-P53 to suppress lung cancer growth. Transl. Oncol., 2021, 14 (7): 101103.

[3] Todorović D, Marković T, Prolić Z, et al. The influence of static magnetic field (50 mT) on development and motor behaviour of Tenebrio (Insecta, Coleoptera). Int. J. Radiat. Biol., 2013, 89 (1): 44-50.

[4] Jin Y, Guo W, Hu X, et al. Static magnetic field regulates *Arabidopsis* root growth via auxin signaling. Sci. Rep., 2019, 9: 14384.

[5] Yu B, Liu J J, Cheng J, et al. A static magnetic field improves iron metabolism and prevents high-fat-diet/streptozocin-induced diabetes. Innovation (Camb)., 2021, 2 (1): 100077.

[6] Song C, Chen H X, Yu B, et al. Magnetic fields affect alcoholic liver disease by liver cell oxidative stress and proliferation regulation. Research (Wash D C)., 2023, 6: 0097.

[7] Feng C L, Yu B, Song C, et al. Static magnetic fields reduce oxidative stress to improve wound healing and alleviate diabetic complications. Cells, 2022, 11 (3): 443.

[8] Tasić T, Lozić M, Glumac S, et al. Static magnetic field on behavior, hematological parameters and organ damage in spontaneously hypertensive rats. Ecotox. Environ. Safe., 2021, 207: 111085.

[9] Tasić T, Djordjević D M, de Luka S R, et al. Static magnetic field reduces blood pressure short-term variability and enhances baro-receptor reflex sensitivity in spontaneously hypertensive rats. Int. J. Rad. Biol., 2017, 93 (5): 527-534.

[10] Djordjevich D M, De Luka S R, Milovanovich I D, et al. Hematological parameters' changes in mice subchronically exposed to static magnetic fields of different orientations. Ecotox. Environ. Safe., 2012, 81: 98-105.

[11] Milovanovich I D, Ćirković S, De Luka S R, et al. Homogeneous static magnetic field of different

orientation induces biological changes in subacutely exposed mice. Environ. Sci. Pollut. Res., 2016, 23 (2): 1584-1597.

[12] San J, Yang Z, Xia W, et al. Influence of uneven constant magnetic field on thrombosis and plasminogen activator in mice. Chin. J. Physiother., 2001, 24 (6): 325-327.

[13] Coletti D, Teodori L, Albertini M C, et al. Static magnetic fields enhance skeletal muscle differentiation in vitro by improving myoblast alignment. Cytometry. Part A, 2007. 71 (10): 846-856.

[14] Yang X X, Li Z Y, Polyakova T, et al. Effect of static magnetic field on DNA synthesis: The interplay between DNA chirality and magnetic field left-right asymmetry. FASEB. BioAdv., 2020, 2 (4): 254-263.

[15] Wang D M, Wang Z, Zhang L, et al. Cellular ATP levels are affected by moderate and strong static magnetic fields. Bioelectromagnetics, 2018, 39 (5): 352-360.

[16] Timmel C R, Hore P J, McLauchlan K A, et al. The effects of weak static magnetic fields on the yields of radical recombination reactions. Abs. Papers. Ameri. Chem. Soci., 1999, 217: U287.

[17] Ikeya N, Woodward J R. Cellular autofluorescence is magnetic field sensitive. Proc. Natl. Acad. Sci. U. S. A., 2021, 118 (3): e2018043118.

[18] Wang H, Zhang X. Magnetic fields and reactive oxygen species. Int. J. Mol. Sci., 2017, 18 (10): 2175.

[19] Sullivan K, Balin A K, Allen R G. Effects of static magnetic fields on the growth of various types of human cells. Bioelectromagnetics, 2011, 32 (2): 140-147.

[20] de Luka S R, Ilić A Ž, Janković S, et al. Subchronic exposure to static magnetic field differently affects zinc and copper content in murine organs. Int. J. Radiat. Biol., 2016, 92 (3): 140-147.

[21] Naarala J, Kesari K K, McClure I, et al. Direction-dependent effects of combined static and ELF magnetic fields on cell proliferation and superoxide radical production. BioMed. Res. Int., 2017, 2017: 5675086.

[22] Liu X L, Liu Z M, Liu Z N, et al. The effects of bio-inspired electromagnetic fields on normal and cancer cells. J. Bionic. Eng., 2019, 16 (5): 943-953.

[23] Zhang L, Ji X, Yang X, et al. Cell type- and density-dependent effect of 1 T static magnetic field on cell proliferation. Oncotarget, 2017, 8 (8): 13126-13141.

[24] Wang H, Zhang X. ROS reduction does not decrease the anticancer efficacy of X-ray in two breast cancer cell lines. Oxid. Med. Cell. Longev., 2019, 2019: 3782074.

[25] Giorgetto C, Silva E C, Kitabatake T T, et al. Behavioural profile of Wistar rats with unilateral striatal lesion by quinolinic acid (animal model of Huntington disease) post-injection of apomorphine and exposure to static magnetic field. Exp. Brain. Res., 2015, 233 (5): 1455-1462.

[26] Bertolino G, De Araujo F L, Souza H C, et al. Neuropathology and behavioral impairments after bilateral global ischemia surgery and exposure to static magnetic field: Evidence in the motor cortex, the hippocampal CA1 region and the neostriatum. Int. J. Radiat. Biol., 2013, 89 (8): 595-601.

[27] Bertolino G, de Freitas Braga A, de Oliveira Lima do Couto Rosa K, et al. Macroscopic and histological effects of magnetic field exposition in the process of tissue reparation in Wistar rats.

Arch. Dermatol. Res., 2006, 298 (3): 121-126.

[28] Bertolino G, Dutra Souza H C, de Araujo J E. Neuropathology and behavioral impairments in Wistar rats with a 6-OHDA lesion in the substantia nigra compacta and exposure to a static magnetic field. Electromagn. Biol. Med., 2013, 32 (4): 527-535.

[29] Sztafrowski D, Suchodolski J, Muraszko J, et al. The influence of N and S poles of static magnetic field (SMF) on Candida albicans hyphal formation and antifungal activity of amphotericin B. Folia. Microbiologica., 2019, 64 (6): 727-734.

[30] Elahee K B, Poinapen D. Effects of static magnetic fields on growth of Paramecium caudatum. Bioelectromagnetics, 2006, 27 (1): 26-34.

[31] Dua H S, Singh A, Gomes J A, et al. Vortex or whorl formation of cultured human corneal epithelial cells induced by magnetic fields. Eye (Lond)., 1996, 10: 447-450.

第 3 章
生物样品磁学特性

　　物质的磁性决定了它们对外部施加磁场的响应。虽然包括人体在内的大多数生物体整体为抗磁性，但其内部组成非常复杂。本章的目的在于总结已知的生物样品磁性，包括生物大分子（核酸、蛋白质和脂质等）的磁化率和磁各向异性，以及有机体、组织和细胞等。虽然此方面数据并不充足，尤其是生理条件下的活体生物样品相关数据，但已有研究表明，不同状态的生物样品可以显示出不同的磁性。例如，含氧红细胞具有抗磁性，而脱氧红细胞抗磁性减弱，这主要是由它们的血红蛋白处于不同的状态所导致。并且这一特性已被临床磁共振成像用于出血相关的诊断。此外，趋磁细菌中链状铁磁性的磁小体也是它们在地磁场中定向的工具。因此，系统研究生物样品磁学特性，不仅可以解释和避免磁场诱导生物学效应机制的模糊性、复杂性和局限性，又能为基于磁场的相关技术的发展提供重要支撑。

3.1　引言

　　迄今为止，已有大量的磁场诱导生物学效应被相继报道，但想要解释引起这些生物学效应的原因却常常十分困难，这需要人们更好地了解其潜在的物理、化学和生物学机制。所有的物质都会响应外加磁场，有的很强，有的却可以忽略不计，而这取决于它们本身的磁性。因此我们需要对生物样品的磁性有准确的了解。本章节的目的是对已知生物样品磁学特性进行总结，从而可以为理解磁场诱导的生物学效应以及磁场和磁性相关技术提供基础。

　　在描述生物样品磁学特性时，有几个常用的物理量，包括磁矩、磁化强度、磁化率和磁各向异性等（表 3.1）。

表 3.1　生物样品磁性常用物理量

物理量	定义
磁矩	表征物质磁性大小的物理量
磁化强度（M）	每单位体积物质的平均磁矩
磁化率（χ）	材料在外部磁场中能够被磁化的程度，由单位体积物质的磁化强度 M 与磁场强度 H 的比值来定义。对于线性和各向同性的物质，$M = \chi H$
磁各向异性，或磁化率各向异性（AMS）	物质在多个方向上的磁感应强度的差异
磁偶极矩	基本磁性结构，如有南北两个磁极的罗盘磁铁，在均匀磁场中会受到扭矩
剩磁	去除外磁场后磁性结构的净磁偶极矩

　　与其他物质一样，生物样品根据其磁性不同，一般可以分为抗磁、顺磁或铁磁。表 3.2 列出了生物系统中一些具有代表性的抗磁、顺磁和铁磁物质，这是理解不同生物学效应以及磁场相关技术应用的基础。

表 3.2　生物系统中具有代表性的抗磁、顺磁或铁磁物质

磁性	生物样品和相关物质
抗磁性	水、碳氧血红蛋白、氧合血红蛋白、正常组织和大多数细胞
顺磁性	氧气、亚铁血红蛋白、脱氧血红蛋白、铁蛋白、包括超氧化物和羟基自由基在内的一些活性氧（ROS）
铁磁性	磁小体，包括磁铁矿在内的氧化铁

　　抗磁性物质具有负的磁化率，其内部磁场与外部施加的磁场方向相反。事实上，抗磁性是所有物质都具有的基本属性，是由于轨道电子在暴露于外加磁场时的变化而产生的。所有抗磁性物质都存在成对的电子自旋，其自旋磁矩因相互抵消而对磁矩无贡献，所以其磁性只由电子的轨道运动所决定。然而，当暴露于外部磁场时，它们的角动量和磁矩发生变化，磁矩不再完全相互抵消，会产生与外部磁场相反（相抵抗）的净磁矩，因此磁化率为负值。目前看来，生物体内的大多数成分都是抗磁性物质，包括水、脂质和大多数蛋白质。

　　顺磁性材料具有正的磁化率，可以沿外加磁场方向被弱磁化。顺磁性材料包括一些具有自由电子的金属，如铝和铂，以及具有未配对电子的分子。虽然它们可以被磁铁所吸引，但其作用非常微弱。并且值得注意的是，金属离子在生理状态下为顺磁性，而非铁磁性。例如，我们人体中的铁大多与血液中的血红蛋白结合，还有一些铁存在于肝脏、脾脏和大脑等器官的铁蛋白中。骨骼肌的肌红蛋白中也有少量的铁。

　　铁磁性材料通常具有较大的磁化率。当放置于外部磁场中时，铁磁材料会被

磁化。并且即使在外部磁场被移除后，仍然保持磁化状态。目前除了趋磁细菌中的磁小体和某些细胞中的铁氧化物外，生物体内是否还有其他的铁磁性材料还不清楚，仍需进一步探究。

水是包括人体在内的大多数生物体的主要组成部分。在 37℃时，水的磁化率约为−9.05×10⁻⁶（SI）[1]，这使得活性生物体作为一个整体而言为弱抗磁性。虽然我们体内有 40～50 mg/kg 的铁，但基本上均匀分布于全身，因此整体仍呈弱抗磁性。尽管如此，由于金属离子以及其他顺磁性和铁磁性物质会在一些器官和细胞中富集，因此也会导致生物样本具有除了抗磁性之外的其他磁性的产生。值得注意的是，虽然不同的生物组织具有不同的磁化率，但大多数组织的磁化率与水相比，差异通常在 20% 以内[1]。因此，尽管人体中含有铁和其他一些顺磁性金属离子，但总体而言仍呈抗磁性。

生物大分子、细胞、组织和器官等生物样品的磁性不仅与其内在组成（例如顺磁性物质的含量）有关，并且还由物质的分布和整体结构所决定。大多数生物样品都是复杂、不均匀和不对称的，因此大多都具有磁各向异性，即样品磁化率在不同方向具有差异。生物样品的磁各向异性通常通过测量样品在轴向和径向的体积磁化率来评估，特别是对于棒状样品。两个方向上磁化率具有差异，即可表明该样品具有磁各向异性，而其差值即为磁各向异性值[2]。

值得注意的是，一些研究人员使用了国际单位制（SI），而另一些则使用高斯单位制（CGS），这给人们在不同研究之间的比较带来了很多不便。为帮助读者更好地理解，我们在此列出了本领域常用的物理量及单位（表 3.3）。而在本章中，我们也尽量将文献中的磁化率数据统一为 SI 单位，并将其列入表 3.4、表 3.5 和表 3.6。然而，由于一些研究报道中信息的不完整性，仍有一些数据的单位我们无法进行转换。

表 3.3　磁生物学中一些常用的磁学物理量的单位转换

定量	符号	SI 单位	CGS 单位	转换
磁场强度	H	A/m	Oe	1 A/m=4π/10³ Oe
磁感应强度/磁通密度	B	T	Gs	1 T=10⁴ Gs
磁矩	m	A·m²	emu	1 A·m²=10³ emu
磁化强度（体积）	M_v	A/m	emu/cm³	1 A/m=10⁻³ emu/cm³
磁化强度（质量）	M_m	A·m²/kg	emu/g	1 A·m²/kg=1 emu/g
磁化率（体积）	χ_v	1	emu/cm³ 或 emu/（cm³·Oe）	1=1/4π emu/cm³ 或 1=1/4π emu/（cm³·Oe）
磁化率（质量）	χ_m	m³/kg	emu/g 或 emu/（g·Oe）	1 m³/kg=10³/4π emu/g 或 1 m³/kg=10³/4π emu/（g·Oe）

3.2　生物大分子的磁性

首先，我们将介绍包括核酸、蛋白质、脂类以及血液中的成分等生物大分子磁性的相关报道结果。

3.2.1　核酸

自从 DNA 双螺旋结构被 Watson 和 Crick 确定后，它就成为生物科学和生物技术领域的中心。除了在生命科学中的奠基性作用外，关于 DNA 的材料科学研究也在近年来形成一个新兴跨学科研究领域[3]。但对于 DNA 的磁性是内源性还是外源性，仍然存在争议。

1961 年，Muller 等发现了噬菌体 DNA 中的未配对电子[4]，从此 DNA 的磁性引起了很多关注。然而，由于很难排除核酸以外的一些杂质，如一些与其结合的金属离子，人们无法证明磁性一定来源于 DNA 本身[3]。而 Walsh 等表示可能有证据可以证明这种磁性的外部来源。他们在一些 DNA 样品中检测到铁磁性电子的自旋信号，通过 X 射线荧光分析确定铁（Fe）是这种信号的主要来源，并通过电子显微镜观察到铁磁性 Fe_2O_3 的存在[5]。在 Nakamae 等发现了 B 型 λ-DNA 分子在低温下的非线性顺磁行为[6]之后，Mizoguchi 和同事提出氧分子可能是这种顺磁性的外部来源[7]。

除了铁以外，也有一些其他因素导致 DNA 的独特磁性。2010 年，Omerzu 等在冻干的 Zn-DNA 中发现了强烈的电子自旋共振（ESR）峰和强电子转移现象[8]。而 Zn^{2+} 本身并非顺磁性，因此 Zn-DNA 的 ESR 信号是来源于未配对电子[9]。Kwon 等提出，Zn-DNA 所存在的离域电子是因为 Zn^{2+} 的阳离子取代了 DNA 双螺旋结构中互补碱基中氢键上的 H^+[3]。在理论研究方面，Starikov 使用扩展的哈伯德哈密顿模型来计算电子关联在 DNA 双链中的作用，并提出希望进一步的研究可以聚焦对于 DNA 的反铁磁性及超导性的分析[9]。在此之后，Apalkov 和 Chakraborty 通过计算揭示了 DNA 近线性的温度依赖性磁化曲线。并且他们认为 DNA 链的磁化来源于电子-电子和/或电子-振动的相互作用[10]。

随着对核酸物理模型的深入研究，关于核酸磁化率的探究也在不断进行。在 2005 年，Nakamae 等测量了 DNA 的磁化率。他们的测量显示，在温度高于 100 K 时，无论是 A-DNA 还是 B-DNA 状态，λ-DNA 的磁化率都是（-0.63 ± 0.1）$\times 10^{-6}$ emu/g，换算为 SI 就是（-7.91 ± 1.26）$\times 10^{-9}$ m^3/kg。然而，当温度低于 20 K 时，λ-DNA 在 B-DNA 状态下为顺磁性，而对于 A-DNA，当温度低至 2 K 时，依然呈抗磁性。此外，S 形的 M-H（磁化强度-磁场强度）曲线可能是由沿 λ-DNA 的环形电流所引起的[6]。2006 年，Lee 等利用超导量子干涉器件（SQUID）发现了干燥的纤维状鲑鱼精子 A-DNA 的 S 形磁化曲线，他们认为这是在磁场中电荷沿着 DNA 的螺旋结构传输的结果[11]。更多关于 DNA 作为材料的电磁特性信息，可以参考 Kwon 等发表的论文《DNA 的材料科学》[3]。

3.2.2　蛋白质

我们在表 3.4 中总结了目前所报道的蛋白质的磁化率，包括文献中各种单位的原始数据，以及它们在 SI 单位制中的转换值。

1. 血红蛋白和肌红蛋白

谈到蛋白质磁性，血红蛋白是我们应该探讨的第一个蛋白，因为它有着独特的结构，并且在生物材料的磁性研究中具有特殊的地位。此前，Gamgee 在 1901 年证明了氧合血红蛋白、碳合血红蛋白和高铁血红蛋白具有抗磁性，这一点后来也被其他研究人员所证实[12]。Pauling 和 Coryell 在 *PNAS* 上发表了两篇关于血红蛋白和相关复合物磁性的文章，对其磁性和结构进行了完整的描述，为血红蛋白磁性的确定和进一步研究奠定了基础[13,14]。他们提出，氧合血红蛋白和碳合血红蛋白具有抗磁性，因为它们缺乏未配对电子，而脱氧血红蛋白（亚铁血红蛋白）每个铁原子含有四个未配对电子，每个血红蛋白的磁矩为 5.46 μ_B。在此后几年中，多项关于血红蛋白磁性的研究进一步展开。例如，Taylor 和 Coryell 使用 Gouy 法确定了牛亚铁血红蛋白的磁矩为（5.43 ± 0.015）μ_B[15]。Havemann 及同事发现珠蛋白的质量磁化率为 -0.53×10^{-6}（CGS）（-6.66×10^{-9} m^3/kg，SI），证实了 Pauling 关于珠蛋白是抗磁性的假设[16]。Savick 及同事还研究了氧合血红蛋白和一氧化碳血红蛋白的磁化率（表 3.4）[17]。Taylor 首次报道了铁肌红蛋白的磁化率，发现其与铁血红蛋白磁化率相同。每个肌红蛋白分子只含有一个血红素，而血红蛋白分子有四个血红素，且这些血红素之间几乎没有磁性相互作用。所以铁血红蛋白和铁肌红蛋白中的磁矩是由铁血红素与珠蛋白结合所形成的[18]。但这个结论与 Pauling 和 Coryell 之前所提出的观点并不一致，即血红蛋白中血红素之间的相互作用在磁矩中起作用[13]。Weissbluth 等提出，血红蛋白是具有顺磁性的，这与其血红素中的铁原子有关。当血红蛋白铁化合物所含的铁原子为 Fe^{3+} 时，则其可以被检测出自旋共振。然而血红蛋白的亚铁化合物则没有顺磁性，即便是高自旋状态的亚铁化合物也完全为抗磁性[19]。

表 3.4　已报道的蛋白磁化率

样品	磁化率 χ		参考文献
	文献数据	换算为 SI（$\times 10^{-9} m^3/kg$）	
珠蛋白	-0.53×10^{-6}（CGS）	-6.66	[16]
氧合血红蛋白和碳氧化物血红蛋白	-0.54×10^{-6}（CGS）	-6.78	[16]
氧合血红蛋白和一氧化碳血红蛋白	（-0.580 ± 0.010）$\times 10^{-6}$（CGS）	-7.28 ± 0.001	[17]
亚铁血红蛋白	11910×10^{-6}	9.3	[15]
亚铁肌红蛋白	12400×10^{-6}	9.16	[18]
高铁肌红蛋白	14200×10^{-6}	10.49	[18]
高铁血红蛋白	2520×10^{-6}	1.97	[20]
高铁细胞色素 c	2120×10^{-6}emu（CGS）	2.05	[22]
细胞色素 a（氧化）	2400×10^{-6}emu（CGS）	0.30	[23]
细胞色素 a3（氧化）	7900×10^{-6}emu（CGS）	0.99	[23]
转铁蛋白	（15700 ± 500）$\times 10^{-6}$（CGS）	2.56 ± 0.08	[24]
紫硫细菌铁蛋白，高电位（氧化）	（900 ± 100）$\times 10^{-6}$（CGS）	0.023 ± 0.003	[25]
紫硫细菌铁蛋白，高电位（还原）	（150 ± 200）$\times 10^{-6}$（CGS）	0.004 ± 0.006	[25]
紫硫细菌细胞色素 c（氧化）	（3100 ± 600）$\times 10^{-6}$（CGS）	2.99 ± 0.58	[25]
紫硫细菌细胞色素 c（还原）	（500 ± 300）$\times 10^{-6}$（CGS）	0.48 ± 0.29	[25]
漆酶 A（$\chi_{Cu,ox}-\chi_{Cu,red}$）	（570 ± 60）$\times 10^{-6}$emu（CGS）	0.060 ± 0.006	[26]
铜蓝蛋白 I（$\chi_{Cu,ox}-\chi_{Cu,red}$）	（430 ± 80）$\times 10^{-6}$emu（CGS）	0.046 ± 0.002	[26]

　　此外，Coryell 等发现，当溶液的 pH 改变时，高铁血红蛋白的磁化率也会发生很大的变化[20]。在 1975 年发表的一项研究中，Anusiema 发现，5%叔丁醇对高铁血红蛋白的磁化率产生影响。这些现象可能是由于高铁血红蛋白中的 Fe 原子八面体在不同 pH 溶液中位于与血红蛋白不同的位置上，通过化学键的变化和质子的损失导致其同种型发生变化；并且不同的 pH 环境会导致 Fe 原子相对于卟啉环的位置发生改变，从而导致高自旋态和低自旋态的变化。除了叔丁醇可能会增加高自旋基团的数量之外，这些因素中的任何一个都可能导致高铁血红蛋白的磁性发生变化[21]。

　　2. 细胞色素

　　细胞色素是一种与蛋白质偶联，并有助于电子传输的血红素类化合物[27]。通过测量和计算，Boeri 等发现细胞色素 c 的磁化率为 2120×10^{-6}emu（CGS）（$2.05 \times 10^{-9} m^3/kg$, SI）[22]。Lumry 等通过改变与蛋白质相结合的水的量来研究高铁细胞色素 c 的磁性，他们发现还原状态的高铁细胞色素 c 比氧化状态的抗磁性小，这与之前的发现一致。此外，与水结合的蛋白的磁化率和不与水结合的蛋白的磁化率相同。高铁细胞色素 c 在干燥状态比脱水状态更具顺磁性。他们推测其差异可能是水改变了一些咪唑基团的电子配对所造成的[28]。Ehrenberg 和 Yonetani 提出，氧化状态下的细胞色素 a 的磁化率为 2400×10^{-6}emu(CGS)(0.30×10^{-9} m³/kg, SI)，这与细胞色素 c 的磁化率相似，并且其氧化和还原形式都是低自旋。当处于还原状态时，细胞色素 a3 是一个高自旋的 Fe(Ⅱ) 衍生物，其氧化形式的磁化率为 7900×10^{-6}emu（CGS）（0.99×10^{-9} m³/kg, SI）[23]。Banci 等进行的一项研究表明，当在不同磁场方向上测量时，抗磁性和顺磁性都对细胞色素 b5 的磁化率做出了贡献。在不同方向观察到的磁化水平也是变化的。他们认为，在顺磁性含有血红素的蛋白中，决定总磁化率的关键是金属离子和卟啉部分。而在细胞色素 b5 中，他们使用近似的计算方法，通过将两者相加来计算其分子张量。还原的细胞色素 b5 的磁化率张量，径向由血红素提供，而轴向则是卟啉磁化率张量。且氧化的细胞色素 b5 的磁化率张量相当于其还原状态的抗磁磁化率张量加上金属离子的顺磁磁化率张量，这无疑突出了金属离子在磁化率张量中所做的贡献[29]。

3. 铁蛋白、转铁蛋白和铁氧还蛋白

考虑到核心的铁元素是血红蛋白磁性的主要来源，所有含有铁原子蛋白的磁性也同样值得研究。铁蛋白作为一种具有高铁浓度的储铁蛋白，在人体内大量存在。Granick 和 Michaelis 经过测量后发现铁蛋白中的铁处于+3 价态，每克铁原子的磁矩为 $3.78 \mu_B$[30]。铁蛋白中的铁可以很容易地用 NaOH 提取出来，所产生的氢氧化铁沉淀物的磁矩为 $3.77 \mu_B$，与铁的磁矩相同。之后，Rawlinson 和 Scutt 将氢氧化铁与铁蛋白进行比较，发现碱性溶液中的铁具有低自旋状态[31]。Allen 等使用交流磁化率测定法发现，马脾脏铁蛋白和患有地中海贫血症的人脾脏铁蛋白具有超顺磁性[32]。

转铁蛋白是一种运输铁的血清蛋白，拥有两个特定的金属结合点。Ehrenberg 等在 20℃时测得转铁蛋白中铁的顺磁磁化率为（15700 ± 500）$\times 10^{-6}$（CGS）（（2.56 ± 0.08）$\times 10^{-9}$ m³/kg, SI）。Aisen 等认为没有证据表明同一蛋白中所含的 Fe^{3+} 之间存在相互交换作用[33]。在转铁蛋白的磁性中，轨道自旋做出的贡献几乎可以忽略不计，而铁离子的高自旋是其磁性产生的主要原因[24]。

在巴氏梭菌（Clostridium pasteurianum）中发现的铁氧还蛋白是一种具有低氧化还原电位的铁硫蛋白，包含七个铁原子，在电子转移过程中起着重要作用。Poe 等使用核磁共振技术确定了铁氧还蛋白的磁矩，并发现其铁原子之间存在显著的抗磁耦合，表明这些铁原子在空间上相对接近[34]。1965 年 Ehrenberg 和 Kamen 发现，紫硫细菌高电位铁蛋白在还原状态下含有的是 Fe(Ⅱ)，在氧化状态下的磁矩为 $1.46 \mu_B$/铁原子，这表明氧化状态和还原状态之间的磁矩存在统计学意义上的差异[25]。Blomstrom 等多次测量并计算出溶液中的铁氧还蛋白每个铁原子的平均磁矩为（1.96 ± 0.21）μ_B，并得出结论，铁氧还蛋白中的所有七个铁原子都是 Fe（Ⅲ），并且 Fe（Ⅱ）与 Fe（Ⅲ）相比，还原态的 Fe（Ⅱ）具有较低的自旋水平[35]。

4. 铜蛋白

铜是生物学中一种重要的过渡金属。铜蛋白的功能包括简单的电子转移、底物氧化/氧合及氧的运输。根据铜蛋白的电子和磁性，它们通常被定义为三种类型。1 型（T1）铜蛋白也被称为铜蓝蛋白；2 型（T2）铜蛋白不具备铜蓝中心，通常存在于氧化/氧合酶中（如半乳糖氧化酶）；3 型（T3）铜蛋白具有双核铜中心，每个中心由三个组氨酸连接。T3 铜蛋白参与氧的运输和激活（血蓝蛋白和酪氨酸酶）。T1 和 T2 铜蛋白在氧化状态下都有电子顺磁共振（EPR）活性（Cu（Ⅱ），3d9，$S=1/2$），而 T3 铜蛋白在氧化状态下则没有 EPR 活性，所有类型的铜中心都处于还原状态（Cu（Ⅰ），3d10，$S=0$）[36]。早在 1958 年，Nakamura 在测量和计算漆酶载脂蛋白、氧化和还原漆酶之间的磁化率差异后，发现原生漆酶中铜的磁化率为 $24 \times 10^{-6} g^{-1}$[37]。根据测量和计算，Ehrenberg 等报道了漆酶 A 氧化与还原状态下的磁化率差值（$\chi_{Cu,ox} - \chi_{Cu,red}$）为（$570 \pm 60$）$\times 10^{-6}$ emu（CGS）（（0.060 ± 0.006）$\times 10^{-9}$ m^3/kg，SI），而铜蓝蛋白 I 的磁化率差值（$\chi_{Cu,ox} - \chi_{Cu,red}$）为（$430 \pm 80$）$\times 10^{-6}$ emu（CGS）（（0.046 ± 0.002）$\times 10^{-9}$ m^3/kg，SI）。他们发现只有大约 40%的铜是以 Cu（Ⅱ）的形式存在[26]，这与 Broman 等在 1962 年的 ESR 实验结论（43%~48%）相吻合[38]。之后 Aisen 等测量并计算出铜蓝蛋白的抗磁各向异性为 7.1×10^{-7} cm^{-3}（CGS）（8.92×10^{-6}，SI），并认为铜蓝蛋白中至少有 40%的铜是具有顺磁性的，并且铜蓝蛋白每个分子拥有七个紧密结合的铜原子，其中三个是 Cu（Ⅱ）[39]。

5. 组装蛋白

除了特定金属离子对电子传输所产生的影响外，蛋白分子的磁化率与其结构同样密切相关。其中受到最广泛关注的是微管蛋白。微管是存在于所有真核细胞的胞质中由细长原丝组成的大分子复合物[40]。原丝由微管蛋白二聚体连接在一起形成的纤维状网络结构组成[41, 42]。这种有序排列的组装结构对研究其磁性意义重大。1982 年，Vassilev 等在 0.02 T 磁场中观察到微管平行排列的现象，它是由微管蛋白分子的抗磁各向异性所引起[43]。抗磁各向异性可由化学键各向异性导致，这在具有共振的两个键的结构中更为明显，如芳香族、肽键或双碳键和三碳键[44]。早在 1936 年，Pauling 就提出了芳香环诱导的环状电流可以引起芳香分子的抗磁各向异性[45]。而非芳香族分子尽管没有局部环形电流，但其抗磁各向异性可由原子之间建立的局部各向异性之和所组成[46]。Pauling 进一步计算出肽键的抗磁各向异性为-5.36×10^{-6} emu，并指出具有 α 螺旋二级结构的每条链的氨基酸残基的各向异性磁化率为（2.6 ± 0.2）$\times 10^{-6}$[47]。Samulski 和 Tobolski 成功地使得具有高度 α 螺旋结构的 L-谷氨酸苄酯在中等强度的磁场中定向排列[48]。当氨基酸被组装成 α 螺旋的形式时，所有的肽键都位于与螺旋轴平行的平面内，因此其总磁化强度是由沿主轴的单个磁化强度加和而成。一些研究表明，微管蛋白二聚体具有相对较高比例的 α 螺旋结构（圆二色谱测试表明，其 25%的氨基酸形成 α 螺旋结构），并且其二级结构沿长轴方向排列[49, 50]。这一理论基础使 Bras 等在 1998 年提出微管蛋白二聚体的抗磁各向异性值至少为 1.01×10^{-28} m³[51]。他们随后在 2014 年对微管蛋白二聚体的抗磁各向异性进行了研究，通过不同计算方法分别计算出其各向异性的值为 3.7×10^{-27} J/T² 和 4.5×10^{-27} J/T²，并提出除了 α 螺旋结构之外，β 折叠结构同样对蛋白的磁化率做出了贡献[52]。

这种确定微管蛋白二聚体的抗磁磁化强度的方法可以很好地应用于其他蛋白和大分子复合物。纤维蛋白和胶原蛋白一直被认为是具有与微管蛋白类似的组装蛋白结构，也可以被磁场改变取向。1983 年，Freyssinet 等通过观察磁诱导的双折射，发现纤维蛋白在强磁场中聚集时发生很强的定向现象[53]。Torebett 和 Ronziere 用同样的方法观察胶原蛋白的自组装过程，且估算出胶原蛋白的各向异性磁化率值约为-1×10^{-25} J/T²[54]。这些对于组装蛋白磁性的研究不仅为生物体内的细胞和组织的磁性提供了理论支持，同时也为研究具有磁各向异性的生物材料提供了新方向。

3.2.3 脂类

早在 1939 年，Lonsdale 就提出碳氢链的存在对脂肪族化合物的磁各向异性有所影响[55]。这些双键或三键会限制一些电子占据原子的平面轨道。因此，如果链垂直于磁场方向，则会产生抗磁各向异性。1970 年，Chalazonitis 等报道了青蛙视网膜的杆状外段出现与外加磁场方向对齐的现象[56]。在此之后，Hong 等提出生物膜的取向与分子的抗磁性有关。他们证明分子与磁场相互作用足以引起视网膜视杆细胞在磁场中的定向，而其他膜微结构的磁定向取决于它们的结构和形态[2]。1978 年，Boroske 和 Helfrich 测量并计算了卵磷脂的磁各向异性，确定在 23℃时，平行和垂直于卵磷脂分子长轴的磁化率变化为（-0.28 ± 0.02）$\times 10^{-8}$（CGS）（（-3.52 ± 0.25）$\times 10^{-8}$, SI）[57]。1984 年，Scholz 等报道了圆柱形囊泡的磁各向异性是卵磷脂的 1.7 倍。他们将这种变化归因于两个样品中不饱和酰基链的不同浓度[58]。1993 年，Azanza 等在 5 T 的磁场中探究了干燥的人红细胞膜粉末的磁性。在这项研究中，他们观察到干燥的人类红细胞膜的磁化率为（-4.59 ± 0.15）$\times 10^{-7}$ emu/g

$((-5.77 \pm 0.19) \times 10^{-9} \, m^3/kg, SI)$，其各向异性磁化率值为 $(-9.18 \pm 0.3) \times 10^{-7} \, emu/g$ $((-11.53 \pm 0.38) \times 10^{-9} \, m^3/kg, SI)$[59]。红细胞和圆柱形脂质囊泡在磁场中的取向变化（图 3.1）[57, 60]将在本书第 6 章中进一步详细讨论。还有其他一些关于无蛋白质的脂质双层结构在磁场中取向改变的现象也曾被报道[61, 62]。

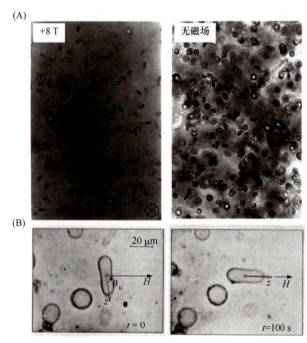

图 3.1   红细胞和圆柱形脂质囊泡由脂质膜决定其在稳态磁场中的取向改变。（A）红细胞在有或没有 8 T 稳态磁场的情况下改变方向。磁场方向与页面垂直向内。经许可转载自参考文献[60]。（B）由卵磷脂制成的圆柱形脂质囊泡暴露在与样品载玻片平行的 1.5 T 均匀场中。经许可转载自参考文献[63]

3.3   血液和相关化学成分

2000 年，Sosnitsky 等利用磁体积描记法（MPG）检测出人体血液与水的磁化率值差异很大，为 5×10^{-6}[64]。2012 年，Jain 等应用 MRI 仪测量体外全含氧和全脱氧血液的体积磁化率的差异为 0.273 ppm（CGS）（3.43×10^{-6}, SI）[65]。

早在 1901 年，Gamgee 就发现血红蛋白和其他血色素衍生物的磁化率为负值，而含铁血红素的磁化率为正值[12]。血红蛋白或其衍生物的磁性由铁的状态所决定。珠蛋白为抗磁性，而血红蛋白的磁性差异由铁和卟啉组成的血红素所决定。因此，虽然卟啉核为抗磁性，但不同金属卟啉的磁性却有所差异。以 Fe（Ⅱ）为中心离子的血红素称为亚铁血红素，而含有 Fe（Ⅲ）的血红素称为高铁血红素。如果 Fe（Ⅲ）与一个羟基离子相连，则称为氢氧化铁血红素；由 Fe（Ⅲ）和氯组成的化合物称为氯化铁血红素。当这四种血红素与珠蛋白结合时，它们分别形成还原血红蛋白和高铁血红蛋白。这两种类型的血红蛋白可以与其他离子或分子反应，形成大量的血红蛋白衍生物。例如，肌红蛋白就是一个著名的例子[13]。1980 年，Eaton S 和 Eaton G 测量了四种卟啉化合物的磁性，发现它们的磁化率都为负值[66]（表 3.5）。此外，Chane 等对各种卟啉、金属卟啉和血红素进行 X 射线衍射实验，发现卟啉核并不总是平面的，金属离子也不总是位于四个吡咯氮原子的平面内。这些离子的磁性从根本上说是不同的，因为它们的类型、空间位置和化学状态并不相同[67]。

表 3.5　报道的卟啉类化合物的磁化率

样品	磁化率 χ		参考文献
	文献数据	换算为 SI（×10⁻⁶）	
氯化血红素	-1.2×10^{-6}（CGS）	−15.07	[68]
原卟啉Ⅸ二甲酯	-585×10^{-6}	−0.73	
中卟啉Ⅸ二甲酯	-595×10^{-6}	−0.75	[66]
四苯基卟啉（H2TPP）	-385×10^{-6}	−0.48	
匹伐酰苯基（pivaloylphenyl）	-690×10^{-6}	−0.87	

　　一些研究表明，吡啶类血色素、双氰胺类血色素和 CO-吡啶类血色素都是抗磁性[13,69]，而亚铁血红素在 NaOH 中的磁矩范围为 $4.83 \sim 5.02\,\mu_B$，固定的血红素磁矩值在 $5.81 \sim 5.97\,\mu_B$ 范围内[13,16,70,71]。此外，血红素卟啉的磁化率张量多为轴向，且该中轴垂直于血红素平面，说明血红素具有各向异性，含血红素的物质会表现出磁各向异性[72]。

3.4　生物体、组织和细胞的磁特性

3.4.1　单细胞生物

　　早在 1936 年，Bauer 和 Raskin 就提出了酿酒酵母菌和一些细菌，如大肠杆菌、变形杆菌，在死亡后抗磁性增加了 4% 的观点。他们推测这些单细胞生物在存活时是活跃的顺磁状态，而死亡后由于顺磁性成分的损失，会导致抗磁性增加[73]。1964

年，Sugiura 和 Koga 研究了酵母休眠、代谢过程中和热处理后的磁化率，发现酿酒酵母细胞死亡后，抗磁性只增加了 0.3%。于是他们进一步使用 Gouy 技术，对酵母磁化率进行预估和计算后发现，悬浮于水中酵母的磁化率约为 -0.733×10^{-6}（CGS）（-9.21×10^{-6}，SI），而水的磁化率为 -0.720×10^{-6}（CGS）（-9.04×10^{-6}，SI）[74, 75]。

说到单细胞生物的磁性，我们不得不提到趋磁细菌（MTB）。它们体内具有特征性的指南针样磁小体，可以沿地磁场定向和迁移，因此得到了广泛研究[76-79]。1975 年，Blakemore 首次报道了趋磁细菌的趋磁现象[80]，随后描述了磁小体的超微结构细节[81]。在大多数趋磁细菌中，磁小体以链状排列，因此细菌的总磁偶极矩由各个磁小体颗粒的永久磁偶极矩之和所决定[78]。

2007 年，Melnik 等开发了一种名为细胞跟踪测速仪的仪器，用于检测萎缩芽孢杆菌（以前被称为球状芽孢杆菌）、苏云金芽孢杆菌和蜡样芽孢杆菌的磁光迁移率。研究发现，所有的细菌菌株在孢子形成后都显示了元素 Mn 的峰值和相对较高的平均磁迁移率。他们认为，由磁迁移率反映的高磁化率很可能是由顺磁性 Mn 元素所引起[82]。Zhou 等进一步探讨了巨型芽孢杆菌、蜡样芽孢杆菌和枯草芽孢杆菌中孢子的内在磁性。他们用 SQUID 进行测量，发现蜡样芽孢杆菌的平均磁矩相对较低，为 5.1 μ_B（Mn 含量 2.3×10^{22} kg^{-1}），而巨型芽孢杆菌和枯草芽孢杆菌的磁矩分别为 5.9 μ_B（Mn 含量 1.55×10^{22} kg^{-1}）和 5.5 μ_B（Mn 含量 4.2×10^{22} kg^{-1}）。然而结果显示，Mn 含量与磁矩并不一致。作者认为尽管 Mn 是引起枯草芽孢杆菌孢子中顺磁性的主要原因，但其氧化态是+3 而不是+2。因此他们得出结论，枯草芽孢杆菌孢子的顺磁性是由不同化学价态的 Mn 元素所引起的，进而其磁化率可通过改变培养基的 Mn 含量来改变[83]。

3.4.2　组织

1. 正常组织

早在 1967 年，Bauman 和 Harris 就阐明了铁化合物与肝脏组织磁化率之间的关系。通过测量不同的铁蛋白和含铁血黄素的肝脏组织磁化率，他们发现每克铁蛋白-含铁血黄素（储存铁）预计会使人类肝脏磁化率值每立方厘米增加约 0.08×10^{-6} emu（CGS）（1.00×10^{-6}，SI）[84]。2021 年，Klohs 和 Hirt 使用振动样品磁力仪（VSM）对新鲜以及化学固定后的小鼠组织磁化率进行测定，并且对组织的含水量也进行了测量[85]。他们发现所有样品所测量的磁化率值都在 $-0.068 \times 10^{-8} \sim -1.929 \times 10^{-8}$ m^3/kg（SI），而双蒸水为（-9.338×10^{-9}）m^3/kg（SI）。此外，他们还发现与其他组织相比，心脏组织具有更强的顺磁性。并且，固定后的心脏组织拥有比新鲜心脏组织较小的抗磁磁化率，表明化学固定影响了样本的抗磁性。

然而，尚不清楚为何其他器官和组织磁化率在新鲜与固定状态时并无显著差异。有趣的是，固定组织也未显示出磁化率与温度的关系，而新鲜组织则表明顺磁性成分的存在[85]。

关于正常组织磁性的研究大多集中在大脑。例如，1992 年 Kirschvink 等报道了大脑组织中存在铁磁性物质[86]。2017 年，Kopani 等研究表明，在人脑所有区域中，与运动功能有关区域（苍白球、壳核、黑质）的铁含量浓度最高。在人脑中铁通常以铁蛋白、含铁血黄素（铁蛋白分解产物）和其他生物矿化的氧化物（如赤铁矿（Fe_2O_3）、磁铁矿（Fe_3O_4）和磁赤铁矿（$\gamma\text{-}Fe_2O_3$））的形式存在。并且他们还提出，抗磁的氧合血红蛋白和顺磁性脱氧血红蛋白的含量同样对组织磁化率做出贡献，贡献的大小取决于这些物质的含量[87, 88]。2018 年，Hametner 等通过测量人体脑组织的定量磁化率成像（QSM）进一步研究了脑组织中铁含量对其磁化率的影响，阐明了脑组织磁化率与铁含量之间的直接关联[89]。

Gelderen 等用扭矩天平测量人脑白质纤维束及其周围的共振频率分布，来研究和计算白质的磁各向异性。他们发现中枢神经系统中白质的磁化率由白质相对于磁场的方向所决定，这种各向异性会产生一个与纤维束体积成正比的微小磁扭矩。定量结果显示，白质的各向异性磁化率在 $13.6\sim19.2$ ppb（CGS）（$13.6\times10^{-6}\sim19.2\times10^{-6}$, SI）。基于上述结果，MRI 的共振频率取决于大脑微结构相对于主磁场的方向，而这些微结构的方向在一定程度上影响了白质的共振频率[90]。

然而，尽管几乎所有研究都显示了生物组织的抗磁性，有一项有趣但令人十分费解的研究却检测到所有的组织均为顺磁性[91]。作者还认为在女性身上获得的样本要比男性的样本具有更低的磁化率，并且从吸烟者的肺部收集的样本具有较高的磁化率。

对于磁各向异性，大多数研究也主要集中在大脑组织[92, 93]。例如，有研究表明，髓鞘可以影响脑组织磁各向异性。根据 Luo 等的研究表明，白质的磁共振频率变化不取决于平均组织磁化率，而是取决于细胞水平上磁性物质的对称性分布。他们使用包含了纵向排列髓鞘和神经丝组织结构的大鼠视神经作为模型，并使用磁共振谐振频率偏移来测量其磁化率。结果显示，与水的磁化率相比，视神经的体积磁化率相差（-0.116 ± 0.010）ppm，而视神经的纵向磁化率相差（-0.043 ± 0.009）ppm[93]。

此外，人类器官如肾脏、心脏和结缔组织也有磁各向异性的特点。它们的各向异性值与脑组织中的髓鞘不同。例如，肾脏有着有序的管状结构、基底膜和肾上皮细胞，这些都是磁各向异性的潜在来源。通过磁化率张量成像发现，当肾小管与磁场对齐时，肾小管抗磁性更强，而当肾小管与磁场垂直时，它顺磁性更强[94]。对于结缔组织而言，胶原蛋白组成的胶原纤维可以使其具有更有序的结构。胶原纤维由多个分子组成，其中每个胶原纤维都包含一个由三个平行的左手聚脯氨酸

Ⅱ型螺旋组成的右手束，其肽组平面平行于螺旋轴，而肽组由肽键和芳香族基团构成，其中的肽键并不完全平行于螺旋轴，这造成其平行于螺旋轴的磁化率比垂直于螺旋轴的磁化率的抗磁性更强。而在骨骼肌和心肌纤维中，具有富含 α 螺旋形式的多肽链，如肌球蛋白、原肌球蛋白和肌动蛋白，α 螺旋中的肽键均位于螺旋轴的平面内，这些肽键在平行于螺旋轴方向上的磁化率要大于垂直于螺旋轴方向的磁化率。垂直于磁场的肌纤维呈现抗磁性，而平行于磁场的肌纤维相对于参考磁化率呈现顺磁性，这与胶原纤维在磁场中的趋势相反[95, 96]。

2. 肿瘤组织

1961 年，Senftle 和 Thorpe 测量了植入肝癌细胞的大鼠肝组织和正常肝组织的磁化率，发现大鼠的肺癌转移灶的抗磁性较强，而正常大鼠肝组织的抗磁性较弱[97]（表 3.6）。他们还用液氮温度处理了样品，并在 77～263 K 的温度范围内测量了水和不同组织的磁化率。结果显示，三种组织的磁化率在 130～140 K 的温度范围内和 150 K 以下有很大不同[97]。

表 3.6　肿瘤与非肿瘤组织的磁化率

样品	磁化率 χ		参考文献
	文献数据（CGS）	换算为 SI（$\times 10^{-9}\,\mathrm{m^3/kg}$）	
肺癌转移灶（莫里斯第 3683 号）	$(-0.688 \pm 0.0046) \times 10^{-6}\,\mathrm{emu/g}$	-8.64 ± 0.058	
荷瘤大鼠的肝脏组织	$(-0.670 \pm 0.0012) \times 10^{-6}\,\mathrm{emu/g}$	-8.42 ± 0.015	[97]
正常对照动物的肝脏	$(-0.637 \pm 0.0059) \times 10^{-6}\,\mathrm{emu/g}$	-8.00 ± 0.074	
小鼠 S91 黑色素瘤	$(0.151 \times 10^{-6})\,(77\,\mathrm{K})$ $(-0.042 \times 10^{-6})\,(194\,\mathrm{K})$ $(-0.147 \times 10^{-6})\,(294\,\mathrm{K})$	$1.90\,(77\,\mathrm{K})$ $-0.53\,(194\,\mathrm{K})$ $-1.85\,(294\,\mathrm{K})$	
小鼠 S91A 黑色素瘤	$(-0.0078 \times 10^{-6})\,(77\,\mathrm{K})$ $(-0.100 \times 10^{-6})\,(194\,\mathrm{K})$ $(-0.193 \times 10^{-6})\,(294\,\mathrm{K})$	$-0.10\,(77\,\mathrm{K})$ $-1.26\,(194\,\mathrm{K})$ $-2.42\,(294\,\mathrm{K})$	[98]
小鼠腿部肌肉	$(-0.186 \times 10^{-6})\,(77\,\mathrm{K})$ $(-0.186 \times 110^{-6})\,(194\,\mathrm{K})$ $(-0.221 \times 10^{-6})\,(294\,\mathrm{K})$	$-2.34\,(77\,\mathrm{K})$ $-2.34\,(194\,\mathrm{K})$ $-2.78\,(294\,\mathrm{K})$	

Mulay I 和 Mulay L 研究了小鼠的 S91 黑色素瘤、S91A 黑色素瘤（无黑色素）和小鼠正常组织的磁化率，发现它们的磁化率与组织的种类和温度有关。他们指出，这样的结果由不同组织中的磁性物质引起，如自由基或顺磁性离子。他们的 ESR 结果证实了 S91 黑色素瘤中自由基和顺磁性离子的存在[98]。此外，在

许多类型的癌症中都可以观察到铁和铁蛋白的异常表达。Brem 等测量了人类脑膜瘤组织和人类非肿瘤海马组织的磁化强度，发现脑膜瘤组织的顺磁信号（2.14×10^{-5} A·m²/kg）比海马组织的信号（0.22×10^{-5} A·m²/kg）强得多[99]。

3.4.3 细胞

1. 血细胞

对细胞磁性研究最多的是红细胞。基于 Pauling 等提出的顺磁性脱氧血红蛋白和顺磁性高铁血红蛋白的理论，Xue 等通过理论计算、细胞追踪测速仪与 SQUID-MPMS 的方法检测了三种不同状态的红细胞磁化率[100]（表 3.7）。红细胞的磁性差异主要是由顺磁性的脱氧血红蛋白和高铁血红蛋白决定，其主要贡献来源于前面提到的血红素中的铁。磁场诱导的红细胞磁泳迁移率取决于血红蛋白铁的氧合或氧化状态以及每个红细胞内血红蛋白的含铁量[101]。基于红细胞磁化率的磁泳技术也得到了发展。疟原虫消化血红蛋白所留下的高自旋氧化血红素产物为顺磁性，但正常的低自旋氧合血红蛋白为抗磁性。因此，寄生的红细胞与正常的含氧红细胞能够被分离开来，这将选择性地分离出具有这种高自旋血红蛋白形式的细胞，并可以通过磁场从感染患者的血液中富集[102]。同时，细胞磁泳也被证明能够从细胞混合物中分离出有核红细胞，并根据细胞内环境的不同氧化易感性来识别不同水平的高铁血红蛋白[103]。

表 3.7 报道的细胞磁化率

细胞	磁化率 χ（SI）	参考文献
含氧红细胞	$-(9.19 \pm 0.47) \times 10^{-6}$（磁泳） $-(9.73 \pm 1.34) \times 10^{-6}$（SQUID-MPMS） -9.23×10^{-6}（理论）	
脱氧红细胞	$-(6.39 \pm 1.1) \times 10^{-6}$（磁泳） $-(7.34 \pm 1.17) \times 10^{-6}$（SQUID-MPMS） -5.72×10^{-6}（理论）	[100]
高铁红细胞	$-(6.46 \pm 0.88) \times 10^{-6}$（磁泳） $-(6.02 \pm 1.1) \times 10^{-6}$（SQUID-MPMS） -5.27×10^{-6}（理论）	
HeLa 细胞	-0.515×10^{-6}	[105]
CNE-2Z 细胞（细胞质）	$(9.888 \pm 0.6) \times 10^{-9}$ m³/kg	[106]
CNE-2Z 细胞（细胞核）	$-(6.813 \pm 0.003) \times 10^{-9}$ m³/kg	

因为红细胞独特的组成和双凹盘形状，许多关于细胞磁性的研究都基于此展开。并且红细胞被有序排列的脂质双分子组成的细胞膜所覆盖，这样的结构使得

其在磁场中可以定向排列（图 3.1）。然而，固定后的红细胞在磁场中的取向与正常红细胞相反，其双凹盘状平面与磁场方向垂直。对于这一现象，他们认为，红细胞的细胞膜与血红蛋白的平均比率约为 1∶70，这些血红蛋白在被固定时的排列决定了它们在磁场中的定向。血红蛋白又因为其自旋状态的高低可以呈现顺磁或抗磁各向异性。测量结果显示固定后的红细胞在高自旋状态和低自旋状态下的磁各向异性，分别为 $2 \times 10^7 D_B/cell$ 和 $5 \times 10^6 D_B/cell$，处于高自旋状态的红细胞拥有更大的磁各向异性值是由于其拥有更强的顺磁性。并且他们提出，红细胞在磁场中取向的不同主要是由细胞中血红蛋白的磁各向异性所决定[104]。

　　Yamagashi 等比较了高场稳态磁场中血小板和红细胞的抗磁取向。通过测量平行和垂直于稳态磁场的红细胞和血小板的磁各向异性，他们得到了红细胞（$\Delta\chi = 8.3 \times 10^6 D_B/cell$）和血小板（$\Delta\chi = 1.2 \times 10^7 D_B/cell$）的磁各向异性值（表 3.8）。他们还表明，微管可以在稳态磁场中有序排列，这一现象对于血小板的磁各向异性起关键作用[107]。此外，最近的两项工作还研究了另一种血细胞，单核细胞的磁性。Kim 等使用细胞追踪测速仪分析了人类单核细胞、血浆血小板、含氧红细胞和高铁血红细胞的磁特性，得出单核细胞的磁迁移率最高且单核细胞的平均磁迁移率比高铁血红蛋白红细胞快 7.8 倍的结论。此外，在一些血浆样品中也观察到正磁速，这表明血小板中可能含有铁。这些结果证明单核细胞和血小板可能具有顺磁性[108, 109]。

表 3.8　已报道的细胞磁各向异性

细胞	磁各向异性值 $\Delta\chi$（SI）	参考文献
红细胞（高自旋）	$2 \times 10^7 D_B/cell$	[104]
红细胞（低自旋）	$5 \times 10^6 D_B/cell$	
红细胞	$8.3 \times 10^6 D_B/cell$	[107]
血小板	$1.2 \times 10^7 D_B/cell$	

2. 肿瘤细胞

　　受磁分离技术的启发，2006 年 Kashevskii 等通过检测 HeLa 肿瘤细胞在磁场中的运动轨迹，并将其与红细胞运动轨迹进行比较，探究了 HeLa 细胞的磁化率。他们发现，细胞的抗磁磁化率随着直径的增加而增加，且认为这是因为细胞核和细胞质具有不同的磁性所导致。其测量表明，HeLa 细胞的磁化率为（$-0.5136 \sim -0.5179$）$\times 10^{-6}$（不同的肿瘤细胞直径），而红细胞磁化率为 -0.731×10^{-6}（全氧合血红蛋白）$\sim -0.573 \times 10^{-6}$（还原血红蛋白）[105]。

同样在 2006 年，Han 等使用磁泳微分离器的顺磁捕获模式成功分离了人乳腺癌细胞系（MCF-7、MDA-MB-231 和 MDA-MB-435）（图 3.2）。他们对这些人乳腺癌细胞系的微电阻抗进行测量，并与正常人乳腺组织细胞系 MCF-10A 进行比较，发现正常细胞系和肿瘤细胞系的微电阻抗谱存在显著差异。因此，可以根据人乳腺癌细胞系的不同病理阶段对细胞进行识别和分类，这在一定程度上验证了这些细胞的不同磁性[110]。

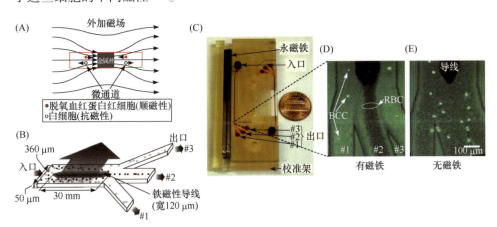

图 3.2　用于从血液中分离乳腺癌细胞的顺磁捕获模式（PMC）微量分离器。（A），（B）PMC 微量分离器的插图。（A）微通道的横截面图和（B）具有一个入口和三个出口的微通道的透视图。（C）PMC 微量分离器的俯视图。荧光探测的 BCC（乳腺癌细胞）通过 PMC 微量分离器的微通道。（D）平均流速为 0.05 mm/s，外部磁感应强度为 0.2 T。（E）平均流速为 0.05 mm/s，没有外部磁场。经引用许可转载自参考文献[110]

2020 年，笔者实验室通过 SQUID-MPMS3 对人鼻咽癌 CNE-2Z 细胞的磁化率进行了测量。发现 CNE-2Z 细胞的 M-H 曲线在低温下呈顺磁性，这表明其存在一些顺磁性成分。进一步检测了 CNE-2Z 细胞的细胞质和细胞核的磁化率，发现细胞质和细胞核的质量磁化率分别为 $(9.888 \pm 0.6) \times 10^{-9}$ m^3/kg（SI）和 $(-6.813 \pm 0.003) \times 10^{-9}$ m^3/kg（SI）。这一结果表明，CNE-2Z 细胞的细胞质是顺磁性的，可能是由线粒体和自由基引起的。然而，细胞核为抗磁性，因为它主要包含 DNA、核蛋白和脂质等[106]。

3.5　结论

生物样品的磁性由它们的组成、结构和各种其他因素所决定，对它们如何响应外加磁场至关重要。目前，大多数生物样品的确切磁性仍不清楚，尤其是在各种生理和病理条件下的精确磁性变化。因此我们强烈呼吁未来的工作可以在分子、细胞和组织水平上系统和准确地测量生物样品的磁性，这对于基于磁场的研究、诊断和治疗技术的发展至关重要。

参 考 文 献

[1] Schenck J F. The role of magnetic susceptibility in magnetic resonance imaging: MRI magnetic compatibility of the first and second kinds. Medical Physics, 1996, 23 (6): 815-850.

[2] Hong F T, Mauzerall D, Mauro A. Magnetic anisotropy and the orientation of retinal rods in a homogeneous magnetic field. Proc. Natl. Acad. Sci. U.S.A., 1971, 68 (6): 1283-1285.

[3] Kwon Y W, Lee C H, Choi D H, et al. Materials science of DNA. J. Mater. Chem., 2009, 19 (10): 1353-1380.

[4] Mueller A, Hotz G, Zimmer K G. Electron spin resonances in bacteriophage: Alive, dead, and irradiated. Biochem. Biophys. Res. Commun., 1961, 4: 214-217.

[5] Walsh W, Shulman R, Heidenreich R. Ferromagnetic inclusions in nucleic acid samples. Nature, 1961, 192(4807): 1041-1043.

[6] Nakamae S, Cazayous M, Sacuto A, et al. Intrinsic low temperature paramagnetism in B-DNA. Phys. Rev. Lett., 2005, 94 (24): 248102.

[7] Mizoguchi K, Tanaka S, Sakamoto H. Comment on "Intrinsic low temperature paramagnetism in B-DNA". Phys. Rev. Lett., 2006, 96 (8): 089801.

[8] Omerzu A, Anželak B, Turel I, et al. Strong correlations in highly electron-doped Zn (II)-DNA complexes. Phys. Rev. Lett., 2010, 104 (15): 156804.

[9] Starikov E. Role of electron correlations in deoxyribonucleic acid duplexes: Is an extended Hubbard Hamiltonian a good model in this case? Philos. Mag. Lett., 2003, 83 (11): 699-708.

[10] Apalkov V, Chakraborty T. Influence of correlated electrons on the paramagnetism of DNA. Phys. Rev. B., 2008, 78 (10): 104424.

[11] Lee C H, Kwon Y W, Do E D, et al. Electron magnetic resonance and SQUID measurement study of natural A -DNA in dry state. Phys. Rev. B., 2006, 73: 224417.

[12] Gamgee A. On the behaviour of oxy-hæmoglobin, carbonic-oxide-hæmoglobin, methæmoglobin, and certain of their derivatives, in the magnetic field, with a preliminary note on the electrolysis of the hæmoglobin compounds. Proc. R. Soc. Lond., 1901, 68 (442-450): 503-512.

[13] Pauling L, Coryell C D. The magnetic properties and structure of hemoglobin, oxyhemoglobin and carbonmonoxyhemoglobin. Proc. Natl. Acad. Sci. U.S.A., 1936, 22 (4): 210-216.

[14] Pauling L, Coryell C D. The magnetic properties and structure of the hemochromogens and related substances. Proc. Natl. Acad. Sci. U.S.A., 1936, 22 (3): 159-163.

[15] Taylor D S, Coryell C D. The magnetic susceptibility of the iron in ferrohemoglobin. J. Am. Chem. Soc., 1938, 60 (5): 1177-1181.

[16] Havemann R, Haberditzl W, Rabe G. Untersuchungen über den diamagnetismus von O_2- und CO-Hämoglobin, Globin und Aminosäuren. Zeitschrift Für Physikalische Chemie, 1962, 218 (1):

417-425.

[17] Savicki J, Lang G, Ikeda-Saito M. Magnetic susceptibility of oxy-and carbonmonoxyhemoglobins. Proc. Natl. Acad. Sci. U.S.A., 1984, 81 (17): 5417-5419.

[18] Taylor D S. The magnetic properties of myoglobin and ferrimyoglobin, and their bearing on the problem of the existence of magnetic interactions in hemoglobin. J. Am. Chem. Soc., 1939, 61 (8): 2150-2154.

[19] Weissbluth M , Maggiora G M, Ingraham L L, et al. Structure and Bonding. New York: Springer-Verlag, 1967.

[20] Coryell C D, Stitt F, Pauling L. The magnetic properties and structure of ferrihemoglobin (methemoglobin) and some of its compounds. J J. Am. Chem. Soc., 1937, 59 (4): 633-642.

[21] Anusiem A. Magnetic susceptibility of ferrihemoglobin in water and 5% t－butanol. Biopolymers, 1975, 14 (6): 1293-1304.

[22] Boeri E, Ehrenberg A, Paul K, et al. On the compounds of ferricytochrome C appearing in acid solution. Biochim. Biophys. Acta., 1953, 12 (1-2): 273-282.

[23] Ehrenberg A, Yonetani T. Magnetic properties of iron and copper in cytochrome oxidase. Acta. Chem. Scand., 1961, 15 (5): 8.

[24] Ehrenberg A, Laurell C B. Magnetic measurements on crystallized Fe-transferrin isolated from the blood plasma of swine. Acta. Chem. Scand., 1955, 9: 68.

[25] Ehrenberg A, Kamen M. Magnetic and optical properties of some bacterial haem proteins. B.B.A.-Biophysics Including Photosynthesis, 1965, 102 (2): 333-340.

[26] Ehrenberg A, Malmström B G, Broman L, et al. A magnetic susceptibility study of copper valence in ceruloplasmin and laccase. J. Mol. Biol., 1962, 5 (4): 450-452.

[27] Senftle F E, Hambright W P. Magnetic Susceptibility of Biological Materials.　Biological Effects of Magnetic Fields. NY: Springer, 1969, 2: 261-306.

[28] Lumry R, Solbakken A, Sullivan J, et al. Studies of rack mechanisms in heme-proteins. I. The magnetic susceptibility of cytochrome c in relation to hydration. J. Am. Chem. Soc., 1962, 84 (2): 142-149.

[29] Banci L, Bertini I, Huber J G, et al. Partial orientation of oxidized and reduced cytochrome b5 at high magnetic fields: Magnetic susceptibility anisotropy contributions and consequences for protein solution structure determination. J. Am. Chem. Soc., 1998, 120 (49): 12903-12909.

[30] Granick S, Michaelis L. Ferritin and apoferritin. Science, 1942, 95 (2469): 439-440.

[31] Rawlinson W, Scutt P. The magnetic properties and chemical structures of solid haemins. Aust. J. Chem., 1952, 5 (1): 173-188.

[32] Allen P, St Pierre T, Chua-Anusorn W, et al. Low-frequency low-field magnetic susceptibility of ferritin and hemosiderin. B.B.A.-Mol. Basis. Dis., 2000, 1500 (2): 186-196.

[33] Aisen P, Aasa R, Redfield A G. The chromium, manganese, and cobalt complexes of transferrin. J. Biol. Chem., 1969, 244 (17): 4628-4633.

[34] Poe M, Phillips W, McDonald C, et al. Proton magnetic resonance study of ferredoxin from Clostridium pasteurianum. Proc. Natl. Acad. Sci. U.S.A., 1970, 65 (4): 797-804.

[35] Blomstrom D, Knight E, Jr , Phillips W, et al. The nature of iron in ferredoxin. Proc. Natl. Acad.

Sci. U.S.A., 1964, 51 (6): 1085.

[36] Rich P, Maréchal A. 8.5 electron transfer chains: Structures, mechanisms and energy coupling, Comprehensive Biophysics, 2012, 8: 72-93.

[37] Nakamura T. Magnetic susceptiblity of oxidized and reduced laccase. Biochim. Biophys. Acta., 1958, 30 (3): 640-641.

[38] Broman L, Malmström B G, Aasa R, et al. Quantitative electron spin resonance studies on native and denatured ceruloplasmin and laccase. J. Mol. Biol., 1962, 5 (3): 301-310.

[39] Aisen P, Koenig S H, Lilienthal H R. Low temperature magnetic susceptibility of ceruloplasmin. J. Mol. Biol., 1967, 28 (2): 225-231.

[40] Amos L A, Baker T S. The three-dimensional structure of tubulin protofilaments. Nature, 1979, 279 (5714): 607-612.

[41] Wickstead B, Gull K. The evolution of the cytoskeleton. J. Cell. Biol., 2011, 194 (4): 513-525.

[42] Amos L, Klug A. Arrangement of subunits in flagellar microtubules. J. Cell. Sci., 1974, 14 (3): 523-549.

[43] Vassilev P M, Dronzine R T, Vassileva M P, et al. Parallel arrays of microtubules formed in electric and magnetic fields. Biosci. Rep., 1982, 2 (12): 1025-1029.

[44] Herlach F. Strong and ultrastrong magnetic fields and their applications: introduction. Top. Appl. Phys., 1985, 57: 1-16.

[45] Pauling L. The diamagnetic anisotropy of aromatic molecules. J. Chem. Phys., 1936, 4 (10): 673-677.

[46] Maret G, Dransfeld K. Strong and Ultrastrong Magnetic Fields and Their Applications. NY: Springer, 1985.

[47] Pauling L. Diamagnetic anisotropy of the peptide group. Proc. Natl. Acad. Sci. U.S.A., 1979, 76 (5): 2293-2294.

[48] Samulski E, Tobolsky A. Distorted α - helix for poly (γ - benzyl l - glutamate) in the nematic solid stale. Biopolymer, 1971, 10 (6): 1013-1019.

[49] Lee J C, Corfman D, Frigon R P, et al. Conformational study of calf brain tubulin. Arch. Biochem. Biophys., 1978, 185 (1): 4-14.

[50] Ventilla M, Cantor C R, Shelanski M. A circular dichroism study of microtubule protein. Biochemistry, 1972, 11 (9): 1554-1561.

[51] Bras W, Diakun G P, Díaz J F, et al. The susceptibility of pure tubulin to high magnetic fields: A magnetic birefringence and X-ray fiber diffraction study. Biophys. J, 1998, 74 (3): 1509-1521.

[52] Bras W, Torbet J, Diakun G P, et al. The diamagnetic susceptibility of the tubulin dimer. J. Biophys., 2014, 2014: 985082.

[53] Freyssinet J, Torbet J, Hudry-Clergeon G, et al. Fibrinogen and fibrin structure and fibrin formation measured by using magnetic orientation. Proc. Natl. Acad. Sci. U.S.A., 1983, 80 (6): 1616-1620.

[54] Torbet J, Ronzière M C. Magnetic alignment of collagen during self-assembly. Biochem. J., 1984, 219 (3): 1057-1059.

[55] Lonsdale K Y. Diamagnetic anisotropy of organic molecules. Proceedings of the Royal Society

of London. Series A. Mathematical and Physical Sciences, 1939, 171 (947): 541-568.

[56] Chalazonitis N, Chagneux R, Arvanitaki A. Rotation of external segments of photoreceptors in constant magnetic field. C. R. Hebd. Seances. Acad. Sci. D., 1970, 271 (1): 130-133.

[57] Boroske E, Helfrich W. Magnetic anisotropy of egg lecithin membranes. Biophys. J., 1978, 24 (3): 863-868.

[58] Scholz F, Boroske E, Helfrich W. Magnetic anisotropy of lecithin membranes. A new anisotropy susceptometer. Biophys. J., 1984, 45 (3): 589-592.

[59] Azanza M, Blott B, del Moral A, et al. Measurement of the red blood cell membrane magnetic susceptibility. Bioelectroch. Bioener., 1993, 30: 43-53.

[60] Higashi T, Yamagishi A, Takeuchi T, et al. Orientation of erythrocytes in a strong static magnetic field. Blood, 1993, 82 (4): 1328-1334.

[61] Gaffney B J, McConnell H M. Effect of a magnetic field on phospholipid membranes. Chem. Phys. Lett., 1974, 24 (3): 310-313.

[62] Maret G, Dransfeld K. Macromolecules and membranes in high magnetic fields. Physica. B+ C, 1977, 86: 1077-1083.

[63] Boroske E, Helfrich W. Magnetic anisotropy of egg lecithin membranes. Biophys. J., 1978, 24 (3): 863-868.

[64] Sosnitsky V N, Budnik N N, Minov Y D, et al. System for magnetic susceptibility investigations of human blood and liver. Proceedings of the Tenth International Conference on Biomagnetism. NY: Springer, 2000.

[65] Jain V, Abdulmalik O, Propert K J, et al. Investigating the magnetic susceptibility properties of fresh human blood for noninvasive oxygen saturation quantification. Magn. Reson. Med., 2012, 68(3): 863-867.

[66] Eaton S, Eaton G. Magnetic susceptibility of porphyrins. Inorg. Chem., 1980, 19 (4): 1095-1096.

[67] Chance B, Estabrook R W, Yonetani R. Hemes and hemoproteins. Science, 1966, 152 (3727): 1409-1411.

[68] Sullivan S, Hambright P, Evans B J, et al. The magnetic susceptibility of hemin 303-4.5 °K. Arch. Biochem. Biophys., 1970, 137 (1): 51-58.

[69] Wang J H, Nakahara A, Fleischer E B. Hemoglobin Studies. I. The combination of carbon monoxide with hemoglobin and related model compounds. J. Am. Chem. Soc., 1958, 80 (5): 1109-1113.

[70] Hambright W P, Thorpe A N, Alexander C C. Magnetic susceptibilities of metalloporphyrins. J. Inorg. Nucl. Chem., 1968, 30 (11): 3139-3142.

[71] Schoffa G, Scheler W. Magnetische Untersuchungen über zwei energetische Formen des Hämins und des Hämatins. Naturwissenschaften, 1957, 44 (17): 464, 465.

[72] Banci L, Bertini I, Huber J G, et al. Partial orientation of oxidized and reduced cytochrome b_5 at high magnetic fields: Magnetic susceptibility anisotropy contributions and consequences for protein solution structure determination. J. Am. Chem. Soc., 1998, 120 (49): 12903-12909.

[73] Bauer E, Raskin A. Increase of diamagnetic susceptibility on the death of living cells. Nature, 1936, 138 (3497): 801.

[74] Sugiura Y, Koga S. A magnetic method for determining volume fraction in yeast suspension. J. Gen. Appl. Microbiol., 1964, 10 (2): 127-131.

[75] Sugiura Y, Koga S. Magnetic study on yeast cells. J. Gen. Appl. Microbiol., 1964, 10 (1): 57-60.

[76] Bazylinski D A, Williams T J. Ecophysiology of magnetotactic bacteria. Magnetoreception and magnetosomes in bacteria. NY: Springer, 2006.

[77] Lefevre C T, Abreu F, Lins U, et al. Metal Nanoparticles in Microbiology. New York: Springer, 2011.

[78] Bazylinski D A, Frankel R B. Magnetosome formation in prokaryotes. Nat. Rev. Microbiol., 2004, 2 (3): 217-230.

[79] Faivre D, Schüler D. Magnetotactic bacteria and magnetosomes. Chem. Rev., 2008, 108 (11): 4875-4898.

[80] Blakemore R. Magnetotactic bacteria. Science, 1975, 190 (4212): 377-379.

[81] Balkwill D L, Maratea D, Blakemore R P. Ultrastructure of a magnetotactic *Spirillum*. J. Bacteriol., 1980, 141 (3): 1399-1408.

[82] Melnik K, Sun J, Fleischman A, et al. Quantification of magnetic susceptibility in several strains of Bacillus spores: Implications for separation and detection. Biotechnol. Bioeng., 2007, 98 (1): 186-192.

[83] Zhou K X, Ionescu A, Wan E, et al. Paramagnetism in Bacillus spores: Opportunities for novel biotechnological applications. Biotechnol. Bioeng, 2018, 115 (4): 955-964.

[84] Bauman J H, Harris J W. Estimation of hepatic iron stores by vivo measurement of magnetic susceptibility. J. Lab. Clin. Med., 1967, 70 (2): 246-257.

[85] Klohs J, Hirt A M. Investigation of the magnetic susceptibility properties of fresh and fixed mouse heart, liver, skeletal muscle and brain tissue. Physica. Medica., 2021, 88: 37-44.

[86] Kirschvink J L, Kobayashi-Kirschvink A, Woodford B J. Magnetite biomineralization in the human brain. Proc. Natl. Acad. Sci. U.S.A., 1992, 89 (16): 7683-7687.

[87] Kopáni M, Miglierini M, Lančok A, et al. Iron oxides in human spleen. BioMetals, 2015, 28 (5): 913-928.

[88] Kopáni M, Hlinková J, Ehrlich H, et al. Magnetic properties of iron oxides in the human globus pallidus. J. Bioanal. Biomed., 2017, 9: 2.

[89] Hametner S, Endmayr V, Deistung A, et al. The influence of brain iron and myelin on magnetic susceptibility and effective transverse relaxation-A biochemical and histological validation study. NeuroImage, 2018, 179: 117-133.

[90] van Gelderen P, Mandelkow H, de Zwart J A, et al. A torque balance measurement of anisotropy of the magnetic susceptibility in white matter. Magn. Reson. Med., 2015, 74 (5): 1388-1396.

[91] Sant'Ovaia H, Marques G, Santos A, et al. Magnetic susceptibility and isothermal remanent magnetization in human tissues: A study case. Biometals, 2015, 28 (6): 951-958.

[92] Svennerholm L, Boström K, Fredman P, et al. Membrane lipids of human peripheral nerve and spinal cord. B.B.A.-Lipid. Lipid. Met., 1992, 1128 (1): 1-7.

[93] Luo J, He X, Yablonskiy D. Magnetic susceptibility induced white matter MR signal frequency shifts—experimental comparison between Lorentzian sphere and generalized Lorentzian

approaches. Magn. Reson. Med., 2014, 71 (3): 1251-1263.

[94] Xie L, Dibb R, Cofer G P, et al. Susceptibility tensor imaging of the kidney and its microstructural underpinnings. Magn. Reson. Med., 2015, 73 (3): 1270-1281.

[95] Dibb R, Xie L, Wei H, et al. Magnetic susceptibility anisotropy outside the central nervous system. NMR in Biomedicine, 2017, 30 (4): 3544.

[96] Dibb R, Qi Y, Liu C. Magnetic susceptibility anisotropy of myocardium imaged by cardiovascular magnetic resonance reflects the anisotropy of myocardial filament α-helix polypeptide bonds. J. Cardiovasc. Magn. Reson., 2015, 17 (1): 60.

[97] Senftle F E, Thorpe A. Magnetic susceptibility of normal liver and transplantable hepatoma tissue. Nature, 1961, 190 (4774): 410-413.

[98] Mulay I L, Mulay L N. Magnetic susceptibility and electron spin resonance absorption spectra of mouse melanomas S91 and 591A. J. Natl. Cancer Inst., 1967, 39 (4): 735-743.

[99] Brem F, Hirt A M, Winklhofer M, et al. Magnetic iron compounds in the human brain: A comparison of tumour and hippocampal tissue. J. R. Soc. Interface., 2006, 3 (11): 833-841.

[100] Xue W, Moore L R, Nakano N, et al. Single cell magnetometry by magnetophoresis vs. bulk cell suspension magnetometry by SQUID-MPMS—A comparison. J. Magn. Magn. Mater., 2019, 474: 152-160.

[101] Jin X, Yazer M H, Chalmers J J, et al. Quantification of changes in oxygen release from red blood cells as a function of age based on magnetic susceptibility measurements. Analyst, 2011, 136 (14): 2996-3003.

[102] Paul F, Roath S, Melville D, et al. Separation of malaria-infected erythrocytes from whole blood: Use of a selective high-gradient magnetic separation technique. Lancet., 1981, 2: 70-71.

[103] Zborowski M, Ostera G R, Moore L R, et al. Red blood cell magnetophoresis. Biophys. J., 2003, 84 (4): 2638-2645.

[104] Takeuchi T, Mizuno T, Higashi T, et al. Orientation of red blood cells in high magnetic field. J. Magn. Magn. Mater., 1995, 140: 1462-1463.

[105] Kashevskii B, Kashevskii S, Prokhorov I, et al. Magnetophoresis and the magnetic susceptibility of HeLa tumor cells. Biophysics, 2006, 51 (6): 902-907.

[106] Tao Q, Zhang L, Han X, et al. Magnetic susceptibility difference-induced nucleus positioning in gradient ultrahigh magnetic field. Biophys. J., 2020, 118 (3): 578-585.

[107] Yamagashi A, Takeuchi T, Hagashi T, et al. Diamagnetic orientation of blood cells in high magnetic field. Physica. B. Conden., 1992, 177 (1-4): 523-526.

[108] Kim J, Gómez-Pastora J, Weigand M, et al. A subpopulation of monocytes in normal human blood has significant magnetic susceptibility: Quantification and potential implications. Cytometry. A., 2019, 95 (5): 478-487.

[109] Gómez-Pastora J, Kim J, Multanen V, et al. Intrinsically magnetic susceptibility in human blood and its potential impact on cell separation: Non-classical and intermediate monocytes have the strongest magnetic behavior in fresh human blood. Exp. Hematol., 2021, 99: 21-31.

[110] Han K H, Han A, Frazier A B. Microsystems for isolation and electrophysiological analysis of breast cancer cells from blood. Biosens. Bioelectron., 2006, 21 (10): 1907-1914.

第 4 章
电磁场生物感应的分子机制

几乎所有被恰当研究过的生命体都显示出了对磁场的一定生物学响应。越来越多的研究描述了生物系统如何感知磁场并将这一信息转变成生理反应，而这背后的一个原因是对其可以用于人类疾病治疗的期待。为了实现这一目标，本章总结了跨越多个类群的不同生物体中的电磁场生物感应，并讨论其背后的适用或不适用于人类的潜在机制。

4.1　引言

本章旨在总结电磁场（EMF）在人体治疗方面的生物学基础，尤其是稳态磁场。目前还没有明确和广泛接受的机制来证明稳态磁场对人类健康有益[1]；事实上，主流媒体（以及一些科学文献中的部分内容）对稳态磁场是否有益存在相当大的怀疑。例如，有时人们从电磁场通常仅具有微不足道的有害影响中，便会推断出其缺乏有益效果。比如，即便偶尔有相反的报道[2]，但大量证据表明了生活在高压电线附近并不会增加患癌风险[3-7]。对某些人来说，这种无害同时也意味着电磁场的有益影响可忽略不计。

另外，各种生物体，包括细菌、软体动物、甲壳类动物、昆虫、鱼类、两栖动物、爬行动物、鸟类和哺乳动物[8,9]，可以利用地球相对较弱的磁场（即地磁）进行定位、导航。从这些信息中可以明显看出，许多物种用于磁感应的机制具有高度特异性，因此并不能直接适用于人类。然而在某些情况下，磁感应的潜在分子基础存在于多种不同的门类中，从而为人类细胞、组织和器官如何对稳态磁场做出响应提供了概念基础。至少非哺乳动物系统相关研究的先例为探究人类磁感应提供了一个起点。其中一个例子就是人们正在努力确认磁铁矿在人类中的存在及活性（4.3.1 节）。例如，磁铁矿（在 4.4 节中讨论）在半个世纪前首次在原核生物中被发现，现在被认为是一种"众所周知"的磁场生物传感器。

尽管磁感应现象已有很多报道，但人们对于生物感知磁场的许多方面仍然知之甚少，其基本机制尚不清楚。对于人类来说尤其如此，人类是否有能力感知磁场，甚至对磁场做出反应，这个话题仍然存在争议。在本章的 4.5 节中，我们概述了从自然界其他方面发现的可能适用于人类的感应机制，并详细介绍了人类细胞、组织和器官感应以及响应磁场的"新"方式的猜测。

4.2　磁性基本定义

本部分简要介绍与生物系统相关的磁学基本概念和定义；对于磁性现象的更细节性描述，可在本书其他章节、介绍性物理教科书或可靠互联网资源中获取。本部分提供的信息并不全面，其目的是帮助读者在无需参考外部材料的情况下理解本章后续内容。

4.2.1　铁磁性、顺磁性和抗磁性

铁磁性是"日常"磁性，例如，永磁体（如冰箱贴或可拆卸的汽车保险杠贴纸）具有铁磁性。铁磁性物质在暴露于磁场时会被磁化，并在从磁场中移除后"永久"保留此特性。首先需要注意的是，铁磁性并不是严格意义上的永久性，因为场强通常会随着时间的推移而减弱，并且可能会受到外加磁场的影响（即磁场方向可以反转）或通过加热磁体而减弱。然而，在没有高温或反作用磁场的情况下，磁铁的场强可以在很长一段时间内非常稳定。第二个细微差别是，尽管"铁"一词暗示铁磁性，但其他几种金属也具有铁磁性，包括大多数镍和钴合金以及几种稀土金属（如众所周知的钕）。最后一个对生物磁感应很重要的特征是，如果没有在原子水平上进行特殊组装的话，这些金属本身并无磁性。例如，在溶液或生物环境中普遍存在的铁（例如，当它与红细胞中的血红蛋白结合时）并不具有铁磁性。相反，组成的原子和分子（如氧化铁）必须被组装成晶体结构才能具有磁性。这种结构在矿物界中可以作为磁石（铁矿石）自然出现，在生物领域的特殊情况下，可以作为磁铁矿出现。

顺磁性是一种动态现象。顺磁性物质在暴露于磁场时会发生"磁化"，但热运动的存在使组成原子的自旋方向随机化，因此诱导的效应在失去外加磁场后迅速衰减。顺磁性物质的例子包括在金属中发现的自由电子以及在许多生物分子中发现的不成对电子。事实上，在生物学中，许多蛋白质与具有不成对电子的

金属复合，从而促进了电子顺磁共振光谱学的发展[10,11]。除了利用生物分子的天然顺磁性外，人们还在努力通过添加顺磁性铁来创造出超磁性细胞[12]。同样，顺磁性化学探针在研究生物大分子方面也展现出巨大的应用潜力[13]。

抗磁性是所有材料的一种特性，它描述了在与外部施加的磁场相反方向上形成的感应磁场；换句话说，感应场试图排斥外加场（请注意，这与顺磁性相反，顺磁性中的感应场被外场吸引并与外场方向一致）。从水到生物有机大分子等生物系统中发现的分子通常只有非常弱的抗磁性，导致抗磁性通常被外部场或周围的顺磁性或铁磁性所掩盖。尽管抗磁性在生物分子中引起的反应比顺磁性更弱，但生物系统的抗磁效应可能是巨大的，因为抗磁性物质可以稳定地悬浮在磁场中。基于此，青蛙和老鼠已经通过利用强磁场而实现悬浮[14,15]，从而在视觉上有效地展示了它们的抗磁性。

4.2.2　磁场类型和强度

生命的进化发展离不开地磁场，地磁场在方向和强度上随时间和空间而波动。目前，地磁场在地球表面的变化范围为 25 ~ 65 μT（或 0.25 ~ 0.65 Gs（1 T = 10000 Gs））。地磁场被认为是弱磁场，因为如果没有专门的仪器，人类在日常活动中根本无法检测到它。在这里我们介绍一下磁感应强度背景：人脑发出的磁场要弱得多（0.1~1 pT），而心脏起搏器产生的磁场（约 500 μT）比地磁场高一个数量级；冰箱贴的强度（约 5 mT）又高了一个数量级；为处理培养的人类细胞而定制的设备（图 4.1）提供了大约超过地磁场 2 个数量级的场强（约 0.25 T）；立体扬声器和 MRI 则提供了另一个数量级的强度（1~3 T）；最后，著名的磁悬浮青蛙所使用的磁感应强度达到了 17 T[14]。依据强度对磁场进行分类，地磁范围内的磁场称为"弱磁场"。对于更高强度的磁场，低于 1 T 的磁场被认为是"中等磁场"，而高于 1 T 的磁场则被认为是"强磁场"（大多数治疗性研究的磁场均属于中等磁场）。最后，尽管许多电磁场包括"时变"磁场（随时间变化的磁场），但本章主要关注的是不随时间变化的"稳态"磁场（如前所述，称为 SMF）。在一些科学文献中也提出频率低于 100 Hz 的电磁场具有与稳态磁场相似或相同的生物学效应[16,17]。然而，在当前章节中，我们只关注没有时变成分的研究。

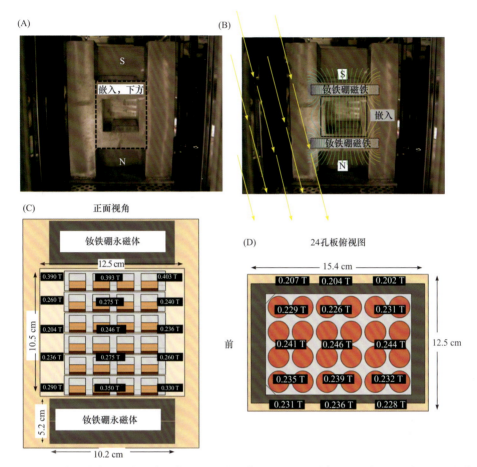

图 4.1　一种"治疗"强度稳态磁场处理细胞的装置。（A）设备显示在标准尺寸的细胞培养箱内，用 S 和 N 表示永久钕合金磁铁的位置。（B）磁铁施加的磁力线显示（彩色线），其中美国马里兰州巴尔的摩市的孵箱位置的地磁场用黄色箭头表示。（C）位于两个钕铁硼永磁体之间的磁处理装置中心区域的 6 个堆叠的 24 孔细胞培养皿的前视图。图中显示了磁感应强度的代表性测量值。（D）细胞培养皿俯视图。当用于生物学研究时，通常只使用从上到下四个居中的细胞培养皿，使得细胞暴露于磁感应强度为 0.23～0.28 T 的稳态磁场中。附图经许可转载自参考文献[149, 150]。开放获取

4.3　各种生物体的磁感应概述

从利用地磁场在水柱中上下移动的古老趋磁细菌，到利用磁场在土壤中竖直

移动的线虫，几乎所有的移动生物都具备感知磁场或"磁感应"的能力[18-20]。其他包括两栖动物、蝴蝶、鸟类甚至哺乳动物在内的动物也会在长距离迁徙过程中利用地球磁场进行导航[17, 21]。下面提供了此类磁感应生物的例子及简要机制见解。这里的信息并不全面，只是为了提供一个对自然界已知和假定分子机制的概述。对于三种"众所周知"的磁感应模型（磁铁矿、化学传感和电磁感应）将在本章进行更详细的描述。

4.3.1 细菌

Salvatore Bellini 在 1963 年出版的专著中首次描述了趋磁细菌[22]，12 年后，Robert Blakemore 发表了一篇开创性的同行评议报告[23]，并在 1982 年出版的《微生物学年度评论》中进行了详细的阐述[24]。这些细菌含有"永久"磁铁，其形式为纳米级（例如，平均尺寸约为 420 Å）的立方体至八面体形状的铁晶粒，使它们能够在地磁场（25~65 μT）或施加的磁场中定向。定向后，本质上来看它们是完全被动的（例如，即使是死的趋磁细菌也会与施加的磁场对齐），但活的细菌会主动沿磁场游动，并且北半球的细菌主要是向北游动，而南半球的细菌主要是向南游动[24]。

在半个世纪以后，由于人们对铁晶粒与高阶结构（如"磁小体"）的整合及对这些结构的生物合成机制有了越来越多的认识，并且对这些微生物在不断变化的环境中的铁处理的动态生理控制有了更深入的了解，趋磁细菌的相关研究获得了越来越多的关注[25]。Lin 等的最近一份报告构建了这样一个场景：在地球拥有大量的臭氧层之前，细菌内的铁纳米颗粒的最初生物矿化是作为一种应对活性氧（ROS）和紫外线（UV）辐射等的机制，由此产生的铁基生物分子后来被用于磁感应[19]。特别是铁基纳米颗粒进化出了形成一些磁小体链的能力，以沿着细胞运动轴产生磁矩，促进其与地球磁场平行定向[26]。并且人们已经鉴定出趋磁细菌磁小体形成中的支架蛋白，其中膜结合蛋白 MamY 会与 MamK 和 MamJ 两种组织蛋白一起形成磁小体[27]。虽然这些与人类健康或人体磁疗并无直接关联，但趋磁细菌显示了即使是非常"原始"的生物体也具有利用磁感应来提高生存的能力，并获得对竞争物种的进化优势。

4.3.2 植物

2014 年发表的一篇评论文章中指出，植物拥有多种探测地磁场的方法，可以对植物生长发育产生影响[28]。然而当时对其生化机制还了解甚少。在过去几年中，人们已发表了几项机制相关研究来填补这一空白，在该领域的早期研究基础上，认为对磁敏感响应最好的解释是基于隐花色素的自由基对机制[29]。事实上，这种机制正变得越来越完善，并得到多项研究的支持，这些研究表明磁响应与光的存在相互依赖[30,31]。然而，有些研究将我们对基于植物磁感应的理解扩展到了隐花色素之外。例如，在一项研究中表明，即使在没有隐花色素 1 和 2 的情况下，拟南芥的 CAB 蛋白（叶绿素 a,b 结合蛋白）的表达也会响应 188 μT 的磁场，这表明该植物物种具有额外的磁感应机制。尽管如此，隐花色素仍然参与其中，因为无论是消极的还是积极的磁场效应都在蓝光下显著增强[29]。

拟南芥甚至在脉冲蓝光照射的条件下也可以对磁场做出反应，这表明稳态磁场形成的自由基对"不能在隐花色素光循环的反应步骤中发挥作用，因为这些自由基对中间物（$Trp^{\cdot}$/$FADH^{\cdot}$ 或 $Tyr^{\cdot}$/$FADH^{\cdot}$）被报道的寿命仅在毫秒级"[31]。最终，通过这项研究得出结论，与黄素光还原有关的短暂的、瞬时的反应不能传导磁场信号；相反，受稳态磁场影响的自由基对必须在与黄素再氧化相一致的长时间段内形成。这个过程与光无关，但需要分子氧[32]，并且这涉及 ROS 的形成，由此得出的结论是，虽然隐花色素可以感应磁场，但它们本身并不是真正的磁传感器[30,31,33]。稳态磁场可能只是黄素再氧化的前提，并且可能涉及第三方细胞因子。尽管植物中的磁感应机制仍未完全确定，但稳态磁场在植物生物学中的实际应用已经被报道。例如，稳态磁场可以促进种子发芽并提高百香果植物的生长活力[34]。

4.3.3　无脊椎动物

如上所述，单细胞生物，如趋磁细菌，具有基于磁感应进行定向运动的出色能力。接下来，我们转向更复杂的生物，以说明多种多样的生命体如何利用其他生化策略来拥有感知和响应磁场的能力。

1. 线虫

居住在土壤中的线虫——秀丽隐杆线虫（*Caenorhabditis elegans*）在实验室环境中得到了广泛研究，是研究"简单"多细胞生物的简易模型。例如，这种生物的所有神经元已被绘制，从而可以在分子和遗传水平上对大脑功能进行极其精细的研究。为了补充和扩展对这些线虫在实验室中的研究，Vidal-Gadea 和合作者报告了"野生型"秀丽隐杆线虫中惊人的磁感应能力，这些线虫种群从全球不同地点采集得到。它们以一定的角度向外加磁场迁移，该磁场改变了它们在原生土壤中的竖直平移，并且北半球和南半球的线虫表现出了相反的迁移偏好[35]。在这些实验中，趋磁性被追踪到在"具有指状纤毛末端的两栖神经元"（AfD）中表达的基因，这些基因之前被报道与热感受有关[36]。参与这些细胞磁迁移的特定基因包括两个独立的 *ttx-1* 突变等位基因，其对 AfD 的分化很重要；三个缺乏鸟苷酸环

化酶的突变体 *gcy-23*、*gcy-8* 和 *gcy-18*，它们共同对 AfD 的功能起重要作用；以及两个独立的 *tax-4* 和 *tax-2* 基因的突变等位基因，它们编码环磷酸腺苷（cAMP）门控离子通道的亚单位，与感觉神经元的刺激转导有关[35]。

另外，线虫磁感应迁移的其他因素也在后续的研究中被相继报道[37,38]。特别是，作者对温度、湿度和二氧化碳水平进行了检查，否定了其作为线虫对磁场明显反应的可能替代解释。但是，通过 AfD 神经元钙释放曲线对磁场强度和方向变化所发生的反应，以及线虫在饥饿状态（即 30 min 不进食）时，丧失对磁场的定向能力，从而提出了生物磁感应机制的新见解[37]。在生物体层面，人们研究了线虫在磁场影响下改变方向时的取向，发现线虫更喜欢急转弯，在确定其最终迁移路线之前，将其身体与磁场对齐。有趣的是，这一过程类似于鸟类在飞行过程中不时地调整自身姿态，从而可以持续感知磁场变化来进行导航[38]。线虫的磁迁移也仍有一些未被解释的方面，例如，线虫对朝向北磁极的向左弧形轨迹有一种奇特的偏好[37]。

2. 软体动物和甲壳类动物

三十多年来，人们已经知道海洋软体动物卷叶螺（*Tritonia diomedea*）具有地磁定向能力[39]，与线虫相似的是，这种能力也被追踪到特定的神经元上。在 20 世纪 80 年代末开始的一系列研究中，Lohmann 等发现，地磁强度的磁场扰动会改变单个神经元（LPd5）的电活动[40]。随后的实验确定了四个这样的神经元，包括 LPd5、LPd6、RPd5 和 RPd6[41]。当环境磁场的水平分量旋转时，这些神经元会发射更多的动作电位。当大脑中出现的所有神经都被切断时反应即消失，表明了地磁传感器位于外围位置[42]，并导致人们猜测，总体而言影响大脑功能的磁性生物传感器"可能在大脚趾，或任何地方"[43]。

除了软体动物，甲壳类动物构成了另一个重要的对地磁场（GMF）有响应的海洋生物类别，如大螯虾（spiny lobster）[44]。Lohmann 和 Ernst 等认为，大螯虾有一个极性类型的磁罗盘，类似于大马哈鱼和鼹鼠，使用地磁场的水平分量来确定方向[44]（在自然界中发现的另一种磁罗盘是鸟类、昆虫、两栖动物和海龟等使用的倾角罗盘，它将"极向"定义为磁场矢量与重力矢量之间夹角最小的方向[45,46]）。到目前为止，与软体动物和线虫的确切分子级生物传感器仍然未知的情况类似，甲壳动物的磁感应器也尚未明确。一种可能性是类似于在趋磁细菌中，一些直径约 50 nm 的磁铁矿纳米颗粒可以作为磁感应器。支持这一观点的证据包括对地磁有响应的虾和藤壶中含有高于背景水平的磁性物质；重要的是，在这些可能的基于磁铁矿的受体退磁后，这些物种会发生定向障碍[47]，并且也可以通过将磁铁矿颗粒在不同方向上重新磁化后，使其方向发生偏移[44]。最近的一项研究发现，在已知会改变磁取向行为的磁脉冲作用后，大约 10% 的基因在眼斑龙虾（*Panulirus argus*，一种对磁敏感的无脊椎动物）的中枢神经系统中的表达会发生变化[48]。这其中包括许多改变的基因编码铁调节和氧化应激相关蛋白，但作者也提醒说，许多基因在磁定向中并无已知作用。

除磁铁矿外，电磁感应是水栖生物体生物传感的一个选择。由于海水十分有利于传输电流，所以当导电材料在不平行于磁场的任何方向移动时，就会发生电磁感应。因此，带正电和带负电的粒子移动到物体的相对侧，从而产生电压。总而言之，由于地磁场在其居住环境中无处不在，因此至少一些甲壳类动物已经进化出感知该磁场的能力也就不足为奇[44]。

3. 昆虫

甲壳类动物是节肢动物，与昆虫同属一个门。因此不足为奇的是，昆虫也提供了许多磁感应和趋磁的例子，包括蚂蚁、蜜蜂、飞蛾和蝴蝶[49-51]。磁感应之所以在蜜蜂中得到了较为深入的研究，是因为它们作为传粉者在农业中的重要性。这一角色在很大程度上取决于它们的测向能力和天生的罗盘功能[52]，使得它们能够找到并"记住"最远五公里以外的食物来源位置。一项早期研究表明，蜜蜂具有与存在磁铁矿相一致的剩磁[53]，电子顺磁共振等技术显示磁铁矿主要位于其腹部[54-56]。

尽管已经研究了几十年，但蜜蜂的磁感应确切机制仍然存在争议。例如，大黄蜂的磁性铁基颗粒不仅位于腹部，并且位于其翅膀和头的外围部位[57]。除了铁基传感，钛似乎被用于一些膜翅目昆虫的磁感应，如迁移性蚂蚁、边缘坚蚁（*Pachycondyla marginata*）[58, 59]，从而为基于磁铁矿的定向探测在这些昆虫中的作用提供了新模型。一些证据表明，蜜蜂可能具有包括光化学反应的双重传感系统[60, 61]。其他研究淡化了互补机制，因为有证据表明蜜蜂的磁感应可在完全黑暗的环境中工作，而在那里不可能发生初始光化学反应[62]（下面 4.4.2 节中详细讨论自由基对机制，解释了化学磁感应对光的要求）。对昆虫的双重传感器磁感应的支持来源于脊椎动物——特别是几种鸟类，它们似乎依赖磁铁矿和化学磁感应来寻找方向和进行非常长距离的迁徙。另一种可能性是蜜蜂和蚂蚁拥有的两种传感器独立工作，其中化学磁感应作为备用机制[59, 63]。

4.3.4　脊椎动物

1. 概述

我们到目前为止的讨论涵盖了几种具有独特生物能力的"古老"生物，这些生物通常不会延续到脊椎动物等更高级的门类（例如，虽然磁铁矿出现在更高级的动物身上，但在原核生物之上还未发现在细菌中观察到的铁晶体形成磁小体的特殊排列）。然而，很明显的是，在包括脊椎动物在内的许多高等生物中发现了磁感应，并且至少在某些情况下，磁场的检测依赖于非磁铁矿的生物传感器。例如，以鲨鱼为例的几种鱼类具有专门的电感应器官，这些器官被认为也可以通过电磁感应实现磁感应功能。其他物种，如大马哈鱼，利用磁场可以在开阔的海洋中航行很远的距离，并精确返回它们的出生地进行繁殖，当它们向上游移动时，需要在多个河流交汇处之间做出正确的选择。此外，许多两栖爬行动物都具有探测磁场的能力，在此不再赘述。相反，我们将简要介绍鱼类（4.3.4 节 2.）；再介绍化学磁感应研究已经比较确定的鸟类（4.3.4 节 3.）；然后介绍与人类有许多生物相似性的哺乳动物（4.3.4 节 4.），从而提供合理的科学基础来解释磁场如何影响人体的生物学效应和起到治疗作用。

2. 鱼类

鱼类是第一批用于研究磁感应的动物之一，因为它们的广泛洄游模式依赖于地磁场[64]。早期研究将板鳃类动物（魟鱼、鳐鱼、鲨鱼等）的能力与探测地球电场和磁场的能力联系起来，并根据海洋中的这些磁场对自身进行定位[65]。很快就有许多研究证实了多种鱼类能够进行磁感应[66-71]。鱼类检测和响应磁场信号的主要受体还未被确定[72]。然而人们普遍认为磁铁矿参与其中[73,74]。尽管如此，在受体或突触连接目前尚不清楚的情况下，鱼类如何处理磁感应信息也并不明确。一个有趣的鱼类磁感应机制涉及钙依赖性肠道蛋白的失活，原因是亚磁场能够诱导黑鲫（*Carassius carassius*）和鲤鱼（*Cyprinus carpio*）的钙蛋白酶活性降低。而另一个具有启发性的想法是，鱼类宿主共生磁感应细菌，这些细菌受益于宜居的生活环境，使得宿主获得磁感应能力[75,76]。

3. 鸟类

磁感应在许多鸟类中被研究[77]，而且确实可能在整个鸟类世界中普遍存在。一个引人注目的例子就是真正的可以从地球一端导航到另一端的北极燕鸥。对于信鸽而言，尽管其移动距离较短，但信鸽是能够利用磁场信号精准寻找方向的典范；从机制上讲，鸽子的归巢能力首先被报道取决于喙或内耳中的磁铁矿受体[78]，以与光无关的方式发挥作用[79]。然而这些磁感应器仅记录磁感应强度，因此只是鸟类多因素导航测绘能力的组成部分之一。越来越多的证据表明鸟类可能同时使用磁铁矿和光感受器，类似于在蜜蜂中提出的地磁场的双重传感系统；但需要注意的是，并非所有研究都发现鸽子基于磁铁矿的磁感应证据[80]。

鸟类的感光能力与隐花色素蛋白有关，下文对隐花色素蛋白的基础化学进行了更详细的描述。简单来说，这些蛋白质长期以来都被认为位于某些视网膜细胞的细胞核中，会参与昼夜节律。Bolte 和同事在候鸟（例如欧洲的知更鸟和信鸽）视网膜细胞的胞质中发现了隐花色素（CRY1a 和 CRY1b），它们依赖于光和磁场来寻找方向[81]。这些隐花色素独特的细胞定位表明它们不参与昼夜节律；相反，它们的非核定位表明它们参与了基于光敏的磁感应。近年来，隐花色素 4a（CRY4a）越来越多地与鸟类的感光磁感应联合机制相关联[82,83]。有趣的是，CRY4a 包含 4 种自由基对状态，而通常在植物等其他生物中发现的只有 3 种，研究者认为 CRY4a 第 4 色氨酸上的自由基对负责进行体内的生化信号传导[84]。

正如 Wiltschko R 和 Wiltschko W 总结的那样，鸟类磁感应总体而言具有三个主要特征[77]。首先，如前所述，它是一个不区分南北的倾角罗盘，识别向下延伸的极地磁力线和向上延伸的赤道磁力线。其次，鸟类磁感应器与周围磁感应强度密切相关；更高或更低的强度会导致其迷失方向。最后，它需要的波长范围为从紫外线到约 565 nm（绿光）；更高的波长也会导致其迷失方向。

4. 哺乳动物

对哺乳动物磁感应的阐明落后于细菌和鸟类等其他生物，这些生物的磁感应现在已为人所知（尽管仍存在未解之谜）。然而，即使在十年前，也有一些有趣的证据支持哺乳动物存在磁感应[85]。这一初步证据表明，哺乳动物作为人类最亲近的进化亲属，确实以多种方式对磁场做出反应。特别是磁感应相关研究表明，哺乳动物可以利用地磁场进行归巢和测向，方法是利用其他门类中记录的某些趋磁能力。简而言之，这些研究表明，鲸目动物可以根据磁场线索迁徙数千公里[86]；鼹鼠的大脑神经元对影响筑巢方向的磁刺激敏感[87,88]；其他离家数百米或更远的啮齿动物，可以部分依赖磁场归巢；蝙蝠倾向于建造与磁场对齐的巢穴，并且具有类似的栖息偏好，这被认为是归因于其角膜里的磁感应成分[89]；虽然原因未知，但牛、羊、鹿甚至狗会倾向于将它们的身体沿北极-南极磁轴对齐[85]。

越来越多的迹象表明，哺乳动物除了测向和归巢以外还在其他方面利用地磁。例如，当狐狸的视线被雪或高植被遮挡时，红狐猎杀老鼠的成功与其跳跃攻击方向是否与磁场对齐有关[90]。考虑到本章和本书的最终目标，即评估磁场疗法在人类中的作用，与之相关的是，稳态磁场暴露可以对小鼠产生镇痛（无法感觉疼痛）作用[91]。随后的研究表明，屏蔽环境磁场产生的亚磁场（HMF）降低了啮齿动物的应激镇痛[92,93]。理论上来讲这些效应可以通过使用临床专门的治疗设备来产生更强的场强来补充、增强和放大。

总的来说，过去几年以啮齿动物为基础的磁疗研究，为即使在低场强下，对哺乳动物也可行的想法奠定了基础。最引人注目的医学适应证之一是疼痛管理。例如，一项在小鼠中诱发牙痛的研究表明，暴露于稳态磁场会导致较低的"小鼠鬼脸评分",这在生化上与 P2X3 受体表达减少有关,而 P2X3 受体的表达与病理性疼痛的产生有关[94]。更广泛地说,大约三分之二的研究表明稳态磁场具有积极的镇痛作用[95]。在细胞水平上,稳态磁场暴露增强了小鼠细胞在体外划痕实验中的伤口愈合[96]。稳态磁场在体内也可促进伤口愈合;例如,一项研究表明在糖尿病小鼠中观察到上皮形成和血管重建的提高[97],在肺部受到辐射损伤的小鼠中观察到呼吸频率和肺部健康其他方面的适度改善[98]。甚至有迹象表明,稳态磁场治疗通过降低端粒酶表达和细胞迁移[99],或者与西妥昔单抗等免疫疗法相结合[100]来引发小鼠的抗癌反应。另一项有趣的研究建立在先前的证据之上,即通过检查经历后肢悬吊和负重的小鼠,发现稳态磁场可以增强骨骼重建[101]。最后,甚至有证据表明,在阿尔茨海默病小鼠模型中,磁场(非稳态场)治疗的小鼠颅内显示淀粉样斑块积累减少[102]并且暴露于稳态磁场可以改善 2 型糖尿病[103]。

4.4　生物磁感应器的类型

　　4.3 节中提供的磁感应概述强调了跨越几类不同生物体中磁场感知的两个主要分子水平机制。第一个,也是最普遍的,许多类型的生命利用磁铁矿进行测向和其他生物反应(在 4.4.1 节进行讨论)。此外,基于化学的自由基对机制(RPM)作为磁感应的第二种模式,其背后的证据也在不断巩固。在 RPM 的各种生物迭代中,隐花色素蛋白被认为从大黄蜂到鸟类的生物体均利用其作为磁罗盘的一部分,其中也包括小鼠,在近 30 年发现,小鼠的疼痛感知可以被光和磁场暴露所调节[91]。隐花色素和其他基于化学磁感应的可能性将在 4.4.2 节中进一步讨论。最后,4.4.3 节介绍了第三种更特殊化的磁场感知模式,即电磁感应。

4.4.1　磁铁矿

1. 原核生物的结构和生物合成

　　磁铁矿可以被认为是原始的生物磁感应器。"原始"是基于磁铁矿存在于细菌和单细胞藻类等早期生命形式中的进化历史[104],也因为它是现代科学发现并表征的第一个磁性生物传感器,已经在半个世纪乃至更长时间以来证明其与生命体的行为反应有关[22, 23]。磁铁矿在矿物世界中很常见,是铁矿石的主要来源;从化学上讲,磁铁矿是结晶的氧化铁(Fe_3O_4),一种铁磁晶体,在暴露于外加磁场后成为永磁体。在细菌中,单个磁铁矿的粒径在 35～120 nm,粒径分布范围比使用化学合成方法要窄得多[105]；原核生物制造的磁铁矿的尺寸范围与小至 20 nm 或大至 100 nm 的单畴晶体一致[106]。在趋磁细菌中，单个磁铁矿晶体被组装成为线性并沿着细胞长轴排列，约 20 个磁铁矿晶体集合成"磁小体"。每个磁铁矿晶体都被膜包围，并通过细胞骨架与细胞壁相连[27,106]。原核生物中磁小体生物合成涉及这些独特的矿化细胞器的形成，正在日益被阐明。现已知需要许多基因来启动成核并参与晶体生长，而这些基因组织则位于被称为"磁小体岛"的操纵子中[106-110]。

　　2. 在包括人类在内的高等生物中的分布和功能

　　磁铁矿已在许多物种中被发现和研究，如在甲壳类动物、昆虫、鸟类、大马哈鱼、海龟和其他动物（甚至是牛等哺乳动物）中检测到磁铁矿的存在，这些动物可以利用地球磁场进行定位。事实上，最近对 13 种真核生物的检测中发现有 11 个磁小体同源基因普遍存在，导致人们猜测磁铁矿生物矿化代表了真核生物深度同源性的一个例子[111]。实际上，有报道显示磁铁矿存在于人类大脑[112-115]以及心脏、脾脏和肝脏中[116, 117]。从高等动物中分离出的磁铁矿通常以单畴晶体形式存在，类似于在趋磁细菌的磁小体中发现的链状晶体[118]。人类等高等生物中磁铁矿的起源和来源尚不清楚，因为在真核生物中似乎不存在与细菌中的生物合成和结构组织基因（*Mms5*、*Mms6*、*Mms7*（*MamD*）、*Mms13*（*MamC*）、*MamF*、*ManG* 和 *MmsF*）[106]等的对应物。然而，虽然磁铁矿的自发化学结晶导致不同于细菌内磁铁矿的尺寸分布和形状，但它们仍然可以响应磁场[105, 119]。

　　从机制上讲，磁铁矿晶体有几种假定的方式将地磁场信息传递到神经或其他器官系统。这些机制来源于细菌方面的研究。在细菌中，每个磁铁矿晶体被几种蛋白质和单层膜包围，膜通过借助可以对力进行传导的细胞骨架连接到细胞[106,110]。当晶体磁铁矿纳米颗粒试图旋转以与地磁场或其他外部场对齐时，这种分子排列允许扭矩通过细胞骨架从磁小体传递到细胞的其他部分。在高等生物中，如果存在类似的系统，则力可以转导至次级受体（如拉伸受体、毛细胞或机械感受器）；另一种可能性是细胞内磁铁矿晶体的旋转可能直接或间接打开离子通道[120]。

　　磁铁矿和细胞骨架之间物理联系的间接证据来自上述研究，其中虾和藤壶在这些假定的基于磁铁矿的受体退磁时会出现定向障碍[47]，它们的取向会因磁铁矿颗粒向不同方向重新磁化而发生偏转[44]。如果磁铁矿晶体可以自由旋转，那么它们就会迅速采取与这些效应不一致的随机取向，这要求生物体中的所有（或至少部分）磁铁矿以某种方式保持排列。因此，磁铁矿可能必须与较大的生物大分子相连，如细胞骨架（当纳米颗粒试图旋转以保持与地磁场或其他磁场的对准时，细胞骨架在固定磁铁矿晶体和传导力方面发挥双重作用）。图 4.2 从概念上说明了磁铁矿与细胞骨架相连以及力传导到细胞膜，而 Cadiou 和 McNaughton 则详细描述了这种类型的力传导如何在真核细胞中发挥可能的作用[120]。

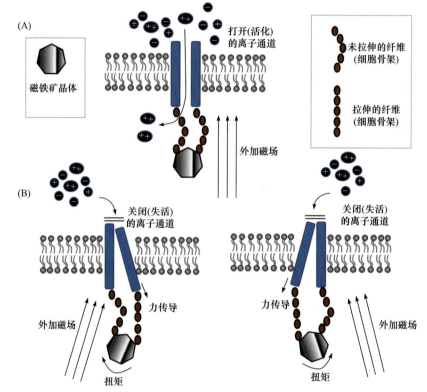

图 4.2 基于磁铁矿的力传导概念图。（A）显示一个"开放"构象的离子通道，通过未拉伸的纤维与细胞内的磁铁矿颗粒连接；在这些条件下，磁铁矿的磁场与外部施加磁场对齐。（B）当磁铁矿和外加磁场未对齐时，磁铁矿会转动以试图与外加磁场重新对齐，从而产生可以拉伸纤维的扭矩，并在此过程中将力传递给膜部分（在此离子通道变得扭曲，随后发生活性变化）

4.4.2 化学传感

1. 背景：自由基对机制的化学基础

通过自由基中间体进行的化学反应会受到磁场效应的影响，磁场效应会改变反应速率、产量或产物分布[121]；这些效应的基础是"自由基对机制"。当基态前体物质（如"A 和 B"）被激发产生两个单线态自由基，即自旋相关自由基对时，自由基对机制影响反应开始；然后，单线态自由基对电子可以进行自旋选择反应，产生单线态产物（图 4.3）。然而，如果自旋态的相干演化在与单线态产物形成相似（或更快）的时间尺度上将单线态自由基对转化为三线态自由基对，则可以形成三线态产物，从而导致化学反应的反应动力学或产物组成不同。

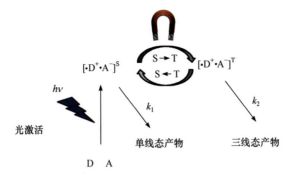

图 4.3　自由基对机制概述。通过磁感应中的光激活生成自旋耦合自由基对，导致供体分子（D）将电子转移到受体分子（A）。外部磁场影响自由基对单线态（S）和三线态（T）之间的相互转换；通常，外加场的存在会增加三线态的瞬时丰度，从而导致三线态产物的生成速度更快（即与 k_1 相比，k_2 在施加外力时增加，或者在地磁场传感的情况下，反应自旋耦合自由基对适当地与场对齐）。插图基于参考文献[123]和[121]与维基百科

当磁相互作用驱动自旋相关自由基对的 S→T（单线态到三线态）转换和反向 T→S 转换时，磁性发挥作用。值得注意的是，即使施加的磁场较弱，对反应物的影响远小于生理温度下的热运动等因素，也会对自由基对机制反应中的产物形成产生深远影响。Rodgers 提供的一个描述外部磁场影响的简化类比，是把它想象成一列火车接近铁路岔道[121]。火车由机车推动，这需要相当大的能量，但最终目的地（即反应产物的组成）和到达目的地所需的时间（即反应动力学）完全取决于将轨道中的交汇处开关从一条路线改变到另一条线路所消耗的少量能量（例如，一个人在几秒钟时间内所提供的能量）。这种相对微小的力相当于磁场——即使是微弱的地磁场，在决定自由基对机制反应的结果中也起到了作用。

2. 磁场生物传感中的自由基对机制

基于上述解释，自由基对机制为包括地磁场在内的弱稳态磁场提供了第二种生物传感器。所提出的机制需要产生引发自由基的中间体。在纯化学系统中，可以为此目的的系统中引入适当的自由基诱导催化剂。在生物系统中此类催化剂不起作用，通常认为引发自由基对的产生需要吸收光子（即来自可见光）。因此，参与这种传感的受体需要位于环境光可以穿透的生物体表面或数百微米内。最合乎逻辑的是，这些感受器可能位于眼部，而眼睛已经被优化用于感光；基于这种推理得出的磁感应候选者便是隐花色素蛋白[122]。Ritz 和合著者在 2000 年概述了隐花色素蛋白如何发挥磁感应功能[123]。他们描述了当暴露在蓝光下时，这些蛋白如何将电子转移到黄素腺嘌呤二核苷酸（FAD），导致蛋白和类黄酮都具有未配对的电子，即自由基对机制反应所需的"自由基对"[124]。应该注意的是，确切的自由基对机制反应物仍不明确。

一般认为，除了黄素外，另一对自由基是隐花色素蛋白上的三个色氨酸残基之一。同时也有人推测其他反应物可能是抗坏血酸而不是色氨酸[125]。然而，自由基对机制反应"激活"用于化学磁感应的隐花色素蛋白，通常与上述基于磁铁矿的机制联合使用。

隐花色素反应依赖于持续的光激发[126]，解释了对光和磁场存在的需求，即上文提到的蜜蜂、鸟类和小鼠的"双重感知"机制。在自由基对模型反应中，磁场的存在、缺失以及相对磁感应强度和方向都会影响隐花色素保持激活状态的时长，因为相关自旋和两个未配对电子的方位都受磁场影响[123]。反过来说，隐花色素的激活影响视网膜神经元的光敏感性，这意味着鸟（或蜜蜂）可以看到磁场引起的色彩相移[123]。连续的光激发在实际中解释磁感应行为要依赖于双传感机制。例如，已知蜜蜂具有自由基对机制磁感应，但它们在完全黑暗中利用磁罗盘的能力表明其磁测向能力可以仅仅通过磁铁矿机制发挥作用[62]。

4.4.3　电磁感应

1. 感应的生物学范例：洛伦兹壶腹

鲨鱼、黄貂鱼和某些软骨鱼类的壶腹有电感受器官，称为洛伦兹壶腹，可以检测电位的变化；这种特殊结构让这些海洋生物能够探测水中的直流电流，并帮助感知猎物和捕食者的弱电场[65]。洛伦兹壶腹也能让鲨鱼（以及其他具有这些生理结构的动物）探测非常微弱的磁场[127]。这种能力来自这样一种现象，即导电材料在磁场中运动，在不平行于磁力线的任何方向上的运动都会导致带正电荷和负电荷的粒子迁移到物体的相对两侧[128]。由此会产生一个电压，而该电压取决于物体相对于磁场的运动速度。从物理学角度来看，这种现象被称为霍尔效应。它指出磁场对移动的离子流施加力，导致了垂直于电流的磁场通过施加力来偏转和分离带电离子。

特殊的生物系统能够检测并响应生物体通过方向偏离的稳态磁场时导致的电荷电位异常。在过去的几年里，黏多糖（GAG）结构和其他多糖被认为是洛伦兹壶腹霍尔效应诱导电流的主要候选物质。特别是在这个器官中发现的果冻状水合硫酸角蛋白是自然存在的质子导电最高的物质[129,130]。同样，多糖几丁质广泛分布于软骨鱼洛伦兹壶腹的凝胶填充管系列中，被认为发挥类似的电感应作用[131]。有趣的是，圭亚那海豚等各种哺乳动物、鸭嘴兽和针鼹等产卵哺乳动物中的黏蛋白样、富含聚糖的大分子被认为在磁电定位中发挥作用；虽然它们富含黏蛋白的腺体组成尚未完全表征，但据推测它们起着类似于洛伦兹壶腹的传感作用[132]。

2. 霍尔效应——特殊电感受器官之外的联系？

至少目前在互联网上，霍尔效应被用来解释磁场在生物中的影响时具有一定的误导性。例如，其中一种说法是，绕原子核运行的电子（被视为"带电粒子"，即假定它们在空间中运动）被推进到更高的速度，从而增强化学反应性。实际上，施加的磁场只是通过电子自旋效应通过上述的特定的自由基对机制反应来影响化学反应性。另一个常见的误解是霍尔效应可以用来解释在磁场照射下观察到的血流变化。虽然血液中确实含有大量带电（如钠离子和氯离子）和顺磁性（如特定氧化状态下的血红蛋白）物质，但与通过心脏的机械作用产生血液流动和生物分子在体温下的热运动相关的动能相比，霍尔效应产生的物理力相形见绌（小几个数量级）。因此，在特殊的洛伦兹壶腹之外，电磁感应在将磁场效应转化为生物反应中所起到的作用经常遭到质疑。

4.5　稳态磁场对人类生物学影响的机制

前面已经概述了在自然界中发现的用于磁感应的生物传感器，我们将在人类生物学的背景下重温每一种传感器，并提供一个概要来分析一下它们是否真的可以在磁疗中发挥作用。正如下面 4.5.1 节所述，"已确立的"磁传感器不能对在人类身上观察到的反应提供令人满意的解释，这也引发了后面 4.5.2 节关于"其他"可能性的猜测。

4.5.1　"已确立的"磁传感器

1. 磁铁矿

在过去 30 年里，人体内磁性铁（即磁铁矿）一直都在被报道，其中一些研究被批驳为可能是污染导致的[43]。从背景上看来，这些研究中许多都来自同一时代，当时炊具和容器中的铝"污染"（回想起来难以置信）与阿尔茨海默病相关的斑块有关[133]。然而，其他关于人类磁铁矿的报道仍然可信。其中一项研究发表在美国国家科学院院刊（PNAS）上，报告了人脑中磁铁矿样铁集聚的详细参数[112]。这些晶体结构类似于来自趋磁细菌和鱼类的磁铁矿，并且对于大多数类型的脑组织而言，每克的最低水平为 500 万个单畴晶体。大脑的某些区域（如软脑膜和硬脑膜衍生样本）的水平要高出约 20 倍；此外，磁铁矿以 50～100 个晶体的块状形式出现。分布（或者根据下一节中的数字，更好的描述可能是"稀疏分散"）在神经元和星形胶质细胞膜中的磁铁矿纳米粒子，被提出可能在到达新皮质的信息感知、转导和存储中发挥作用[134]。

作为这些发现的背景，我们知道 1 g 脑组织中大约有十亿个细胞。因此，如果磁铁矿团块在细胞内，则只有大约五百分之一到两万分之一的细胞（取决于团块的确切大小和所分析大脑部分）可能包含磁铁矿团块。如果团块在细胞外（这与之前所提的真核细胞中基于磁铁矿的力/信号转导作用不一致，如图 4.2 所示[120]），则额外的细胞可能直接受到磁铁矿的影响或与磁铁矿相互作用。无论哪种方式，根据报道的磁铁矿的数量，只有相对较少的脑细胞可以通过基于磁铁矿的机制参与磁感应。

另一个比较是蜜蜂体内大约有 10^8 个磁铁矿晶体[135]；以大约 100 mg 的质量计算，一只蜜蜂每克有大约 10^9（10 亿）份磁铁矿。也就是说，根据质量计算的话，比人脑多 200 倍。虽然至少从理论上讲，只有一小部分人类神经细胞可能参与了磁化，但想要寻找到这些细胞则是名副其实的"大海捞针"。自 *PNAS* 报告发表[112]以来的三十多年里，人类大脑中通过磁铁矿介导的磁感应仍未得到证实。然而 *PNAS* 研究的主要作者 Joe Kirschvink 表现出非凡的毅力，继续探索人类大脑中磁感知的可能性，并在一篇 *Science* 新闻文章中进行了报道，描述了他和他的同事如何着手进行下一代研究，并以追求获得人类磁疗或其他磁场效应的"明确"证据为目标[43]。

2. 依赖于隐花色素的化学磁感应

正如上文所提，科学家为了证实人类存在磁感应仍在继续努力，人们正在计划令人兴奋的新举措[43,136]。应该注意的是，除了过去几十年来关于人类大脑（和其他组织）含有磁铁矿的假设之外，人类也可能有一个类似于蜜蜂、鸟类和小鼠的基于隐花色素的双重感知系统。两条相互补充的证据支持这一观点。首先，地磁场可以影响人类视觉系统的光敏感度[137,138]，这引发了在其他物种中发现的基于隐花色素的系统。其次，这一假说的生化基础正在形成。特别是人类在眼睛中表达两种隐花色素（hCRY1 和 hCRY2），这表明至少在理论上，人类拥有化学磁感应的生化装置（到目前为止，这些蛋白主要与昼夜节律有关）。Foley 和他的同事进行了一项重要的实验来支持这一假说，通过转基因跨物种的方法，证明在视网膜中大量表达的 hCRY2 可以以光依赖的方式在果蝇的磁感应系统中充当磁场传感器[139]。尽管这一结果表明 hCRY2 具有作为光敏磁传感器分子的能力，但必须强调的是，到目前为止，还没有确凿的证据表明 hCRY 蛋白在人类或者其他哺乳动物中发挥磁传感器的作用，如狗和猿，它们表现出一定的地磁场感知能力并恰巧在视网膜中表达隐花色素[140]。与人类有光磁感应机制生化证据一致的是，也有报道称人类可以对磁场做出行为反应。例如，一项研究表明，缺乏食物的男性会利用地磁进行定向，而在女性中并没有发现这种现象[136]。

3. 响应：重新审视稳态磁场对红细胞的影响

磁场可以影响血液流动和心血管循环的观点是被普遍认同的。如前所述，这一背景中一个经常被提及但实际上是谬误的例子是，外加磁场对富含铁的红细胞有诱导作用，并影响血液的整体循环。一方面，考虑到红细胞通常占血液体积的40%或更多，这种想法是合理的。因此，如果磁场相关的感应真的在生物学上很重要，那么血液的整体循环很容易受到影响。在现实中，任何诱导的霍尔效应力都太弱，无法可测量地影响血液成分。另一方面，有相当多的混淆和错误信息认为红细胞中的铁是"磁性的"。但很明显，它并非铁磁性，因为它不是以晶体磁铁矿的形式存在。但红细胞中的铁为顺磁性，也具有一定条件下的诊断价值。例如，1961年的一篇题为《通过磁场感应测量血流的问题》[141]的论文，报道了人们20年来努力利用红细胞中顺磁性铁的运动所产生的电磁场来测量血液循环中的技术问题。

近年来，磁场作用下红细胞中铁的研究日趋深入。例如，Zborowski 及其合著者[142]在 2003 年的报道中概述了脱氧和氧合红细胞不同群体的磁泳迁移率。表明了随着细胞跟踪测速技术的发展，在 1.4 T 的磁场（即类似于 MRI 强度的磁场）下测量脱氧红细胞和含甲基红细胞的迁移速度是可能的。在本研究中，含 100%脱氧血红蛋白的红细胞的磁泳迁移率为 3.86×10^{-6} mm$^3 \cdot$s/kg，而含 100%甲基血红蛋白的红细胞的磁泳迁移率为 3.66×10^{-6} mm$^3 \cdot$s/kg；换句话说，这两种血红蛋白都表现出顺磁性。相比之下，含氧红细胞的磁泳迁移率在$-0.2 \times 10^{-6} \sim 0.30 \times 10^{-6}$ mm$^3 \cdot$s/kg，表明这些细胞主要为抗磁性[142]。自 2003 年以来，对这些特性的检测和分析已经成熟，现在可以使用介电泳和磁泳方法来诊断疟疾寄生虫感染红细胞等疾病[143]。

尽管现在可以利用磁性研究红细胞并将其用于医学诊断测试，但尚不清楚外部施加的磁场是否对血液循环具有"磁疗"产品供应商经常声称的那样显著的改善效果。特别是在地磁强度的弱场，外加磁场对不成对电子的影响除了自由基对机制反应之外可忽略不计，甚至 1.3～3T MRI 强度的强场也具有可忽略的"化学"效应。事实上，通过比较 6～40 mT 的较低场强的结果表明，磁场对大鼠，包括对血小板和红细胞计数、血红蛋白、血细胞比容和其他血液相关参数产生了忽略不计、不一致以及多样化的影响[144]。由于没有造成安全性问题，也没有任何明确的磁场作用，由此导致了包括美国食品药品监督管理局（FDA）在内的机构松懈的监管监督，允许了"健康类"磁场设备进入市场来"治疗"几乎任何类型的疾病[145]。需要注意的是，上一句中的"治疗"一词在医学意义上并不完全准确，因为 FDA 明确禁止声称磁场发生装置针对任何特定疾病的治疗效果。

4.5.2 "其他"人体生物传感器

1. 人类细胞似乎具有额外的磁感应能力

有证据表明人类可以对磁场做出响应。例如，磁场会影响人类眼睛对地磁场的敏感性[146]。这一证据仍存在争议，因为除了不科学的互联网声明外，尚缺乏明确证据来解释磁铁矿、化学磁感应和电磁感应三种"经典"磁感应模式在人类中的作用。尤其需要指出的是，即使在其他物种的视觉地磁感应中所需要的前两种模式，在人类中仍基本保持神秘。在某种程度上，相关研究进展缓慢是由于许多用低等物种进行的实验不能在人体上进行，例如，解剖活线虫的大脑以发现参与磁感应的特定神经元。在某种程度上，阻止在人类身上进行此类实验虽然是出于伦理（实际上是常识）考虑，但是因祸得福，迫使研究人员使用细胞系作为体内测试的替代品。这些研究导致在细胞水平上发现了对磁场的反应，这些反应不涉及三种"已确立"的磁感应模式中的任何一种。例如，保持在黑暗培养箱中且稳态磁场不变的固定化细胞理论上不会产生化学磁感应（因为在黑暗中）或电磁感应（因为它们不移动）；同样，对于这些细胞中磁铁矿的存在也无任何证据。为了简要说明这一点，我们接下来提到基于亚磁场暴露的示例和笔者实验室使用中等强度稳态磁场的工作。

2. 亚磁场对细胞行为的影响通过细胞骨架来介导

最近，Mo 和合作者发现，亚磁场抑制了人神经母细胞瘤细胞中与细胞迁移和细胞骨架组装相关的基因表达，这些细胞生长在不受任何磁铁矿、化学磁感应或电磁感应机制影响的细胞培养条件下[147]。除基因表达分析，他们发现亚磁场在SH-SY5Y 细胞中调节了"整个细胞"的行为，包括细胞形态、黏附和运动的控制，并将这些变化追踪到肌动蛋白细胞骨架。这项研究表明，地磁场的消除影响了与运动相关的肌动蛋白（微丝）细胞骨架的组装，将纤维状微丝（F-actin）作为亚磁场暴露的靶点，并将其定位为地磁场感知的潜在新介质[147]。在最近的一项研究中，稳态磁场暴露改变了骨细胞的细胞骨架，同时改变了细胞形态、功能相关蛋白表达、细胞因子分泌和铁代谢[148]；需要注意的是，这些多方面的反应需要暴露在不常见的 16 T 磁场中。

3. 稳态磁场对脂质膜和下游信号传导的影响

笔者实验室发表的两项研究[149, 150]表明，在明显缺乏典型化学（即隐花色素介导）或磁铁矿机制的情况下，生物膜是磁场的"生物传感器"。这些研究是基于稳态磁场改变脂质生物物理特性的文献报道 [151] 以及延伸到更高级结构，如脂质双层[152-154]。在此基础上，我们假设生物膜是一个似乎合理的"生物传感器"，在细胞培养研究中，没有磁铁矿，所涉及的细胞没有明显的光敏感能力。此外，根据报道，稳态磁场对生物膜产生影响所需的阈值约为 0.2 T[151]，我们进行了两项研究，其中细胞处于 0.23～0.28 T 稳态磁场中（差异是由于培养器装置中组织培养板的放置不同，见图 4.1）。

在一项研究中，考虑到 0.3 T 稳态磁场用于临床治疗帕金森病（PD）的研究，我们监测了磁场对 PD 代谢特征的大鼠肾上腺嗜铬细胞瘤 PC-12 细胞中腺苷 A_{2A} 受体（$A_{2A}R$）的影响[150]。发现稳态磁场模拟了选择性 $A_{2A}R$ 拮抗剂 ZM241385 引起的几种反应，包括改变钙通量，增加 ATP 水平并降低 cAMP 水平，减少一氧化氮产生和 P44/42 促分裂原活化的蛋白激酶（MAPK）磷酸化，以及抑制细胞增殖和减少铁摄取。ZM241385 的生物学反应是直接与 $A_{2A}R$ 结合的结果。相比之下，稳态磁场不是一种传统的小分子药物，所以可能通过一种新的作用模式引发细胞反应。因此，我们提出一个可能的机制（图 4.4），即约 0.25 T 的稳态磁场暴露直接改变了脂质双层的生物物理特性，调节了离子通道活性[155]，从而扰乱了细胞内外的 Ca^{2+} 水平[149, 150]。

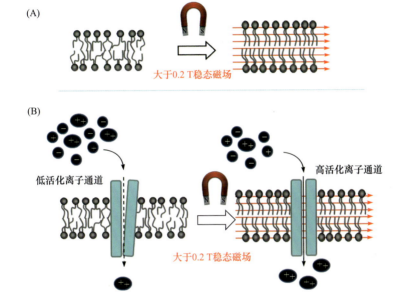

图 4.4　稳态磁场直接影响生物膜的可能机制。（A）根据稳态磁场对脂质影响的文献报道[151]，我们提出大于 0.2 T 的场强会对脂质双层施加作用。（B）将这一概念扩展到生物膜，我们发现钙离子通量快速响应约 0.25 T 的磁场[149, 150]。这种反应可以通过在有无外部稳态磁场情况下，膜组织的生物物理特性对离子通道活性的变构调节来解释。响应在概念上类似于图 4.2 中所示的基于磁铁矿机制的变体，只是离子通道不是通过磁场对通道的直接作用来调节，而是通过细胞膜（此机制在其他地方有详细描述[120]）。附图转载自参考文献 [149, 150]，开放获取

4. 基于脂质膜的机制或可以解释稳态磁场暴露的双相动力学反应

在一项研究中，人胚状体源性（HEBD）LVEC 细胞被约 0.25 T 磁场处理了不同时间[149]。通过 Affymetrix mRNA 图谱软件分析这些细胞的基因表达，发现有 9 个信号网络对稳态磁场有响应；其中，对与炎症细胞因子白细胞介素-6（IL-6）

相关的网络进行了详细的生化验证，发现稳态磁场暴露有双相反应（图 4.5），其

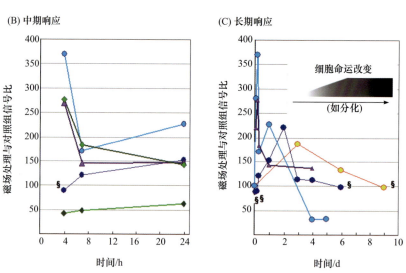

图 4.5　稳态磁场诱导的 HEBDLVEC 细胞中 IL-6 相关反应的时间线。（A）在连续稳态磁场
暴露开始后 4h 内发生的早期反应。（B）在连续稳态磁场暴露开始后 1 天内发生的中间反
应。（C）显示了在稳态磁场暴露的第一周左右的长期响应。数据显示为 $n \geqslant 3$ 个独立实验，
除"§"所示 $p > 0.05$ 外，其他数据 $p < 0.05$（这些数据用标准偏差（SD）分析，但为了清楚
起见，这些图中省略了误差线）。显示的所有数据，除了（C）图中给出的细胞增殖的相互
关系的增殖数据，都是将磁场暴露组和对照组细胞进行比较，基线为 100。附图转载自参考
文献[149]，开放获取

中 IL-6 mRNA 表达的短期(＜4 h)激活伴随着 Toll 样受体-4(TLR-4)和 ST3GAL5 协同上调、P38 磷酸化和钙流出。有趣的是，IL-6 mRNA 最初的多方面上调已经在 24 h 后减弱，但分泌的 IL-6 的实际产量直到第 2 天才达到峰值，之后在第 4 天降至亚稳定水平。

根据 NEU3 表达增加和 ST3GAL5 表达减少可以推测出一个稳态磁场下的双相动力学反应的可能生化机制（图 4.6）。这些酶共同作用以降低细胞表面的唾液酸水平，包括在神经节苷脂 GM3 上发现的唾液酸水平。具体而言，NEU3 是一种唾液酸酶，可去除 GM3 中的唾液酸，从而生成乳糖神经酰胺；同时，生物合成酶 ST3GAL5 的缺失会阻止 GM3（以及其他神经节苷脂，如 GM1 ）的再生。这种功能协调反应的净效应使得细胞表面 GM3 水平降低,我们之前表明 GM3 会

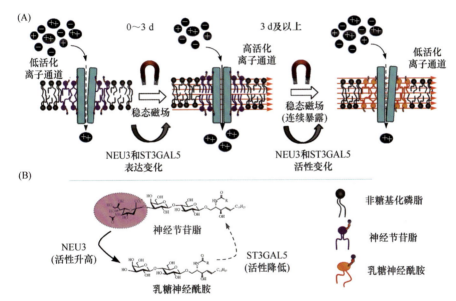

图 4.6 持续稳态磁场暴露双相响应的可能生化机制。（A）该模型以图 4.4 为基础，增加了单独暴露稳态磁场不能将低（或非）活化离子通道完全转化为高活化形式的内容，而需要 GM3 的额外贡献。GM3 是膜蛋白周围调节其活性脂筏的重要组成部分，在文献中有详细解释[159-161]。在稳态磁场处理初期，磁场和 GM3 的影响相结合，将离子通道从低活化转换为高活化。但在此期间，NEU3 和 ST3GAL5 表达变化导致 GM3 丰度开始降低；特别当新制造的 NEU3 变得活跃时，GM3 在磁场暴露 2～3 天后会耗尽。单独磁场不足以维持膜蛋白构象或生物物理特性以支持"高活化"离子通道的通量。（B）NEU3 和 ST3GAL5（将乳糖神经酰胺（LacCer）转化为 GM3 的唾液酸转移酶）。NEU3 活性的增加将 GM3 转化为乳糖神经酰胺，由于伴随 ST3GAL5 的减少，乳糖神经酰胺不能以正常速率补充

影响细胞表面信号[156]，其他人已经证明了影响神经节苷脂调节钙离子活性的能力[157]。因此，我们推测稳态磁场暴露直接通过改变周围膜的整体生物物理特性来影响钙离子通道活性。这引发了一系列事件，最终抵消了稳态磁场的影响。换句话说，稳态磁场暴露的初始刺激被稳态磁场诱导的长期 GM3 损失抵消（即 GM3 最终被证明是比稳态磁场更强的反应介质），最终减弱并实际上在较长暴露时间内逆转了 IL-6 的产生。

5. 脂质膜作为磁场生物传感器——回顾早期证据

除了刚才提出的推测机制之外，我们来简要回顾一下线虫中的磁感应（4.3.3 节 1.），其中已确定了特定神经元对地磁场有响应。与早期研究在软体动物和甲壳类动物中的发现一致（4.3.3 节 2.），表明实际的生物传感器位于对磁场有反应的神经元外周。然而最近一项研究提供了令人信服的证据，表明神经元本身具有激活钙通道以及在没有突触输入的情况下活化磁感应的能力[35]。这一信息与我们基于细胞实验的发现相一致，其中稳态磁场暴露于人类神经样细胞似乎直接与细胞膜相互作用来引发下游反应。 然而与这一假设相反的是，一个线虫研究检测了地磁场强度的磁场，该磁场比之前描述的通过改变膜的生物物理特性进行直接"磁场感应"所必需的约 0.2 T 的磁场要弱得多；的确，线虫含有生物磁铁矿[158]。总而言之，膜本身可能提供了迄今为止尚未检测到的其他磁场生物传感模式。类似于"磁生物学"的许多方面，对这种可能性的确认为未来的研究提供了令人兴奋的机会。

4.6 结论

本章简要地回顾了在许多不同生物体中发现的磁场生物感应能力，并尝试将过去半个世纪左右收集的信息应用于人类"磁疗"的前景中（这个概念将在本书第 15 章中展开讨论）。如上所述，"大自然"已经进化出两种成熟的磁感应模式（磁铁矿和隐花色素自由基对机制），以及更特定化的电磁感应机制，例如，某些具有"洛伦兹壶腹"感应器官的鱼类。正如 4.5 节中总结的那样，这些机制并未完全解释磁场暴露对人体细胞所产生的影响，而且部分是基于作者之前的研究所产生的推测模型。例如，中等强度的稳态磁场直接调节生物膜的生物物理特性，进而对下游信号通路、基因表达，甚至最终细胞命运产生了深远影响。

参 考 文 献

[1] Driessen S, Bodewein L, Dechent D, et al. Biological and health-related effects of weak static magnetic fields(≤1 mT) in humans and vertebrates: A systematic review. PLoS One, 2020, 15 (6): e0230038.

[2] Carles C, Esquirol Y, Turuban M, et al. Residential proximity to power lines and risk of brain tumor in the general population. Environ. Res., 2020, 185: 109473.

[3] Ahlbom I C, Cardis E, Green A, et al. Review of the epidemiologic literature on EMF and health. Environ. Health. Perspect., 2001, 109 (Suppl 6): 911-933.

[4] Anonymous. IARC monographs on the evaluation of carcinogenic risks to humans. Non-ionizing radiation, Part 1: Static and extremely low-frequency (ELF) electric and magnetic fields. World Health Organization, International Agency for Research on Cancer, 2002, 80: 1-395.

[5] Schüz J. Exposure to extremely low-frequency magnetic fields and the risk of childhood cancer: Update of the epidemiological evidence. Prog. Biophys. Mol. Biol., 2011, 107 (3): 339-342.

[6] Crespi C M, Vergara X P, Hooper C, et al. Childhood leukaemia and distance from power lines in California: A population-based case-control study. Br. J. Cancer, 2016, 115: 122-128.

[7] Amoon A T, Swanson J, Magnani C, et al. Pooled analysis of recent studies of magnetic fields and childhood leukemia. Environ. Res., 2022, 204 (Part A): 111993.

[8] Wiltschko R, Wiltschko W. Advances in Experimental Medicine and Biology: Sensing in Nature. MA: Springer US, 2012.

[9] Todorović D, Ilijin L, Mrdaković M, et al. The impact of chronic exposure to a magnetic field on energy metabolism and locomotion of *Blaptica dubia*. Int. J. Radiat. Biol., 2020, 96 (8): 1076-1083.

[10] Bertini I, Luchinat C, Parigi G. NMR of Biomolecules: Towards Mechanistic Systems Biology. Weinheim, Germany: Wiley-VCH Verlag GmbH & Co. KGaA, 2012.

[11] Sahu I D, Lorigan G A. Electron paramagnetic resonance as a tool for studying membrane proteins. Biomolecules, 2020, 10 (5): 763.

[12] Ramesh P, Hwang S J, Davis H C, et al. Ultraparamagnetic cells formed through intracellular oxidation and chelation of paramagnetic iron. Angew. Chem. Int. Ed. Engl., 2018, 57 (38): 12385-12389.

[13] Miao Q, Nitsche C, Orton H, et al. Paramagnetic chemical probes for studying biological macromolecules. Chem. Rev., 2022, 122 (10): 9571-9642.

[14] Valles Jr J M, Lin K, Denegre J M, et al. Stable magnetic field gradient levitation of *Xenopus laevis*: Toward low-gravity simulation. Biophys. J., 1997, 73 (2): 1130-1133.

[15] Liu Y, Zhu D M, Strayer D M, et al. Magnetic levitation of large water droplets and mice. Adv. Space Res., 2010, 45 (1): 208-213.

[16] Markov M S. Electromagnetic fields and life. J. Electr. Electron. Syst., 2014, 3 (1): 119.

[17] Lohmann K J, Goforth K M, Mackiewicz A G, et al. Magnetic maps in animal navigation. J. Comp. Physiol., 2022, 208: 41-67.

[18] Clites B L, Pierce J T. Identifying cellular and molecular mechanisms for magnetosensation. Annu. Rev. Neurosci., 2017, 40: 231-250.

[19] Lin W, Kirschvink J L, Paterson G A, et al. On the origin of microbial magnetoreception. Natl. Sci. Rev., 2020, 7 (2): 472-479.

[20] Diego-Rasilla F J, Phillips J B. Evidence for the use of a high-resolution magnetic map by a short-distance migrant, the Alpine newt (*Ichthyosaura alpestris*). J. Exp. Med., 2021, 224 (13): jeb238345.

[21] Bianco G, Köhler R C, Ilieva M, et al. The importance of time of day for magnetic body alignment in songbirds. J. Comp. Physiol., 2022, 208: 135-144.

[22] Bellini S. Su di un particolare comportamento di batteri d'acqua dolce. Instituto di Microbiologia dell'Universita di Pavia, 1963.

[23] Blakemore R. Magnetotactic bacteria. Science, 1975, 190 (4212): 377-379.

[24] Blakemore R P. Magnetotactic bacteria. Annu. Rev. Microbiol., 1982, 36: 217-238.

[25] Araujo A C, Morillo V, Cypriano J, et al. Combined genomic and structural analyses of a cultured magnetotactic bacterium reveals its niche adaptation to a dynamic environment. BMC Genomics., 2016, 17 (Suppl 8): 726.

[26] Monteil C L, Lefevre C T. Magnetoreception in microorganisms. Trends. Microbiol., 2020, 28 (4): 266-275.

[27] Toro-Nahuelpan M, Giacomelli G, Raschdorf O, et al. MamY is a membrane-bound protein that aligns magnetosomes and the motility axis of helical magnetotactic bacteria. Nat. Microbiol., 2019, 4: 1978-1989.

[28] Maffei M E. Magnetic field effects on plant growth, development, and evolution. Front. Plant. Sci., 2014, 5: 445.

[29] Dhiman S K, Galland P. Effects of weak static magnetic fields on the gene expression of seedlings of *Arabidopsis thaliana*. J. Plant. Physiol., 2018, 231: 9-18.

[30] Agliassa C, Narayana R, Christie J M, et al. Geomagnetic field impacts on cryptochrome and phytochrome signaling. J. Photochem. Photobiol. B., 2018, 185: 32-40.

[31] Pooam M, Arthaut L D, Burdick D, et al. Magnetic sensitivity mediated by the *Arabidopsis* blue-light receptor cryptochrome occurs during flavin reoxidation in the dark. Planta, 2019, 249 319-332.

[32] Müller P, Ahmad M. Light-activated cryptochrome reacts with molecular oxygen to form a flavin-superoxide radical pair consistent with magnetoreception. J. Biol. Chem., 2011, 286 21033-21040.

[33] Vanderstraeten J, Gailly P, Malkemper E P. Low-light dependence of the magnetic field effect on cryptochromes: Possible relevance to plant ecology. Front. Plant Sci., 2018, 9: 121.

[34] Menegatti R D, de Oliveira L O, da Costa A V L, et al. Magnetic field and gibberelic acid as pre-germination treatments of passion fruit seeds. Cienc. Agron., 2019, 17 (1): 6522.

[35] Vidal-Gadea A, Ward K, Beron C, et al. Magnetosensitive neurons mediate geomagnetic orientation in *Caenorhabditis elegans*. eLife, 2015, 4: e07493.

[36] Mori I. Genetics of chemotaxis and thermotaxis in the nematode *Caenorhabditis elegans*. Annu.

Rev. Genet., 1999, 33: 399-422.

[37] Vidal-Gadea A G, Caldart C S, Bainbridge C, et al. Temporal and spatial factors that influence magnetotaxis in *C. elegans*. bioRxiv, 2018: 252700.

[38] Bainbridge C, McDonald J, Ahlert A, et al. Unbiased analysis of *C. elegans* behavior reveals the use of distinct turning strategies during magnetic orientation. bioRxiv, 2019: 688408.

[39] Lohmann K J, Willows A O D. Lunar-modulated geomagnetic orientation by a marine mollusk. Science, 1987, 235: 331-334.

[40] Lohmann K J, Willows A O, Pinter R B. An identifiable molluscan neuron responds to changes in earth-strength magnetic fields. J. Exp. Biol., 1991, 161: 1-24.

[41] Wang J H, Cain S D, Lohmann K J. Identifiable neurons inhibited by Earth-strength magnetic stimuli in the mollusc *Tritonia diomedea*. J. Exp. Biol., 2004, 207 (6): 1043-1049.

[42] Popescu I R, Willows A O. Sources of magnetic sensory input to identified neurons active during crawling in the marine mollusc *Tritonia diomedea*. J. Exp. Biol., 1999, 202 (21): 3029-3036.

[43] Hand E. What and where are the body's magnetometers? Science, 2016, 352 (6293): 1510-1511.

[44] Lohmann K J, Ernst D A, Derby C D, et al. The geomagnetic sense of crustaceans and its use in orientation and navigation. Crustacean Nervous Systems and Control of Behavior. New York: Oxford University Press, 2014: 321-336.

[45] Vácha M, Drštková D, Půžová T. *Tenebrio* beetles use magnetic inclination compass. Naturwissenschaften, 2008, 95: 761-765.

[46] Wiltschko R, Nießner C, Wiltschko W. The magnetic compass of birds: The role of cryptochrome. Front. Physiol., 2021, 12: 667000.

[47] Buskirk R E, O'Brien Jr P J. Magnetite Biomineralization and Magnetoreception in Organisms: A New Biomagnetism. New York: Springer, 2013.

[48] Ernst D A, Fitak R R, Schmidt M, et al. Pulse magnetization elicits differential gene expression in the central nervous system of the Caribbean spiny lobster, *Panulirus argus*. J. Comp. Physiol. A., 2020, 206 (5): 725-742.

[49] de Oliveira J F, Wajnberg E, de Souza Esquivel D M, et al. Ant antennae: Are they sites for magnetoreception? J. R. Soc. Interface., 2010, 7: 143-152.

[50] Dreyer D, Frost B, Mouritsen H, et al. The earth's magnetic field and visual landmarks steer migratory flight behavior in the nocturnal australian bogong moth. Curr. Biol., 2018, 28 (13): 216002166.

[51] Wan G, Hayden A N, Iiams S E, et al. Cryptochrome 1 mediates light-dependent inclination magnetosensing in monarch butterflies. Nat. Commun., 2021, 12: 771.

[52] Vale J O, Acosta-Avalos D. Magnetosensitivity in the stingless bee *Tetragonisca angustula*: Magnetic inclination can alter the choice of the flying departure angle from the nest. Bioelectromagnetics, 2021, 42 (1): 51-59.

[53] Gould J L, Kirschvink J L, Deffeyes K S. Bees have magnetic remanence. Science, 1978, 201: 1026-1028.

[54] El-Jaick L J, Acosta-Avalos D, de Souza Esquivel D M, et al. Electron paramagnetic resonance study of honeybee Apis mellifera abdomens. Eur. Biophys. J., 2001, 29 (8): 579-586.

[55] Lambinet V, Hayden M E, Reigl K, et al. Linking magnetite in the abdomen of honey bees to a magnetoreceptive function. Proc. Biol. Sci., 2017, 284 (1851): 20162873.

[56] Shaw J A, Boyd A, House M, et al. Multi-modal imaging and analysis in the search for iron-based magnetoreceptors in the honeybee Apis mellifera. R. Soc. Open Sci., 2018, 5 (9): 181163.

[57] Jandacka P, Kasparova B, Jiraskova Y, et al. Iron-based granules in body of bumblebees. Biometals, 2015, 28 (1): 89-99.

[58] Wajnberg E, Rossi A L, Esquivel D M S. Titanium and iron titanium oxide nanoparticles in antennae of the migratory ant *Pachycondyla marginata*: An alternative magnetic sensor for magnetoreception. Biometals, 2017, 30: 541-548.

[59] Fleischmann P N, Grob R, Rössler W. Magnetoreception in hymenoptera: Importance for navigation. Anim. Cognit., 2020, 23: 1051-1061.

[60] Válková T, Vácha M. How do honeybees use their magnetic compass? Can they see the North? Bull. Entomol. Res., 2012, 102 (4): 461-467.

[61] Fleischmann P N, Grob R, Müller V L, et al. The geomagnetic field is a compass cue in *Cataglyphis* ant navigation. Curr. Biol., 2018, 28 (9): 1440-1444.

[62] Liang C H, Chuang C L, Jiang J A, et al. Magnetic sensing through the abdomen of the honey bee. Sci. Rep., 2016, 6: 23657.

[63] Dovey K M, Kemfort J R, Towne W F. The depth of the honeybee's backup sun-compass systems. J. Exp. Biol., 2013, 216: 2129-2139.

[64] formicki K, Korzelecka-Orkisz A, Tański A. Magnetoreception in fish. J. Fish Biol., 2019, 95 (1): 73-91.

[65] Murray R W. Electrical sensitivity of the ampullae of Lorenzini. Nature, 1960, 187 (4741): 957.

[66] Rommel S A, McCleave J D. Sensitivity of American eels (*Anguilla rostrata*) and Atlantic salmon (*Salmo salar*) to weak electric and magnetic fields. J. Fish. Res. Board Can., 1973, 30: 657-663.

[67] Quinn T P. Evidence for celestial and magnetic compass orientation in lake migrating sockeye salmon. J. Comp. Physiol., 1980, 137: 243-248.

[68] Quinn T P, Brannon E L. The use of celestial and magnetic cues by orienting sockeye salmon smolts. J. Comp. Physiol., 1982, 147: 547-552.

[69] Chew G L, Brown G E. Orientation of rainbow trout (*Salmo gairdneri*) in normal and null magnetic fields. Can. J. Zool., 1989, 67 (3): 641-643.

[70] Ogura M, Kato M, Arai N, et al. Magnetic particles in chum salmon (*Oncorhynchus keta*): Extraction and transmission electron microscopy. Can. J. Zool., 1992, 70 (5): 875-877.

[71] Paulin M G. Electroreception and the compass sense of sharks. J. Theor. Biol., 1995, 174 (3): 325-339.

[72] Anderson J M, Clegg T M, Véras L V M V Q, et al. Insight into shark magnetic field perception from empirical observations. Sci. Rep., 2017, 7: 11042.

[73] Kirschvink J L, Walker M M, Diebel C. Magnetite-based magnetoreception. Curr. Opin. Neurobiol., 2001, 11 (4): 462-467.

[74] Naisbett-Jones L C, Putman N F, Scanlan M M, et al. Magnetoreception in fishes: The effect of magnetic pulses on orientation of juvenile Pacific salmon. J. Exp. Biol., 2020, 223 (10): 222091.

[75] Natan E, Vortman Y. The symbiotic magnetic-sensing hypothesis: Do *Magnetotactic Bacteria* underlie the magnetic sensing capability of animals? Mov. Ecol., 2017, 5: 22.

[76] Boggs E. Sensing symbiosis: Investigating the symbiotic magnetic sensing hypothesis in fish using genomics. Honors Undergraduate Theses, 2020.

[77] Wiltschko R, Wiltschko W. Magnetoreception in birds. J. R. Soc. Interface., 2019, 16: 20190295.

[78] Wiltschko R, Wiltschko W. The magnetite-based receptors in the beak of birds and their role in avian navigation. J. Comp. Physiol., 2013, 199 (2): 89-98.

[79] Nimpf S, Nordmann G C, Kagerbauer D, et al. A putative mechanism for magnetoreception by electromagnetic induction in the pigeon inner ear. Curr. Biol., 2019, 29 (23): 4052-4059.

[80] Malkemper E P, Kagerbauer D, Ushakova L, et al. No evidence for a magnetite-based magnetoreceptor in the lagena of pigeons. Curr. Biol., 2019, 29 (1): R14-R15.

[81] Bolte P, Bleibaum F, Einwich A, et al. Localisation of the putative magnetoreceptive protein cryptochrome 1b in the retinae of migratory birds and homing pigeons. PLoS One, 2016, 11 (3): e0147819.

[82] Günther A, Einwich A, Sjulstok E, et al. Double-cone localization and seasonal expression pattern suggest a role in magnetoreception for European robin cryptochrome 4. Curr. Biol., 2018, 28 (2): 221-223.

[83] Pinzon-Rodriguez A, Bensch S, Muheim R. Expression patterns of cryptochrome genes in avian retina suggest involvement of Cry4 in light-dependent magnetoreception. J. R. Soc. Interface., 2018, 15: 20180058.

[84] Wong S Y, Wei Y, Mouritsen H, et al. Cryptochrome magnetoreception: Four tryptophans could be better than three. J. R. Soc. Interface., 2021, 18: 20210601.

[85] Begall S, Burda H, Malkemper E P. Advances in the Study of Behavior. Oxford: Elsevier Inc, 2014.

[86] Granger J, Walkowicz L, Fitak R, et al. Gray whales strand more often on days with increased levels of atmospheric radio-frequency noise. Curr. Biol., 2020, 30 (4): PR155-R156.

[87] Němec P, Altmann J, Marhold S, et al. Neuroanatomy of magnetoreception: The superior colliculus involved in magnetic orientation in a mammal. Science, 2001, 294: 366-368.

[88] Caspar K R, Moldenhauer K, Moritz R, et al. Eyes are essential for magnetoreception in a mammal. J. R. Soc. Interface., 2020, 17: 20200513.

[89] Lindecke O, Holland R A, Pētersons G, et al. Corneal sensitivity is required for orientation in free-flying migratory bats. Commun. Biol., 2021, 4: 522.

[90] Červený J, Begall S, Koubek P, et al. Directional preference may enhance hunting accuracy in foraging foxes. Biol. Lett., 2011, 7 (3): 355-357.

[91] Betancur C, Dell'Omo G, Alleva E. Magnetic field effects on stress-induced analgesia in mice: modulation by light. Neurosci. Lett., 1994, 182 (2): 147-150.

[92] Choleris E, Del Seppia C, Thomas A W, et al. Shielding, but not zeroing of the ambient magnetic field reduces stress-induced analgesia in mice. Proc. Biol. Sci., 2002, 269 (1487): 193-201.

[93] Prato F S, Robertson J A, Desjardins D, et al. Daily repeated magnetic field shielding induces analgesia in CD-1 mice. Bioelectromagnetics, 2005, 26 (2): 109-117.

[94] Zhu Y, Wang S, Long H, et al. Effect of static magnetic field on pain level and expression of P2X3 receptors in the trigeminal ganglion in mice following experimental tooth movement. Bioelectromagnetics, 2017, 38 (1): 22-30.

[95] Fan Y, Ji X, Zhang L, et al. The analgesic effects of static magnetic fields. Bioelectromagnetics, 2021, 42 (2): 115-127.

[96] Ebrahimdamavandi S, Mobasheri H. Application of a static magnetic field as a complementary aid to healing in an *in vitro* wound model. J. Wound. Care., 2019, 26 (1): 40.

[97] Shang W, Chen G, Li Y, et al. Static magnetic field accelerates diabetic wound healing by facilitating resolution of inflammation. J. Diabetes. Res., 2019, 30: 31886281.

[98] Rubinstein A E, Gay S, Peterson C B, et al. Radiation-induced lung toxicity in mice irradiated in a strong magnetic field. PLoS One, 2018, 13 (11): e0205803.

[99] Fan Z, Hu P, Xiang L, et al. A static magnetic field inhibits the migration and telomerase function of mouse breast cancer cells. BioMed. Res. Int., 2020, 2020: 7472618.

[100] Gellrich D, Schmidtmayer U, Eckrich J, et al. Modulation of exposure to static magnetic field affects targeted therapy of solid tumors *in vivo*. Anticancer. Res., 2018, 38 (8): 4549-4555.

[101] Yang J, Zhou S, Lv H, et al. Static magnetic field of 0.2-0.4 T promotes the recovery of hindlimb unloading-induced bone loss in mice. Int. J. Radiat. Biol., 2021, 97 (5): 746-754.

[102] Lin Y, Jin J, Lv R, et al. Repetitive transcranial magnetic stimulation increases the brain's drainage efficiency in a mouse model of Alzheimer's disease. Acta. Neuropathol. Com., 2021, 9 (1): 1-18.

[103] Carter C S, Huang S C, Searby C C, et al. Exposure to static magnetic and electric fields treats type 2 diabetes. Cell. Metab., 2020, 32 (4): 561-574.

[104] Lefèvre C T, Bazylinski D A. Ecology, diversity, and evolution of magnetotactic bacteria. Microbiol. Mol. Biol. Rev., 2013, 77 (3): 497-526.

[105] Kahani S A, Yagini Z. A comparison between chemical synthesis magnetite nanoparticles and biosynthesis magnetite. Bioinorg. Chem. Appl., 2014, 2014: 384984.

[106] Mirabello G, Lenders J J M, Sommerdijk N A J M. Bioinspired synthesis of magnetite nanoparticles. Chem. Soc. Rev., 2016, 45: 5085.

[107] Arakaki A, Nakazawa H, Nemoto M, et al. Formation of magnetite by bacteria and its application. J. R. Soc. Interface., 2008, 5 (26): 977-999.

[108] Murat D, Quinlan A, Vali H, et al. Comprehensive genetic dissection of the magnetosome gene island reveals the step-wise assembly of a prokaryotic organelle. Proc. Natl. Acad. Sci. U.S.A., 2010, 107 (12): 5593-5598.

[109] Lower B H, Bazylinski D A. The bacterial magnetosome: A unique prokaryotic organelle. J. Mol. Microbiol. Biotechnol., 2013, 23 (1-2): 63-80.

[110] Ben-Shimon S, Stein D, Zarivach R. Current view of iron biomineralization in magnetotactic bacteria. J. Struct. Biol.: X, 2021, 5: 100052.

[111] Bellinger M R, Wei J, Hartmann U, et al. Conservation of magnetite biomineralization genes in all domains of life and implications for magnetic sensing. Proc. Natl. Acad. Sci. U.S.A., 2022, 119 (3): e2108655119.

[112] Kirschvink J L, Kobayashi-Kirschvink A, Woodford B J. Magnetite biomineralization in the

human brain. Proc. Natl. Acad. Sci. U.S.A., 1992, 89 (16): 7683-7687.

[113] Gilder S A, Wack M, Kaub L, et al. Distribution of magnetic remanence carriers in the human brain. Sci. Rep., 2018, 8: 11363.

[114] Khan S, Cohen D. Using the magnetoencephalogram to noninvasively measure magnetite in the living human brain. Hum. Brain Mapp., 2018, 40 (5): 1654-1665.

[115] Wang C X, Hilburn I A, Wu D A, et al. Transduction of the geomagnetic field as evidenced from alpha-band activity in the human brain. eNeuro, 2019, 6: 0483.

[116] Grassi-Schultheiss P P, Heller F, Dobson J. Analysis of magnetic material in the human heart, spleen and liver. Biometals, 1997, 10 (4): 351-355.

[117] Schultheiss-Grassi P, Dobson J, Wieser H G, et al. Electricity and Magnetism in Biology and Medicine. New York: Springer, 1999.

[118] Johnsen S, Lohmann K J. Magnetoreception in animals. Phys. Today., 2008, 61 (3): 29-35.

[119] Leão P, Le Nagard L, Yuan H, et al. Magnetosome magnetite biomineralization in a flagellated protist: Evidence for an early evolutionary origin for magnetoreception in eukaryotes. Environ. Microbiol., 2020, 22 (4): 1495-1506.

[120] Cadiou H, McNaughton P A. Avian magnetite-based magnetoreception: A physiologist's perspective. J. R. Soc. Interface., 2010, 7 (suppl_2): S193-S205.

[121] Rodgers C T. Magnetic field effects in chemical systems. Pure. Appl. Chem., 2009, 81 (1): 19-43.

[122] Karki N, Vergish S, Zoltowski B D. Cryptochromes: Photochemical and structural insight into magnetoreception. Protein. Sci., 2021, 30 (8): 1521-1534.

[123] Ritz T, Adem S, Schulten K. A model for photoreceptor-based magnetoreception in birds. Biophys. J., 2000, 78: 707-718.

[124] Kavet R, Brain J. Cryptochromes in mammals and birds: Clock or magnetic compass? Physiology, 2021, 36 (3): 183-194.

[125] Lee A A, Lau J C S, Hogben H J, et al. Alternative radical pairs for cryptochrome-based magnetoreception. J. R. Soc. Interface., 2014, 11 (95): 20131063.

[126] Kattnig D R, Evans E W, Déjean V, et al. Chemical amplification of magnetic field effects relevant to avian magnetoreception. Nat. Chem., 2016, 8 (4): 384-391.

[127] Meyer C G, Holland K N, Papastamatiou Y P. Sharks can detect changes in the geomagnetic field. J. R. Soc. Interface., 2005, 2 (2): 129-130.

[128] Roth B J. The role of magnetic forces in biology and medicine. Exp. Biol. Med., 2012, 236 (2): 132-137.

[129] Josberger E E, Hassanzadeh P, Deng Y, et al. Proton conductivity in ampullae of Lorenzini jelly. Sci. Adv., 2016, 2 (5): 1600112.

[130] Selberg J, Jia M, Rolandi M. Proton conductivity of glycosaminoglycans. PLoS One, 2019, 14 (3): e0202713.

[131] Phillips M, Tang W J, Robinson M, et al. Evidence of chitin in the ampullae of Lorenzini of chondrichthyan fishes. Curr. Biol., 2020, 30 (20): R1254-R1255.

[132] Melrose J. Mucin-like glycopolymer gels in electrosensory tissues generate cues which direct

electrolocation in amphibians and neuronal activation in mammals. Neural. Regener. Res., 2019, 14 (7): 1191-1195.

[133] Savory J, Exley C, Forbes W F, et al. Can the controversy of the role of aluminum in Alzheimer's disease be resolved? What are the suggested approaches to this controversy and methodological issues to be considered? J. Toxicol., 1996, 48 (6): 615-635.

[134] Banaclocha M A, Bókkon I, Banaclocha H M. Long-term memory in brain magnetite. Med. Hypotheses., 2010, 74 (2): 254-257.

[135] Kirschvink J L, Gould J L. Biogenic magnetite as a basis for magnetic field detection in animals. Biosystems, 1981, 13 (3): 181-201.

[136] Chae K S, Oh I T, Lee S H, et al. Blue light-dependent human magnetoreception in geomagnetic food orientation. PLoS One, 2019, 14 (2): e0211826.

[137] Thoss F, Bartsch B, Fritzsche B, et al. The magnetic field sensitivity of the human visual system shows resonance and compass characteristic. Comp. Physiol. A., 2000, 186: 1007-1010.

[138] Thoss F, Bartsch B, Tellschaft D, et al. The light sensitivity of the human visual system depends on the direction of view. Journal of Comparative Physiology A, 2002, 188 235-237.

[139] Foley L E, Gegear R J, Reppert S M. Human cryptochrome exhibits light-dependent magnetosensitivity. Nat. Commun., 2011, 2: 356.

[140] Nießner C, Denzau S, Malkemper E P, et al. Cryptochrome 1 in retinal cone photoreceptors suggests a novel functional role in mammals. Sci. Rep., 2016, 6: 21848.

[141] Wyatt D G. Problems in the measurement of blood flow by magnetic induction. Phys. Med. Biol., 1961, 5 (3): 369-399.

[142] Zborowski M, Ostera G R, Moore L R, et al. Red blood cell magnetophoresis. Biophys. J., 2003, 84 (4): 2638-2645.

[143] Kasetsirikul S, Buranapong J, Srituravanich W, et al. The development of malaria diagnostic techniques: A review of the approaches with focus on dielectrophoretic and magnetophoretic methods. Malar. J., 2016, 15 (1): 358.

[144] Mustafa B T, Yaba S P, Ismail A H. Influence of the static magnetic field on red blood cells parameters and platelets using tests of CBC and microscopy images. Biomed. Phys. Eng. Express., 2020, 6 (2): 025004.

[145] Anonymous. General wellness: Policy for low risk devices - guidance for industry and Food and Drug Administration staff. U.S. Food and Drug Administration, 2015, Document number 1300013 http://www.fda.gov/downloads/medicaldevices/deviceregulationandguidance/guidancedocuments/ucm 429674.pdf.

[146] Thoss F, Bartsch B. The geomagnetic field influences the sensitivity of our eyes. Vision. Res., 2007, 47 (8): 1036-1041.

[147] Mo W C, Zhang Z J, Wang D L, et al. Shielding of the geomagnetic field alters actin assembly and inhibits cell motility in human neuroblastoma cells. Sci. Rep., 2016, 6: 22624.

[148] Yang J, Zhang G, Li Q, et al. Effect of high static magnetic fields on biological activities and iron metabolism in MLO-Y4 osteocyte-like cells. Cells, 2021, 10 (12): 3519.

[149] Wang Z, Sarje A, Che P L, et al. Moderate strength (0.23-0.28 T) static magnetic fields (SMF)

modulate signaling and differentiation in human embryonic cells. BMC Genomics, 2009, 10: 356.

[150] Wang Z, Che P L, Du J, et al. Static magnetic field exposure reproduces cellular effects of the Parkinson's disease drug candidate ZM241385. PLoS One, 2010, 5 (11): e13883.

[151] Braganza L F, Blott B H, Coe T J, et al. The superdiamagnetic effect of magnetic fields on one and two component multilamellar liposomes. Biochim. Biophys. Acta., 1984, 801 (1): 66-75.

[152] Rosen A D. Mechanism of action of moderate-intensity static magnetic fields on biological systems. Cell Biochem. Biophys., 2003, 39 (2): 163-173.

[153] De Nicola M, Cordisco S, Cerella C, et al. Magnetic fields protect from apoptosis via redox alteration. Ann. N. Y. Acad. Sci., 2006, 1090: 59-68.

[154] Nuccitelli S, Cerella C, Cordisco S, et al. Hyperpolarization of plasma membrane of tumor cells sensitive to antiapoptotic effects of magnetic fields. Ann. N. Y. Acad. Sci., 2006, 1090: 217-225.

[155] Rosen A D. Effect of a 125 mT static magnetic field on the kinetics of voltage activated Na^+ channels in GH3 cells. Bioelectromagnetics, 2003, 24: 517-523.

[156] Wang Z, Sun Z, Li A V, et al. Roles for UDP-GlCNAc 2-epimerase/ManNAc 6-kinase outside of sialic acid biosynthesis: Modulation of sialyltransferase and BiP expression, GM3 and GD3 biosynthesis, proliferation and apoptosis, and ERK1/2 phosphorylation. J. Biol. Chem., 2006, 281 (37): 27016-27028.

[157] Carlson R O, Masco D, Brooker G, et al. Endogenous ganglioside GM1 modulates L-type calcium channel activity in N18 neuroblastoma cells. J. Neurosci., 1994, 14 (4): 2272-2281.

[158] Cranfield C G, Dawe A, Karloukovski V, et al. Biogenic magnetite in the nematode *Caenorhabditis elegans*. Proc. Biol. Sci., 2004, 271 (Suppl 6): S436-S439.

[159] Hakomori S I. The glycosynapse. Proc. Natl. Acad. Sci. U.S.A., 2002, 99 (1): 225-232.

[160] Hakomori S. Glycosynapses: Microdomains controlling carbohydrate-dependent cell adhesion and signaling. Anais da Academia Brasileira de Ciências, 2004, 76 (3): 553-572.

[161] Toledo M S, Suzuki E, Handa K, et al. Cell growth regulation through GM3-enriched microdomain (glycosynapse) in human lung embryonal fibroblast WI38 and its oncogenic transformant VA13. J. Biol. Chem., 2004, 279 (33): 34655-34664.

第 5 章
非均匀稳态磁场调控细胞膜电位

　　细胞中无数离子通道的协调活动是一种壮观的生物和物理现象。理解控制离子通道门控和调节膜电位的机制是开发非接触磁刺激靶向治疗策略的关键。在这项研究中，我们从理论上证明了离子通道活动可以由梯度稳态磁场调控。分析表明，可以通过远程应用高梯度磁场来关闭和打开特定的离子通道，从而调节细胞膜电位。我们提出的模型和机制提供了一个通用框架，用于揭示高梯度稳态磁场调节离子通道活动相关的生物磁效应的可能潜在机制。

5.1　引言

　　膜电位（MP）是细胞内外的电位差，在可兴奋和不可兴奋的细胞中，膜电位的变化范围通常为-3～-100 mV。细胞调节其膜电位的能力对许多过程至关重要，包括调节细胞体积、细胞周期、感知、DNA 合成、细胞分化、增殖、肌肉收缩、传递信号、癌症进展和伤口愈合[1-4]。尽管人们已经大致了解膜电位和生物电信号如何控制细胞行为，但仍存在许多谜团。例如，未分化细胞和癌细胞是如何保持低膜电位，从而使它们具有有丝分裂活性和高度可塑性。相反，成熟的、终末分化的和静止期细胞易于超极化并且通常不进行有丝分裂（图 5.1）。另一个控制细胞寿命的物理参数是膜刚度。重要的是，膜电位和膜刚度这两个参数并不独立，细胞膜刚度与膜电压的平方成正比[5]。因此，对于具有高膜电位的细胞（图 5.1），静电对膜弯曲刚度的贡献足够大[6]，与具有低膜电位（去极化膜）的细胞相比，使其细胞膜变形所需的力也要更大。因此可以通过调整膜电位来控制细胞刚性，这可能对于具有较小膜电位的癌细胞很重要，因为这使它们具有很强的可塑性和侵入性[7]。综上所述，这些证据表明细胞的功能和命运主要由膜电位的大小决定。另外，人们普遍认为，稳态磁场对整个细胞机器体系和细胞命运都有重大影响。例如，巨噬细胞暴露于非均匀磁场会导致巨噬细胞极度伸长，并对它们的分子组成和细胞器产生重大影响[8]。梯度磁场通过将机械应力从膜传递到细胞骨架来影响间充质干细胞的成脂分化，导致 F-actin（纤维状肌动蛋白）重塑和成脂基因表达下调[9]。磁场可以通过在细胞中产生的磁机械应力来协调细胞的机械和电学特性，从而引导干细胞分化为特定的细胞类型[10, 11]。此外，稳态强磁场可以改变非洲爪蟾卵早期细胞分裂的卵裂方向[12]和人类细胞中有丝分裂纺锤体的方向及形态[13]。而且，中等稳态磁场即可以干扰 DNA 复制[14]。

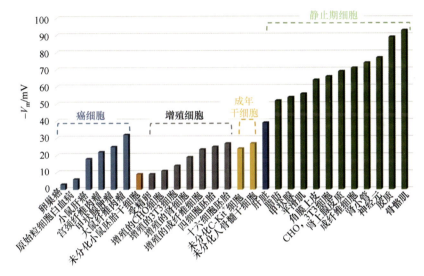

图 5.1 不同类型细胞的膜电位。膜电位值取自参考文献[15, 16]及其文中参考文献

由于膜电位与有丝分裂、DNA 合成、细胞周期进程及增殖相关[15, 17]，利用磁场来操纵膜电位可能成为一种对不同病理条件进行细胞治疗的新方法。因此，对于从事生物学和医学的研究人员来说，利用磁场对活细胞进行远程和无创控制具有良好的前景。

细胞膜电位调控机制非常广泛，而膜电位的离子通道依赖性调节在其中起着核心作用。在这里，我们提出了用稳态梯度磁场调节离子通道活性和控制膜电位的理论框架。

5.2 磁力

通常，磁力是细胞对外加磁场做出反应的核心因素。作用于移动离子、细胞和亚细胞成分的磁力分为三种：①洛伦兹力，与离子速度和电荷成正比；②磁梯度力，$F \nabla B \propto \nabla B^2$（其中 B 是磁感应强度，∇ 是微分算符）[11, 18]；③浓度梯度磁力，$F \nabla n \propto B^2 \nabla n$（其中 ∇n 是抗磁性或顺磁性物质的浓度梯度）[19-23]。

这里应该强调的是，细胞是一个带电单元，其中电（库仑）力控制许多细胞内在进程。在细胞中，电力通常相比于磁力来说占主导地位。但在磁感应强度大于 10^6 T 的磁场中，作用于细胞内移动离子的洛伦兹力可以与细胞内库仑力相当[7]。在细胞系统中，无论是在具有极大梯度的空间不均匀磁场中[5, 7, 11, 24]，还是在具有高强度的均匀磁场中[13]，磁力的大小都足以与电力抗衡。在这样的磁场中，磁力可以与电力相抗衡，并能够干扰电力，从而改变细胞功能。例如，在活体组织和细胞中，梯度为 1000 T/m 量级的稳态磁场会产生与重力体积密度相同的磁梯度力，$f_g = \rho g \approx 10^4$ N/m³[7]（这里 ρ 是细胞质量密度，g 是自由落体加速度）。在细胞中，根据细胞器的磁化率和梯度值，磁梯度力能够达到 10～100pN[11]，足以改变细胞器。在这里，我们使用分析模型来研究细胞膜电位在高梯度稳态磁场中的变化。

许多决定膜电位的分子和离子由于核自旋而具有小磁矩，因此会受到磁梯度力的影响。然而，尽管这些磁矩值很小，但高梯度磁场可以以相对较大的力作用于跨越细胞膜的离子。这些磁梯度力可以协同或拮抗离子的跨膜运动。磁力由下式给出

$$F = p_{\mathrm{m}} \frac{\mathrm{d}B}{\mathrm{d}l} \tag{5.1}$$

其中，p_{m} 是离子的磁偶极矩，B 是磁感应矢量。注意，在等式（5.1）中，对方向 l 进行求导，方向 l 平行于离子的磁偶极矩，即 $l // p_{\mathrm{m}}$。在磁场中，作用于磁偶极子上的离子能量和力矩为 $E = -(p_{\mathrm{m}} B)$ 和 $T = p_{\mathrm{m}} \times B$。

当磁梯度力施加在跨膜离子上时，能够改变膜电位。事实上，膜离子通道的活性通过设置离子扩散通量平衡来调节膜电位：$j_{\mathrm{D}} + j_{\mathrm{E}} = 0$，其中 j_{D} 是扩散通量，j_{E} 是由跨膜电势梯度驱动的离子通量。在高梯度磁场中，公式（5.1）产生磁驱动的离子通量 j_{M}，它被添加到扩散通量和电通量中。

下面，我们将推导出静息膜电位对磁梯度值的明确关系。

5.3　梯度磁场中的静息细胞膜电位：广义能斯特方程

如上所述，在稳态梯度磁场中，磁梯度力产生了一个通过细胞膜的离子通量，该离子通量与由电势和离子浓度梯度决定的离子通量相互作用。因此，在梯度磁

场中，平衡膜电位是由这三种离子通量所建立的，确保总通量为零：$j_D+j_E+j_M=0$，如图 5.2 所示。

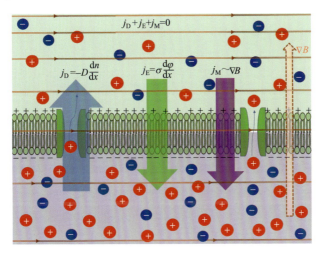

图 5.2   在存在梯度磁场的情况下，三个离子通量设定平衡膜电位。j_D 是扩散通量，j_E 是由跨膜电势梯度驱动的离子通量，j_M 是由磁梯度力产生的离子通量。在平衡状态下，$j_D+j_E+j_M=0$。橙色平行线代表磁力线。经许可转载自参考文献[25]

让我们来考虑梯度磁场存在时的能斯特平衡势。将离子物质视为稀释的溶质，并假设为细胞内的一个点，可以将溶质的化学势写为

$$\mu_i=kT\ln(n_i) + ze\varphi_i - p_m B_i \qquad (5.2)$$

其中，φ_i 是细胞内的电势，e 是电子电荷，z 是离子价（对于正的单价离子，$z=1$），k 是玻尔兹曼常量，B_i 是细胞内的磁感应强度，n_i 是细胞内的离子浓度，T 是热力学温度。值得注意的是，没有电场和磁场的稀释溶质的化学势是 $\mu = kT\ln(n)+\psi$ [26]，其中，ψ 是压力和温度的函数。在等式（5.2）中，最后两项分别代表离子的静电能和磁能。对于细胞外的点，溶质化学势是

$$\mu_o=kT\ln(n_o) + ze\varphi_o - p_m B_o \qquad (5.3)$$

其中，n_o 是细胞外的离子浓度，φ_o 和 B_o 是细胞外的电势和磁感应强度。由溶质化学势相等（$\mu_i=\mu_o$，表示相平衡条件）可以得出

$$ze(\varphi_i - \varphi_o) - p_m(B_i - B_o) = kT \ln\left(\frac{n_o}{n_i}\right) \qquad (5.4)$$

在等式（5.4）的左侧，我们将差异表示为（$\varphi_i-\varphi_o$）$=V_m$ 和（B_i-B_o）$=GL$，其中 $G=|dB/dr|$ 是磁通密度梯度，L 是平均细胞大小的一半。最后，从方程式（5.4）可以得到作为磁场梯度函数的平衡细胞膜电位

$$V_{\mathrm{m}} = \frac{kT}{ze}\ln\left(\frac{n_{\mathrm{o}}}{n_{\mathrm{i}}}\right) \pm \frac{p_{\mathrm{m}}}{ze}GL \tag{5.5}$$

通过插入法拉第常数 $F=eN_A$ 和气体常量 $R=kN_A$，我们得到一个广义能斯特方程，其形式为[5]

$$V_{\mathrm{m}} = \frac{RT}{zF}\ln\left(\frac{n_{\mathrm{o}}}{n_{\mathrm{i}}}\right) \pm \frac{p_{\mathrm{m}}}{ze}GL \tag{5.6}$$

注意，右侧第二项的符号可能为正也可能为负，具体取决于磁场梯度的方向。在没有磁场的极限情况下，方程式（5.5）将变成经典的能斯特方程

$$V_{\mathrm{m}} = \frac{RT}{zF}\ln\left(\frac{n_{\mathrm{o}}}{n_{\mathrm{i}}}\right) \tag{5.7}$$

当膜可渗透单个离子时，用于计算静息膜电位：K^+、Ca^{2+}、Na^+或Cl^-。

但奇怪的是，从完全不同的定律，即热力学第一定律和$PV=RT$入手，我们可以得到相同类型的方程式（方程式（5.6））（P是压力，V是体积）。推导过程如下：我们将体积V中的离子视为梯度稳态磁场中的理想气体。离子气体的压力为$P=RT/V$。现在我们计算1 mol离子气体在$T=$常数和$N=$常数时从体积V_1膨胀到V_2时所做的功A

$$A = \int_{V_1}^{V_2} P\mathrm{d}V = \int_{V_1}^{V_2} \frac{RT}{V}\mathrm{d}V = RT\ln\left(\frac{V_2}{V_1}\right) = RT\ln\left(\frac{n_{\mathrm{i}}}{n_{\mathrm{o}}}\right) \tag{5.8}$$

气体做功（5.8）使系统内能增加 $\Delta U=\Delta U_{\mathrm{el}}+\Delta U_{\mathrm{mag}}$：静电离子能量 $\Delta U_{\mathrm{el}}=zeN_AV_{\mathrm{m}}$，磁能 $\Delta U_{\mathrm{mag}}=-N_Ap_{\mathrm{m}}GL$。那么，利用热力学第一定律 $0=\Delta U+A$（注意，提供给系统的热量 $Q=0$）可以直接得到方程式（5.6）。

因此，根据方程式（5.6），梯度磁场可以改变细胞膜电位。这里的重要问题是：实验中可获得的由实验室磁场引起的这些变化有多大？正如方程式（5.6）和（5.7）所示，由梯度磁场引起的静息膜电位的相对变化为

$$\frac{\Delta V_{\mathrm{m}}}{V_{\mathrm{m}}} = \frac{p_{\mathrm{m}}GL/ze}{RT\ln(n_{\mathrm{o}}/n_{\mathrm{i}})/zF} = \frac{p_{\mathrm{m}}GL}{kT\ln(n_{\mathrm{o}}/n_{\mathrm{i}})} \tag{5.9}$$

从等式（5.9）我们估算临界梯度值 G_{cr}，其比值 $\Delta V_{\mathrm{m}}/V_{\mathrm{m}}$ 是统一的。这意味着使用具有临界梯度的稳态磁场会使膜电位发生 100% 的变化。对于临界梯度的估算，我们对哺乳动物神经元使用以下离子浓度：$[K^+]_{\mathrm{out}}=3$ mmol/L，$[K^+]_{\mathrm{in}}=140$ mmol/L，$[Na^+]_{\mathrm{out}}=145$ mmol/L，$[Na^+]_{\mathrm{in}}=18$ mmol/L，$[Cl^-]_{\mathrm{out}}=120$ mmol/L，$[Cl^-]_{\mathrm{in}}=7$ mmol/L（除非另有说明，细胞内外特定离子的浓度表示为$[Ion]_{\mathrm{in}}$ 和$[Ion]_{\mathrm{out}}$）。这些离子的磁矩很小，与核磁子处于同一数量级，$\mu_{\mathrm{n}} = 5.05 \times 10^{-27}$ J/T：$p_{Na^+} = 2.22\mu_{\mathrm{n}}$（钠23），$p_{K^+} = 0.39\mu_{\mathrm{n}}$（钾39），$p_{Cl^-} = 0.821\mu_{\mathrm{n}}$（氯35），$p_{Ca^{2+}} = 0$（钙40）。在这些离子中，$Na^+$的磁矩最大，$Ca^{2+}$的电子磁矩和核磁矩为0。因此，磁场梯度不会影响$Ca^{2+}$

对膜电位的贡献。对于上面列出的离子浓度和磁矩，方程式（5.9）的计算给出 $10^{10} \sim 10^{11}$ T/m 量级的 G_{cr}。然而，目前可以达到的磁梯度值的数量级为 $10^6 \sim 10^7$ T/m[27]。

因此，具有当前可达到的梯度值的稳态磁场不太可能导致可兴奋细胞的静息膜电位发生显著变化。然而，这对于膜电位值较低（$V_m < 10mV$）的细胞是可能的：癌细胞、增殖细胞和未分化的 mESC（小鼠胚胎干细胞）（图 5.1）。高度分化的肿瘤细胞（人类肝癌细胞：Tong、HepG2、Hep3B、PLC/PRF/5、Mahlavu 和 HA22T）具有低膜电位[28]。现在我们来估算具有低膜电位的细胞的临界梯度。在能斯特方程（方程（5.7））中，前因子的数值为 $RT/zF = 25.2$ mV（对于 $z = 1$ 和 $T = 300$ K）。这意味着对于 $V_m = 3 \sim 6$ mV 的细胞，如卵巢肿瘤细胞和白血病成髓细胞（图 5.1），ln（n_o/n_i）的值 $= 0.12 \sim 0.24$。如公式（5.9）所估算的那样，对于这些细胞，使膜电位发生 100%变化的临界梯度值是 $4 \times 10^9 \sim 8 \times 10^9$ T/m。重要的是，上面对临界梯度值进行估算，是假设静息膜电位发生了 100%的变化。然而，百分之几的膜电位变化就会导致整个细胞发生显著变化，尤其是在生物体的发育过程中。因此，对于具有低膜电位的细胞，$10^7 \sim 10^8$ T/m 量级的磁场梯度（实验可获得的实验室磁场梯度）可以对膜电位产生几个百分点的改变。基于等式（5.6）的预测，若使用大约 10^9 T/m 量级梯度的磁场，则将会使膜电位发生显著改变。然而，获得这种梯度场的可行性是一个有待研究的问题。令人惊讶的是，在实验室中人们可以利用微纳米磁体在微尺度和纳米尺度上生成足够大的空间梯度稳态磁场。接下来，我们将介绍能产生异常高梯度磁场的磁系统。

5.4 最小的磁体产生最高的梯度

用最小的磁体达到最高磁场梯度的方法是基于这样一个事实，即磁场梯度值会在磁体尺寸缩小后显著提升[29-31]。因此，微磁体和纳米磁体可以产生高梯度磁场。例如，在磁性纳米结构附近，磁场梯度可以足够大，高达 10^7 T/m[5, 32-36]。在直径为 8 nm 的铁蛋白颗粒表面，磁梯度值为 4.9×10^8 T/m[24]。关于其他在纳米长度上产生高梯度磁场的系统，我们将在下面进行分析。

5.4.1 磁性纳米颗粒

我们来思考一个半径为 R_0 的具有磁矩 $p_m = M_s V$（其中 M_s 和 V 是磁性纳米颗粒（MNP）饱和磁化强度和体积）的单畴磁性纳米颗粒。在与磁矩方向重合的轴

上的磁感应强度值及其径向梯度为

$$B = \frac{2\mu_0 M_s R_0^3}{3r^3} \qquad (5.10)$$

和

$$\frac{dB}{dr} = \frac{2\mu_0 M_s R_0^3}{r^4} \qquad (5.11)$$

由等式（5.11）得出，在磁性纳米颗粒表面附近，$r=R_0$ 处径向磁梯度的系数为 $dB/dr = 2\mu_0 M_s/R_0$，注意，B 的切向分量为轴向分量的 1/2。因此，在磁性纳米颗粒附近，磁梯度值服从：$\nabla B \approx \mu_0 M_s/r$，其中 r 是特征长度尺度。

5.4.2　磁化板

由均匀磁化板产生的杂散场分布可由计算得到[31, 37-39]。长的均匀磁化板边缘附近的磁场分布很有意思。这里，磁场梯度服从[40]

$$\left| \nabla_n B \right| = \frac{\sqrt{2}\mu_0 M_r}{\pi x} \qquad (5.12)$$

其中，x 是到磁板边缘的距离，n 是一个从磁板边缘指向所计算磁场梯度位置的任意单位矢量，μ_0 是真空磁导率，M_r 是磁板的剩磁。重要的是，在公式（5.12）中，如果 $x \Box a$，磁场梯度的模数不依赖于矢量 n 的方向，其中 a 是磁板宽度的一半。从公式（5.12）可以看出，当接近磁板边缘（$x \to 0$）时，磁场梯度增加并趋于无穷大。对于距离 $x=1\ \mu m$ 和 $\mu_0 M_r \approx 1.2\ T$（这是市场上可买到的钕铁硼磁体的剩磁），从公式（5.12）中进行的估算给出了一个足够大的磁场梯度值，$|\Delta B| \approx 5 \times 10^5\ T/m$。

5.4.3　带孔的轴向磁化圆柱体

在这里，我们展示了带有轴向孔的圆柱形磁体会在孔上方产生高梯度磁场。在文献[5]中分析计算了半径为 R 且孔半径为 r 的圆柱形磁体周围的磁场及其梯度分布。在具有最小半径孔的极限情况下，当 $r \to 0$ 时，在其轴上的孔上方，磁感应强度轴向分量的对数取决于距磁体顶部的距离 z[40]

$$B_z = 2\pi\mu_0 M_r \ln\left(\frac{2R}{z}\right) \qquad (5.13)$$

从等式（5.13）对于场梯度的轴向分量，可以得到

$$\frac{dB_z}{dz} = \frac{2\pi\mu_0 M_r}{z} \qquad (5.14)$$

对于磁镊中使用的单个抛物线形的磁极，磁场梯度由类似公式给出[41]

$$\frac{\mathrm{d}B_z}{\mathrm{d}z} = \frac{\mu_0 M_r}{z} \qquad (5.15)$$

其中，z 是离磁极的距离。从公式（5.15）中估算，对于一个大小为 1 μm 的抛物线形磁极，在距离尖端 100 nm 处的梯度为 3×10^6 T/m[41]。因此，在上述的磁系统中，当接近磁体边缘或孔时，磁场梯度急剧增加。

　　综上所述，在纳米尺度上，原则上来讲并没有基本的物理限制阻碍高梯度磁场的获得。在下一节中我们将讨论磁性纳米结构所提供的梯度磁场如何被用来调控细胞膜电位。

5.5　磁性纳米颗粒与离子通道结合来调控细胞膜电位

　　首先，我们考虑放置在细胞膜上的磁性纳米颗粒链，它具有可以产生足够梯度的空间调制磁通量分布的能力（图 5.3）。如图 5.3 所示，四个具有平行和垂直磁矩方向的磁性纳米颗粒链，其磁梯度力作用方向平行于细胞膜。在实践中，磁性纳米颗粒可以通过不同的摄取抑制剂滞留和积累在细胞膜上[42]。在生物体中，生物源性和非生物源性磁性纳米颗粒及其聚集体可通过自组装过程在细胞膜上形成链[43]。

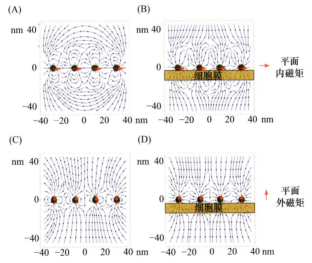

图 5.3　平行和垂直于膜表面磁化的四个磁性纳米颗粒附近的磁感应强度（A）和（C）和磁场梯度（B）和（D）的矢量场。在（B）和（D）中的箭头表示磁梯度力的方向。转载自参考文献[5]，开放获取

位于细胞膜附近的磁梯度力可能以两种主要方式影响细胞功能：①直接改变静息膜电位，如方程式（5.6）所预测的；②局部干扰通道门控机制导致静息膜电位和动作膜电位的调节。第一种机制局部发生取决于是否存在一个显著高的梯度场，如公式（5.11）所示。当磁性纳米颗粒直接与膜通道结合时，尤其是与机械敏感或配体门控通道结合时，第二种机制则更为有效。下面我们来详细讨论这个机制。

有两种可能的情况：单个磁性纳米颗粒与一个通道结合，并与一个高梯度磁场结合（图 5.4（A）），或者两个相互作用的磁性纳米颗粒与通道结合（图 5.4（B）和（C））。首先，我们考虑一个四氧化三铁（Fe_3O_4）纳米颗粒，M_s=510 kA/m，R_0=5 nm，在平行于膜的梯度磁场存在下耦合到一个通道上（图 5.4（A））。在此情况下，作用在纳米颗粒上的力也平行于膜（图 5.4（A））。如果这个力与驱动通道开放/关闭的力相当，那么它就会干扰通道。例如，在梯度磁场下，离子通道被强制关闭（图 5.4（A））。Fe_3O_4 颗粒的磁矩是 $p_m=4\pi R_0^3 M_s/3 \approx 2.67 \times 10^{-19}$ A·m^2。有趣的是，一个直径为 8 nm 的超顺磁铁蛋白颗粒具有相同量级的磁矩，$p_m=2.1 \times 10^{-19}$ A·m^2 [24]。因此，在梯度为 $|\nabla B| \approx 3.7 \times 10^8$ T/m 的磁场中，一个 5 nm 的磁铁矿颗粒受到 100 pN 的力，这足以关闭这个通道（图 5.4（A））。

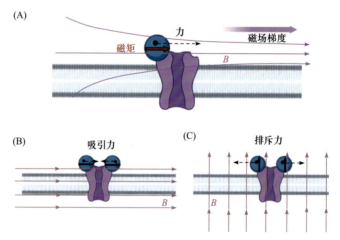

图 5.4　细胞膜中的离子通道被磁性纳米颗粒和外加梯度磁场的磁力所影响。（A）激活梯度磁场源后，离子通道被迫关闭。（B）和（C）在存在均匀磁场的情况下，通过结合到通道的两个磁性纳米颗粒的相互作用关闭或打开通道

其次，我们来考虑两个 Fe_3O_4 或铁蛋白纳米颗粒耦合到机械敏感离子通道的情况（图 5.4（B）和（C））。在这种情况下，一个颗粒处于由第二个颗粒产生的高梯度磁场中。根据公式（5.15）进行的估算给出了磁性纳米颗粒附近的梯度值 $|\nabla B_r| \approx 2.6$

$\times 10^8$ T/m。在具有此梯度值的磁场中，Fe_3O_4 纳米颗粒受到力 $f=p_m\nabla B\approx68$ pN。所以由第一个颗粒产生的大磁场梯度会导致在第二个颗粒上产生 100 pN 量级的磁梯度力。在文献中也获得了对两个铁蛋白颗粒之间磁力大小的类似估算[24]。

　　因此，有可能通过外部磁场和磁性纳米颗粒来产生 $2\times10^{-19}\sim3\times10^{-19}$ A·m²的磁力矩，进而控制机械敏感通道（图 5.4（B）、（C））。图 5.4 显示了磁控通道的示意图：图 5.4（A）外部梯度磁场中的一个磁性纳米颗粒和图 5.4（B）外部均匀磁场中与膜受体结合的两个磁性纳米颗粒。考虑到磁场中的两个磁性纳米颗粒的第二种机制，可以提出一种有趣的通道门控方法：使用均匀旋转的中等磁场在打开和关闭状态之间周期性地切换离子通道。实际上，粒子磁矩在相对较低的磁场（约 1 T）下饱和，因此在改变磁场方向时，纳米粒子磁矩将平行于（图 5.4（B））或垂直于细胞膜（图 5.4（C））。在第一种情况下，粒子间的吸引力关闭通道，而在第二种情况下，粒子间的排斥力使通道打开。此外，Dobson 提出了另一种机械敏感离子通道的磁控机制[44]，即将约 1 μm 的磁性颗粒与整合素受体结合，并联合高梯度磁场。磁性颗粒被拉向梯度磁场，使细胞膜变形，并激活相邻的机械敏感离子通道。

　　值得注意的是，磁铁矿纳米颗粒对通道的磁控使我们能够操纵细胞膜电位。下面我们来讨论其可能机制。首先，膜电位取决于渗透率和离子浓度。三种主要离子 K^+、Na^+ 和 Cl^- 在静止状态时分布在细胞膜上，使用被动离子通道设置膜电位（V_m）。用戈德曼方程（也称戈德曼-霍奇金-卡茨方程）[45,46]确定每个离子的影响，该方程在形式上与能斯特方程相似，但包含 Na^+ 和 Cl^- 的渗透性：

$$V_m=\frac{RT}{F}\ln\left[\frac{P_{K^+}[K^+]_{out}+P_{Na^+}[Na^+]_{out}+P_{Cl^-}[Cl^-]_{in}}{P_{K^+}[K^+]_{in}+P_{Na^+}[Na^+]_{in}+P_{Cl^-}[Cl^-]_{out}}\right] \qquad (5.16)$$

其中，P_{ion} 是该离子的渗透率，$[ion]_{out}$ 是该离子的细胞外浓度（单位为 mol/cm³），$[ion]_{in}$ 是该离子的细胞内浓度。在等式（5.16）中，通道的渗透率取决于磁场梯度，而磁场梯度反过来又会影响到通道打开的可能性。一个细胞可能有数千个离子通道，任何通道在特定时刻被打开的概率通常在百分之几到百分之几十的范围内[47,48]。磁场梯度力对细胞膜和通道本身施加机械应力。

　　假设用双态玻尔兹曼统计，通道处于打开状态的概率由下式给出[49]

$$W_{open}=\left(1+\text{Exp}\left(\frac{\Delta G}{kT}\right)\right)^{-1} \qquad (5.17)$$

其中，ΔG 是闭合态和开放态之间的总自由能差，$\Delta G=G_{open}-G_{closed}$。在存在梯度磁场的情况下，$\Delta G=\Delta G_{elec}+\Delta G_{prot}+\Delta G_{memb}+\Delta G_{mag}$，其中各项分别表示静电门控能量、内部蛋白质构象自由能、膜变形自由能和磁能的变化。

　　接下来让我们思考基于两个载铁铁蛋白颗粒或两个磁铁矿颗粒结合到通道上的

磁性通道门控机制（图 5.4）。由于这两个颗粒可以相互吸引或排斥，$F_{mag} = p_m \nabla B$，可以大到 100 pN，可以忽略 ΔG 中的前三个贡献，因此 $\Delta G \approx \Delta G_{mag} = F_{mag} r_c = p_m r_c \nabla B$，其中 r_c 是通道半径。事实上，在这种情况下，磁场梯度力大约为 100 pN，而驱动通道门控的库仑力约为 10 pN[50]。因此，与磁能贡献相比，我们可以忽略静电和膜弹性能。离子渗透率与通道打开的概率（公式（5.17））成正比。因此，作为磁场梯度函数的离子渗透率可以近似为

$$P(\Delta B) = 2P_0 \left(1 + \mathrm{Exp}\left(\frac{p_m r \nabla B}{kT} \right) \right)^{-1} \tag{5.18}$$

其中，P_0 是没有磁场时的离子渗透率。公式（5.18）有两种极限情况：当 $\nabla B = 0$ 时，渗透率为 $P(0) = P_0$，而对于 $\nabla B \to \infty$，渗透率变为零，即通道关闭状态。

现在让我们分析膜电位如何在磁场梯度下随渗透率而变化（公式（5.18））。假设磁性纳米颗粒仅与一种离子通道结合：K^+、Na^+ 或 Cl^-。接下来，对于三种离子（K^+、Na^+ 或 Cl^-）中的一种，我们依次将公式（5.18）代入公式（5.16），同时保持其余离子的渗透率不变。

对于哺乳动物神经元，我们在图 5.5 中绘制了静息膜电位与根据公式（5.16）和（5.18）计算的 ∇B 的关系图。对于静息膜电位的计算，使用了典型静息神经元的相对零场（$B = 0$ 或 $\nabla B = 0$）渗透率，$P_{K^+} : P_{Na^+} : P_{Cl^-} = 1 : 0.05 : 0.45$。在哺乳动物神经元的计算中使用的离子浓度为：$[K^+]_{out} = 3$ mmol/L，$[K^+]_{in} = 140$ mmol/L，$[Na^+]_{out} = 145$ mmol/L，$[Na^+]_{in} = 18$ mmol/L，$[Cl^-]_{out} = 120$ mmol/L，$[Cl^-]_{in} = 7$ mmol/L[51]。

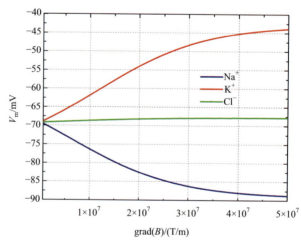

图 5.5　哺乳动物神经元在 27℃时的静息膜电位与磁场梯度的函数关系图。曲线表示膜电位随磁场梯度值的变化，离子通道逐渐关闭（降低通道渗透率由公式（5.18）给出）：K^+，红色；Na^+，蓝色；Cl^-，绿色

从图 5.5 可以看出，离子通道表达的相对细微差异使得细胞膜电位值差异很大。当磁场逐渐关闭 Na^+ 或 K^+ 通道（图 5.5 中的蓝色和红色曲线）时，静息膜电位发生最显著的变化（在梯度为 $5 \times 10^7 T/m$ 的磁场中高达 20%～25%），而阻断 Cl^- 通道仅改变了百分之几的膜电位（绿色曲线）。重要的是，阻断 K^+ 通道会使膜去极化，而阻断 Na^+ 通道会导致膜超极化。由此，我们提出了对细胞膜电位进行远程磁控的概念验证机制，并显示了通过外部施加的梯度磁场选择性降低通道活性的可能。

稳态均匀磁场也可以通过洛伦兹力影响生物颗粒的扩散，并可能改变膜电位。然而 Kinouchi 等[52]的结果表明，洛伦兹力可以抑制单价离子（如 Na^+、K^+ 和 Cl^-）在溶液中的扩散，但磁场阈值非常高，约为 $5.7 \times 10^6 T$。Zablotskii 等[25]从理论上检验了另一种利用稳态均匀磁场作用于离子浓度梯度磁力控制膜电位的可能。该方法还需要使用具有 10^2～$10^3 T$ 量级的均匀强磁场，目前实验室无法提供。相反，振幅为 70 mT 的低频（1～10Hz）空间调制磁场能够将骨骼肌细胞的膜电位改变至 8 mV[53]。

5.6　结论

细胞如何响应强磁场引发了人们的浓厚兴趣，但这一领域也存在着巨大挑战，因为它不仅是磁生物学，也是许多使用磁场来实施治疗策略的核心问题。在此，我们显示了与细胞膜电位变化相关的分子细胞过程可以通过稳态梯度磁场来进行控制。我们通过分析得出了在稳态梯度磁场存在下细胞膜电位的计算公式，显示了梯度磁场的应用可能会改变离子通道活性和离子通量平衡，从而导致细胞膜电位的变化。图 5.2 和图 5.4 展示了磁场通过细胞膜和通道门控对离子扩散的可能作用机制示意图。在很大程度上，细胞膜上的高梯度磁场与结合到特定离子通道的磁铁矿（或铁蛋白）磁性纳米颗粒相结合，可以显著影响细胞膜电位，从而改变细胞表型。我们提出了一种新的可能的离子通道调控机制，即利用一定频率旋转的均匀中等磁场将两个磁性纳米颗粒结合到通道上，使离子通道周期性地开启和关闭。此外，在不使用通道阻断剂的情况下，通过梯度磁场远程控制通道和细胞膜电位为细胞治疗和纳米医学领域提供了一条极具吸引力的途径。最后，为了解决在医学和生物学中应用磁场最紧迫的挑战，阐明磁力引起的细胞膜电位变化与整体细胞机器之间的因果关系变得非常重要。

参 考 文 献

[1] Yang M, Brackenbury W J. Membrane potential and cancer progression. Frontiers in Physiology, 2013, 4: 185.

[2] Levin M. Molecular bioelectricity: How endogenous voltage potentials control cell behavior and instruct pattern regulation *in vivo*. Mol. Biol. Cell, 2014, 25 (24): 3835-3850.

[3] Levin M. The biophysics of regenerative repair suggests new perspectives on biological causation. BioEssays, 2020, 42 (2): e1900146.

[4] Abdul Kadir L, Stacey M, Barrett-Jolley R. Emerging roles of the membrane potential: Action beyond the action potential. Front. Physiol., 2018, 9: 1661.

[5] Zablotskii V, Polyakova T, Lunov O, et al. How a high-gradient magnetic field could affect cell life. Scientific Reports, 2016, 6: 37407.

[6] Delorme N, Bardeau J F, Carriere D, et al. Experimental evidence of the electrostatic contribution to the bending rigidity of charged membranes. J. Phys. Chem. B, 2007, 111 (10): 2503-2505.

[7] Zablotskii V, Polyakova T, Dejneka A. Cells in the non-uniform magnetic world: How cells respond to high-gradient magnetic fields. BioEssays, 2018, 40 (8).

[8] Wosik J, Chen W, Qin K, et al. Magnetic field changes macrophage phenotype. Biophys. J., 2018, 114 (8): 2001-2013.

[9] Zablotskii V, Lunov O, Novotna B, et al. Down-regulation of adipogenesis of mesenchymal stem cells by oscillating high-gradient magnetic fields and mechanical vibration. Applied Physics Letters, 2014a, 105 (10).

[10] Zablotskii V, Syrovets T, Schmidt Z W, et al. Modulation of monocytic leukemia cell function and survival by high gradient magnetic fields and mathematical modeling studies. Biomaterials, 2014b, 35 (10): 3164-3171.

[11] Zablotskii V, Lunov O, Kubinova S, et al. Effects of high-gradient magnetic fields on living cell machinery. Journal of Physics D-Applied Physics, 2016, 49 (49): 493003.

[12] Denegre J M, Valles J M, Jr., Lin K, et al. Cleavage planes in frog eggs are altered by strong magnetic fields. Proc. Natl. Acad. Sci. U. S. A., 1998, 95 (25): 14729-14732.

[13] Zhang L, Hou Y, Li Z, et al. 27 T ultra-high static magnetic field changes orientation and morphology of mitotic spindles in human cells. eLife, 2017, 6.

[14] Yang X X, Li Z Y, Polyakova T, et al. Effect of static magnetic field on DNA synthesis: The interplay between DNA chirality and magnetic field left-right asymmetry. FASEB BioAdv., 2020, 2 (4): 254-263.

[15] Binggeli R, Weinstein R C. Membrane potentials and sodium channels: Hypotheses for growth regulation and cancer formation based on changes in sodium channels and gap junctions. J. Theor. Biol., 1986, 123 (4): 377-401.

[16] Levin M, Stevenson C G. Regulation of cell behavior and tissue patterning by bioelectrical signals: Challenges and opportunities for biomedical engineering. Annu. Rev. Biomed. Eng., 2012, 14: 295-323.

[17] Cone C D, Jr. Unified theory on the basic mechanism of normal mitotic control and oncogenesis. J. Theor. Biol., 1971, 30 (1): 151-181.

[18] Hinds G, Coey J M D, Lyons M E G. Influence of magnetic forces on electrochemical mass transport. Electrochemistry Communications, 2001, 3 (5): 215-218.

[19] Bund A, Kuehnlein H H. Role of magnetic forces in electrochemical reactions at microstructures. J. Phys. Chem. B, 2005, 109 (42): 19845-19850.

[20] Dunne P, Mazza L, Coey J M D. Magnetic structuring of electrodeposits. Phys. Rev. Lett., 2011, 107 (2): 024501.

[21] Leventis N, Gao X. Nd-Fe-B permanent magnet electrodes. Theoretical evaluation and experimental demonstration of the paramagnetic body forces. J. Am. Chem. Soc., 2002, 124 (6): 1079-1088.

[22] Svendsen J A, Waskaas M. Mathematical modelling of mass transfer of paramagnetic ions through an inert membrane by the transient magnetic concentration gradient force. Physics of Fluids, 2020, 32 (1).

[23] Waskaas M. Short-term effects of magnetic-fields on diffusion in stirred and unstirred paramagnetic solutions. The Journal of Physical Chemistry, 1993, 97 (24): 6470-6476.

[24] Barbic M. Possible magneto-mechanical and magneto-thermal mechanisms of ion channel activation in magnetogenetics. eLife, 2019, 8: e45807.

[25] Zablotskii V, Polyakova T, Dejneka A. Modulation of the cell membrane potential and intracellular protein transport by high magnetic fields. Bioelectromagnetics, 2021, 42 (1): 27-36.

[26] Landau L D, Lifshitz E M, Pitaevskii L P. in Physical Kinetics (Volume 10), 1995. ISBN: 978-0750626354.

[27] Dempsey N M, Le Roy D, Marelli-Mathevon H, et al. Micro-magnetic imprinting of high field gradient magnetic flux sources. Applied Physics Letters, 2014, 104 (26): 262401.

[28] Binggeli R, Weinstein R C, Stevenson D. Calcium ion and the membrane potential of tumor cells. Cancer Biochem. Biophys., 1994, 14 (3): 201-210.

[29] Cugat O, Delamare J, Reyne G. Magnetic micro-actuators & systems (MAGMAS). Digest of INTERMAG 2003. International Magnetics Conference (Cat. No.03CH37401), 2003, GB-04.

[30] Zablotskii V, Dejneka A, Kubinova S, et al. Life on magnets: Stem cell networking on micro-magnet arrays. PLoS One, 2013, 8 (8): e70416.

[31] Zablotskii V, Pastor J M, Larumbe S, et al. High-field gradient permanent micromagnets for targeted drug delivery with magnetic nanoparticles. in 8th International Conference on the Scientific and Clinical Applications of Magnetic Carriers. Rostock, Germany, 2010.

[32] Dumas-Bouchiat F, Zanini L F, Kustov M, et al. Thermomagnetically patterned micromagnets. Applied Physics Letters, 2010, 96 (10).

[33] Osman O, Toru S, Dumas-Bouchiat F, et al. Microfluidic immunomagnetic cell separation using integrated permanent micromagnets. Biomicrofluidics, 2013, 7 (5): 54115.

[34] Osman O, Zanini L F, Frenea-Robin M, et al. Monitoring the endocytosis of magnetic nanoparticles by cells using permanent micro-flux sources. Biomedical Microdevices, 2012, 14 (5): 947-954.

[35] Zanini L F, Dempsey N M, Givord D, et al. Autonomous micro-magnet based systems for highly

efficient magnetic separation. Applied Physics Letters, 2011, 99 (23): 232504.

[36] Zanini L F, Osman O, Frenea-Robin M, et al. Micromagnet structures for magnetic positioning and alignment. J. Appl. Phys., 2012, 111 (7).

[37] Hubert A, Schafer R. Magnetic domains: The analysis of magnetic microstructures. Magnetic domains. The Analysis of Magnetic Microstructures, 1998: 719.

[38] Joseph R I, Schlomann E. Demagnetizing field in nonellipsoidal bodies. J. Appl. Phys., 1965, 36 (5): 1579-1593.

[39] Thiaville A, Tomas D, Miltat J. On corner singularities in micromagnetics. Physica Status Solidi a-Applications and Materials Science, 1998, 170 (1): 125-135.

[40] Samofalov V N, Belozorov D P, Ravlik A G. Strong stray fields in systems of giant magnetic anisotropy magnets. Physics-Uspekhi, 2013, 56 (3): 269-288.

[41] de Vries A H, Krenn B E, van Driel R, et al. Micro magnetic tweezers for nanomanipulation inside live cells. Biophys. J., 2005, 88 (3): 2137-2144.

[42] Lunov O, Zablotskii V, Syrovets T, et al. Modeling receptor-mediated endocytosis of polymer-functionalized iron oxide nanoparticles by human macrophages. Biomaterials, 2011, 32 (2): 547-555.

[43] Gorobets S, Gorobets O, Gorobets Y, et al. Chain-like structures of biogenic and nonbiogenic magnetic nanoparticles in vascular tissues. Bioelectromagnetics, 2022, 43 (2): 119-143.

[44] Dobson J. Remote control of cellular behaviour with magnetic nanoparticles. Nat. Nanotechnol., 2008, 3 (3): 139-143.

[45] Goldman D E. Potential, impedance, and rectification in membranes. Journal of General Physiology, 1943, 27 (1): 37-60.

[46] Hodgkin A L, Katz B. The effect of sodium ions on the electrical activity of giant axon of the squid. J. Physiol., 1949, 108 (1): 37-77.

[47] Sachs F. Modeling mechanical-electrical transduction in the heart. in Symposium on Cell Mechanics and Cellular Engineering, at the 2nd World Congress of Biomechanics. Amsterdam, Netherlands, 1994.

[48] Zabel M, Koller B S, Sachs F, et al. Stretch-induced voltage changes in the isolated beating heart: importance of the timing of stretch and implications for stretch-activated ion channels. Cardiovasc. Res., 1996, 32 (1): 120-130.

[49] Reeves D, Ursell T, Sens P, et al. Membrane mechanics as a probe of ion-channel gating mechanisms. Phys. Rev. E, 2008, 78 (4).

[50] Wu J, Goyal R, Grandl J. Localized force application reveals mechanically sensitive domains of Piezo1. Nat. Commun., 2016, 7: 12939.

[51] McCormick D A. Chapter 12 - Membrane Potential and Action Potential. Molecules to Networks. 3rd ed. Boston: Academic Press, 2014: 351-376.

[52] Kinouchi Y, Tanimoto S, Ushita T, et al. Effects of static magnetic fields on diffusion in solutions. Bioelectromagnetics, 1988, 9 (2): 159-166.

[53] Rubio Ayala M, Syrovets T, Hafner S, et al. Spatiotemporal magnetic fields enhance cytosolic Ca^{2+} levels and induce actin polymerization via activation of voltage-gated sodium channels in skeletal muscle cells. Biomaterials, 2018, 163: 174-184.

第6章
稳态磁场对细胞的影响

  细胞是生物体的基本单元，是宏观现象与微观机制的枢纽。本章重点概述了当前稳态磁场（SMF）对人类细胞和一些动物细胞影响的实验证据，特别关注了文献中看似矛盾的结果的影响因素。我们总结了稳态磁场对细胞多方面的生物学效应，包括细胞定向、细胞增殖、微管与细胞分裂、肌动蛋白、细胞活力、细胞附着/黏附、细胞形态、细胞迁移、细胞膜、细胞周期、DNA、活性氧（ROS）、三磷酸腺苷（ATP）以及钙。尽管在每个方面，实验结果都有较大差异，但其中一些磁场效应具有明确的物理解释机制和实验现象。例如，细胞及其亚细胞结构的磁特性是由它们的组成和结构所决定的，并直接影响其在稳态强磁场中的取向。然而，目前仍有许多未解之谜。例如，许多研究都报道了稳态磁场对细胞 ROS 的影响，但在不同磁场参数和样品类型中，其影响差异较大，并且没有明确的机制解释。尽管将机制从细胞升级到组织乃至整个生物体仍然是一个巨大挑战，但鉴于细胞在各种生物体中的重要作用，它们无疑是该领域研究人员阐明潜在机制并探索稳态磁场各种未来应用的中心枢纽。

6.1 引言

  磁场是一种重要的物理工具，就像温度和压力一样，可以影响多个对象和过程。尽管目前有许多关于稳态磁场生物学效应的报道，但结果差异很大。然而，正如我们在第 1 章和第 2 章中所讨论，看似不一致的实验结果主要是由于不同的磁场参数，如不同磁场类型（稳态或时变磁场，脉冲或噪声磁场等），不同磁场强度（弱、中等或强）或频率（极低频、低频或射频），以及不同生物样品类型，都可能导致不同的，甚至完全相反的结果。

  此外，正如我们在第 3～5 章中所述，细胞中充满了各种不同磁性的细胞内容物和生物分子，它们对磁场的响应也不相同。例如，已有研究表明当肽键结合成有组织的结构，如 α 螺旋，便赋予了蛋白的抗磁各向异性[1]。有序的聚合物，例如，由微管蛋白有序组装的微管，也被证明具有很强的抗磁各向异性，并且可以在磁场下有序排列[2-4]。事实上人们已经发现，即使是水中的溶解氧也可以被稳态强磁场调节[5-7]。关于稳态磁场对细胞的影响，已有一些综述和评论[8-13]。此外，最近 Torbati 等发表了一篇非常全面的关于生物细胞中机械形变和电磁耦合的综述[14]。在这篇综述中，除了电场，他们还总结和讨论了磁场与细胞功能相互作用的主要机制（图 6.1），提出磁场介导的形变可能是磁场影响细胞功能的主要机制之一。这提供了一个非常重要的观点，即一旦稳态磁场的作用首先转化为细胞和细胞膜中的机械形变，它又可以反过来通过诸如张力等方式激活离子通道之类的机制，进而触发电响应。因此，稳态磁场可以通过细胞机械信号进而影响细胞行为的多个方面，包括细胞增殖、内吞等。本书第 5 章也对稳态磁场引起的膜变化进行了详细深入的分析，特别介绍了离子通道、膜电位和梯度稳态磁场。

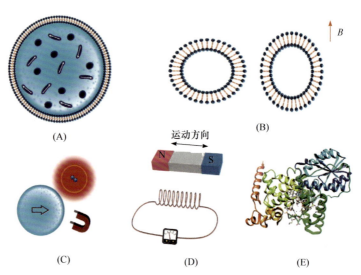

图 6.1　磁场与细胞相互作用的主要机制举例。（A）在磁性粒子存在的情况下，它们与外加磁场的相互作用可能会激活感应机制。细胞的磁化率可能与周围介质不同，导致明显的磁麦克斯韦应力；（B）细胞膜的抗磁各向异性，是指生物细胞膜的磁化率为各向异性，在磁场作用下，它的平面内分量不同于其平面外分量，从而引起细胞膜形变。从物理机制上解释，由于脂质分子在外加磁场的作用下试图重新定向，囊泡沿平行于磁场的方向伸展，从而发生膜变形；（C）对于非均匀磁场，产生与磁场梯度成正比的力，即 $B \cdot \nabla B$；（D）在磁感应（magnetic induction）现象中，由于磁场随时间变化而产生电流；（E）磁场原则上可以改变化学反应，并被认为能影响自由基重组率。经许可转载自参考文献[14]

本章中，我们主要概述了稳态磁场对细胞影响的现有实验数据，特别关注了先前研究中报道的细胞效应差异，尤其是在很多方面看似矛盾的结果，并且分析了导致这些差异的原因。我们主要讨论人类细胞和一些动物细胞，而对于植物细胞、细菌和其他生物的细胞，我们将在第 7 章中进行讨论。

6.2　稳态磁场的细胞生物学效应

稳态磁场可以诱导多种细胞效应，这与磁场本身以及所检测的细胞相关。本节我们将主要讨论多个独立研究报道中的一些细胞效应，如稳态磁场诱导的细胞取向、增殖、微管和细胞分裂、肌动蛋白、细胞活力、附着/黏附、细胞形态、细胞迁移、细胞膜、细胞周期、DNA、细胞内活性氧和钙的变化。我们的关注重点是人类细胞。

6.2.1　细胞取向

生物分子和细胞的取向变化是稳态磁场生物学效应研究最为深入的方面之一（表 6.1）。本书第 3 章我们讨论了生物样品的磁性。人们已经证明，当具有强磁各向异性的物体暴露于稳态强磁场时，它们会改变方向。并且有多项实验表明，多种细胞可以平行于稳态磁场方向排列，其中最具有代表性的例子就是红细胞（RBC）。1965 年，Murayama 首次报道了稳态磁场引起的红细胞取向变化，他发现病患的红细胞定向垂直于 0.35 T 稳态磁场[15]。有趣的是，在 1993 年，Higashi 等的一项研究表明，正常红细胞在 8 T 稳态磁场下也发生定向，但方向与 Murayama 观察到的不同[16]。他们的结果表明，正常红细胞定向时，其圆盘平面平行于磁场方向（图 6.2）。他们 1995 年的报道显示，跨膜蛋白和脂质双分子层在内的细胞膜成分是 8 T 稳态磁场中红细胞发生定向的主要原因[17]。此外，他们发现膜结合的血红蛋白的顺磁性对这种定向具有很大贡献[18,19]。这些结果清楚地表明细胞可以被稳态强磁场定向，并且其作用取决于细胞内的分子成分。除了红细胞外，人们还研究了血流中的其他成分，如血小板[20,21]和纤维蛋白原[22-24]。

表 6.1　不同研究中稳态磁场诱导的细胞取向

研究对象	磁感应强度	与磁场方向的关系	参考文献
人类新生儿脐带的间充质干细胞	18 mT		[42]
肌源性细胞系 L6 细胞	80 mT		[33]
草履虫纤毛			[35]
正常红细胞			[16]
成骨细胞			[25]
平滑肌细胞	8 T	平行	[27]
平滑肌 A7r5 细胞和人胶质瘤 GI-1 细胞			[37]
施万细胞			[29]
施万细胞中的肌动蛋白细胞骨架			[32]
平滑肌细胞			[44]
平滑肌细胞	14 T		[44]
平滑肌细胞集落			[28]
大鼠骨髓基质细胞	0.12 T		[45]
人类神经母细胞瘤 SH-SY5Y 细胞和 PC12 细胞轴突的生长	0.12 T		[36]
镰状红细胞	0.35 T		[15]
公牛精子	0.5～1.7 T	垂直	[34]
腹膜巨噬细胞	1.24 T		[46]
完整的公牛精子及精子头部	1.7 T		[35]
成骨细胞与胶原蛋白混合	8 T		[25]
施万细胞与胶原蛋白混合			[29]
包埋在胶原凝胶中的人胶质母细胞瘤 A172 细胞	10 T		[41]
培养的猪颗粒细胞（GC）	2 mT		[38]
用小 GTPase-Rho 相关激酶抑制剂处理的施万细胞	8 T	无变化	[32]
人肾 HEK293 细胞			[37]
人胶质瘤 A172 细胞	10 T		[41]

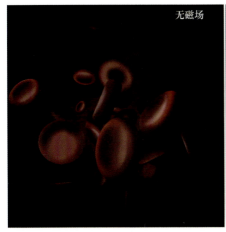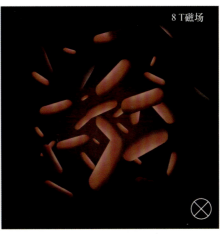

图 6.2 红细胞在 8 T 稳态磁场中定向排列。左图为无磁场状态下的红细胞。右图为 8 T 稳态磁场中的红细胞。磁场方向为垂直纸张向内。插图由王舒童和王丁基于参考文献[16]实验结果绘制

此外，其他如成骨细胞、平滑肌细胞和施万细胞在强磁场中长时间暴露时也可以平行于磁场方向排列。在 2000 年和 2002 年，Kotani 等发现 8 T 稳态磁场使成骨细胞平行于磁场方向排列，并显著刺激骨的形成并沿着磁场方向生长[25, 26]。2001 年，Umeno 等发现平滑肌细胞在暴露于 8 T 稳态磁场 3 天后沿磁场方向排列[27]。2003 年，Iwasaka 等发现，14 T 稳态磁场使平滑肌细胞沿着磁场方向聚集，并且细胞集落也沿着磁场方向延伸[28]。Eguchi 等发现，在 8 T 稳态磁场中暴露 60 h 后，施万细胞也平行于磁场排列[29]。他们使用线性偏振光观察到了 8 T 和 14 T 稳态磁场中细胞内大分子行为的变化[30,31]。2005 年，他们研究了施万细胞中的肌动蛋白，发现肌动蛋白丝的方向是顺着 8 T 稳态磁场方向[32]。更有趣的是，当添加小 GTPase（鸟苷三磷酸酶）Rho 相关激酶抑制剂时，施万细胞在 8 T 稳态磁场中不再定向排列，这表明稳态磁场诱导的施万细胞定向依赖于 Rho 调节的肌动蛋白丝[32]。2007 年，Coletti 等发现 80 mT 稳态磁场诱导肌源性 L6 细胞排列成平行束，这一方向在整个分化过程中保持不变。他们提出，稳态磁场增强肌管平行定向与骨骼肌的高度组织化结构相关[33]。

同时也有多个研究表明，一些细胞可以垂直于磁场方向排列，如公牛精子。几项研究对磁场下公牛精子的取向进行了探索，结果表明，与红细胞和血小板相比，公牛精子的定向排列效果更强。公牛精子细胞的头部主要包含抗磁性细胞膜和 DNA，它还有一条富含微管的长尾巴。2001 年，Emura 等发现，公牛精子细胞以磁感应强度依赖的方式在稳态磁场中定向[34]。在略低于 1 T 的磁场下，100% 的公牛精子就可以垂直于磁场方向排列[34]。2003 年，Emura 等证明，整个公牛精

子及精子头部垂直于 1.7 T 稳态磁场定向，而草履虫纤毛则平行于 8 T 稳态磁场定向[35]。有趣的是，考虑到微管的抗磁各向异性，理论预测精子尾部与磁场方向平行（这点将在稍后讨论），但为什么整个精子垂直于磁场方向排列，目前尚不明确。有可能是精子头部具有更强的抗磁各向异性，从而主导了整个精子的定向。

细胞取向垂直于磁场方向的另外一个例子是神经轴突的生长。2008 年，Kim 等证明，对体外培养的人类神经母细胞瘤 SH-SY5Y 细胞和 PC12 细胞施加 0.12 T 稳态磁场 3～5 天，可调节轴突形成的方向[36]。有趣的是，他们发现垂直于稳态磁场的轴突具有长、细和直的外观，而平行于稳态磁场方向的轴突具有"增厚或珠状"营养不良的外观。更重要的是，他们发现轴突不仅倾向于垂直于稳态磁场的方向，在磁场方向改变后，轴突的方向也随之改变[36]。

从上述数据可以看出，稳态磁场诱导的细胞定向依赖于细胞类型。事实上，Ogiue-Ikeda 和 Ueno 比较了三种不同的细胞系，包括平滑肌 A7r5 细胞、人胶质瘤 GI-1 细胞和人肾 HEK293 细胞，并观察它们在 8 T 磁场暴露 60 h 后的细胞取向变化。他们发现，A7r5 和 GI-1 沿着磁场方向排列，但 HEK293 细胞并无明显定向[37]。他们认为这可能是由其细胞形状差异所造成的，因为 A7r5 细胞和 GI-1 细胞为梭形，而 HEK293 细胞为多边形。此外，在稳态强磁场中，成骨细胞、平滑肌细胞和施万细胞等贴壁细胞的定向通常需要几天时间，而在相同磁感应强度的稳态磁场下，红细胞等悬浮细胞在几秒钟内就能实现抗磁扭矩旋转。这也意味着，当我们的人体暴露于外部的稳态磁场时，与其他类型的细胞相比，自由循环血细胞的方向更容易受到影响。

显然，除了细胞类型外，稳态磁场诱导的细胞取向变化在很大程度上依赖于磁感应强度。文献报道的细胞取向改变都是在至少 80 mT 的稳态磁场中实现的，而且大多数都是在强磁场中完成的，如 8 T 稳态磁场。因此，当 Gioia 等研究长期暴露于 2 mT 稳态磁场对体外培养的猪颗粒细胞（GC）的影响时，没有观察到细胞取向的变化也就不足为奇[38]。当然细胞类型是一个非常重要的因素，因为大多数细胞并不像精子细胞或红细胞那样具有很强的结构特征。

除了细胞自身在磁场中的取向改变外，当细胞嵌入胶原蛋白这种抗磁各向异性强的大分子中时，细胞也可以被中、强稳态磁场所定向[39]。1993 年，人们发现胶原凝胶中包埋的人包皮成纤维细胞可以被 4.0 T 和 4.7 T 的稳态磁场定向[40]。人们还发现人胶质母细胞瘤 A172 细胞在包埋在胶原凝胶中时，会垂直于 10 T 稳态磁场的磁场方向排列，但磁场并未改变未包埋的 A172 细胞的方向[41]。因此，嵌入胶原中的细胞的取向很大程度上是由于胶原纤维的抗磁各向异性，其取向垂直于稳态磁场方向。Kotani 等在 2000 年提供了另一项实验数据，他们发现成骨细胞本身在 8 T 稳态磁场中平行于磁场方向，但成骨细胞和胶原的混合物则垂直于磁场定向[25]。这很有趣，也很有应用前景，因为联合使用强稳态磁场和强效成骨剂刺激骨在预定方向上形成，有望在临床上用于骨折和骨缺损的治疗。此外，2003 年，Eguchi 等发现，施万细胞在 8 T 稳态磁场中暴露 60 h 后，细胞取向与磁场平行，但当将细胞嵌入胶原蛋白后，细胞的取向与磁场方向垂直[29]。这些数据都表明，胶原蛋白对嵌入其中的细胞在稳态磁场中的排列有很强的定向作用。

大多数哺乳动物体细胞的形状是对称的，并被它们的细胞外基质和邻近细胞所包围和附着。因此，它们在弱到中等稳态磁场中不太可能像精子细胞或红细胞一样具有显著的定向效应。然而，稳态磁场诱导的定向效应可能会潜在地影响它们的细胞分裂和随后的组织发育。此外，Kotani 等发现 8 T 稳态磁场可以使成骨细胞平行于磁场定向，并沿磁场方向刺激骨形成。这一点非常有意义，因为这意味着人们也许可以将稳态磁场应用于临床，如骨骼疾病的治疗。事实上，红细胞的定向效应也可能为理解某些磁疗产品的工作机制提供一些见解。希望将来有更多的关于血细胞、肌肉、神经元、骨骼和精子的研究，以及它们在未来的潜在医疗应用。

6.2.2　细胞增殖/生长

毫无疑问，稳态磁场对细胞增殖的影响也具有细胞类型依赖性。在这里我们总结了一些关于稳态磁场诱导的细胞增殖/生长变化的研究（表 6.2）。

表 6.2　不同研究中稳态磁场诱导的细胞增殖/生长变化

研究对象	磁感应强度	细胞增殖/生长	参考文献
涡虫再生模型	200 μT		[61]
HT-1080 纤维肉瘤细胞	600 μT		[62]
猪颗粒细胞（GC）	2 mT		[38]
分离自 Wistar 大鼠的软骨细胞	2 mT		[63]
人脐动脉平滑肌细胞（hUASMC）	5 mT		[51]
人胶质瘤细胞（A172）	5 mT		[64]
人肾母细胞瘤细胞系 G401 和人神经母细胞瘤细胞系 CHLA255	5.1 mT	抑制	[65]
来源于人类新生儿脐带的间充质干细胞	18 mT		[42]
人乳腺癌细胞（MCF-7）和人包皮成纤维细胞（HFF）	5 mT/10 mT/15 mT/20 mT		[66]
4T1 乳腺癌细胞	150 mT		[67]
人乳腺癌细胞	0.2 T		[48]
人皮肤成纤维细胞	0.2 T		[49]

续表

研究对象	磁感应强度	细胞增殖/生长	参考文献
脂肪干细胞（ASC）	0.5 T		[53]
多种癌细胞系	1 T		[68]
人软骨细胞	3 T	抑制	[50]
白血病细胞	4.75 T		[69]
人鼻咽癌 CNE-2Z 细胞和结肠癌 HCT-116 细胞	1 T、9 T		[54, 55]
骨肉瘤细胞系 MNNG/HOS，U-2OS 和 MG63	12 T		[70]
人脐静脉内皮细胞	60 μT 或 120 μT		[71]
人脐静脉内皮细胞	60 μT、120 μT		[56]
HT-080 纤维肉瘤细胞	200 μT/300 μT/ 400 μT		[62]
人类牙髓干细胞	1 mT		[72]
间充质干细胞	20 mT		[73]
人脐带来源的间充质干细胞（hUC-MSC）	21.6 mT		[74]
嗅鞘细胞（OEC）	70 mT		[75]
成骨细胞（MG-63）	72～144 mT		[76]
人脐带来源的间充质干细胞	0.14 T	促进	[60]
小鼠乳腺癌细胞系 4T1 细胞	0.15 T		[67]
骨髓基质干细胞	0.2 T		[57]
下颌骨骨髓间充质干细胞（MBMSC）/下颌骨髁突软骨细胞（MCC）共培养系统中的下颌骨骨髓间充质干细胞	0.28 T		[77]
牙髓干细胞	0.4 T		[78]
人脂肪间充质干细胞（hASC）	0.5 T		[59]
人软骨细胞	0.6 T		[58]
人正常肺细胞	1 T		[68]
小鼠成骨细胞系 MC3T3-E1	16 T		[79]
分离自 Wistar 大鼠的软骨细胞	1 mT		[63]
小鼠成神经细胞瘤细胞系 N2a	5.1 mT		[76]
基质血管成分细胞（SVF）（提取自健康捐赠者）	50 mT	不变	[80]
小鼠成骨细胞系 MC3T3-E1	0.2～0.4 T 和 500 T		[79]
肌管细胞	0.08 T		[33]
牙髓细胞	0.29 T		[81]

续表

研究对象	磁感应强度	细胞增殖/生长	参考文献
造血干细胞	1.5 T 和 3 T		[82]
人恶性黑色素瘤细胞和人正常成纤维细胞	4.7 T		[83]
正常和植物血凝素（PHA）激活的外周血单个核细胞（PBMC）	4.75 T	不变	[69]
未受刺激的单核血细胞	7 T		[84]
中国仓鼠卵巢（CHO）细胞	9 T		[55]
希瓦氏菌 MR-1	14.1 T		[85]

多项研究表明，稳态磁场具有抑制细胞增殖的作用。例如，Malinin 等将小鼠成纤维细胞 L-929 和人胚肺成纤维细胞 WI-38 在液氮中冷冻，然后暴露于 0.5 T 稳态磁场 4~8 h，发现细胞生长受到显著抑制[47]。1999 年，Pacini 等研究了 0.2 T 稳态磁场对人乳腺癌细胞的作用，发现磁场不仅降低了细胞增殖，还增强了维生素 D 的抗增殖效果[48]。2003 年，Pacini 等检测了人皮肤成纤维细胞在磁共振断层扫描仪产生的 0.2 T 稳态磁场中的作用，发现其细胞增殖减少[49]。2008 年，Hsieh 等发现 3 T 稳态磁场在体外抑制了人软骨细胞的生长，并影响了模式生物猪体内受损膝关节软骨的恢复。他们还提到，这些结果可能仅限定于本研究中使用的参数，而不一定适用于其他情况，例如，其他场强、软骨损伤形式或动物物种[50]。2012年，Li 等发现，与未加磁组相比，5 mT 稳态磁场暴露 48 h 后，人脐动脉平滑肌细胞（hUASMC）的增殖显著减少[51]。2013 年，Mo 等表明，磁屏蔽增加了人类神经母细胞瘤 SH-SY5Y 细胞的增殖[52]，这表明磁场可能对神经母细胞瘤 SH-SY5Y 细胞的增殖具有抑制作用。2013 年，Gioia 等研究了 2 mT 稳态磁场对体外培养的猪颗粒细胞（GC）的影响，发现曝磁样品在培养 72 h 后倍增时间显著缩短（$p<0.05$）[38]。2016 年，Wang 等将脂肪干细胞暴露于 0.5 T 稳态磁场中处理 7 天，发现细胞增殖受到抑制[53]。我们课题组发现，1 T 和 9 T 稳态磁场可以抑制人鼻咽癌 CNE-2Z 和结肠癌 HCT-116 细胞的增殖[54, 55]。

也有研究表明稳态磁场可以促进某些类型细胞的增殖，如骨髓细胞、干细胞和内皮细胞。例如，Martino 等发现 60 μT/120 μT 稳态磁场增加了人脐静脉内皮细胞的增殖[56]。2013 年，Chuo 等发现 0.2 T 稳态磁场增加了骨髓干细胞的增殖[57]。2007 年，Stolfa 等使用 MTT 法研究了 0.6 T 稳态磁场对人软骨细胞的影响，并发现磁场增加了 MTT 读数[58]，可能是由细胞增殖和/或细胞活力或代谢活性的增加所致。Maredziak 等发现，0.5 T 稳态磁场通过激活磷脂酰肌醇 3-激酶/蛋白激酶 B（PI3K/Akt）信号通路，增加了人脂肪间充质干细胞（hASC）的增殖效率[59]。最近，Wu 等报道，最高 140 mT 稳态磁场会导致 T 形电压门控钙通道介导的膜去极化，引起第二信使级联反应调节下游基因表达，从而增加人间充质干细胞（MSC）的增殖[60]。

然而，也有一些研究表明，稳态磁场不影响细胞增殖。例如，在 1992 年，Short 等发现 4.7 T 稳态磁场处理不会影响人恶性黑色素瘤细胞或人正常细胞的细胞数量[83]。2005 年，Gao 等使用 NMR 仪发现，即使暴露于 14.1 T 稳态磁场中 12 h，也不会影响单氏希瓦氏菌 MR-1 的生长[85]。2007 年，Coletti 等发现 80 mT 的稳态磁场对肌管细胞的增殖无影响[33]。2010 年，Hsu 和 Chang 发现 0.29 T 稳态磁场不会影响牙髓细胞的增殖[81]。2015 年，Reddig 等发现，单独的 7 T 稳态磁场，或者稳态磁场联合梯度磁场和脉冲射频磁场处理未受刺激的单核血细胞，均不会影响细胞增殖[84]。Iachininoto 等研究了 1.5 T 和 3 T 梯度稳态磁场对造血干细胞的影响，发现细胞增殖没有受到影响[82]。

此外，还有一些研究比较了不同的细胞类型。例如，2003 年 Aldinucci 等测试了 4.75 T 稳态磁场和由 NMR 设备产生的 0.7 mT 脉冲电磁场的联合效果。他们发现，4.75 T 稳态磁场不会影响正常和 PHA 激活的外周血单个核细胞（PBMC）的增殖，但会显著降低 Jurkat 白血病细胞的增殖[69]。我们发现 1 T 和 9 T 稳态磁场可以抑制人鼻咽癌 CNE-2Z 细胞和结肠癌 HCT-116 细胞的增殖，但不抑制中国仓鼠卵巢细胞（CHO）的增殖[55]。同时，我们发现 EGFR-Akt-mTOR 信号通路在许多癌症中表达上调，它们也参与了稳态磁场诱导的癌细胞增殖抑制[54, 55]。此外，正如我们之前所提到的，稳态磁场诱导的细胞增殖效应不仅取决于细胞类型，还取决于磁感应强度和细胞密度。接下来人们还需要更多的研究来揭示特定稳态磁场对特定细胞类型的其他作用机制和影响。

6.2.3 微管和细胞分裂

在体外，微管蛋白二聚体的抗磁各向异性导致纯化的微管可以沿着磁场和电场方向排列，是稳态磁场及电场作用的一个靶点[2-4, 86, 87]。并且微管的体外组装也受到 10~100 nT 亚磁场（HGMF；磁感应强度<200 nT）的干扰[87]。

在细胞内，2005 年 Valiron 等表明，在细胞间期，某些类型细胞中的微管和肌动蛋白细胞骨架可能受到 7~17 T 超强稳态磁场的影响[88]。2013 年，Gioia 等观察到猪颗粒细胞在暴露于 2 mT 稳态磁场中 3 天后肌动蛋白和 α 微管蛋白细胞骨架被修饰[38]。然而这种效应似乎具有细胞类型和/或暴露时间依赖性，因为当我们将 CNE-2Z 或 RPE1 间期细胞暴露于 1 T 稳态磁场中 3 天或 27 T 超强稳态磁场中 4 h 后，并没有观察到明显的微管异常[89]。

有丝分裂纺锤体主要由微管和染色体组成，是细胞分裂的基本结构。然而，上述研究中未提供稳态磁场对有丝分裂纺锤体影响的信息。相比之下，时变磁场和电场已被证明能够影响有丝分裂纺锤体和细胞分裂。例如，1999 年 Zhao 等发现小的生理电场可以通过影响细胞分裂来定向体外培养的人角膜上皮细胞[90]。2011 年，Schrader 等观察到移动通信频率范围信号的电分量可以干扰人-仓鼠杂交（A（L））细胞的纺锤体[91]。然而对于时变磁场所产生的影响，人们需要区分是磁场本身还是热效应所造成。2011 年 Ballardin 等发现，2.45 GHz 微波可以破坏中国仓鼠 V-79 细胞中的纺锤体组装（诱导多极纺锤体），并与热效应无关[92]。相比之下，2013 年 Samsonov 和 Popov 发现，暴露于 94 GHz 的辐射会增加微管组装的速率，而这种效应实际上是由热效应所引起的[93]。因此与 Ballardin 等的研究相比，Samsonov 和 Popov 研究中的热效应可能是由更高的频率所引起的。此外，一种比较有名的电磁治疗方法叫做肿瘤治疗场（TTF），它可以使用低强度（1～3 V/cm）和中频（100～300 kHz）交变电场来治疗胶质母细胞瘤等癌症。其机制主要是干扰了有丝分裂纺锤体的形成[94-96]。TTF 在有丝分裂过程中通过凋亡来破坏细胞，但对非分裂期细胞无影响[95]，并且美国食品药品监督管理局已批准该技术用于胶质母细胞瘤的治疗[97]。

我们在之前的研究中发现，有丝分裂纺锤体可能受到稳态磁场的影响[98]。我们的结果表明，1 T 稳态磁场连续处理 7 天可以增加 HeLa 细胞中异常的有丝分裂纺锤体和有丝分裂指数（有丝分裂细胞所占百分比），这可能是由于稳态磁场对微管的影响。此外，这种表型也具有时间依赖性，因为当细胞被处理的时间较短时，效果并不明显。此外，尽管 1 T 稳态磁场不会影响整个细胞周期分布，但在细胞同步化实验中，磁场延迟了细胞有丝分裂期的完成[98]，稍后我们将在本章的细胞周期部分进行讨论。

由于纯化的微管可以被稳态磁场定向，我们预测纺锤体的定向也会受到影响，这是细胞分裂取向的关键决定因素。事实上早在 1998 年，Denegre 等就发现 16.7 T 大梯度超强稳态磁场可以影响非洲爪蟾卵的卵裂方向（图 6.3）[99]。2006 年 Eguchi 等的研究表明，8 T 稳态磁场也可以改变青蛙胚胎分裂中的卵裂平面的形成[100]。有研究者提出，稳态磁场可能会影响星体微管和/或纺锤体的定向，Valles 从理论上证明了这一点[101]。2012 年，Mo 等发现，亚磁场可能导致非洲爪蟾胚胎水平方向第三卵裂沟的减少和异常形态的发生[102]。此外，他们使用微管蛋白免疫荧光来显示四细胞期卵裂球纺锤体的重新定向。其结果表明，2 h 短暂暴露于亚磁场足以干扰非洲爪蟾胚胎在卵裂阶段的发育。此外，有丝分裂纺锤体可能是屏蔽地磁场时的早期感受器，这为发育和/或已发育胚胎中观察到的形态学和其他变化的分子机制提供了线索[102]。

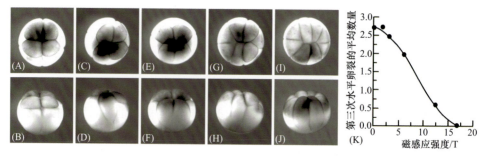

图 6.3　动物极–植物极（*AV*）轴平行于稳态磁场的第三次卵裂。磁场平行于 *AV* 轴的八细胞胚胎的俯视图（A）、（C）、（E）、（G）和（I）和侧视图（B）、（D）、（F）、（H）和（J），显示了第三次卵裂重新定向。从侧视图可见，俯视图中的胚胎被转动，而使动物极远离观察者。水平卵裂沟的数量为：四个（正常；（A）和（B））、三个（（C）和（D））、两个（（E）和（F））、一个（（G）和（H））和零个（（I）和（J））。（K）每个胚胎第三次水平卵裂的平均数量相对于磁感应强度的函数。经许可转载自参考文献[99]。版权所有©1998，美国国家科学院

　　同时，尽管研究表明在某些细胞类型中，间期细胞的微管和肌动蛋白细胞骨架可能受到 7～17 T 超强稳态磁场的影响[88]，但之前关于超强稳态磁场对有丝分裂纺锤体影响的信息并无报道。利用人鼻咽癌 CNE-2Z 细胞和人视网膜色素上皮 RPE1 细胞，我们课题组发现 27 T 超强稳态磁场可以改变纺锤体的定向，并且更有趣的是，纺锤体的定向由微管和染色体共同决定[89]（图 6.4）。而稳态强磁场诱

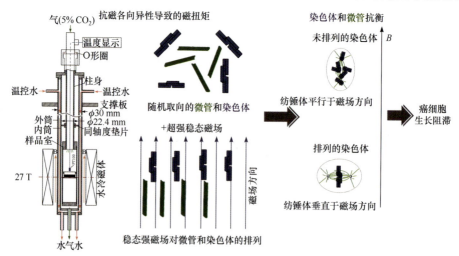

图 6.4　稳态强磁场中有丝分裂纺锤体的定向变化取决于微管和染色体之间的平衡。使用水冷磁体（中国科学院合肥物质科学研究院稳态强磁场大科学装置中的 WM4）和专门的细胞培养系统为细胞提供均匀的 27 T 超强稳态磁场。图片改编自参考文献[89]，开放获取

导的纺锤体定向和形态变化对于非癌细胞 RPE1 是可恢复的，但对于鼻咽癌细胞
CNE-2Z 则不可恢复，这导致了癌细胞生长停滞。

6.2.4　肌动蛋白

除了微管，在某些细胞类型中肌动蛋白细胞骨架也被报道可以受到稳态磁场
的影响。例如，Mo 等表明，在屏蔽地磁场（即所谓的亚磁场）环境下，人类神经
母细胞瘤 SH-SY5Y 细胞的黏附和迁移受到抑制，并伴随细胞肌动蛋白丝数量的
减少和体外肌动蛋白组装动力学的紊乱[103]。这些结果显示，地磁场的屏蔽影响了
运动相关肌动蛋白细胞骨架的组装，这表明肌动蛋白丝是亚磁场暴露的靶点，也
可能是感知地磁场的媒介[103]。

尽管肌动蛋白是否可以作为感知地磁场的介质仍需进一步证实，但已有多项
研究表明其可能在细胞中受到稳态磁场的影响。其中最引人注目和信服的数据来
自 Eguchi 和 Ueno[32]，这个我们在之前的细胞定向内容中简要提过。他们检测了
8 T 超强稳态磁场处理的施万细胞中的肌动蛋白细胞骨架，发现肌动蛋白丝沿磁
场方向定向。然而，当用可以破坏肌动蛋白纤维的小 GTPase-Rho 相关激酶抑制
剂处理施万细胞时，8 T 稳态磁场诱导的定向表型也不复存在。这表明稳态磁场
诱导的施万细胞定向依赖于 Rho 调控的肌动蛋白丝[32]。因此，他们的数据直接表
明，至少在施万细胞中，Rho 调节的肌动蛋白丝参与了稳态磁场诱导的细胞定向。
稳态磁场诱导肌动蛋白改变的另一个例子是在 2007 年，Coletti 等使用肌源细胞
系 L6，发现 80 mT 稳态磁场促进了肌源细胞的排列和分化[33]，这也在之前的细
胞定向内容中介绍过（表 6.1）。更具体地说，他们观察到肌动蛋白和肌球蛋白的
积累增加，以及大的多核肌管的形成，这是由细胞融合效率的提高，而不是细胞
增殖所导致[33]。此外，其他一些研究也表明稳态磁场能诱导肌动蛋白的改变。例
如，2009 年，Dini 等发现 6 mT 稳态磁场暴露 72 h 导致人淋巴瘤 U937 细胞肌动
蛋白丝的改变[104]。2013 年，Gioia 等发现猪颗粒细胞在暴露于 2 mT 稳态磁场 3
天后肌动蛋白细胞骨架被改变[38]。2018 年，Lew 等发现 0.4 T 稳态磁场可以增加
肌动蛋白丝的荧光强度[78]。

也有一些研究表明稳态磁场处理没有改变细胞中的肌动蛋白。例如，在 2005
年，Bodega 等检测了原代培养的星形胶质细胞在不同时间点对 1 mT 正弦、稳态
磁场或组合磁场的反应，没有观察到肌动蛋白的任何显著变化[105]。按照笔者的观
点，他们研究中所使用的磁感应强度可能太低，所以无法诱导肌动蛋白的改变。
我们检测了多种人类癌细胞，如人鼻咽癌细胞 CNE-2Z 和结肠癌细胞 HCT-116，
以检测其对 1 T 稳态磁场的响应，持续曝磁 2～3 天后未观察到肌动蛋白的任何

显著变化[68]。但是，我们检测的细胞不同于上述在稳态磁场暴露时肌动蛋白改变的细胞类型，如神经母细胞瘤细胞、施万细胞和肌细胞。这些细胞可能具有与我们所检测的癌细胞不同的肌动蛋白调节网络。根据以上研究，细胞中的肌动蛋白细胞骨架可能以细胞类型和磁场强度依赖的方式对稳态磁场做出响应，这将需要更系统的研究。

6.2.5　细胞活力

到目前为止，大多数研究表明稳态磁场对细胞活力的影响较小。例如，在 1992年，Short 等发现 4.7 T 稳态磁场处理不会影响人恶性黑色素瘤细胞和人正常成纤维细胞的细胞活力[83]。2003 年，Pacini 等发现 0.2 T 稳态磁场可影响人皮肤成纤维细胞的形态和增殖，但不影响其细胞活力[49]。2009 年，Dini 等报道，6 mT 稳态磁场处理人淋巴瘤 U937 细胞 72 h，不会影响其细胞活力[104]。2013 年，Gioia等研究了长期暴露于 2 mT 稳态磁场对体外培养的猪颗粒细胞的影响，发现磁场暴露不会影响其细胞活力[38]。2016 年，Romeo 等检测了暴露于 370 mT 稳态磁场的人胚肺成纤维细胞 MRC-5，发现其细胞活力没有受到影响[106]。我们检测了 1 T稳态磁场对 15 种不同类型细胞活力的影响，包括人类癌细胞 CNE-2Z、A431 和A549、非癌细胞 293T 以及 CHO 细胞等。并且我们检测了四种不同细胞密度，发现 1 T 稳态磁场没有对这些细胞的活力产生影响[68]。

然而有少量研究表明，稳态磁场可以增加某些细胞类型的凋亡。2005 年，Chionna 等报道，6 mT 稳态磁场以时间依赖的方式诱导 HepG2 细胞凋亡。在实验开始时，细胞凋亡几乎可忽略不计，但在连续曝磁 24 h 后，细胞凋亡增加到约20%[107]。2006 年，Tenuzzo 等发现，6 mT 稳态磁场可以促进 T 型杂交瘤 3DO 细胞、人类肝癌细胞 HepG2 和大鼠甲状腺细胞 FRTL 的凋亡，但不能促进人类淋巴细胞、小鼠胸腺细胞、人类组织细胞淋巴瘤及人类宫颈癌 HeLa 细胞的凋亡[108]。2008 年，Hsieh 等发现 3 T 稳态磁场通过 P53、P21、P27 和 Bax 蛋白表达诱导人软骨细胞凋亡[50]。2016 年，Wang 等将脂肪干细胞暴露于 0.5 T 稳态磁场处理 7 天，发现其细胞活力受到了抑制[53]。

有趣而令人困惑的是，当稳态磁场与其他处理方法相结合时，它们显示出各种不同的效果。例如，2001 年，Tofani 等发现，当 3 mT 稳态磁场与 3 mT 50 Hz时变磁场组合时，人结肠癌 WiDr 细胞和乳腺癌 MCF-7 细胞的凋亡增加，而 MRC-5 细胞不受影响[109]。2006 年，Ghibelli 等发现，暴露于 NMR 仪所产生的 1 T 稳态磁场可以增加造血源性肿瘤细胞损伤诱导的凋亡，但不增加单核白细胞的凋亡，这表明 NMR 可能会增加抗肿瘤药物对肿瘤细胞和正常细胞的不同细胞毒性[110]。

这些结果表明，稳态磁场可以促进时变磁场或抗肿瘤药物的细胞凋亡效应。然而，也有证据表明稳态磁场可以保护一些细胞免遭凋亡。例如，1999 年，Fanelli 等表明，0.3～60 mT 的稳态磁场可以减少由依托泊苷（VP16）和嘌呤霉素（PMC）所诱导的细胞凋亡[111]。同样有趣的是，尽管 Tenuzzo 等发现 6 mT 稳态磁场可以促进 T 型杂交瘤 3DO 细胞、人类肝癌 HepG2 细胞和大鼠甲状腺 FRTL 细胞的凋亡，但当稳态磁场与凋亡阳性药（如放线酮和嘌呤霉素）联合使用时，磁场却具有保护作用。除 3DO 细胞外，其他细胞都能免遭凋亡[108]。

因此，稳态磁场对细胞凋亡的影响具有磁感应强度、处理时间，最主要的是细胞类型的依赖性。在大多数报告中，稳态磁场不影响细胞活力。然而也有一些报告表明某些细胞活力可能受到了稳态磁场的影响。此外，当稳态磁场与其他处理方式（如时变磁场或不同的细胞损伤诱导剂）组合使用时，它们可能具有联合或拮抗作用。亟须进一步的研究来揭示其基本机制。

6.2.6　细胞附着/黏附

有些研究表明，稳态磁场可能会影响细胞附着。例如，2011 年，Sullivan 等在细胞铺板后立即将细胞暴露于 35～120 mT 的稳态磁场 18 h，发现 WI-38（人胚肺成纤维细胞）的附着显著减少[112]。2012 年，Li 等将 hUASMC 人脐动脉平滑肌细胞暴露于 5 mT 稳态磁场 48 h，发现细胞黏附力明显降低[51]。2014 年，Wang 等发现 0.26～0.33 T 的中等稳态磁场可以减少人乳腺癌 MCF-7 细胞的附着[113]。

尽管这些结果表明细胞附着/黏附可能受到稳态磁场的影响，但仍缺乏一致性结果。在大多数情况下，稳态磁场似乎抑制细胞附着/黏附，但也有相反的证据。例如，Mo 等发现，屏蔽地磁场抑制了细胞黏附和迁移，同时，也导致人类神经母细胞瘤 SH-SY5Y 细胞中的肌动蛋白丝 F-actin 数量的减少[103]。这表明，在屏蔽磁场的情况下，细胞附着也会减少。此外，根据我们自己的经验，大多数细胞的附着/黏附可能并不受中等强度稳态磁场的影响。然而，稳态磁场对细胞附着的影响似乎也具有细胞类型依赖性。1992 年，Short 等检测了 4.7 T 稳态磁场对人恶性黑色素瘤细胞和人正常成纤维细胞的影响，发现恶性黑色素细胞在组织培养表面的附着减少，而人正常成纤维细胞则不受影响[83]。Wang 等发现，尽管 0.26～0.33 T 的中等强度稳态磁场减少了人乳腺癌 MCF-7 细胞的附着，但不影响 HeLa 细胞的附着[113]。除了细胞类型外，实验流程（例如，细胞贴壁之前还是贴壁后暴露于磁场）也可能是影响实验结果的关键因素。此外，我们发现细胞贴壁介质，如细胞培养皿或者盖玻片，也会影响细胞附着/黏附的实验结果。因此，需要更多的研究来阐明稳态磁场对细胞附着/黏附的确切影响，以及这些影响在体内所引起的变化。

6.2.7 细胞形态

多项研究表明，稳态磁场可以改变细胞形态。2003 年，Pacini 等发现，0.2 T 稳态磁场改变了人皮肤成纤维细胞的形态[49]。同年，Iwasaka 等发现 14 T 稳态磁场影响平滑肌细胞集群的形态，细胞集落的形状沿着磁场方向延伸[28]。2005 年，Chionna 等发现，暴露于 6 mT 稳态磁场 24 h 的 HepG2 细胞被拉长，细胞表面随机分布有许多不规则的微绒毛，并且由于与培养皿的部分分离，其形状较不平整。此外，磁场对细胞骨架的影响也具有时间依赖性[107]。2009 年，Dini 等发现，人淋巴瘤 U937 细胞暴露于 6 mT 稳态磁场 72 h，导致细胞形状和肌动蛋白丝的改变，细胞膜变粗糙并出现大气泡，细胞表面特定的巨噬细胞标志物表达受损[104]。同样有趣的是，大鼠垂体瘤 GH3 细胞长期暴露于 0.5 T 稳态磁场后，细胞生长受到了抑制，但细胞平均大小却有所增加[114]。2013 年，Gioia 等发现猪颗粒细胞在暴露于 2 mT 稳态磁场 3 天后，其细胞长度和厚度发生变化，并且肌动蛋白和微管细胞骨架发生改变[38]。Mo 等发现，磁屏蔽使人类神经母细胞瘤 SH-SY5Y 细胞变小，形状变得更圆，这可能是由肌动蛋白组装的动力学紊乱造成的[103]。

也有许多研究表明稳态磁场暴露后细胞形态不发生改变。例如，1992 年 Sato 等发现，HeLa 细胞暴露于 1.5 T 稳态磁场 96 h 后，细胞形态不变[115]。2003 年，Iwasaka 等发现，在暴露于 8 T 稳态磁场的 3 h 内，平滑肌细胞（包括细胞膜成分）的细胞形态无明显变化[31]。2005 年，Bodega 等检测了原代培养的星形胶质细胞在不同时间点对 1 mT 正弦磁场、稳态磁场或两者的组合磁场的反应，没有观察到肌动蛋白的任何显著变化[105]。同样，细胞类型可能在稳态磁场诱导的细胞形态变化中起着非常重要的作用。例如，1999 年，Pacini 等发现，0.2 T 磁场诱导人类神经细胞 FNC-B4 产生明显形态学变化，但不会影响小鼠白血病细胞或人类乳腺癌细胞的形态[116]。

此外，其他多种因素也决定了人们能否观察到稳态磁场暴露后细胞形态的变化，如磁感应强度和暴露时间，以及检测技术和实验设计。例如，有两项研究都使用了冷冻和稳态磁场，但实验结果完全不同。第一项实验是在 1976 年，Malinin 等将小鼠成纤维细胞 L-929 和人胚肺成纤维细胞 WI-38 冷冻后暴露于 0.5 T 稳态磁场 4~8 h，发现在解冻和培养 1~5 周后，细胞形态发生了显著变化[47]。相反，2013 年，Lin 等发现，当在红细胞的缓慢冷冻过程中使用 0.4 T 或 0.8 T 稳态磁场时，冻融后的红细胞的存活率增加，且没有形态学改变[117]。这两项利用稳态磁场和冷冻诱导细胞生长和/或形态学变化研究的机制仍然未知，可能是由稳态磁场+冻结流程的差异，或细胞类型的差异所引起。未来需要进行更多的研究来检测两种流程下的多种细胞以揭示其潜在机制。

6.2.8　细胞迁移

有些研究表明稳态磁场可以影响细胞迁移。一方面，有研究表明稳态磁场可以抑制细胞迁移。例如，早在 1990 年，Papatheofanis 发现 0.1 T 稳态磁场可以抑制人类多形核白细胞（PMN）的细胞迁移[118]。2012 年，Li 等发现，5 mT 稳态磁场处理 48 h 可抑制人脐动脉平滑肌细胞 hUASMC 的迁移[51]。2021 年，我们发现，钕铁硼永磁体所产生的向上梯度稳态磁场（图 6.5（A）、（B））可以增加卵巢癌细胞 HO8910 和 SKOV3 的活性氧水平并抑制其迁移。相反，人正常卵巢细胞 IOSE386 的迁移没有受到影响（图 6.5（C）～（E））[119]。这些结果表明，稳态磁场对细胞迁移的影响也具有细胞类型依赖性。我们进一步利用 RNA 测序，发现这些中等强度稳态磁场增加了卵巢癌细胞的氧化应激水平，并降低了其干性，抑制了小鼠卵巢癌的转移。同时，干细胞相关基因的表达显著降低，包括透明质酸受体 CD44、SRY 盒转录因子 2（Sox2）和细胞 myc 原癌基因蛋白（C-myc）[119]。

另一方面，也有研究表明，稳态磁场可以增加细胞迁移。例如，2016 年，Mo 等发现在没有磁场的情况下，人类神经母细胞瘤的细胞迁移受到抑制，同时细胞中肌动蛋白丝数量减少[103]，这表明地磁场可能对细胞迁移很重要。最近，通过 NIH3T3 细胞实验和体内糖尿病伤口愈合实验，我们发现中等强度稳态磁场处理可以改善高糖诱导的细胞迁移损伤，这使其成为改善糖尿病伤口愈合的潜在工具[120]。然而，关于稳态磁场与细胞迁移的相关研究太少，目前没有关于磁场参数和细胞类型的更多线索。

值得注意的是，有许多研究利用不同的细胞群体在梯度稳态磁场中不同的迁移能力来分离细胞，这被称为磁泳。基于血红蛋白磁矩和红细胞内较高的血红蛋白浓度，红细胞的差异迁移在高梯度稳态磁场中是可能发生的。例如，2003 年 Zborowski 等使用平均磁感应强度为 1.40 T，平均梯度为 0.131 T/mm 的磁场来分离脱氧和含高铁血红蛋白（metHb）的红细胞[121]。脱氧血红蛋白和高铁血红蛋白的四个血红素基团中存在赋予它们顺磁性的不成对电子，这与氧合血红蛋白的抗磁性差异较大。Zborowski 等表明，含 100%脱氧血红蛋白的红细胞和含 100%高铁血红蛋白的红细胞磁泳迁移率相似，而含氧合血红蛋白的红细胞为抗磁性[121]。磁泳提供了一种可以基于细胞中生物大分子的磁性来表征和分离细胞的方法[121]。事实上，这项技术已用于疟疾检测和感染红细胞的分离，可以成功分离出疟疾感染的红细胞[122]。

也有一些研究使用梯度稳态磁场来"引导"细胞迁移。例如，2013 年，Zablotskii 等表明，梯度稳态磁场可以帮助细胞迁移到磁场梯度最大的区域，从而允许可调互联干细胞网络的构建，这是组织工程和再生医学的一条上好路径[123]。

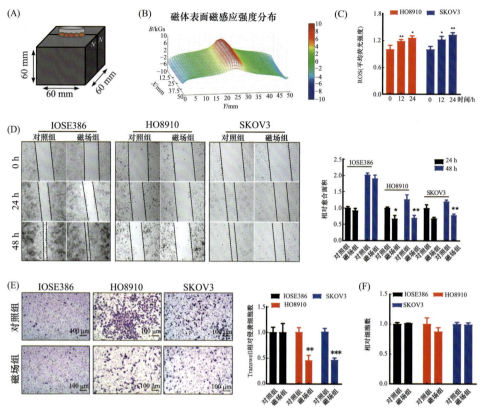

图 6.5　中等强度稳态磁场增加卵巢癌细胞的 ROS 水平并抑制细胞迁移。（A）细胞暴露于由钕铁硼永磁体产生的中等强度稳态磁场的图示。（B）表磁分布测量仪扫描的磁铁表面磁感应强度分布。细胞培养皿区域的稳态磁场磁感应强度范围为 0.1～0.5 T。（C）HO8910 和 SKOV3 暴露于中等强度稳态磁场在不同时间点时细胞的 ROS 水平。（D）中等强度稳态磁场下 IOSE386、HO8910 和 SKOV3 细胞的划痕实验。右图定量了相对愈合面积。通过 Student's t 检验对两组进行比较。（E）用 20 µmol/L 的 H_2O_2 处理 HO8910 和 SKOV3 细胞的 Transwell 侵袭实验。右图定量了侵袭细胞的数量。（F）暴露于中等强度稳态磁场 24 h 后 IOSE386、HO8910 和 SKOV3 细胞的相对细胞数。*代表 $p < 0.05$，**代表 $p < 0.01$，***代表 $p < 0.001$。转载自参考文献[119]，开放获取

6.2.9　干细胞分化

干细胞可能是对磁场最敏感的细胞类型之一。事实上，已经有多项研究证明了稳态磁场对干细胞的影响，如牙髓干细胞（DPSC）、骨髓基质细胞（BMSC）、人脂肪间充质干细胞（hASC）等，这些研究已在之前的一些综述中讨论过[42, 124, 125]。

近年来，有更多的研究报道了稳态磁场对干细胞的促进作用。例如，研究表

明，0.4 T 稳态磁场可以增强牙髓干细胞增殖，推测其可能是通过激活 P38 丝裂原激活蛋白激酶途径来完成[78]。2019 年，van Huizen 等使用涡虫再生模型，发现 <1 mT 的弱磁场通过改变 ROS 的积累和下游热休克蛋白 70（Hsp70）的表达来影响干细胞增殖和随后的分化，表明通过调节磁感应强度，稳态磁场可以增加或减少体内新组织的形成[61]。2021 年，Zhang 等研究了中等强度稳态磁场对下颌骨骨髓间充质干细胞（MBMSC）/下颌骨髁突软骨细胞（MCC）共培养系统中下颌骨骨髓间充质干细胞软骨形成和增殖的影响。他们发现与对照组相比，在稳态磁场刺激下，与髁突软骨细胞共培养的实验组中，下颌骨骨髓间充质干细胞的增殖显著增强。黏多糖（GAG）含量增加，SOX9、II 型胶原 α1（Col2A1）和聚集蛋白聚糖（ACAN）也在 mRNA 和蛋白水平上表达增加。这表明中等强度稳态磁场在修复髁突软骨缺损中的医学应用潜力[77]。最近，Wu 等发现，约 100 mT 的稳态磁场可以调节 T 型钙离子通道并介导间充质干细胞增殖[60]。还有两项研究检测了稳态磁场对癌细胞干性的影响[126, 127]，本书第 9 章将对此进行讨论。

6.2.10　细胞膜

细胞膜本身是电介质，并且在细胞对外界刺激的反应，尤其是在电磁场的刺激反应中起着重要作用。正如我们在引言中提到的，稳态磁场可以通过细胞膜影响细胞功能，这已经从物理角度进行了论述，尤其是形变[14]，以及梯度稳态磁场诱导的涉及离子通道和膜电位的变化（本书第 5 章）。

事实上，对生物分子的影响中研究最好的例子之一是稳态强磁场所诱导的膜排列变化。细胞膜主要由磷脂和嵌入的蛋白组成，细胞膜的磷脂有序排列成双层，称为脂质双分子层。由于脂质双分子层中磷脂分子的抗磁各向异性[128, 129]，所以磷脂分子能在稳态强磁场中排列或重新定向，从而影响细胞膜的整体生物物理性质。事实上，前面提到的红细胞取向变化就是稳态磁场通过细胞膜影响细胞行为的最佳示例之一（图 6.2）。此外，在更简化的模型中，由蛋黄卵磷脂制成的脂质囊泡能够在几秒内与外部 1.5 T 稳态磁场完全平行（图 6.6）[130]。这些研究表明，非球形囊泡的磁性排列来源于外部施加稳态磁场对磁各向异性双分子层的作用。

之后有多项研究表明稳态磁场可以增加细胞膜的通透性。例如，2011 年，Liu 等使用原子力显微镜（AFM）揭示，9 mT 稳态磁场可以增加 K562 细胞膜上孔的数量和大小，从而可能增加膜渗透性和抗癌药物的流动[131]。2012 年，Bajpai 等发现，0.1 T 稳态磁场可以抑制革兰氏阳性菌（表皮葡萄球菌）和革兰氏阴性菌（大肠杆菌）的生长，这可能也是由于稳态磁场诱导的细胞膜损伤[132]。也有多项研究表明稳态磁场可以增加细胞膜的刚性。例如，2013 年，Lin 等发现，0.8 T 稳

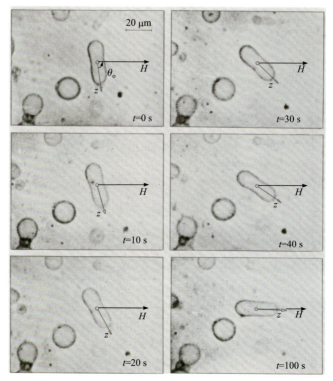

图 6.6   圆柱形脂质囊泡在稳态磁场中的排列。为了检测蛋黄卵磷脂制成的圆柱形囊泡在磁场中的排列，1.5 T 的均匀磁场平行施加于样品载玻片。同时，在相差显微镜下观察样品，光轴垂直于载玻片。记录囊泡的运动、平移和旋转。囊泡可以平行和垂直于磁场移动，并围绕显微镜轴旋转，因此与磁场形成的初始方向角是可变的。经许可转载自参考文献[130]

态磁场降低了膜流动性，增强了红细胞膜稳定性，以抵抗缓慢冷却过程造成的脱水损伤[117]。他们发现，在缓慢冷却程序中引入稳态磁场，提高了冻融红细胞的存活率而对细胞无明显损伤。因此，他们提出稳态磁场增加了细胞膜的生物物理稳定性，从而减少了在缓慢冷却过程中红细胞膜的脱水损伤[117]。2015 年，Hsieh 等表明，与对照组相比，0.4 T 稳态磁场处理过的牙髓细胞（DPC）对脂多糖（LPS）诱导的炎症反应具有更高的耐受性，并认为磁场通过改变细胞膜稳定性/刚性来减轻脂多糖诱导的炎症反应[133]。Lew 等使用 0.4 T 稳态磁场处理 DPSC，并表明 DPSC 的细胞膜受到影响，从而影响了细胞内的钙[78]。

稳态磁场对细胞膜的影响也依赖于细胞类型。2006 年，Nucctelli 等发现 6 mT 稳态磁场暴露 5 min 对不同类型细胞的膜电位有不同影响。具体来说，6 mT 稳态磁场在 Jurkat 细胞中引起膜去极化，但在 U937 细胞中引起膜超极化[134]。此外，原子力显微镜或电子显微镜等高分辨率成像技术对揭示稳态磁场诱导的细胞膜变化也很重要，已用于多个研究，以揭示稳态磁场引起的膜变化或膜相关蛋白的变化[113, 131, 135]。相比之下，低分辨率成像技术则不太可能揭示膜的变化。2010年，Wang 等用一幅插图展示了稳态磁场作用于细胞膜、一些相关受体和通道蛋白以及下游效应器的潜在机制[136]。此外，由于膜动力学变化会影响膜嵌入蛋白的活性，稳态磁场也可能影响一些膜相关蛋白，如机械敏感离子通道或其他嵌入蛋白[136, 137]。

由于稳态磁场诱导的膜弯曲不仅影响离子通道，还导致挠曲电效应来产生电场，因此稳态磁场对细胞膜的影响可能会影响大量的细胞过程，而这些过程仍有待研究。稳态磁场对神经系统的影响（第 13 章）、ROS 和钙变化（稍后将在本章讨论）可能都与稳态磁场诱导的膜形变有关，未来也还需要更多更详细的研究。

6.2.11　细胞周期

一些研究表明稳态磁场可能会影响某些类型细胞或特定条件下的细胞周期。例如，2010 年，Chen 等发现 8.8 mT 稳态磁场增加了 K562 细胞的 G2/M 期，并减少了 G1 和 S 期[138]。2013 年，Mo 等发现磁屏蔽促进了 SH-SY5Y 细胞 G1 期的细胞周期进程[52]。我们课题组发现 1 T 稳态磁场可导致同步化 HeLa 细胞的有丝分裂阻滞，从而减少细胞数量[98]。

另外，大多数其他研究发现细胞周期并不会受到稳态磁场的明显影响。例如，2010 年，Hsu 和 Chang 发现 0.29 T 稳态磁场不会影响牙髓细胞的细胞周期[81]。同年，Sarvestani 等研究了 15 mT 稳态磁场对大鼠骨髓间充质干细胞（BMSC）细胞周期的影响，没有发现任何细胞周期变化[139]。我们课题组分析了 1 T 稳态磁场对以不同细胞密度接种的多种细胞类型的影响[68]，发现对于我们测试的所有细胞类型，1 T 稳态磁场暴露 2 天并不会显著影响其细胞周期。此外，我们将人结肠癌 HCT-116 细胞和人鼻咽癌 CNE-2Z 细胞暴露在 9 T 稳态磁场中 3 天[55]，或将 CNE-2Z 细胞暴露在 27 T 超强稳态磁场下 4 h，都没有观察到明显的细胞周期变化[89]。

然而，就像稳态磁场引起的其他细胞效应一样，稳态磁场对细胞周期的影响可能也具有细胞类型依赖性。2010 年，Zhao 等发现 13 T 稳态磁场对 CHO 或 DNA 双链断裂修复缺陷突变体 XRS-5 细胞的细胞周期分布无明显影响，但降低了人原代皮肤 AG1522 细胞的 G0/G1 期，增加其 S 期细胞百分比[140]。这表明，与永生化细胞相比，稳态磁场可能对原代细胞的周期有更大的影响。2016 年，我们发现虽然 1 T 稳态磁场不会改变整个细胞群体的周期分布，但是长时间（7 天）暴露于稳态磁场会增加 HeLa 细胞中的异常纺锤体百分比和有丝分裂指数[98]。通过细胞同步化实验，我们发现 1 T 稳态磁场可以延迟细胞完成有丝分裂。在无磁场情况下，大多数双胸苷同步化细胞在胸苷释放后 12 h 即可完成有丝分裂。然而，在 1 T 稳态磁场存在下，停留在有丝分裂期中的 HeLa 细胞数量却显著增加。

6.2.12 DNA

由于在健康方面公众对输电线、移动电话与癌症的关注，所以脉冲磁场下的 DNA 完整性经常被研究[141-146]。早在 1984 年，Liboff 等就表明时变磁场能增加细胞中 DNA 的合成[147]。尽管到目前为止，还没有足够的证据证实这些时变磁场对人体的有害诱变作用，但当今人们对各种时变磁场的暴露日渐增加，仍需更多的研究来探索其具体影响。

相比之下，关于稳态磁场诱导 DNA 损伤和突变的报道相对较少。2004 年，Takashima 等使用体细胞基因突变和重组实验对 DNA 修复正常和缺陷的黑腹果蝇进行测试，以检测稳态强磁场对果蝇 DNA 损伤和突变的可能影响。他们发现，2 T、5 T 或 14 T 磁场暴露 24 h 后，复制后修复缺陷果蝇的体细胞基因重组率在统计学上显著增加，而核酸剪切修复缺陷果蝇和 DNA 修复正常果蝇暴露后的基因重组率保持不变。此外他们发现，暴露于强磁场会诱导果蝇体细胞基因重组，并且剂量-效应关系并非线性[148]。除了这项果蝇的研究外，大多数其他研究表明，稳态磁场并不会导致 DNA 损伤或突变。例如，2015 年，Reddig 等发现，将未刺激的人类单核血细胞单独暴露于 7 T 稳态磁场或与变化的梯度磁场和脉冲射频磁场相结合的磁场，不会诱导 DNA 双链断裂[84]。2016 年，Romeo 等检测了暴露于 370 mT 稳态磁场的人胚肺成纤维细胞 MRC-5，发现 DNA 完整性无影响[106]。Wang 等将脂肪干细胞暴露于 0.5 T 稳态磁场 7 天，未观察到 DNA 完整性变化[53]。因此，这些研究并没有显示 DNA 的直接损伤。有趣的是，2014 年，Teodori 等发现，80 mT 稳态磁场可防止 X 射线导致的原发性胶质母细胞瘤细胞的 DNA 损伤，这可能是因为稳态磁场抑制了 X 射线诱导的线粒体膜电位降低[149]。因此 80 mT 稳态磁场可能对 X 射线引起的 DNA 损伤起到保护作用。然而还有研究表明，尽管 10 T 稳态磁场本身对微核形成无任何影响，但与 X 射线相结合可以促进微核形成[150]。到目前为止，关于稳态磁场诱导 DNA 损伤和突变的现有证据仍然不足以得出确切结论。大多数研究表明，稳态磁场不会导致人类细胞的 DNA 损伤或突变。然而，我们期待能够有更多的研究来检测不同细胞类型和磁场强度，以帮助人们更全面了解这个问题。

除 DNA 损伤外，人们还研究了磁场下的 DNA 排列。据报道，DNA 链由于其堆叠的芳香基而具有相对较大的抗磁各向异性[151]，可以在稳态强磁场下定向。此外已有理论预测，高度致密的有丝分裂染色体臂可以沿着染色体臂方向产生电磁场[152]，并且据推测，1.4 T 的稳态磁场应该可以使染色体完全对齐排列[153]。此外，Andrews 等通过实验证明，体外分离的有丝分裂染色体可以在电场下对齐排列[154]。我们课题组发现 27 T 超强稳态磁场可以影响人类细胞的有丝分裂纺锤体定向，其中染色体发挥了重要作用[89]。此外，DNA 的双螺旋结构性质决定了 DNA 必须要在细胞中进行旋转[155]。由于 DNA 带负电并在细胞复制过程中会发生快速旋转，因此我们预测其运动将受到洛伦兹力的影响，特别是在稳态强磁场中。结合理论计算和细胞实验，我们发现中等强度到强稳态磁场可以直接抑制 DNA 的合成和复制[156]。我们利用 BrdU 掺入实验检测了稳态磁场对两种结肠癌细胞和两种肺癌细胞 DNA 合成的影响，发现竖直向上方向的稳态磁场使四种不同细胞的 DNA 复制都减少了 5%～15%，而竖直向下方向的稳态磁场则无此效应（图 6.7）。在本书的第 2 章中讨论了不同方向的稳态磁场对 DNA 合成的不同影响，有兴趣的读者可以参考。

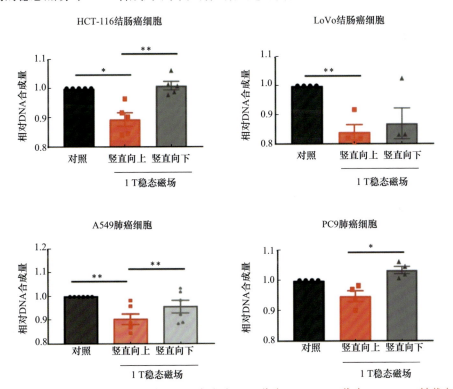

图 6.7　1 T 竖直向上稳态磁场使 DNA 合成减少。*代表 $p < 0.05$，**代表 $p < 0.01$。转载自参考文献[156]，开放获取

6.2.13　细胞内的活性氧

活性氧（reactive oxygen species, ROS）是一类外层带有不配对电子的化学性

质高度活化的自由基、离子或分子。包括游离 ROS（如超氧阴离子自由基（$\cdot O_2^-$）、羟自由基（$\cdot OH$）和一氧化氮自由基（$NO\cdot$））和非游离 ROS（如过氧化氢（H_2O_2）、二氧化二氮（N_2O_2）、羟过氧化物（ROOH）、次氯酸（HClO）等）。众所周知，低水平 ROS 可以作为细胞内第二信使，并且具有氧化蛋白质巯基基团，修饰蛋白结构和功能；而过多的 ROS 可以非特异性地攻击蛋白、脂质和 DNA，破坏正常细胞过程[157, 158]。有多项研究表明，与正常细胞相比，癌细胞中 ROS 水平的升高可能促进了癌症的进展[159]。然而也有一些研究表明，过度的氧化应激会减缓癌细胞的增殖并威胁其生存，从而进一步增加新形成肿瘤细胞的氧化应激水平，可能使其易于死亡[160-162]。

稳态磁场处理后 ROS 水平的变化可能是磁生物学领域最常报道的现象。我们在 2017 年综述了各种磁场导致的 ROS 变化[163]。然而，在过去几年中，又有大量新的研究陆续报道了稳态磁场对 ROS 水平的影响。在此，我们根据其影响对这些研究进行了分类，包括 ROS 水平升高（表 6.3）、降低（表 6.4）或无变化（表 6.5），以及对不同类型 ROS 的影响（表 6.6）。

然而我们仍未能在这些研究中找到规律。例如，对于亚磁场，有些研究显示 ROS 升高[170]，有些表明 ROS 降低[174]，而还有一些研究表明不影响 ROS 变化[61,174]。这些变化可能是由于细胞类型、磁感应强度，甚至是处理时间的差异。例如，Sullivan 等的结果显示，WI-38 细胞在接种后立即曝磁（230～250 mT）18 h，ROS 增加 37%，但曝磁 5 天后，ROS 水平则无变化[112]，这表明稳态磁场诱导的 ROS 升高呈时间依赖性。事实上，ROS 在不同的细胞类型以及不同的细胞密度中浓度都会有很大的变化[178, 192]。鉴于稳态磁场影响 ROS 的普遍性和 ROS 本身对于生命体的重要性，找出稳态磁场影响体内 ROS 的规律及机制任重而道远。

6.2.14 三磷酸腺苷

稳态磁场能否影响三磷酸腺苷（ATP）合成的体外酶促反应一直存在争议。2008 年，Buchachenko 和 Kuznetsov 报道了体外 ATP 酶促合成速率与磁场相关[193]。他们发现，在 $^{25}Mg^{2+}$ 存在下，55 mT 和 80 mT 的稳态磁场可显著增加 ATP 的合成。但后来 Crotty 等的研究未能重复其结果[194]，原因仍不清楚[195]。这两项研究所用的磁感应强度几乎相同，但只有 Crotty 等的研究提供了磁场设置的实验细节。此外，这种差异也可能是由于这两组实验使用了不同来源的蛋白。Buchachenko 和 Kuznetsov 使用了蛇毒中的单体肌酸激酶同工酶，而 Crotty 等使用了二聚体肌酸激酶。在我们看来，上述关于磁场和蛋白本身的因素都可能会产生看似不一致的结果。因此需要更多的研究来对此进行阐明。

表 6.3　稳态磁场在多种细胞系中升高总 ROS 水平

物种	细胞系/样本	磁感应强度	处理时间	检测方法	ROS 变化	参考文献
人源	人类神经母细胞瘤 SH-SY5Y	2.2 mT	1 d		升高	[164]
	人淋巴瘤 U937 细胞	0.6 mT	2 h		升高	[165]
	人乳腺癌细胞系 MCF-7、人包皮成纤维细胞系 HFF	10 mT	1 d/2 d	2，7-二氯荧光素二乙酸酯（DCFH-DA）		[66]
	人宫颈癌细胞系 HeLa		1 d/2 d		增加顺铂引起的 ROS 升高	[166]
	外周血中性粒细胞	60 mT（S 极）	45 min	二氢罗丹明 123（DHR 123）		[167]
	人胚肺成纤维细胞 WI-38	232~252 mT	18 h	DCFH-DA		[112]
	人单核巨噬细胞 THP-1	1.2 T	1 d	Carboxy-H₂DCF-DA		[168]
	人-仓鼠杂交细胞系（A_L）、线粒体缺陷人-仓鼠杂交细胞系（ρ⁰ A_L）、双链断裂修复缺陷细胞 XRS-5	8.5 T	3 h	CM-H₂DCFDA	升高	[169]
啮齿类	小鼠原代骨骼肌细胞	<3 μT	3 d	DCFDA		[170]
	胚胎干细胞衍生的 Flk-1⁺心脏祖细胞	0.2~5 mT	<3 min	H₂DCF-DA		[171]
	由胚胎干细胞生长的 5 d 胚状体	1/10 mT	8 h			[172]
	正常小鼠肝脏细胞 NCTC1469	0.4 T	1 h/24 h/48 h/72 h	Carboxy-H₂DCF-DA		[173]
	大鼠淋巴细胞	5 mT	15 min/1 h/2 h	DCFH-DA	升高 X 射线处理组的 ROS	[174]
犬源	犬肥大细胞瘤 C2	0.5 T	3 d		增加纳米材料引起的 ROS 升高	[175]

表 6.4　稳态磁场降低总 ROS 水平

物种	细胞系/样本	磁感应强度	处理时间	检测方法	ROS 变化	参考文献
人源	人类神经母细胞瘤 SH-SY5Y	屏蔽地磁场（<0.2 μT）	12 h/24 h/36 h/48 h/60 h	DCFH-DA	降低	[176]
	外周血中性粒细胞	60 mT（N 极/S 极）	15 min	二氢罗丹明 123（DHR 123）	降低	[167]
	人肺癌细胞 A549	389 mT	30 min			[177]
	人脂肪间充质干细胞系 ASC	0.5 T	3 d		降低纳米材料引起的 ROS 升高	[175]
	人乳腺癌细胞系 MCF-7/MDA-MB-231		1/2 d			
	人胶质母细胞瘤细胞系 U251、人胃肠同质瘤细胞系 GIST-T1、人结直肠癌细胞系 HCT-116、人鼻咽癌细胞系 CNE-2Z、人肝癌细胞系 HepG2、人膀胱癌细胞系 EJ1、人视网膜上皮细胞系 RPE1、人肺正常细胞系 HSAEC-30KT	1 T	1 d	DCFH-DA	降低	[178]
大鼠	大鼠淋巴细胞	0 mT（用 50 mT 磁场抵消地磁场）	2 h		降低纳米材料引起的 ROS 升高	[174]
	大鼠神经胶质瘤细胞系 C6	1 T	1 d		降低	[176]
无脊椎物种	真涡虫	地磁场屏蔽后外加 200 μT 弱磁场	3 d	Carboxy-H₂DCF-DA	降低	[61]

表 6.5　稳态磁场对总 ROS 水平无显著影响

物种	细胞系/样本	磁感应强度	处理时间	检测方法	ROS 变化	参考文献
人源	人类神经母细胞瘤 SH-SY5Y	屏蔽地磁场（<0.2 μT）	4 h/6 h	DCFH-DA		[176]
	外周血中性粒细胞	60 mT	30 min（S极/N极） 45 min（N极）	二氢罗丹明 123（DHR 123）		[167]
	人胚肺成纤维细胞 WI-38	230~250 mT	5 d		不变	[112]
	人肺成纤维细胞 MRC-5	370 mT	1 h/d，4 d			[106]
	人脂肪间充质干细胞系 ASC	0.5 T	3 d			[175]
	人肾上皮细胞系 293T、人宫颈癌细胞系 HeLa、人前列腺癌细胞系 PC3、人肺正常细胞系 HSAEC-2KT/HBEC-30KT	1 T	1 d	DCFH-DA		[178]
啮齿类	大鼠淋巴细胞	0 mT（用 50 mT 磁场抵消地磁场） 5 mT	15 min/1 h/2 h 15 min/1 h 1 h		不影响 X 射线处理组的 ROS	[174]
	小鼠胚胎成纤维上皮细胞系 NIH3T3、大鼠嗜铬细胞瘤 PC12、CHO 细胞	1 T	1 d			[178]
犬源	犬肥大细胞瘤 C2	0.5 T	3 d		不变	[175]
细菌	大肠杆菌	100 mT	30 min	Cell ROX 染料		[179]

表 6.6　稳态磁场对特定种类 ROS 的影响

ROS类型	物种	细胞系/样本	磁感应强度	处理时间	检测方法	ROS变化	参考文献
	植物	蚕豆种子（芽）	30 mT	8 d, 8 h/d	三氯乙酸苯取法	升高	[180]
		大豆种子（胚芽下胚轴）	150 mT/200 mT	1 h	过氧化钛复合物光吸收法	升高	[181, 182]
		黄瓜种子	200 mT				[183]
	人源	人类神经母细胞瘤细胞 SH-SY5Y	屏蔽地磁场（<0.2 μT）	36 h	H_2O_2 检测试剂盒		[176]
		人纤维肉瘤细胞系 HT1080	屏蔽地磁场（0.2~2 μT）	6 h/12 h/24 h	辣根过氧化物酶-Amplex 红外染料（HRP-AUR）染料	降低	[184]
	牛源	牛肺动脉内皮细胞 PAEC	屏蔽地磁场（0.2~2 μT）	8 h/24 h			
H_2O_2	植物	玉米（叶）	100 mT	2 h	过氧化物钛复合物光吸收法		[185]
		绿豆种子（叶片）	200 mT	1 h			
		绿豆种子（叶片/根系）	600 mT	—	过氧化物酶偶联比色法	降低镉处理组的 H_2O_2	[186]
	人源	人类神经母细胞瘤细胞 SH-SY5Y	屏蔽地磁场（<0.2 μT）	6 h/12 h/24 h/48 h	H_2O_2 检测试剂盒		[176]
		胰腺癌细胞系 AsPC-1	屏蔽地磁场（0.2~2 μT）	12 h/24 h	HRP-AUR 荧光检测	不变	[184]
	植物	小葱（叶）	7 mT	8 d/12 d/17 d	三氯乙酸苯取法		[187]
		蚕豆种子（根）	30 mT	8 d, 8 h/d	三氯乙酸苯取法		[180]
		绿豆种子（根系）	600 mT	—	过氧化物酶偶联比色法		[186]

续表

ROS 类型	物种	细胞系/样本	磁感应强度	处理时间	检测方法	ROS 变化	参考文献
•O₂⁻	人源	人类神经母细胞瘤 SH-SY5Y	31.7~232.0 mT	1 d	NBT 法	升高	[188]
	植物	大豆种子(胚芽/下胚轴)	150 mT/200 mT	1 h	EPR(PBN 捕获 •O₂⁻)	升高	[182]
		黄瓜种子	200 mT		XTT 比色法		[183]
	大鼠	雌性大鼠原代巨噬细胞	<12 μT	6 m	XTT 比色法		[189]
	植物	玉米(叶)	100 mT	2 h	NBT 法	降低	[181]
			200 mT				
		大豆种子(根系)	150 mT/200 mT	1 h	EPR(PBN 捕获 •O₂⁻)		[190]
		绿豆种子(根系)	600 mT	—	羟胺氧化法	降低镉引起的 •O₂⁻，并降低镉/铝引起的 •O₂⁻ 升高	[186]
		绿豆种子(叶片/根系)					
		冬小麦(叶片)				磁场本身降低 •O₂⁻，铝引起的 •O₂⁻ 升高	[191]
•OH	人源	人类神经母细胞瘤 SH-SY5Y	<0.2 μT(亚磁场)	6 h/12 h/24 h/36 h/48 h	DHE 法		[176]
	大鼠	雄性大鼠原代巨噬细胞	<12 μT(屏蔽地磁场)	6 m	NBT 法	不变	[189]
	植物	绿豆种子(叶片)	600 mT	—	羟胺氧化法		[186]
		大豆种子(胚芽/下胚轴)	150 mT/200 mT	1 h	EPR(POBN 捕获 •OH)	升高	[182]
		玉米(叶)	100 mT	2 h	EPR(DMPO 捕获 •OH)	不变	[181]
			200 mT	1 h			

除了体外实验，还有一些细胞实验表明，细胞中的 ATP 水平也可能会受到稳态磁场的影响，但确切的影响根据具体情况而不同。早在 1995 年，Itegin 等就发现长时间使用 0.02 T 的稳态磁场对不同 ATP 酶有不同的影响。其中显著增加了 Na^+-K^+-ATP 酶和 Ca^{2+}-ATP 酶的活性，但 Mg^{2+}-ATP 酶的活性无显著改变[196]。不同的细胞可能具有不同的 ATP 酶调节机制，对磁场的响应可能不同。2010 年，Wang 等利用中等稳态磁场（约 0.25 T）处理源自大鼠肾上腺嗜铬细胞瘤 PC12 细胞，发现 ATP 水平适度增加，并且具有显著统计学意义[136]。Kurzeja 等的另一项研究也报道了在氟化物存在条件下，稳态磁场诱导的 ATP 水平的增加。2013 年，Kurzeja 等发现，中等稳态磁场（0.4 T、0.6 T 和 0.7 T）可以升高氟诱导的成纤维细胞的 ATP 水平的降低。而且，该效应与磁场强度相关，其中 0.7 T 稳态磁场能产生更显著的效应[197]。

还有一些研究表明，稳态磁场可以降低细胞 ATP 水平，也呈磁场强度和细胞类型相关性。例如，2011 年，Zhao 等使用 8.5 T 均匀稳态强磁场作用于三种细胞系，$\rho°A$（L）断裂修复缺陷细胞 XRS-5。他们发现，磁场诱导的 ATP 含量变化取决于磁感应强度、处理时间以及细胞类型[169]。此外，他们还发现线粒体和 DNA 双链断裂修复过程介导了 8.5 T 稳态强磁场诱导的细胞 ATP 变化，因为野生型 A（L）细胞中的 ATP 水平可以在磁场暴露 12～24 h 后恢复，但线粒体缺陷型或双链断裂修复缺陷细胞不能恢复[169]。2018 年，我们团队使用大鼠肾上腺嗜铬细胞瘤 PC12 细胞比较了不同磁感应强度的稳态磁场对 ATP 的影响。结果表明，0.26 T 或 0.5 T 稳态磁场不影响 ATP 水平，而 1 T 和 9 T 稳态磁场对 ATP 水平的影响不同，且呈时间依赖性。此外，稳态磁场诱导的 ATP 水平波动与线粒体膜电位相关[198]。

6.2.15　钙

钙在生物系统尤其是信号转导级联反应中起着重要作用。磁场对细胞钙离子浓度的改变在时变磁场中研究较多[144, 199-203]，并且也呈细胞状态、磁感应强度[199]以及其他磁场参数的依赖性。有多项研究表明，50～60 Hz 的磁场会增加细胞钙离子水平[200, 201, 202]。

与此同时，有很多研究表明稳态磁场也能增加钙水平，这与时变磁场的效应类似。例如 1998 年，Flipo 等研究了在体外条件下 0.025～0.15 T 稳态磁场对 C57BL/6 小鼠的巨噬细胞、脾淋巴细胞和胸腺细胞免疫参数的影响[204]。暴露于稳态磁场 24 h 导致巨噬细胞内 Ca^{2+} 水平增加，伴刀豆球蛋白 A 刺激的淋巴细胞内 Ca^{2+} 内流增加[204]。2006 年 Tenuzzo 等发现，6 mT 稳态磁场增加了多种细胞系的

Ca^{2+} 水平[108]。Prina Mello 等将大鼠皮层神经元暴露于 0.75 T 的稳态磁场 1 h，也观察到 Ca^{2+} 水平的增加[205]。2009 年，Dini 等发现，6 mT 稳态磁场可导致人淋巴瘤 U937 细胞的 Ca^{2+} 水平显著升高[104]。2010 年，Wang 等发现 0.23～0.28 T 稳态磁场可增加大鼠肾上腺嗜铬细胞瘤 PC12 细胞的胞外钙离子水平[136]，并且他们发现磁场可以拮抗 CGS21680 诱导的钙减少，这与选择性 A（2A）R 拮抗剂 ZM241385 的作用类似[136]。同年，Hsu 和 Chang 也发现，在 0.29 T 稳态磁场与 Dex/β-GP 联合使用初期显著增加了细胞外的 Ca^{2+} 浓度，随后出现了明显的钙沉积，这可能有助于牙髓细胞加速成骨分化和矿化[81]。2014 年，Surma 等发现，弱稳态磁场增加了新生 Wistar 大鼠原代培养的骨骼肌细胞的胞内钙水平，并促进其发育[206]。同年，Bernabo 等表明，2 mT 稳态磁场可引起可逆的细胞膜去极化波（约 1 min），并导致活力颗粒细胞内钙增加和线粒体活性降低[207]。

与此同时，也有一些研究表明细胞内钙离子水平不受稳态磁场的影响。例如，1986 年，Bellosi 将新分离的鸡脑暴露于 0.2～0.9 T 的稳态磁场，未观察到钙外流的变化[208]。Papatheofanis F 和 Papatheofanis B 将小鼠暴露于 1 T 稳态磁场，每天处理 30 min，持续 10 天，未观察到钙离子水平变化[209]。1990 年，Calson 等发现 0.15 T 稳态磁场不会影响人原髓细胞白血病 HL-60 细胞的胞浆钙水平[210]。1992 年，Yost 和 Liburdy 将极低频时变磁场与稳态磁场相结合，检测其对淋巴细胞钙信号的影响[211]。结果表明，将胸腺淋巴细胞暴露在 16 Hz、42.1 μT 磁场中 1 h，联合同一方向上的 23.4 μT 稳态磁场，可抑制有丝分裂原激活细胞中的钙流入，但不抑制静息状态细胞中的钙。然而有趣的是，无论是时变磁场还是稳态磁场单独使用都没有这种效果[211]。2008 年 Belton 等发现，1 mT、10 mT 或 100 mT 稳态磁场不会影响 HL-60 细胞对 ATP 的钙反应[212]。2009 年，Belton 团队和 Rozanski 团队耗尽了 HL-60 细胞中的谷胱甘肽（GSH），然后检测了细胞对 0.1 T 稳态磁场的反应，都没有观察到明显的钙变化[213, 214]。

据我们所知，目前相对较少的研究报告了稳态磁场对钙的抑制作用。在上述 Yost 和 Liburdy 的研究中，16 Hz、42.1 μT 时变磁场与 23.4 μT 稳态磁场联合降低了胸腺淋巴细胞中的钙水平[211]。1996 年，Rosen 等发现 120 mT 的稳态磁场使 GH3 细胞中钙电流峰值振幅略微降低，电流-电压关系发生位移[215]。2012 年，Li 等发现，5 mT 稳态磁场降低了人血管平滑肌细胞（VSMC）中的胞浆游离钙浓度[51]。

还有许多间接证据表明，钙参与了稳态磁场诱导的细胞效应。例如，1990 年的一项研究表明，0.1 T 稳态磁场可以诱导 PMN 脱粒及抑制细胞迁移，但钙通道拮抗剂地尔硫草、硝苯地平和维拉帕米的剂量依赖性预处理可以预防该效应[118]。2005 年，Okano 和 Ohkuno 发现，颈部暴露于最大磁感应强度为 180 mT 的稳态磁场 5～8 周，显著抑制或延缓了高血压的发展，同时增加了压力反射敏感性

（BRS）。他们的结果表明，与单独注射尼卡地平（NIC）液治疗相比，稳态磁场可通过更有效地拮抗钙通道中的 Ca^{2+} 内流，增加 L 型电压门控钙通道阻滞剂尼卡地平诱导的血压降低[216]。2006 年，Ghibelli 等发现，1 T 稳态磁场可以增强嘌呤霉素和 VP16 的细胞毒性作用，钙螯合剂 EGTA 和 BAPTA-AM 以及钙通道阻滞剂硝苯地平可以阻止这种作用[110]。2008 年，Yeh 等发现，8 mT 稳态磁场以钙依赖的方式增加小龙虾尾部翻转逃逸回路中突触传递的效率[217]。同样在 2008 年，Morris 等使用 L 型钙通道的药物，证明稳态磁场诱导的抗水肿作用可能是通过血管平滑肌细胞的 L 型钙通道发挥作用的[218]。

稳态磁场所诱导的钙变化差异效应可能由多种因素引起，如细胞类型、磁感应强度以及暴露时间。不同类型的细胞暴露于稳态磁场具有不同的钙变化。1999 年，Fanelli 等发现在 6 mT 稳态磁场中，不同的细胞类型中有不同的钙反应，这似乎与稳态磁场诱导的抗凋亡效应相关[111]。他们进一步研究发现，在药物处理的细胞中，6 mT 和 1 T 稳态磁场的保护和增强作用都是由细胞外介质的 Ca^{2+} 内流介导，并且只发生在部分细胞类型中[110,111]。2003 年，Aldinucci 等测试了 4.75 T 稳态磁场联合由 NMR 设备产生的 0.7 mT 脉冲磁场作用 1 h 的效果。他们发现，在 Jurkat 白血病细胞中，钙水平显著降低[69]，但在正常或植物血凝素（PHA）激发的淋巴细胞中，钙水平升高[219]。此外，稳态磁场诱导的钙离子变化也呈磁场强度依赖性。2006 年，Ghibelli 等提出，6 mT 稳态磁场的抗凋亡作用和 1 T 稳态磁场的增强凋亡作用都由钙内流介导[110]。2014 年，Zhang 等将成骨矿化过程中的 MC3T3-E1 细胞暴露于 500 nT、地磁场（对照组）、0.2 T 和 16 T 稳态磁场，并对其进行了多种矿质元素的检测。发现 500 nT 和 0.2 T 稳态磁场降低了钙水平，但 16 T 稳态磁场增加了钙水平[220]。除了细胞类型，磁感应强度的差异也可能导致文献中看似不一致的结果。此外，稳态磁场诱导的钙变化也呈时间依赖性。2005 年，Chionna 等发现，暴露于 6 mT 稳态磁场的 HepG2 细胞的钙水平以时间依赖的方式增加，并在 4 h 达到最高水平[107]。表 6.7 总结了文献中稳态磁场引起的钙变化。

表 6.7   不同研究中稳态磁场引起的钙变化

样本信息	磁感应强度	钙变化	参考文献
人纤维肉瘤细胞 HT‐1080	200 μT/300 μT/400 μT/500 μT/600 μT		[62]
新生 Wistar 大鼠原代培养的骨骼肌细胞	60~400 μT	增加	[206]
人肾 HEK293 细胞	1 mT		[43]
颗粒细胞	2 mT		[207]

续表

样本信息	磁感应强度	钙变化	参考文献
多种细胞系（淋巴细胞、3DO、胸腺细胞、人淋巴瘤 U973 细胞、人肝癌细胞 HepG2、人宫颈癌细胞 HeLa）	6 mT		[108]
人淋巴瘤 U937 细胞	6 mT		[104]
骨髓间充质干细胞（分离自 Sprague-Dawley 大鼠骨髓）	10 mT /50 mT		[221]
巨噬细胞	0.025～0.15 T	增加	[204]
大鼠肾上腺嗜铬细胞瘤 PC12 细胞	0.23～0.28 T		[136]
牙髓细胞	0.29 T 联合 Dex/β-GP		[81]
人少突胶质细胞前体细胞（OPC）	300 mT		[222]
大鼠神经细胞	0.75 T		[205]
小鼠成骨细胞系 MC3T3-E1	16 T		[79]
胸腺淋巴细胞	23.4 μT		[211]
人原髓细胞白血病细胞 HL-60	0.1 T		[213]
人原髓细胞白血病细胞 HL-60	0.15 T	不变	[210]
人肝癌细胞 HepG2	0.5 T		[223]
新生离体鸡脑	0.2～0.9 T		[208]
胸腺淋巴细胞	16 Hz, 42.1 μT 时变磁场 + 23.4 μT 稳态磁场		[211]
人脐动脉平滑肌细胞（hUASMC）	5 mT	降低	[51]
大鼠垂体瘤 GH3 细胞	120 mT		[215]
小鼠成骨细胞系 MC3T3-E1	0.2 T/500 nT		[79]

由于钙在细胞增殖和凋亡等细胞过程中起着至关重要的作用，因此不同的磁感应强度对不同类型细胞中的钙水平产生不同的影响，从而导致完全不同的细胞效应也就不足为奇。此外，还有一些研究报道了一些信号转导途径的变化，也可能是由于或至少部分是由于稳态磁场诱导的钙调节引起。例如 2012 年，Li 等发现 5 mT 稳态磁场通过抑制整合素 β1 的聚集、降低胞浆游离钙浓度和灭活 FAK 来影响人脐动脉平滑肌细胞（hUASMC）的增殖、迁移和黏附[51]。我们之前发现 1 T 稳态磁场可以抑制人鼻咽癌 CNE-2Z 细胞的增殖，这与 EGFR-Akt-mTOR 信号通路相关[54,55]。如前所述，我们发现 EGFR 及其下游信号通路与稳态磁场诱导的不同细胞类型和不同细胞密度下的增殖差异相关[68]。事实上，稳态磁场可以直接抑

制 EGFR 蛋白本身的激酶活性[55]，对此我们将在本书第 9 章中进一步讨论。Lew 等使用 0.4 T 稳态磁场处理 DPSC，发现细胞增殖率增加。他们的结果表明，磁场影响了 DPSC 的细胞膜并激活了细胞内钙离子，从而可能激活 P38 MAPK 信号，进而重组细胞骨架并增加 DPSC 的增殖[78]。此外，Maredziak 等表明，0.5 T 稳态磁场通过激活 PI3K/Akt 信号通路来提高人脂肪间充质干细胞的增殖[59]。

6.3　结论

　　人体由多种细胞构成，而细胞中包含了多种响应磁场的成分，因此文献中大多数关于磁场生物学效应的研究都是在细胞水平上进行。磁场参数及细胞类型都对实验结果产生巨大影响，稳态磁场下的大多数细胞效应在很大程度上取决于磁场类型、磁感应强度、细胞类型以及第 1 章中所提到的其他因素。磁场所产生的细胞效应也不局限于细胞定向、增殖和钙水平变化，还包括一些到目前为止相对报道还不足的方面，如基因表达、线粒体和免疫系统。显然，人们还需要进一步的研究来更全面地了解稳态磁场的细胞生物学效应。总体而言，除稳态强磁场下的细胞取向变化外，稳态磁场的大多数细胞效应都相对较温和（同时也意味着数据差异性常常不够显著）。因此在我们课题组中，我们会要求至少有两名研究人员独立开展相同的实验，并将他们的结果收集在一起进行数据分析，从而可以尽量获得真实和可重复的结果。更重要的是，人们应该意识到稳态磁场的细胞生物学效应受到磁场和细胞的各种因素和参数，以及培养时间和磁场方向等实验方法的影响。此外，在一些报道中，磁场并没有产生可探测的细胞效应，这与其他研究人员报道的正向效应形成了鲜明对比，但这些差异有时可能仅仅是由仪器或技术检测手段不够灵敏所造成的。因此，人们不仅应该仔细记录和分析所有实验因素（请参考本书第 1 章），而且应该努力利用更为先进的现代技术来更全面地了解稳态磁场的细胞效应。

参 考 文 献

[1] Pauling L. Diamagnetic anisotropy of the peptide group. Proc. Natl. Acad. Sci. U. S. A., 1979, 76 (5): 2293-2294.

[2] Vassilev P M, Dronzine R T, Vassileva M P, et al. Parallel arrays of microtubules formed in electric and magnetic fields. Biosci. Rep., 1982, 2 (12): 1025-1029.

[3] Bras W, Diakun G P, Díaz J F, et al. The susceptibility of pure tubulin to high magnetic fields: A magnetic birefringence and X-ray fiber diffraction study. Biophys. J., 1998, 74 (3): 1509-1521.

[4] Bras W, Torbet J, Diakun G P, et al. The diamagnetic susceptibility of the tubulin dimer. J. Biophys., 2014, 2014: 985082.

[5] Ueno S, Harada K. Redistribution of dissolved oxygen concentration under strong DC magnetic fields. IEEE. T. MAGN., 1982, 18 (6): 1704-1706.

[6] Ueno S, Iwasaka M, Kitajima T. Redistribution of dissolved oxygen concentration under magnetic fields up to 8 T. J. APPL. PHYS., 1994, 75 (10): 7174-7176.

[7] Ueno S, Iwasaka M. Dynamic behavior of dissolved oxygen under magnetic fields. IEEE. T. MAGN., 1995, 31 (6): 4259-4261.

[8] Bernhardt J H. Nonionizing radiation and electromagnetic fields. Offentl. Gesundheitswes., 1991, 53 (8-9): 409-414.

[9] Dini L, Abbro L. Bioeffects of moderate-intensity static magnetic fields on cell cultures. Micron., 2005, 36 (3): 195-217.

[10] Miyakoshi J. Effects of static magnetic fields at the cellular level. Prog. Biophys. Mol. Biol., 2005, 87 (2-3): 213-223.

[11] Miyakoshi J. The review of cellular effects of a static magnetic field. Sci. Technol. Adv. Mat., 2006, 7 (4): 305-307.

[12] Ueno S. Studies on magnetism and bioelectromagnetics for 45 years: from magnetic analog memory to human brain stimulation and imaging. Bioelectromagnetics, 2012, 33 (1): 3-22.

[13] Albuquerque W W, Costa R M, de S Fernandes T, et al. Evidences of the static magnetic field influence on cellular systems. Prog. Biophys. Mol. Biol., 2016, 121 (1): 16-28.

[14] Torbati M, Mozaffari K, Liu L, et al. Coupling of mechanical deformation and electromagnetic fields in biological cells. Rev. Mod. Phys., 2022, 94 (2): 025003.

[15] Murayama M. Orientation of sickled erythrocytes in a magnetic field. Nature, 1965, 206 (982): 420-422.

[16] Higashi T, Yamagishi A, Takeuchi T, et al. Orientation of erythrocytes in a strong static magnetic field. Blood, 1993, 82 (4): 1328-1334.

[17] Higashi T, Yamagishi A, Takeuchi T, et al. Effects of static magnetic fields of erythrocyte rheology. Bioelectroch. Bioener., 1995, 36 (2): 101-108.

[18] Takeuchi T, Mizuno T, Higashi T, et al. Orientation of red blood cells in high magnetic field. J. Magn. Magn. Mater., 1995, 140: 1462-1463.

[19] Higashi T, Sagawa S, Ashida N, et al. Orientation of glutaraldehyde-fixed erythrocytes in strong static magnetic fields. Bioelectromagnetics, 1996, 17 (4): 335-338.

[20] Yamagashi A, Takeuchi T, Hagashi T, et al. Diamagnetic orientation of blood cells in high magnetic field. Physica. B., 1992, 177 (1-4): 523-526.

[21] Higashi T, Ashida N, Takeuchi T. Orientation of blood cells in static magnetic field. Physica. B., 1997, 237: 616-620.

[22] Torbet J, Freyssinet J M, Hudry-Clergeon G. Oriented fibrin gels formed by polymerization in strong magnetic fields. Nature, 1981, 289 (5793): 91-93.

[23] Yamagishi A, Takeuchi T, Higashi T, et al. Magnetic field effect on the polymerization of fibrin fibers. Physica B, 1990, 164 (1-2): 222-228.

[24] Iwasaka M, Ueno S, Tsuda H. Diamagnetic properties of fibrin and fibrinogen. IEEE. T. MAGN., 1994, 30 (6): 4695-4697.

[25] Kotani, Iwasaka M, Ueno S, et al. Magnetic orientation of collagen and bone mixture. J. Appl. Phys., 2000, 87 (9): 6191-6193.

[26] Kotani H, Kawaguchi H, Shimoaka T, et al. Strong static magnetic field stimulates bone formation to a definite orientation in vitro and *in vivo*. J. Bone. Miner. Res., 2002, 17 (10): 1814-1821.

[27] Umeno A, Kotani H, Iwasaka M, et al. Quantification of adherent cell orientation and morphology under strong magnetic fields. IEEE. T. MAGN., 2001, 37 (4): 2909-2911.

[28] Iwasaka M, Miyakoshi J, Ueno S. Magnetic field effects on assembly pattern of smooth muscle cells. In. Vitro. Cell. Dev. Biol. Anim., 2003, 39 (3-4): 120-123.

[29] Eguchi Y, Ogiue-Ikeda M, Ueno S. Control of orientation of rat Schwann cells using an 8-T static magnetic field. Neurosci. Lett., 2003, 351 (2): 130-132.

[30] Iwasaka M, Ueno S. Detection of intracellular macromolecule behavior under strong magnetic fields by linearly polarized light. Bioelectromagnetics, 2003, 24 (8): 564-570.

[31] Iwasaka M, Ueno S. Polarized light transmission of smooth muscle cells during magnetic field exposures. J. Appl. Phys., 2003, 93 (10): 6701-6703.

[32] Eguchi Y, Ueno S. Stress fiber contributes to rat Schwann cell orientation under magnetic field. IEEE. T. MAGN., 2005, 41 (10): 4146-4148.

[33] Coletti D, Teodori L, Albertini M C, et al. Static magnetic fields enhance skeletal muscle differentiation in vitro by improving myoblast alignment. Cytometry. A., 2007, 71 (10): 846-856.

[34] Emura R, Ashida N, Higashi T, et al. Orientation of bull sperms in static magnetic fields. Bioelectromagnetics, 2001, 22 (1): 60-65.

[35] Emura R, Takeuchi T, Nakaoka Y, et al. Analysis of anisotropic diamagnetic susceptibility of a bull sperm. Bioelectromagnetics, 2003, 24 (5): 347-355.

[36] Kim S, Im W S, Kang L, et al. The application of magnets directs the orientation of neurite outgrowth in cultured human neuronal cells. J. Neurosci. Methods, 2008, 174 (1): 91-96.

[37] Ogiue-Ikeda M, Ueno S. Magnetic cell orientation depending on cell type and cell density. IEEE. T. MAGN., 2004, 40 (4): 3024-3026.

[38] Gioia L, Saponaro I, Bernabò N, et al. Chronic exposure to a 2 mT static magnetic field affects the morphology, the metabolism and the function of in vitro cultured swine granulosa cells. Electromagn. Biol. Med., 2013, 32 (4): 536-550.

[39] Torbet J, Ronzière M C. Magnetic alignment of collagen during self-assembly. Biochem. J., 1984, 219 (3): 1057-1059.

[40] Guido S, Tranquillo R T. A methodology for the systematic and quantitative study of cell contact guidance in oriented collagen gels. Correlation of fibroblast orientation and gel birefringence. J. Cell. Sci., 1993, 105 (Pt 2): 317-331.

[41] Hirose H, Nakahara T, Miyakoshi J. Orientation of human glioblastoma cells embedded in type I collagen, caused by exposure to a 10 T static magnetic field. Neurosci. Lett., 2003, 338 (1): 88-90.

[42] Sadri M, Abdolmaleki P, Abrun S, et al. Static magnetic field effect on cell alignment, growth,

and differentiation in human cord-derived mesenchymal stem cells. Cell. Mol. Bioeng., 2017, 10 (3): 249-262.

[43] Bertagna F, Lewis R, Silva S R P, et al. Thapsigargin blocks electromagnetic field-elicited intracellular Ca^{2+} increase in HEK 293 cells. Physiol. Rep., 2022, 10 (9): e15189.

[44] Umeno A, Ueno S. Quantitative analysis of adherent cell orientation influenced by strong magnetic fields. IEEE. Trans. Nanobioscience, 2003, 2 (1): 26-28.

[45] Okada R, Yamato K, Kawakami M, et al. Low magnetic field promotes recombinant human BMP-2-induced bone formation and influences orientation of trabeculae and bone marrow-derived stromal cells. Bone. Rep., 2021, 14: 100757.

[46] Wosik J, Chen W, Qin K, et al. Magnetic field changes macrophage phenotype. Biophys. J., 2018, 114 (8): 2001-2013.

[47] Malinin G I, Gregory W D, Morelli L, et al. Evidence of morphological and physiological transformation of mammalian cells by strong magnetic fields. Science, 1976, 194 (4267): 844-846.

[48] Pacini S, Vannelli G B, Barni T, et al. Effect of 0.2 T static magnetic field on human neurons: Remodeling and inhibition of signal transduction without genome instability. Neurosci. Lett., 1999, 267 (3): 185-188.

[49] Pacini S, Gulisano M, Peruzzi B, et al. Effects of 0.2 T static magnetic field on human skin fibroblasts. Cancer. Detect. Prev., 2003, 27 (5): 327-332.

[50] Hsieh C H, Lee M C, Tsai-Wu J J, et al. Deleterious effects of MRI on chondrocytes. Osteoarthritis. Cartilage, 2008, 16 (3): 343-351.

[51] Li Y, Song L Q, Chen M Q, et al. Low strength static magnetic field inhibits the proliferation, migration, and adhesion of human vascular smooth muscle cells in a restenosis model through mediating integrins β1-FAK, Ca^{2+} signaling pathway. Ann. Biomed. Eng., 2012, 40 (12): 2611-2618.

[52] Mo W C, Zhang Z J, Liu Y, et al. Magnetic shielding accelerates the proliferation of human neuroblastoma cell by promoting G1-phase progression. PLoS One, 2013, 8 (1): e54775.

[53] Wang J, Xiang B, Deng J, et al. Inhibition of viability, proliferation, cytokines secretion, surface antigen expression, and adipogenic and osteogenic differentiation of adipose-derived stem cells by seven-day exposure to 0.5 T static magnetic fields. Stem. Cells. Int., 2016, 2016: 7168175.

[54] Zhang L, Yang X, Liu J, et al. 1 T moderate intensity static magnetic field affects Akt/mTOR pathway and increases the antitumor efficacy of mTOR inhibitors in CNE-2Z cells. Sci. Bull., 2015, 60 (24): 2120-2128.

[55] Zhang L, Wang J, Wang H, et al. Moderate and strong static magnetic fields directly affect EGFR kinase domain orientation to inhibit cancer cell proliferation. Oncotarget, 2016, 7 (27): 41527-41539.

[56] Martino C F, Perea H, Hopfner U, et al. Effects of weak static magnetic fields on endothelial cells. Bioelectromagnetics, 2010, 31 (4): 296-301.

[57] Chuo W, Ma T, Saito T, et al. A preliminary study of the effect of static magnetic field acting on rat bone marrow mesenchymal stem cells during osteogenic differentiation in vitro. J. Hard.

Tissue Biology, 2013, 22 (2): 227-232.

[58] Stolfa S, Skorvánek M, Stolfa P, et al. Effects of static magnetic field and pulsed electromagnetic field on viability of human chondrocytes in vitro. Physiol. Res., 2007, 56 Suppl 1: S45-S49.

[59] Marędziak M, Tomaszewski K, Polinceusz P, et al. Static magnetic field enhances the viability and proliferation rate of adipose tissue-derived mesenchymal stem cells potentially through activation of the phosphoinositide 3-kinase/Akt (PI3K/Akt) pathway. Electromagn. Biol. Med., 2017, 36 (1): 45-54.

[60] Wu H, Li C, Masood M, et al. Static magnetic fields regulate T-type calcium ion channels and mediate mesenchymal stem cells proliferation. Cells, 2022, 11 (15): 2460.

[61] Van Huizen A V, Morton J M, Kinsey L J, et al. Weak magnetic fields alter stem cell-mediated growth. Sci. Adv., 2019, 5 (1): eaau7201.

[62] Gurhan H, Bruzon R, Kandala S, et al. Effects induced by a weak static magnetic field of different intensities on HT-1080 fibrosarcoma cells. Bioelectromagnetics, 2021, 42 (3): 212-223.

[63] Escobar J F, Vaca-González J J, Guevara J M, et al. In vitro evaluation of the effect of stimulation with magnetic fields on chondrocytes. Bioelectromagnetics, 2020, 41 (1): 41-51.

[64] Ashta A, Motalleb G, Ahmadi-Zeidabadi M. Evaluation of frequency magnetic field, static field, and Temozolomide on viability, free radical production and gene expression (p53) in the human glioblastoma cell line (A172). Electromagn. Biol. Med., 2020, 39 (4): 298-309.

[65] Yuan Z, Memarzadeh K, Stephen A S, et al. Development of a 3D collagen model for the in vitro evaluation of magnetic-assisted osteogenesis. Sci. Rep., 2018, 8 (1): 16270.

[66] Hajipour Verdom B, Abdolmaleki P, and Behmanesh M. The static magnetic field remotely boosts the efficiency of doxorubicin through modulating ROS behaviors. Sci. Rep., 2018, 8 (1): 990.

[67] Fan Z, Hu P, Xiang L, et al. A static magnetic field inhibits the migration and telomerase function of mouse breast cancer cells. BioMed. Res. Int., 2020, 2020: 7472618.

[68] Zhang L, Ji X, Yang X, et al. Cell type- and density-dependent effect of 1 T static magnetic field on cell proliferation. Oncotarget, 2017, 8 (8): 13126-13141.

[69] Aldinucci C, Garcia J B, Palmi M, et al. The effect of strong static magnetic field on lymphocytes. Bioelectromagnetics, 2003, 24 (2): 109-117.

[70] Wang S, Huyan T, Lou C, et al. 12 T high static magnetic field suppresses osteosarcoma cells proliferation by regulating intracellular ROS and iron status. Exp. Cell. Res., 2022, 417 (2): 113223.

[71] Naarala J, Kesari K K, McClure I, et al. Direction-dependent effects of combined static and ELF magnetic fields on cell proliferation and superoxide radical production. BioMed. Res. Int., 2017, 2017: 5675086.

[72] Zheng L, Zhang L, Chen L, et al. Static magnetic field regulates proliferation, migration, differentiation, and YAP/TAZ activation of human dental pulp stem cells. J. Tissue. Eng. Regen. Med., 2018, 12 (10): 2029-2040.

[73] Alipour M, Hajipour-Verdom B, Javan M, et al. Static and electromagnetic fields differently affect proliferation and cell death through acid enhancement of ROS generation in mesenchymal stem cells. Radiat. Res., 2022, 198 (4): 384-395.

[74] Hamid H A, Ramasamy R, Mustafa M K, et al. Magnetic exposure using samarium cobalt (SmCo$_5$) increased proliferation and stemness of human umbilical cord mesenchymal stem cells (hUC-MSCs). Sci. Rep., 2022, 12 (1): 8904.

[75] Elyasigorji Z, Mobasheri H, Dini L. Static magnetic field modulates olfactory ensheathing cell's morphology, division, and migration activities, a biophysical approach to regeneration. J. Tissue. Eng. Regen. Med., 2022, 16 (7): 665-679.

[76] Yuan L Q, Wang C, Zhu K, et al. The antitumor effect of static and extremely low frequency magnetic fields against nephroblastoma and neuroblastoma. Bioelectromagnetics, 2018, 39 (5): 375-385.

[77] Zhang M, Li W, He W, et al. Static magnetic fields enhance the chondrogenesis of mandibular bone marrow mesenchymal stem cells in coculture systems. BioMed. Res. Int, 2021, 2021: 9962861.

[78] Lew W Z, Huang Y C, Huang K Y, et al. Static magnetic fields enhance dental pulp stem cell proliferation by activating the p38 mitogen-activated protein kinase pathway as its putative mechanism. J. Tissue. Eng. Regen. Med., 2018, 12 (1): 19-29.

[79] Yang J, Zhang J, Ding C, et al. Regulation of osteoblast differentiation and iron content in MC3T3-E1 cells by static magnetic field with different intensities. Biol. Trace. Elem. Res., 2018, 184 (1): 214-225.

[80] Filippi M, Dasen B, Guerrero J, et al. Magnetic nanocomposite hydrogels and static magnetic field stimulate the osteoblastic and vasculogenic profile of adipose-derived cells. Biomaterials, 2019, 223: 119468.

[81] Hsu S H, Chang J C. The static magnetic field accelerates the osteogenic differentiation and mineralization of dental pulp cells. Cytotechnology, 2010, 62 (2): 143-155.

[82] Iachininoto M G, Camisa V, Leone L, et al. Effects of exposure to gradient magnetic fields emitted by nuclear magnetic resonance devices on clonogenic potential and proliferation of human hematopoietic stem cells. Bioelectromagnetics, 2016, 37 (4): 201-211.

[83] Short W O, Goodwill L, Taylor C W, et al. Alteration of human tumor cell adhesion by high-strength static magnetic fields. Invest. Radiol., 1992, 27 (10): 836-840.

[84] Reddig A, Fatahi M, Friebe B, et al. Analysis of DNA double-strand breaks and cytotoxicity after 7 tesla magnetic resonance imaging of isolated human lymphocytes. PLoS One, 2015, 10 (7): e0132702.

[85] Gao W, Liu Y, Zhou J, et al. Effects of a strong static magnetic field on bacterium Shewanella oneidensis: An assessment by using whole genome microarray. Bioelectromagnetics, 2005, 26 (7): 558-563.

[86] Minoura I, Muto E. Dielectric measurement of individual microtubules using the electroorientation method. Biophys. J., 2006, 90 (10): 3739-3748.

[87] Wang D L, Wang X S, Xiao R, et al. Tubulin assembly is disordered in a hypogeomagnetic field. Biochem. Biophys. Res. Commun., 2008, 376 (2): 363-368.

[88] Valiron O, Peris L, Rikken G, et al. Cellular disorders induced by high magnetic fields. J. Magn. Reson. Imaging., 2005, 22 (3): 334-340.

[89] Zhang L, Hou Y, Li Z, et al. 27 T ultra-high static magnetic field changes orientation and morphology of mitotic spindles in human cells. eLife, 2017, 6: e22911.

[90] Zhao M, Forrester J V, McCaig C D. A small, physiological electric field orients cell division. Proc. Natl. Acad. Sci. U. S. A., 1999, 96 (9): 4942-4946.

[91] Schrader T, Kleine-Ostmann T, Münter K, et al. Spindle disturbances in human-hamster hybrid (A(L)) cells induced by the electrical component of the mobile communication frequency range signal. Bioelectromagnetics, 2011, 32 (4): 291-301.

[92] Ballardin M, Tusa I, Fontana N, et al. Non-thermal effects of 2.45 GHz microwaves on spindle assembly, mitotic cells and viability of Chinese hamster V-79 cells. Mutat. Res., 2011, 716 (1-2): 1-9.

[93] Samsonov A, Popov S V. The effect of a 94 GHz electromagnetic field on neuronal microtubules. Bioelectromagnetics, 2013, 34 (2): 133-144.

[94] Kirson E D, Gurvich Z, Schneiderman R, et al. Disruption of cancer cell replication by alternating electric fields. Cancer. Res., 2004, 64 (9): 3288-3295.

[95] Pless M, Weinberg U. Tumor treating fields: Concept, evidence and future. Expert. Opin. Investig. Drugs., 2011, 20 (8): 1099-1106.

[96] Davies A M, Weinberg U, Palti Y. Tumor treating fields: a new frontier in cancer therapy. Ann. N. Y. Acad. Sci., 2013, 1291: 86-95.

[97] Davis M E. Tumor treating fields-an emerging Cancer treatment modality. Clin. J. Oncol. Nurs., 2013, 17 (4): 441-443.

[98] Luo Y, Ji X, Liu J, et al. Moderate intensity static magnetic fields affect mitotic spindles and increase the antitumor efficacy of 5-FU and Taxol. Bioelectrochemistry, 2016, 109: 31-40.

[99] Denegre J M, Valles J M Jr, Lin K, et al. Cleavage planes in frog eggs are altered by strong magnetic fields. Proc. Natl. Acad. Sci. U. S. A., 1998, 95 (25): 14729-14732.

[100] Eguchi Y, Ueno S, Kaito C, et al. Cleavage and survival of Xenopus embryos exposed to 8 T static magnetic fields in a rotating clinostat. Bioelectromagnetics, 2006, 27 (4): 307-313.

[101] Valles J M Jr. Model of magnetic field-induced mitotic apparatus reorientation in frog eggs. Biophys. J., 2002, 82 (3): 1260-1265.

[102] Mo W C, Liu Y, Cooper H M, et al. Altered development of Xenopus embryos in a hypogeomagnetic field. Bioelectromagnetics, 2012, 33 (3): 238-246.

[103] Mo W C, Zhang Z J, Wang D L, et al. Shielding of the geomagnetic field alters actin assembly and inhibits cell motility in human neuroblastoma cells. Sci. Rep., 2016, 6: 22624.

[104] Dini L, Dwikat M, Panzarini E, et al. Morphofunctional study of 12-O-tetradecanoyl-13-phorbol acetate (TPA)-induced differentiation of U937 cells under exposure to a 6 mT static magnetic field. Bioelectromagnetics, 2009, 30 (5): 352-364.

[105] Bodega G, Forcada I, Suárez I, et al. Acute and chronic effects of exposure to a 1-mT magnetic field on the cytoskeleton, stress proteins, and proliferation of astroglial cells in culture. Environ. Res., 2005, 98 (3): 355-362.

[106] Romeo S, Sannino A, Scarfì M R, et al. Lack of effects on key cellular parameters of MRC-5 human lung fibroblasts exposed to 370 mT static magnetic field. Sci. Rep., 2016, 6: 19398.

[107] Chionna A, Tenuzzo B, Panzarini E, et al. Time dependent modifications of Hep G2 cells during exposure to static magnetic fields. Bioelectromagnetics, 2005, 26 (4): 275-286.

[108] Tenuzzo B, Chionna A, Panzarini E, et al. Biological effects of 6 mT static magnetic fields: a comparative study in different cell types. Bioelectromagnetics, 2006, 27 (7): 560-577.

[109] Tofani S, Barone D, Cintorino M, et al. Static and ELF magnetic fields induce tumor growth inhibition and apoptosis. Bioelectromagnetics, 2001, 22 (6): 419-428.

[110] Ghibelli L, Cerella C, Cordisco S, et al. NMR exposure sensitizes tumor cells to apoptosis. Apoptosis, 2006, 11 (3): 359-365.

[111] Fanelli C, Coppola S, Barone R, et al. Magnetic fields increase cell survival by inhibiting apoptosis via modulation of Ca^{2+} influx. FASEB. J., 1999, 13 (1): 95-102.

[112] Sullivan K, Balin A K, Allen R G. Effects of static magnetic fields on the growth of various types of human cells. Bioelectromagnetics, 2011, 32 (2): 140-147.

[113] Wang Z, Hao F, Ding C, et al. Effects of static magnetic field on cell biomechanical property and membrane ultrastructure. Bioelectromagnetics, 2014, 35 (4): 251-261.

[114] Rosen A D, Chastney E E. Effect of long term exposure to 0.5 T static magnetic fields on growth and size of GH3 cells. Bioelectromagnetics, 2009, 30 (2): 114-119.

[115] Sato K, Yamaguchi H, Miyamoto H, et al. Growth of human cultured cells exposed to a non-homogeneous static magnetic field generated by Sm-Co magnets. Biochim. Biophys. Acta., 1992, 1136 (3): 231-238.

[116] Pacini S, Aterini S, Pacini P, et al. Influence of static magnetic field on the antiproliferative effects of vitamin D on human breast cancer cells. Oncol. Res., 1999, 11 (6): 265-271.

[117] Lin C Y, Wei P L, Chang W J, et al. Slow freezing coupled static magnetic field exposure enhances cryopreservative efficiency—a study on human erythrocytes. PLoS One, 2013, 8 (3): e58988.

[118] Papatheofanis F J. Use of calcium channel antagonists as magnetoprotective agents. Radiat. Res., 1990, 122 (1): 24-28.

[119] Song C, Yu B, Wang J, et al. Moderate static magnet fields suppress ovarian cancer metastasis via ROS-mediated oxidative stress. Oxid. Med. Cell. Longev., 2021, 2021: 7103345.

[120] Feng C, Yu B, Song C, et al. Static magnetic fields reduce oxidative stress to improve wound healing and alleviate diabetic complications. Cells, 2022, 11 (3): 443.

[121] Zborowski M, Ostera G R, moore L R, et al. Red blood cell magnetophoresis. Biophys. J., 2003, 84 (4): 2638-2645.

[122] Kasetsirikul S, Buranapong J, Srituravanich W, et al. The development of malaria diagnostic techniques: A review of the approaches with focus on dielectrophoretic and magnetophoretic methods. Malar. J., 2016, 15 (1): 358.

[123] Zablotskii V, Dejneka A, Kubinová Š, et al. Life on magnets: Stem cell networking on micro-magnet arrays. PLoS One, 2013, 8 (8): e70416.

[124] Marycz K, Kornicka K, Röcken M. Static magnetic field (SMF) as a regulator of stem cell fate - new perspectives in regenerative medicine arising from an underestimated tool. Stem. Cell. Rev. Rep., 2018, 14 (6): 785-792.

[125] Ho S Y, Chen I, Chen Y J, et al. Static magnetic field induced neural stem/progenitor cell early differentiation and promotes maturation. Stem. Cells. Int., 2019, 2019: 8790176.

[126] Zhao B, Yu T, Wang S, et al. Static magnetic field (0.2-0.4 T)stimulates the self-renewal ability of osteosarcoma stem cells through autophagic degradation of ferritin. Bioelectromagnetics, 2021, 42 (5): 371-383.

[127] Song C, Yu B, Wang J, et al. Effects of moderate to high static magnetic fields on reproduction. Bioelectromagnetics, 2022, 43 (4): 278-291.

[128] Braganza L F, Blott B H, Coe T J, et al. The superdiamagnetic effect of magnetic fields on one and two component multilamellar liposomes. Biochim. Biophys. Acta., 1984, 801 (1): 66-75.

[129] Helfrich W. Elastic properties of lipid bilayers: Theory and possible experiments. Z. Naturforsch. C., 1973, 28 (11): 693-703.

[130] Boroske E, Helfrich W. Magnetic anisotropy of egg lecithin membranes. Biophys. J., 1978, 24 (3): 863-868.

[131] Liu Y, Qi H, Sun R, et al. An investigation into the combined effect of static magnetic fields and different anticancer drugs on K562 cell membranes. Tumori., 2011, 97 (3): 386-392.

[132] Bajpai I, Saha N, Basu B. Moderate intensity static magnetic field has bactericidal effect on E. coli and S. epidermidis on sintered hydroxyapatite. J. Biomed. Mater. Res. B. Appl. Biomater., 2012, 100 (5): 1206-1217.

[133] Hsieh S C, Tsao J T, Lew W Z, et al. Static magnetic field attenuates lipopolysaccharide-induced inflammation in pulp cells by affecting cell membrane stability. Sci.World. J., 2015, 2015: 492683.

[134] Nuccitelli S, Cerella C, Cordisco S, et al. Hyperpolarization of plasma membrane of tumor cells sensitive to antiapoptotic effects of magnetic fields. Ann. N. Y. Acad. Sci., 2006, 1090: 217-225.

[135] Jia C, Zhou Z, Liu R, et al. EGF receptor clustering is induced by a 0.4 mT power frequency magnetic field and blocked by the EGF receptor tyrosine kinase inhibitor PD153035. Bioelectromagnetics, 2007, 28 (3): 197-207.

[136] Wang Z, Che P L, Du J, et al. Static magnetic field exposure reproduces cellular effects of the Parkinson's disease drug candidate ZM241385. PLoS One, 2010, 5 (11): e13883.

[137] Petrov E, Martinac B. Modulation of channel activity and gadolinium block of MscL by static magnetic fields. Eur. Biophys. J., 2007, 36 (2): 95-105.

[138] Chen W F, Qi H, Sun R G, et al. Static magnetic fields enhanced the potency of cisplatin on k562 cells. Cancer. Biother. Radiopharm., 2010, 25 (4): 401-408.

[139] Sarvestani A S, Abdolmaleki P, Mowla S J, et al. Static magnetic fields aggravate the effects of ionizing radiation on cell cycle progression in bone marrow stem cells. Micron., 2010, 41 (2): 101-104.

[140] Zhao G P, Chen S P, Zhao Y, et al. Effects of 13 T static magnetic fields (SMF) in the cell cycle distribution and cell viability in immortalized hamster cells and human primary fibroblasts cells. Plasma. Sci. Technol., 2010, 12 (1): 123.

[141] McCann J, Dietrich F, Rafferty C, et al. A critical review of the genotoxic potential of electric and magnetic fields. Mutat. Res., 1993, 297 (1): 61-95.

[142] Cridland N A, Cragg T A, Haylock R G, et al. Effects of 50 Hz magnetic field exposure on the rate of DNA synthesis by normal human fibroblasts. Int. J. Radiat. Biol., 1996, 69 (4): 503-511.

[143] Olsson G, Belyaev I Y, Helleday T, et al. ELF magnetic field affects proliferation of SPD8/V79 Chinese hamster cells but does not interact with intrachromosomal recombination. Mutat. Res., 2001, 493 (1-2): 55-66.

[144] Zhou J, Yao G, Zhang J, et al. CREB DNA binding activation by a 50 Hz magnetic field in HL60 cells is dependent on extra-and intracellular Ca^{2+} but not PKA, PKC, ERK, or p38 MAPK. Biochem. Biophys. Res. Commun., 2002, 296 (4): 1013-1018.

[145] Williams P A, Ingebretsen R J, Dawson R J. 14.6 mT ELF magnetic field exposure yields no DNA breaks in model system Salmonella, but provides evidence of heat stress protection. Bioelectromagnetics, 2006, 27 (6): 445-450.

[146] Ruiz-Gómez M J, Sendra-Portero F, Martínez-Morillo M. Effect of 2.45 mT sinusoidal 50 Hz magnetic field on Saccharomyces cerevisiae strains deficient in DNA strand breaks repair. Int. J. Radiat. Biol., 2010, 86 (7): 602-611.

[147] Liboff A R, Williams T Jr, Strong D M, et al. Time-varying magnetic fields: Effect on DNA synthesis. Science, 1984, 223 (4638):818-820.

[148] Takashima Y, Miyakoshi J, Ikehata M, et al. Genotoxic effects of strong static magnetic fields in DNA-repair defective mutants of Drosophila melanogaster. J. Radiat. Res., 2004, 45 (3): 393-397.

[149] Teodori L, Giovanetti A, Albertini M C, et al. Static magnetic fields modulate X-ray-induced DNA damage in human glioblastoma primary cells. J. Radiat. Res., 2014, 55 (2): 218-227.

[150] Nakahara T, Yaguchi H, Yoshida M, et al. Effects of exposure of CHO-K1 cells to a 10 T static magnetic field. Radiology, 2002, 224 (3): 817-822.

[151] Maret G V, Schickfus M, Mayer A, et al. Orientation of nucleic acids in high magnetic fields. Phys. Rev. Lett., 1975, 35 (6): 397-400.

[152] Zhao Y, Zhan Q. Electric fields generated by synchronized oscillations of microtubules, centrosomes and chromosomes regulate the dynamics of mitosis and meiosis. Theor. Biol. Med. Model., 2012, 9: 26.

[153] Maret G. Recent biophysical studies in high magnetic fields. Physica. B., 1990, 164 (1-2): 205-212.

[154] Andrews M J, McClure J A, Malinin G I. Induction of chromosomal alignment by high frequency electric fields. FEBS. Lett., 1980, 118 (2): 233-236.

[155] Keszthelyi A, Minchell N E, Baxter J. The causes and consequences of topological stress during DNA replication. Genes (Basel)., 2016, 7 (12): 134.

[156] Yang X, Li Z, Polyakova T, et al. Effect of static magnetic field on DNA synthesis: The interplay between DNA chirality and magnetic field left-right asymmetry. FASEB. Bioadv., 2020, 2 (4): 254-263.

[157] Liou G Y, Storz P. Reactive oxygen species in cancer. Free. Radic. Res., 2010, 44 (5): 479-496.

[158] Shi Y, Nikulenkov F, Zawacka-Pankau J, et al. ROS-dependent activation of JNK converts p53 into an efficient inhibitor of oncogenes leading to robust apoptosis. Cell. Death. Differ., 2014, 21

(4): 612-623.

[159] Gao P, Zhang H, Dinavahi R, et al. HIF-dependent antitumorigenic effect of antioxidants *in vivo*. Cancer. Cell., 2007, 12 (3): 230-238.

[160] Schumacker P T. Reactive oxygen species in cancer cells: Live by the sword, die by the sword. Cancer. Cell., 2006, 10 (3): 175-176.

[161] Trachootham D, Zhou Y, Zhang H, et al. Selective killing of oncogenically transformed cells through a ROS-mediated mechanism by β-phenylethyl isothiocyanate. Cancer Cell, 2006, 10 (3): 241-252.

[162] Schumacker P T. Reactive oxygen species in cancer: A dance with the devil. Cancer Cell, 2015, 27 (2): 156-157.

[163] Wang H, Zhang X. Magnetic fields and reactive oxygen species. Int. J. Mol. Sci., 2017, 18 (10): 2175.

[164] Calabrò E, Condello S, Currò M, et al. Effects of low intensity static magnetic field on FTIR spectra and ROS production in SH-SY5Y neuronal-like cells. Bioelectromagnetics, 2013, 34 (8): 618-629.

[165] De Nicola M, Cordisco S, Cerella C, et al. Magnetic fields protect from apoptosis via redox alteration. Ann. N. Y. Acad. Sci., 2006, 1090: 59-68.

[166] Kamalipooya S, Abdolmaleki P, Salemi Z, et al. Simultaneous application of cisplatin and static magnetic field enhances oxidative stress in HeLa cell line. In. Vitro. Cell. Dev. Biol. Anim., 2017, 53 (9): 783-790.

[167] Poniedziałek B, Rzymski P, Karczewski J, et al. Reactive oxygen species (ROS) production in human peripheral blood neutrophils exposed in vitro to static magnetic field. Electromagn. Biol. Med., 2013, 32 (4): 560-568.

[168] Zablotskii V, Syrovets T, Schmidt Z W, et al. Modulation of monocytic leukemia cell function and survival by high gradient magnetic fields and mathematical modeling studies. Biomaterials., 2014, 35 (10): 3164-3171.

[169] Zhao G, Chen S, Wang L, et al. Cellular ATP content was decreased by a homogeneous 8.5 T static magnetic field exposure: Role of reactive oxygen species. Bioelectromagnetics, 2011, 32 (2): 94-101.

[170] Fu J P, Mo W C, Liu Y, et al. Decline of cell viability and mitochondrial activity in mouse skeletal muscle cell in a hypomagnetic field. Bioelectromagnetics, 2016, 37 (4): 212-222.

[171] Bekhite M M, Figulla H R, Sauer H, et al. Static magnetic fields increase cardiomyocyte differentiation of Flk-1+ cells derived from mouse embryonic stem cells via Ca^{2+} influx and ROS production. Int. J. Cardiol., 2013, 167 (3): 798-808.

[172] Bekhite M M, Finkensieper A, Abou-Zaid F A, et al. Static electromagnetic fields induce vasculogenesis and chondro-osteogenesis of mouse embryonic stem cells by reactive oxygen species-mediated up-regulation of vascular endothelial growth factor. Stem. Cells. Dev., 2010, 19 (5): 731-743.

[173] Bae J E, Huh M I, Ryu B K, et al. The effect of static magnetic fields on the aggregation and cytotoxicity of magnetic nanoparticles. Biomaterials., 2011, 32 (35): 9401-9414.

[174] Politański P, Rajkowska E, Brodecki M, et al. Combined effect of X-ray radiation and static magnetic fields on reactive oxygen species in rat lymphocytes in vitro. Bioelectromagnetics, 2013, 34 (4): 333-336.

[175] Marycz K, Marędziak M, Lewandowski D, et al. The effect of $Co_{0.2}Mn_{0.8}Fe_2O_4$ ferrite nanoparticles on the C2 canine mastocytoma cell line and adipose-derived mesenchymal stromal stem cells(ASCs)cultured under a static magnetic field: Possible implications in the treatment of dog mastocytoma. Cell. Mol. Bioeng., 2017, 10 (3): 209-222.

[176] Zhang H T, Zhang Z J, Mo W C, et al. Shielding of the geomagnetic field reduces hydrogen peroxide production in human neuroblastoma cell and inhibits the activity of CuZn superoxide dismutase. Protein Cell, 2017, 8 (7): 527-537.

[177] Csillag A, Kumar B V, Szabó K, et al. Exposure to inhomogeneous static magnetic field beneficially affects allergic inflammation in a murine model. J. R. Soc. Interface., 2014, 11 (95): 20140097.

[178] Wang H, Zhang X. ROS reduction does not decrease the anticancer efficacy of X-ray in two breast cancer cell lines. Oxid. Med. Cell. Longev., 2019, 2019: 3782074.

[179] Bajpai I, Balani K, Basu B. Synergistic effect of static magnetic field and HA-Fe_3O_4 magnetic composites on viability of S. aureus and E. coli bacteria. J. Biomed. Mater. Res. B. Appl. Biomater., 2014, 102 (3): 524-532.

[180] Haghighat N, Abdolmaleki P, Ghanati F, et al. Modification of catalase and MAPK in Vicia faba cultivated in soil with high natural radioactivity and treated with a static magnetic field. J. Plant. Physiol., 2014, 171 (5): 99-103.

[181] Shine M B, Guruprasad K N. Impact of pre-sowing magnetic field exposure of seeds to stationary magnetic field on growth, reactive oxygen species and photosynthesis of maize under field conditions. Acta. Physiol. Plant., 2012, 34 (1): 255-265.

[182] Shine M B, Guruprasad K N, Anand A. Effect of stationary magnetic field strengths of 150 200 mT on reactive oxygen species production in soybean. Bioelectromagnetics, 2012, 33 (5): 428-437.

[183] Bhardwaj J, Anand A, Nagarajan S. Biochemical and biophysical changes associated with magnetopriming in germinating cucumber seeds. Plant. Physiol. Biochem., 2012, 57: 67-73.

[184] Martino C F, Castello P R. Modulation of hydrogen peroxide production in cellular systems by low level magnetic fields. PLoS One, 2011, 6 (8): e22753.

[185] Anand A, Nagarajan S, Verma A P, et al. Pre-treatment of seeds with static magnetic field ameliorates soil water stress in seedlings of maize (Zea mays L.). Indian. J. Biochem. Biophys., 2012, 49 (1): 63-70.

[186] Chen Y P, Li R, He J M. Magnetic field can alleviate toxicological effect induced by cadmium in mungbean seedlings. Ecotoxicology., 2011, 20 (4): 760-769.

[187] Cakmak T, Cakmak Z E, Dumlupinar R, et al. Analysis of apoplastic and symplastic antioxidant system in shallot leaves: Impacts of weak static electric and magnetic field. J. Plant. Physiol., 2012, 169 (11): 1066-1073.

[188] Vergallo C, Ahmadi M, Mobasheri H, et al., Impact of inhomogeneous static magnetic field

(31.7-232.0 mT)exposure on human neuroblastoma SH-SY5Y cells during cisplatin administration. PLoS One, 2014, 9 (11): e113530.

[189] Roman A, Tombarkiewicz B. Prolonged weakening of the geomagnetic field (GMF) affects the immune system of rats. Bioelectromagnetics, 2009, 30 (1): 21-28.

[190] Baby S M, Narayanaswamy G K, Anand A. Superoxide radical production and performance index of Photosystem II in leaves from magnetoprimed soybean seeds. Plant. Signal. Behav., 2011, 6 (11): 1635-1637.

[191] Chen Y P, Chen D, Liu Q. Exposure to a magnetic field or laser radiation ameliorates effects of Pb and Cd on physiology and growth of young wheat seedlings. J. Photochem. Photobiol. B., 2017, 169: 171-177.

[192] Limoli C L, Rola R, Giedzinski E, et al. Cell-density-dependent regulation of neural precursor cell function. Proc. Natl. Acad. Sci. U. S. A., 2004, 101 (45): 16052-16057.

[193] Buchachenko A L, Kuznetsov D A. Magnetic field affects enzymatic ATP synthesis. J. Am. Chem. Soc., 2008, 130 (39): 12868-12869.

[194] Crotty D, Silkstone G, Poddar S, et al. Reexamination of magnetic isotope and field effects on adenosine triphosphate production by creatine kinase. Proc. Natl. Acad. Sci. U. S. A., 2012, 109 (5): 1437-1442.

[195] Hore P J. Are biochemical reactions affected by weak magnetic fields? Proc. Natl. Acad. Sci. U. S. A., 2012, 109 (5): 1357-1358.

[196] İteğin M, Günay I, Loğoğlu G, et al. Effects of static magnetic field on specific adenosine-5'-triphosphatase activities and bioelectrical and biomechanical properties in the rat diaphragm muscle. Bioelectromagnetics, 1995, 16 (3): 147-151.

[197] Kurzeja E, Synowiec-Wojtarowicz A, Stec M, et al. Effect of a static magnetic fields and fluoride ions on the antioxidant defense system of mice fibroblasts. Int. J. Mol. Sci., 2013, 14 (7): 15017-15028.

[198] Wang D, Zhang L, Shao G, et al. 6 mT 0-120 Hz magnetic fields differentially affect cellular ATP levels. Environ. Sci. Pollut. Res. Int., 2018, 25 (28): 28237-28247.

[199] Walleczek J, Budinger T F. Pulsed magnetic field effects on calcium signaling in lymphocytes: Dependence on cell status and field intensity. FEBS. Lett., 1992, 314 (3): 351-355.

[200] Barbier E, Dufy B, Veyret B. Stimulation of Ca^{2+} influx in rat pituitary cells under exposure to A 50 Hz magnetic field. Bioelectromagnetics, 1996, 17 (4): 303-311.

[201] Tonini R, Baroni M D, Masala E, et al. Calcium protects differentiating neuroblastoma cells during 50 Hz electromagnetic radiation. Biophys. J., 2001, 81 (5): 2580-2589.

[202] Fassina L, Visai L, Benazzo F, et al. Effects of electromagnetic stimulation on calcified matrix production by SAOS-2 cells over a polyurethane porous scaffold. Tissue. Eng., 2006, 12 (7): 1985-1999.

[203] Yan J, Dong L, Zhang B, et al. Effects of extremely low-frequency magnetic field on growth and differentiation of human mesenchymal stem cells. Electromagn. Biol. Med., 2010, 29 (4): 165-176.

[204] Flipo D, Fournier M, Benquet C, et al. Increased apoptosis, changes in intracellular Ca^{2+}, and

functional alterations in lymphocytes and macrophages after in vitro exposure to static magnetic field. J. Toxicol. Environ. Health. A., 1998, 54 (1): 63-76.

[205] Prina-Mello A, Farrell E, Prendergast P J, et al. Influence of strong static magnetic fields on primary cortical neurons. Bioelectromagnetics, 2006, 27 (1): 35-42.

[206] Surma S V, Belostotskaya G B, Shchegolev B F, et al. Effect of weak static magnetic fields on the development of cultured skeletal muscle cells. Bioelectromagnetics, 2014, 35 (8): 537-546.

[207] Bernabò N, Saponaro I, Tettamanti E, et al. Acute exposure to a 2 mT static magnetic field affects ionic homeostasis of in vitro grown porcine granulosa cells. Bioelectromagnetics, 2014, 35 (3): 231-234.

[208] Bellossi A. Lack of an effect of static magnetic field on calcium efflux from isolated chick brains. Bioelectromagnetics, 1986, 7 (4): 381-386.

[209] Papatheofanis F J, Papatheofanis B J. Short-term effect of exposure to intense magnetic fields on hematologic indices of bone metabolism. Invest. Radiol., 1989, 24 (3): 221-223.

[210] Carson J J, Prato F S, Drost D J, et al. Time-varying magnetic fields increase cytosolic free Ca^{2+} in HL-60 cells. Am. J. Physiol., 1990, 259 (4 Pt 1): C687-C692.

[211] Yost M G, Liburdy R P. Time-varying and static magnetic fields act in combination to alter calcium signal transduction in the lymphocyte. FEBS. Lett., 1992, 296 (2): 117-122.

[212] Belton M, Commerford K, Hall J, et al. Real-time measurement of cytosolic free calcium concentration in HL-60 cells during static magnetic field exposure and activation by ATP. Bioelectromagnetics, 2008, 29 (6): 439-446.

[213] Belton M, Prato F S, Rozanski C, et al. Effect of 100 mT homogeneous static magnetic field on $[Ca^{2+}]c$ response to ATP in HL-60 cells following GSH depletion. Bioelectromagnetics, 2009, 30 (4): 322-329.

[214] Rozanski C, Belton M, Prato F S, et al. Real-time measurement of cytosolic free calcium concentration in DEM-treated HL-60 cells during static magnetic field exposure and activation by ATP. Bioelectromagnetics, 2009, 30 (3): 213-221.

[215] Rosen A D. Inhibition of calcium channel activation in GH3 cells by static magnetic fields. Biochim. Biophys. Acta, 1996, 1282 (1): 149-155.

[216] Okano H, Ohkubo C. Exposure to a moderate intensity static magnetic field enhances the hypotensive effect of a calcium channel blocker in spontaneously hypertensive rats. Bioelectromagnetics, 2005, 26 (8): 611-623.

[217] Yeh S R, Yang J W, Lee Y T, et al. Static magnetic field expose enhances neurotransmission in crayfish nervous system. Int. J. Radiat. Biol., 2008, 84 (7): 561-567.

[218] Morris C E, Skalak T C. Acute exposure to a moderate strength static magnetic field reduces edema formation in rats. Am. J. Physiol. Heart. Circ. Physiol, 2008, 294 (1): H50-H57.

[219] Aldinucci C, Garcia J B, Palmi M, et al. The effect of exposure to high flux density static and pulsed magnetic fields on lymphocyte function. Bioelectromagnetics, 2003, 24 (6): 373-379.

[220] Zhang J, Ding C, Shang P. Alterations of mineral elements in osteoblast during differentiation under hypo, moderate and high static magnetic fields. Biol. Trace. Elem. Res., 2014, 162 (1-3): 153-157.

[221] He Y, Chen G, Li Y, et al. Effect of magnetic graphene oxide on cellular behaviors and osteogenesis under a moderate static magnetic field. Nanomedicine., 2021, 37: 102435.

[222] Prasad A, Teh D B L, Blasiak A, et al. Static magnetic field stimulation enhances oligodendrocyte differentiation and secretion of neurotrophic factors. Sci. Rep., 2017, 7 (1): 6743.

[223] Chen W T, Lin G B, Lin S H, et al. Static magnetic field enhances the anticancer efficacy of capsaicin on HepG2 cells via capsaicin receptor TRPV1. PLoS One, 2018, 13 (1): e0191078.

第7章
稳态磁场对微生物、植物和动物的影响

稳态磁场（SMF）广泛存在于自然界，在生物进化过程中发挥着重要作用。由于超导技术的快速发展，近年来用于医学和学术研究的稳态磁场强度稳步增加。本章概述了强度从几毫特斯拉（mT）到数特斯拉（T）的稳态磁场引起的生物学效应。稳态磁场对微生物的影响分为六个部分，包括细胞生长和活力、形态和生化修饰、遗传毒性（genotoxicity）、基因和蛋白质表达、磁小体形成感知磁场以及稳态磁场在抗生素耐药性、发酵和废水处理中的应用。稳态磁场对植物的影响也分为六个部分，包括萌发、生长、向地性、光合作用、氧化还原状态和隐花色素感应磁场。稳态磁场对动物的影响可分为七个部分，包括秀丽隐杆线虫、昆虫、罗马蜗牛、水生动物、非洲爪蟾、小鼠和大鼠，以及动物中的磁感应蛋白。本章将有助于人们更好地理解稳态磁场对不同物种的生物学效应及其潜在机制。

7.1 引言

稳态磁场是所有生物在进化过程中普遍存在的环境因素。多种生物体，包括细菌、蜜蜂、信鸽、知更鸟等已被证明具有感知磁场的能力，进而能够导航、迁徙或归巢等[1]。尽管对磁感应的生物物理机制知之甚少，但已经提出了磁感应的三个主要假说：①电磁感应假说，主要适用于海洋生物，因为盐水具有高电导率；②一个由永磁材料（磁铁矿）晶体介导的磁铁矿假说；③自由基对机制（RPM），依赖于涉及专门的光感受器的化学反应[2,3]。然而，近年来提出的基于MagR/CRY的生物罗盘模型结合了亚铁磁性和光敏感蛋白共同参与磁感应的概念，吸引了很多关注[1]。

19世纪50年代工业革命以来，人为制造的稳态磁场已成为地球生物不可避免的环境因素。尤其是19世纪的电磁铁和20世纪中叶超导磁体的发展，使生物体接触更高的磁场成为可能。数十年来，人们一直在研究生物体在稳态磁场中的急性和慢性暴露，这些稳态磁场通常是地磁场的10倍甚至更高。然而稳态磁场对生命系统影响的确切机制在很大程度上仍然未知，直到现在还没有关于磁场-

生物相互作用的独特理论。在本章中，我们将讨论从几毫特斯拉（mT）到几特斯拉（T）的稳态磁场对微生物、植物和动物的影响，并探讨近几年来对这些生物体磁感应研究的最新关键结果。

7.2　稳态磁场对微生物的影响

7.2.1　稳态磁场对细胞生长和活力的影响

2012 年，Bajpai 等发现 100 mT 的稳态磁场抑制了革兰氏阳性菌（表皮葡萄球菌，*Staphylococcus epidermidis*）和革兰氏阴性菌（大肠杆菌，*Escherichia coli*）的生长，并发现其与细胞膜损伤有关[4]。Fan 等报道了粪肠球菌（*Enterococcus faecalis*）暴露在 170 mT 的稳态磁场 120 h 后细胞增殖受到抑制[5]。Morrow 等研究了 50～500 mT 范围内中等强度稳态磁场对化脓性链球菌（*Streptococcus pyogenes*）生长的影响，发现其暴露在高达 300 mT 的磁场中生长被抑制，但在 500 mT 磁场中却相反[6]。尽管 300 mT 稳态磁场对生长在营养丰富的 LB（Luria Bertani）培养基中的大肠杆菌无影响，但在稀释 LB 培养基中，磁场增加了生长后期的细菌密度[7]。El May 等也发现 200 mT 稳态磁场对细菌生长无影响，但磁场处理 3～6 h 期间菌落形成单位（CFU）减少，然后从 6～9 h 期间增加[8]。Ben Mouhoub 等发现与对照组相比，57 mT 稳态磁场提高了哈达尔沙门氏菌的活力[9]，Kazuhiro 等发现 7 T 均匀磁场和 5.2～6.1 T 非均匀磁场会显著增加枯草芽孢杆菌 MI113 和基因改造的枯草芽孢杆菌 MI113（pC112）的生长[10]。此外，5.2～6.1 T 的稳态磁场提高了稳定期大肠杆菌存活率，其 CFU 数和 *rpoS* 基因编码的 S 因子量远高于地磁场组[11]。这些结果表明，稳态磁场对微生物的生长所产生的影响与其密度、类型和暴露方式密切相关。

稳态磁场和其他环境因素对微生物生长的综合影响在很大程度上仍处于未知状态。2009 年，Ji 等表明，450 mT 稳态磁场抑制了大肠杆菌的生长，甚至"杀死了"大肠杆菌，并且其抑制作用随温度升高而增加[12]。Masahiro 等比较了 100 mT 稳态磁场暴露对在需氧和厌氧条件下生长的链球菌突变体（金黄色葡萄球菌）和大肠杆菌培养物的影响。他们发现在厌氧条件下，稳态磁场会抑制细菌生长，但在有氧条件下，细菌生长不受稳态磁场的影响，推测氧气可能在此条件下对磁场起到了抑制作用[13]。Letuta 和 Berdinskiy 发现，与非磁性锌同位素 ^{64,66}Zn 相比，同位素 ^{67}Zn 和 25～35 mT 稳态磁场同时处理大肠杆菌，其菌落形成能力和生长速率常数提高了 2～4 倍[14]。

目前关于稳态磁场对植物病原真菌生长和产孢影响的研究还相对较少。2004年，Nagy 和 Fischl 发现 0.1～1 mT 稳态磁场抑制植物病原真菌菌落的生长，减少尖孢镰刀菌分生孢子的数量，而烟草赤星病霉菌和弯孢菌的分生孢子数量增加[15]。Albertini 等[16]和 Jan 等[17]提供了稳态磁场抑制真菌生长的进一步证据。然而，Ruiz-Gómez 等报道了磁场对真菌生长并没有影响[18]。

Lucielen 等表明 25 mT 的稳态磁场导致酿酒酵母（*Saccharomyces cerevisiae*）中谷胱甘肽含量和生物量增加[19]。Muniz 等发现，与非曝磁组相比，暴露于 200 mT 稳态磁场的酿酒酵母 DAUFPE-1012 的生物量增加了 2.5 倍[20]。Kthiri 等进一步报道，通过 250 mT 稳态磁场处理 6 h 后，酿酒酵母的生长、活力和菌落形成的能力显著下降，但在处理 6～9 h 后反而增加[21]。相反，Malko 等发现，1.5 T 稳态磁场处理酵母细胞后，在第七次细胞分裂过程中显示酵母细胞与未暴露细胞有相似的生长速率[22]。Masakazu 等发现，随着稳态磁场磁感应强度的增加，酵母在液–气混合系统中在 14 T 梯度磁场处理后出现减速增长[23]。

7.2.2　稳态磁场引起的形态和生化修饰

一项使用透射电子显微镜（TEM）对稳态磁场处理后的细菌形态学研究表明，磁场处理组的细菌细胞壁发生了破裂[12]。Quiñones-Peña 等发现 107 mT 稳态磁场减少了 EPEC E2348/69 菌株聚集并改变了黏附模式[24]。200 mT 的稳态磁场显著改变了鼠伤寒沙门氏菌（*Salmonella typhimurium*）野生型和 *dam* 突变株的磷脂比例，其中受影响最大的是酸性磷脂、心磷脂（CL）[29]。Egami 等研究了稳态磁场对鼠伤寒沙门氏菌出芽的影响，发现出芽酵母细胞的大小和出芽角度受 2.93 T 稳态磁场的影响[26]。在均匀磁场中，子代酵母细胞的出芽方向主要平行于磁感应强度方向；在非均匀磁场中相反，子代酵母细胞倾向于在磁梯度高的区域沿毛细管流动轴发芽。

微生物作为单细胞在分析基本代谢反应对磁场的响应上具有很大优势。Letuta 发现，在磁性同位素 ^{25}Mg 和 70～90 mT 稳态磁场的作用下大肠杆菌产生最大浓度的 ATP[27]。鼠伤寒沙门氏菌中膜脂质的组成受到 200 mT 稳态磁场的干扰，细菌试图改变饱和脂肪酸（SFA）、不饱和脂肪酸（UFA）和环丙烷脂肪酸（CFA）以及羟基脂肪酸（FA）水平来维持膜流动性，而沙门氏菌的 UFA/SFA 比率在暴露 9 h 后达到平衡[28]。同样，Mihoub 等表明，200 mT 稳态磁场暴露显著影响膜中的脂质比例，主要导致酸性磷脂和心磷脂的异常积累，膜环状脂肪酸显著增加，暴露细胞的总不饱和脂肪酸与总饱和脂肪酸的比例显著增加[29]。Tang 等将黄杆菌 m1-14 暴露于 100 mT 的稳态磁场，发现与对照组相比，磁场处理 24 h、48 h、72 h 和 120 h 后，细胞长度分别增加了 123%、258%、70.1%和 31.2%[30]，其中，磁场处理 48 h 的细胞更细长（图 7.1）。300 mT 稳态磁场抑制了菌丝体生长并伴随着形态和生化变化，其中 Ca^{2+} 依赖性信号转导途径参与分生孢子萌发[16]。暴露于 50～500 mT 的化脓性链球菌释放的代谢物方式也发生了显著改变[6]。Hu 等报道了傅里叶变换红外（FTIR）光谱区域的变化结合聚类分析反映了 10 T 稳态磁场改变了大肠杆菌核酸、蛋白质和脂肪酸的组成和构象[31]。She 等进一步发现，10 T 稳态磁场将大肠杆菌中的 3.46%～9.92% 的无序蛋白结构转变为 α 螺旋，但对金黄色葡萄球菌（*Staphylococcus aureus*）影响很小[32]。

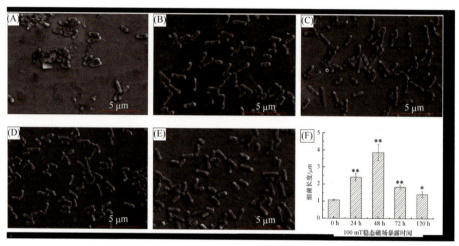

图 7.1　不同处理后细胞形态的扫描电子显微镜照片。（A）未经处理的细菌；（B）～（E）暴露在 100 mT 稳态磁场下 24 h、48 h、72 h、120 h；（F）不同暴露时间中细菌的长度统计。*代表 $P<0.05$，**代表 $P<0.01$。图片转载自参考文献[30]

7.2.3　稳态磁场的遗传毒性

在生物体中，DNA 的氧化损伤在衰老过程和环境压力相关的不利影响中起着重要作用。将细胞暴露在 300 mT 稳态磁场中，提取的 DNA 中 8-羟基鸟嘌呤的产量与对照组相比明显减少，这表明该强度的磁场可能具有抗氧化保护作用[6]。Carlioz 和 Touati 发现强稳态磁场能够诱导 *soxS*::*lacZ* 融合基因的表达[33]。Fan 等证实了粪肠球菌（*Enterococcus faecalis*）经稳态磁场处理后可以通过上调 *dnaK* 基因与毒力基因 *efaA* 和 *ace* 的表达来诱导应激反应[5]。Righi 等将辐射过的耐辐射球菌（*Deinococcus radiodurans*）暴露于稳态磁场，发现其细胞活力得到改善，作者推测这可能是由于磁场提高了 DNA 片段重组的效率[34]。

关于稳态磁场基因毒性的直接证据有限且具有争议。Mahdi 等将各种突变的大肠杆菌菌株暴露于 500 mT 或 3 T 的均匀稳态磁场中。在暴露于稳态磁场的大肠杆菌中没有检测到 DNA 损伤增加的证据，即使菌株不能进行 DNA 修复[35]。Masateru 等进行细菌突变试验以确定稳态磁场的诱变潜力。在鼠伤寒沙门氏菌的四个 uvrB 菌株（TA98、TA100、TA1535 和 TA1537）和大肠杆菌 WP2uvrA 中未检测到诱变作用[36]。Schreiber 等发现 13 T 稳态磁场没有引起超氧化物歧化酶（SOD）缺陷的大肠杆菌菌株 QC774 或其亲本菌株 GC4468 致突变性和共致突变性[37]。然而，Belyaev 等发现了大肠杆菌细胞中染色质构象的变化[38]。Zhang-Akiyama 等报道了磁感应强度（5 T 和 9 T）与 SOD 缺陷的大肠杆菌菌株 QC774 的突变频率增加之间存在剂量效应关系[39]。

7.2.4 稳态磁场对基因和蛋白质表达的影响

基因表达的差异是所有生物系统共有的关键事件，能够允许生物体在正常条件下对包括磁场在内的各种环境胁迫做出准确响应并适应。Tsuchiya 等报道了 5.2～6.1 T 非均匀稳态磁场提高了大肠杆菌 *rpoS* 基因的转录活性[40]。发现大肠杆菌中三个 cDNA 仅在暴露于 300 mT 稳态磁场中表达，而一个 cDNA 在对照组中表达更多[7]。El May 等发现在 200 mT 稳态磁场暴露期间，哈达尔沙门氏菌（*Salmonella hadar*）中 16S rRNA 基因的 mRNA 表达水平保持稳定，而 *rpoA*、*katN* 和 *dnaK* 基因的 mRNA 在稳态磁场暴露 10 h 后过度表达[8]。Ikehata 等报道了暴露于 14 T 稳态磁场的出芽酵母（酿酒酵母）（*Saccharomyces cerevisiae*）中与呼吸有关的基因表达略有下降，而磁感应强度 <5 T 的情况下无此变化[41]。尽管 14.1 T 稳态磁场对希瓦氏菌（*Shewanella onedensis*）MR-1 的细胞生长几乎无影响，但在暴露的细胞中检测到转录水平的明显变化，其中 21 个基因上调，44 个基因下调[42]。相比之下，Potenza 等报道了暴露于稳态磁场后，块茎菌丝体的基因表达没有观察到差异，只有葡萄糖 6-磷酸脱氢酶和己糖激酶的活性增加。这些结果表明，磁场对基因表达的影响可能取决于应用的磁场参数以及细胞类型[43]。

蛋白质是细胞生物活性的基本单位，其功能由包括氨基酸序列在内的一级结构和三级结构共同决定。Snoussi 等研究了 200 mT 稳态磁场对 *S. hadar* 外膜蛋白的影响[44]。他们发现，共有 11 种蛋白在磁场处理的细胞中差异表达，其中 7 种上调，4 种下调。蛋白质组学分析进一步概述了潜在重要的胞质蛋白，共有 35 种蛋白显示出 2 倍以上的变化，其中 25 种上调，10 种下调。作者认为对 200 mT 稳态磁场的应激反应本质上是为了避免氧化损伤，蛋白质过度表达直接参与氧化应激反应和代谢转换以抵消氧化应激[45]。

7.2.5 感应磁场的磁小体形成

微生物磁小体是趋磁细菌（MTB）合成的一类特殊细胞器。趋磁细菌作为一组革兰氏阴性水生原核生物，具有广泛的形态类型，包括弧菌类、球虫类、杆状类和螺菌类。在磁场中，趋磁细菌利用磁小体来感知磁场并改变其方向[46]。磁小体由有机膜包裹的含铁无机晶体组成[47]。磁小体的膜含有一组独特的蛋白，被认为可以指导磁铁矿晶体的生物矿化和磁体链的形成和调节[48]。趋磁螺细菌（*Magnetospirillum magneticum*）AMB-1 中有 48 种蛋白被鉴定为磁小体特异性蛋白，至少有 13 种蛋白可能参与磁小体的形成，由 *mam* 和 *mms* 基因编码[49]。而在已知对磁小体形成至关重要的基因中，*magA*、*mms6*、*mamA* 和 *mms13* 分别参与了铁吸收[50,51]，合成尺寸均匀、粒径分布窄并呈立方-八面体形态的磁铁矿晶粒[52]，以及磁小体的组装[48]和合成。磁小体优越的晶体和磁性在研究生物矿化和医学应用（如药物递送、磁共振成像和阵列方式分析）方面引起了人们的极大兴趣[53-55]。

　　Wang 等发现暴露在低于 500 nT 的亚磁场下，趋磁螺细菌（*M. magneticum*）菌株 AMB-1 在稳定期的生长受到抑制，但在其指数生长期增加了含有成熟单磁畴（SD）磁小体的细菌百分比。与仅在地磁场中生长的细胞相比，暴露于亚磁场的细胞中的磁性颗粒平均尺寸更大（>50 nm），并且它们含有更大比例（57%）的 SD 颗粒[56]。200 mT 稳态磁场可损害细胞生长并提高培养物的 C_{mag} 值[57]。稳态磁场暴露会影响每个细胞的磁性颗粒数量和磁体链的线性度。*mamA*、*mms13*、*magA* 基因的表达也被稳态磁场上调。此外，Blondeau 等发现在二氧化硅基质下，一些细菌暴露在 80 mT 的磁场中呈现出一些磁力线。如图 7.2 所示，磁小体链彼此平行排列，但相对于细菌长轴有所偏移[58]。

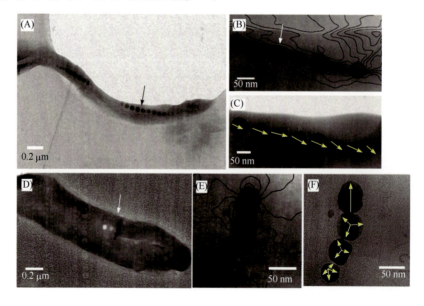

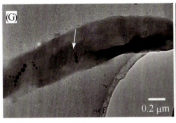
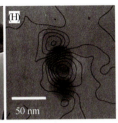
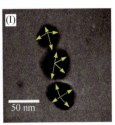

图 7.2 磁小体中磁性和结晶取向的透射电子显微镜观察。（A）悬浮液中的 AMB-1 细胞在没有磁场的情况下培养 7 d 后的透射电子显微镜图像（黑色箭头表示所选链的离轴图像），（B）由离轴电子全息术确定的磁小体链的相应磁性相位轮廓，（D）、（G）在磁场存在下孵育 1 d 后观察到封装的 AMB-7 细菌的透射电子显微镜图像（白色箭头显示离轴图像的选定链），（E）、（H）由离轴电子全息术确定的磁小体链的相应磁性相位轮廓 和（C）、（F）、（I）相应的高分辨率透射电子显微镜图像，其方向为〈111〉，使用选区电子衍射（SAED）确定，并由黄色箭头具体化。转载自参考文献[58]，开放获取

7.2.6 磁场在抗生素耐药性、发酵和废水处理中的应用

0.5～2 mT 稳态磁场的应用显著增强了庆大霉素对铜绿假单胞菌的作用[59]。而 Stansell 等发现，大肠杆菌暴露于 4.5 mT 稳态磁场显著增加了其抗生素耐药性[60]。Tagourt 等表明，暴露于 200 mT 稳态磁场可提高庆大霉素对 *S.hadar* 的作用，但不影响其他一些抗生素，包括青霉素、苯唑西林、头孢噻吩、新霉素、阿米卡星、四环素、红霉素、螺旋霉素、氯霉素、萘啶酸和万古霉素对肠道细菌的抑制[61]。然而，Grosman 等的结果显示，0.5～4.0 T 稳态磁场在暴露 30～120 min 后对两株大肠杆菌或金黄色葡萄球菌的生长没有显著影响，对几种抗生素的敏感性也无影响[62]。

稳态磁场对发酵过程的影响已在生物量和酶活方面进行了研究，Motta 等表明，与未暴露于稳态磁场的培养物相比，暴露于 220 mT 稳态磁场使酿酒酵母菌株的生物量显著增加了 2.5 倍，乙醇浓度显著增加了 3.4 倍。磁化培养物中的葡萄糖消耗较高，这与乙醇产量有关。转化酶（b-呋喃果糖苷酶）是一种用于从蔗糖中生产非结晶糖浆的酶[63]。Taskin 等表明，当孢子暴露于 5 mT 稳态磁场时，转化酶活性和生物量达到最大[64]。

稳态磁场强化生化工艺已在污水生物处理中得到应用。稳态磁场对活性污泥生物量生长和脱氢酶活性有积极影响，这与活性污泥去除对硝基苯胺的观察结果相似[65]。低强度和中等强度稳态磁场可以增强亚硝酸盐氧化细菌的活性和促进其生长，从而提高废水中有机污染物的去除率[66]。研究人员在突尼斯比泽特附近分离并鉴定了三株菌株，包括假单胞菌 LBR（KC157911）、金属黄芪细菌 LBJ

（KU659610）和马红球菌 LBB（KU743870），研究了稳态磁场暴露对污染物混合物生物降解率的影响。Mansouri 等将这三种菌株暴露在 200 mT 稳态磁场，发现与对照组相比，磁场暴露的细菌种群的生长量增加了 20%[67]；而且在 30 天后，DDT 的生物降解率为 98%，苯并芘（BaP）的生物降解率为 90%[68]。Krzemienewski 等报道称 400~600 mT 稳态磁场促进了废水污泥净化[69]。60 mT 稳态磁场使其最大脱氮率显著提高了 30%，培养时间节省了约 1/4，表明磁场对于厌氧氨氧化过程的快速启动有着可靠的作用[70]。在藻菌共生系统中，Tu 等报道了稳态磁场促进藻类生长和制氧，表明磁场可以降低城市污水中有机物降解过程中掺气所需的能耗。尽管稳态磁场在废水生物降解方面表现出了有趣的潜力，但也有一些负面结果[71]。Mateescu 等表明，500 mT 和 620 mT 的稳态磁场会使真菌产生非典型生长，其特征是菌落较少且肿胀、膨胀，没有扩散到培养基整个表面[72]。Jasmina 等报道称，17 mT 稳态磁场对废水处理厂中常见的大肠杆菌和恶臭假单胞菌的生长产生负面影响，但对酶活产生了正面影响[73]。

稳态磁场除用于废水生物处理外，在脱色、除油等方面也有广阔的应用前景。在脱色反应方面，Shao 等研究了海洋微生物群落在稳态磁场条件下对偶氮染料的脱色效果，发现在 45.3 mT 稳态磁场下，其脱色、化学需氧量去除和解毒效率较高[74]。Tan 等发现在序批式反应器（SBR）中，110 mT 稳态磁场联合耐盐酵母热带念珠菌 SYF-1 提高了对含有高盐酸性红 B（ARB）的废水的生物处理效率[75]。Ren 等研究了稳态磁场对高效除油菌 B11 的影响，发现在 15~35 mT 磁场下细胞膜通透性增加，超氧化物歧化酶活性得到改善，有效地提高了细菌对脂质的降解性能[76]。

7.3 稳态磁场对植物的影响

7.3.1 稳态磁场对植物种子发芽的影响

种子在播种前用磁场处理是一种预处理种子的物理方法，可以提高种子的发芽率。低强度和中等强度的稳态磁场可提高大麦种、水稻（*Oryza sativa* L.）、鹰嘴豆（*Cicer arietinum* L.）、太阳花、豆类、小麦、秋葵（*Abelmoschus esculentus* cv. Sapz pari）、豌豆（*Pisum sativum* L.）、绿豆、洋葱（c v. Giza Red）和孜然种子的发芽速度和发芽百分比。表 7.1 总结了不同强度和暴露期稳态磁场对不同植物发芽的影响。

表 7.1　稳态磁场对植物物种发芽的影响

植物类型	磁场暴露	生物学效应	参考文献
大麦种子	125 mT，1 min、10 min、20 min 和 60 min、24 h 以及慢性暴露	长度和重量增加	[77]
水稻种子（Oryza sativa L.）	150 mT, 250 mT 慢性暴露 20 min	提高了发芽速度和百分比	[78]
鹰嘴豆（Cicer arietinum L.）	0～500 mT 暴露 1～4 h	提高了种子发芽率、发芽速度、幼苗长度和幼苗干重	[79]
向日葵种子	0～250 mT 暴露 1～4 h	提高发芽速度、幼苗长度和幼苗干重	[95]
豆类和小麦种子	4 mT,7 mT 暴露 7 d	提高发芽率	[81]
秋葵（Abelmoschus esculentus cv. Sapz pari）	99 mT，暴露 3 min 和 11 min	提高发芽率、生长率和产量	[82]
豌豆种子（Pisum sativum L.）	60 mT, 120 mT, 180 mT 分别暴露 5 min、10 min、15 min	增强了发芽参数	[83]
绿豆种子	0.07 T、0.12 T、0.17 T、0.21 T 分别暴露 20 min	提高了发芽率	[84]
洋葱种子（c v. Giza Red）	30 mT 或 60 mT	提高所有发芽和幼苗生长特性	[85]
小茴香种子	150 mT, 500 mT	提高发芽率	[86]
小麦种子（Triticum aestivum L. cv. Kavir）	30 mT 暴露处理 4 d, 5 h/d	不影响种子的发芽率，但提高了发芽速度和活力指数 II	[87]
水稻（Oryza sativa）	125 mT 或 250 mT 分别暴露 1 min、10 min、20 min、1 h、24 h，或长期暴露	减少了发芽时间	[88]

　　为了获得更高的发芽率，人们研究了稳态磁场与其他因素对发芽的共同作用。Poinapen 等研究了磁感应强度、暴露时间、种子方向（南北极）和相对湿度对番茄（Solanum lycopersicum L.）变种 MST/32 种子的影响。他们发现，与对照组种子相比，磁场暴露的种子发芽率明显提高（约 11.0%），这表明非均匀稳态磁场对相对湿度的种子性能有显著影响，而且在种子浸泡期而不是在后期发育阶段的影响更明显[89]。Jovicic-Petrovic 等发现解淀粉芽孢杆菌（D5 ARV）和 90 mT 稳态磁场暴露的协同作用使白芥菜（Sinapis alba L.）的发芽率提高了 53.20%[90]。

　　稳态磁场影响发芽的作用机制目前尚不清楚。Bahadir 等报道了 125 mT 稳态磁场处理通过打破休眠提高了金花楸的发芽率[91]。Raipuria 等研究表明，200 mT 稳态磁场通过提高一氧化氮合成酶活性促进一氧化氮的合成，以改善大豆幼苗发芽期间的 UVB 压力[92]。Kataria 等报道了 200 mT 稳态磁场诱导一氧化氮在盐胁迫下的种子发芽和大豆（*Glycine max*）幼苗早期生长特性的作用，发现 200 mT 稳态磁场预处理种子对发芽有积极刺激作用，并促进幼苗生长[93]。

7.3.2　稳态磁场对植物生长的影响

稳态磁场对生长的影响已经在各种作物、蔬菜和水果的种子中得到很好的研究。例如，发现（47 ± 5）μT 磁场促进了玉米幼苗的生长[94]。此外，Vashisth 等在相同条件下，发现向日葵幼苗也表现出较大的幼苗干重、根长、根表面积和根体积；在种子萌发过程中，磁场处理过的种子的 α-淀粉酶、脱氢酶和蛋白酶活性也明显高于对照（图 7.3）[95]。如表 7.2 显示了低稳态磁场对玉米幼苗、马铃薯幼苗、大麦种子、大豆、玉米、豌豆和向日葵幼苗等生长的有益影响。

表 7.2　稳态磁场对植物物种生长的有益影响

植物类型	磁场暴露	生物学效应	参考文献
玉米幼苗	（47 ± 5）μT，4 d	促进了玉米幼苗的生长	[94]
马铃薯幼苗	4 mT，20 d	对促进生长和增强 CO_2 有益	[96]
大麦种子	125 mT，1 min、10 min、20 min、60 min、24 h，长期暴露	刺激生长的第一阶段以及长度和体重的增加	[77]
大豆	200 mT 稳态磁场暴露 1 h	增强了大豆植株的高度、第三叶的面积、中脉和小脉的宽度	[97]
玉米	125 mT 或 250 mT，10 d	比对照组生长得更高更重	[98]
玉米	50 mT，0.25 h、0.5 h、1 h	增加根长、胚芽长度和蛋白质百分比	[99]
豌豆	125 mT 或 250 mT，1 min、10 min、20 min、1 h 和 24 h，连续暴露	比相应的对照组长且重	[100]
向日葵幼苗	200 mT，2 h	改善了向日葵生长和产量	[101]
番茄	100 mT，10 min 和 170 mT，3 min	平均果实重量、每株果实产量、单位面积的果实产量和果实的赤道直径都有所增加	[102]
莴苣植株	0.44 T、0.77 T 和 1 T，1 h、2 h 和 3 h	增加了生长和产量	[103]

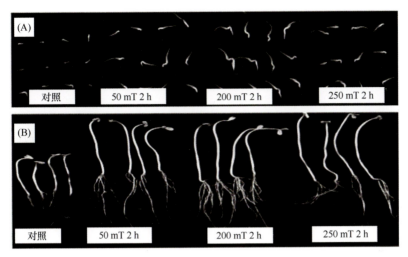

图 7.3　萌发前磁场处理对向日葵种子的影响。（A）显示磁场对发芽速度的影响；（B）显示磁场对幼苗活力的影响。经许可转载自参考文献[95]

7.3.3　稳态磁场对植物向重性的影响

　　向重性是植物对重力最明显的响应，对维持幼苗的空间定向和大多数植物的稳定平衡起着关键作用。植物感知重力的能力主要取决于淀粉填充的淀粉体，这是一个贯穿整个生命的长期响应。Kuznetsov 等发现番茄 lazy-2 突变体（*Lycopersicon esculentum* Mill. cv. Alsa Craig）的芽在黑暗中表现出负向重性，但在红光中表现出正向重性[104]。诱导的磁泳效应曲线表明 lazy-2 突变体以与野生型相似的方式感知淀粉体的位移，并且强磁场没有影响向重性反应机制[105]。Weise 等利用高梯度磁场（HGMF）处理回转器上的拟南芥茎，发现其茎部基底淀粉体移位后缺乏顶端的弯曲，这表明基底的重力感知没有传递到顶端[106]。Jin 等报道，拟南芥在稳态磁场中以强度和磁场方向依赖的方式显著促进根系生长，这是由 CRY 和生长素信号通路所介导的[107]。Hasenstein 等研究了在抛物线飞行过程中玉米、小麦和马铃薯（*Solanum tuberosum* L.）的淀粉粒运动情况，其结果显示磁场梯度能够在失重或微重力条件下移动抗磁性成分，并且可以作为低重力环境下的种子萌发过程中的定向刺激[108]。Yano 等报道说，萝卜（*Raphanus sativus* L.）幼苗的初生根对 13～68 mT 稳态磁场有热带性反应，其向性似乎为负，但根对磁铁南极有明显的响应[109]。

7.3.4　稳态磁场对植物光合作用的影响

　　稳态磁场对光合作用的影响已在多种植物中被研究，包括大豆、玉米、小天竺葵和莴苣。Lemna 等报道，在播种前将大豆进行磁场暴露处理可以提高其生物量积累。磁处理大豆植物的多相叶绿素 a 荧光瞬态产生了更高的荧光产量[110]。Baghel 等提供了进一步证据，表明磁场处理植物的多相叶绿素 a 荧光瞬态在 J - I - P 阶段产生了更高的荧光产量。此外，暴露于 200 mT 稳态磁场的大豆种子中产生的植物硝酸还原酶活性、吸收尺度表现指数（PIABS）、光合色素和净光合作用速率也较高[111]。在玉米植株中，Anand 等发现 100 mT 和 200 mT 稳态磁场增加了玉米植物中光合作用、气孔导度和叶绿素含量[112]。用不同磁场处理方法对两个玉米栽培品种的种子进行预处理，通过提高叶绿素、光化学淬灭和非光化学淬灭，显著缓解了干旱引起的不利影响[113]。Jan 等发现，减弱的地磁场显著刺激了磁场处理的浮萍植物的总叶面积的生长速度，而增强的地磁场与对照相比，暴露植物的生长速度受到抑制，但在统计学上没有显著性差异[114]。莴苣种子（*Lactuca sativa* var. *cabitat* L.）中的所有光合色素都在 0.44 T、0.77 T 和 1 T 稳态磁场下被显著诱导，尤其是叶绿素 a[103]。

关于稳态磁场和其他环境因素对光合作用共同影响的研究很少。Kataria 等发现在补充紫外线 B 辐射下，200 mT 稳态磁场预处理提高了大豆光合作用[115]。Fatima 等发现，即使在环境紫外线 B 胁迫下，200 mT 稳态磁场预处理后叶片生长和光合作用均增强[116]。此外，用 50～300 mT 稳态磁场预处理增加了大豆（*Glycine max*，品种 'JS-335'）中脉的水分吸收，进而导致光合作用和气孔导度的增加[117]。此外，Jovanić 等报道，稳态磁场导致了豆类叶片荧光光谱和温度发生了显著的变化，其中，荧光强度比和叶片温度变化 βT 随磁感应强度的增加而增大[118]。

7.3.5 稳态磁场对植物氧化还原状态的影响

活性氧/氮（ROS/RNS）等自由基的解偶联，均参与了稳态磁场诱导的植物氧化应激。自由基清除酶包括过氧化氢酶（CAT）、超氧化物歧化酶（SOD）、谷胱甘肽还原酶（GR）、谷胱甘肽转铁酶（GT）、过氧化物酶（POD）、抗坏血酸过氧化物酶（APX）和多酚氧化酶（POP）。它们在多种植物中的活性均可受稳态磁场影响，包括豌豆、萝卜（*Raphanus sativus*）、羊草（*Leymus chinensis*）、大豆、黄瓜（*Cucumis stivus*）、蚕豆、玉米、香菜（*Petroselinum crispum*）和小麦[119-121]。Mohammadi 等发现 0.2 mT 稳态磁场增加了烟草细胞（*Nicotiana tabacum* cv. Barley 21）中一氧化氮（NO）、过氧化氢（H_2O_2）和水杨酸（SA）的含量，并认为稳态磁场激活的信号通路从一氧化氮和过氧化氢的积累开始，然后增加环状核苷酸，随后减少细胞周期蛋白依赖性激酶 A（CDKA）和 D 型周期蛋白（CycD）[122]。Cakmak 等报道说 7 mT 稳态磁场增加了葱（*Allium ascalonicum*）叶的脂质过氧化和过氧化氢水平[123]。Jouni 等发现用 15 mT 稳态磁场处理植物会导致蚕豆（*Vicia faba*

L.）中 ROS 的积累，降低抗氧化防御系统，并增加膜脂质的过氧化水平[121]。Shokrollahi 等发现 20 mT 稳态磁场降低了大豆植物中的亚铁和 H_2O_2 含量、铁蛋白和过氧化氢酶的含量和活性，但在 30 mT 稳态磁场处理下观察到相反的反应[124]。Shine 等表明 150 mT 和 200 mT 稳态磁场增强了细胞壁过氧化物酶介导的 ROS 的产生，而胞浆过氧化物酶活性的增加表明这种抗氧化酶在清除磁处理大豆种子幼苗中产生的 H_2O_2 增加方面具有重要作用[125]。在用 600 mT 稳态磁场处理的绿豆幼苗中，Chen 等发现与单独镉胁迫相比，丙二醛、H_2O_2 和 O^- 浓度降低，而 NO 浓度和 NOS 活性增加，表明稳态磁场补偿镉暴露的毒理学效应与 NO 信号有关[126]。

7.3.6　隐花色素感应磁场

隐花色素（CRY）是一种黄素蛋白，参与植物响应蓝光的多个反应过程[127]。CRY 被认为是一种潜在的磁感受器，在 CRY 中光引发的电子转移化学可能凭借自由基对机制而具有磁敏感性[128,129]。地磁场（GMF）已被假设为影响 CRY 的氧化还原平衡和相关信号传递状态[130]；然而，稳态强磁场对其功能的影响在很大程度上仍然未知。

研究发现拟南芥基因组编码的三种 CRY 蛋白，分别是 CRY1、CRY2 和 CRY3[131]。CRY1 和 CRY2 作为主要的蓝光受体调节蓝光诱导的脱叶、光周期开花和生物钟[132]。Xu 等发现在 500 μT 磁场中生长的拟南芥幼苗，其 CRY1 和 CRY2 的蓝光依赖性磷酸化增强，而近零磁场削弱了 CRY2 但不削弱 CRY1 的蓝光依赖性磷酸化；在黑暗中，500 μT 磁场中的 CRY1 和 CRY2 去磷酸速度减慢，而在近零磁场中 CRY1 的去磷酸速度加快[133]。根据拟南芥 CRY1 中相对现实的自由基对系统模型中的计算，Solov'yov 等发现 500 μT 磁场可使 CRY 的信号活性增加 10%，这表明磁场影响了 CRY 的功能[134]。Pooam 等以植物生长和光依赖性磷酸化为检测手段，研究了拟南芥 CRY1 在体内对 500 μT 稳态磁场的反应，他们发现 CRY 光循环中的磁敏感反应步骤必须发生在黄素再氧化过程中，并且可能涉及 ROS 的形成[135]。Ahmad 等发现 500 μT 磁场增强了蓝光对拟南芥下胚轴生长的依赖性抑制[136]。缺乏 CRY 的拟南芥突变体的下胚轴生长不受磁感应强度增加的影响，而 CRY 依赖性反应，如蓝光依赖性的花青素积累和 CRY2 蛋白降解均随着磁场强度升高而增强。然而，尽管选择了与 Ahmad 的研究相匹配的实验条件，Harris 等发现在任何情况下检测到的磁场反应都无统计学意义[137]。

由于 CRY 是从光裂合酶演变而来，所以在许多不同的物种中保守。除植物外，在候鸟和哺乳动物眼睛中也检测到 CRY 的表达，这些都是脊椎动物中磁感受器的假定部位，而在通过磁筛选确定的假定脊椎动物磁感受器中没有证据显示细胞内有磁铁矿[138-140]。在动物中，CRY 也作为果蝇大脑中的昼夜节律光感受器，介导 24 h 的时钟光重置，但在脊椎动物中，由于光感应的差异，CRY 充当昼夜节律反馈回路的主要负调节器[3, 141]。非果蝇类昆虫也可以编码 CRY1 和 CRY2，但 CRY1 保留了它们的光感应特性，而 CRY2 则作为类似于在脊椎动物中的负调节器。Marley 等报道了胚胎发生过程中磁场暴露加上 CRY 光活化足以在果蝇第三龄期（L3）幼虫中产生更高的癫痫易感性[142]。Giachello 等提供的证据表明，暴露在 100 mT 磁场下足以增强光激活的 CRY 增加神经元动作电位开通的能力，这表明 CRY 的活性对能够改变动物行为的外加磁场敏感[143]。

7.4   稳态磁场对动物的影响

7.4.1   稳态磁场对秀丽隐杆线虫的影响

秀丽隐杆线虫（*Caenorhabditis elegans*，也常被简称为线虫）是一种小型自由生活的线虫，由于已知其全基因组序列，已被广泛用于解决发育生物学、神经生物学和行为生物学的很多基本问题。线虫在许多分子和细胞途径上与高等真核生物相似[144]，其独特的优势包括易于培养、体积小、生命周期短、基因可操作性、典型的发育以及高通量能力。由于其大约 50%的基因与人类有同源性，因此基于线虫的分析被视为评估物理和化学诱变剂及致癌物对人体潜在毒性的哺乳动物模型的替代品[145-149]。

最近有证据表明，秀丽隐杆线虫在垂直穴居迁移过程中，AFD 神经元对其在磁定向和垂直迁移中具有关键作用[150]。一对携带环境温度和化学刺激信息的被称为 AFD 的神经元在响应地磁场中具有关键作用。研究表明在包括时间、空间和环境因素等不同外部条件下，线虫在趋磁过程中具有独特的时空轨迹。他们发现在干燥条件下（相对湿度<50%），这些"小虫子"的磁取向可能更强[151]。使用在 AFD 神经元中表达的一些基因和钙敏感蛋白发生突变的线虫，发现编码了与人视网膜中发现的一种光感受器相似的离子通道蛋白的 *Tax-4* 基因，为磁迁移所必需[152]。这些研究为我们理解生物体如何利用地球磁场进行导航的神经生物学机制提供了重要依据。最近 Cheng 等发现 0.5 T 和 1 T 稳态磁场暴露大大减少了致病性铜绿假单胞菌的回避行为[153]。磁场暴露后其总血清素水平显著增加；相反，磁场对其他三种神经递质（包括胆碱、γ-氨基丁酸（GABA）和多巴胺）几乎没有影响（图 7.4），提示了中等强度稳态磁场诱导的线虫神经行为学障碍可能受到血清素的调节。

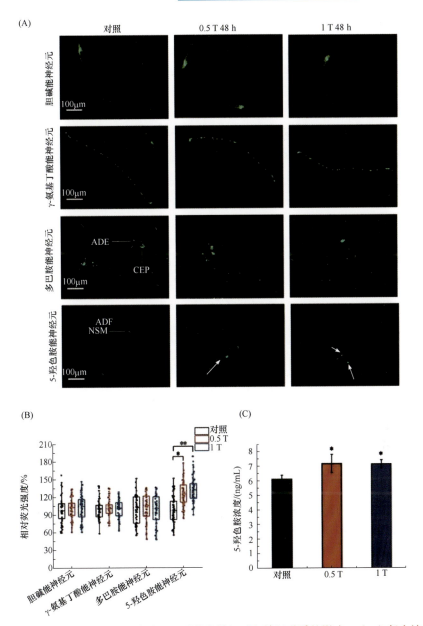

图 7.4　0.5 T 和 1 T 稳态磁场暴露 48 h 对线虫神经元和神经递质的影响。（A）每个神经递质神经元的荧光成像；从上到下依次为胆碱能神经元、GABA 能神经元、多巴胺能神经元和 5-羟色胺能神经元；ADE：胺类衍生兴奋性神经元；CEP：尾部表皮投射神经元；ADF：胺类衍生纤维性神经元；NSM：神经分泌型运动神经元。（B）四种神经递质系统（$n \geqslant 30$ 条线虫/组）。（C）长期暴露于稳态磁场后的血清素浓度。*代表 $P<0.05$,**代表 $P<0.01$。经许可转载自参考文献[153]

　　稳态磁场对线虫的影响主要集中在发育、衰老过程、行为和基因表达方面。Hung 等报道了 200 mT 稳态磁场处理后，线虫从 L2 到 L3 阶段的发育时间减少了 20%，从 L3 到 L4 阶段减少了 23%，从 L4 到年轻成虫减少了 31%。通过实时定量聚合酶链反应（PCR）验证了稳态磁场处理与 *lim-7*、*clk-1*、*daf-2*、*unc-3* 和 *age-1* 基因上调有关；相反，寿命分析显示稳态磁场处理对 *let-7*、*unc-3* 和 *age-1* 突变体没有影响[154]。Lee 等发现 200 mT 稳态磁场的长期暴露能够诱导线虫细胞的凋亡介导的行为下降[155]。最终确定了 26 个差异表达基因，涉及细胞凋亡、氧化应激和癌症相关基因。其中，参与主要凋亡途径的基因，包括 *ced-3*、*ced-4* 和 *ced-9* 的突变，消除了稳态磁场诱导的行为衰退。Kimura 等报道，在线虫中参与运动活性、肌动蛋白结合、细胞黏附和角质层的基因可以被 3 T 或 5 T 稳态磁场暴露瞬时特异性诱导[156]。电离辐射，而不是稳态磁场，上调了编码凋亡细胞死亡激活因子和分泌表面蛋白的几个基因。暴露于 3 T 或 5 T 稳态磁场不会诱导减数分裂中 DNA 双链断裂或种系细胞凋亡。然而，8.5 T 稳态磁场导致的线虫寿命降低和发育速度和阶段的改变均具有时间依赖性[156]（图 7.4）。暴露于 8.5 T 稳态磁场后，线虫生殖细胞凋亡通过核心凋亡机制显著增加，而同时使用自由基清除剂二甲基亚砜可起到预防作用[157]。Yang 等进一步探索了 10 T 稳态磁场对线虫 *him-5* 雄性突变体中精子及其后代的生物学效应，发现精子对稳态强磁场更敏感（图 7.5、图 7.6）[158]。尽管 10 T 稳态磁场对精子形态几乎无影响，但改变了未激活精子的大小和功能，降低 *him-5* 雄性线虫的繁殖能力。这些观察结果提供了有关稳态强磁场对线虫及其后代生殖功能影响的信息，有利于我们更好地了解稳态强磁场对生物系统的影响。

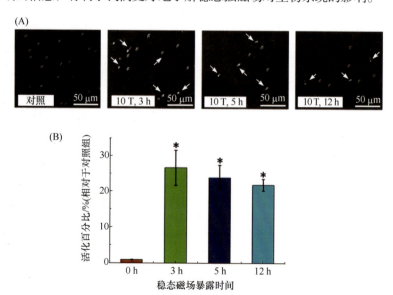

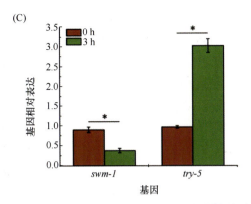

图 7.5　10 T 稳态磁场促进精子活化。（A）雄性 *him-5* 突变体暴露于 10 T 稳态磁场和精子的提前激活。白色箭头表示激活的精子（伪足）。10 T 稳态磁场暴露后的（B）精子活化百分比和（C）雄性 *him-5* 突变体中 *swm-1* 和 *try-5* 基因相对 mRNA 表达。数据来自三个独立实验。*代表 $p < 0.05$，与对照组相比。比例尺，50 μm。转载自参考文献[158]，开放获取

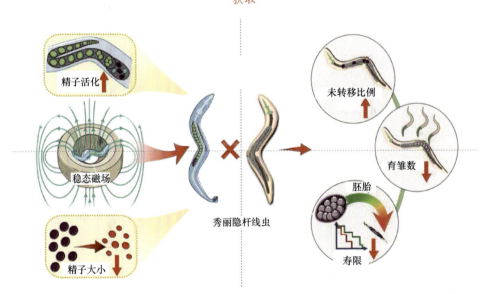

图 7.6　10 T 稳态磁场对线虫精子及其后代功能的影响。转载自参考文献[158]，开放获取

7.4.2　稳态磁场对昆虫的影响

磁场已被证明会影响多种昆虫的定向、产卵发育、繁殖力和行为。大量虫卵可以同时放入磁体中，因此研究昆虫卵在磁场暴露方面具有优势。4.5 mT 稳态磁场对产卵没有影响，却增加了果蝇卵、幼虫和蛹的死亡率，降低了成虫生存能

力[159]。在早期胚胎发育过程中，暴露于弱静磁场后，黑腹果蝇和烟芽夜蛾（*Heliothis virescens*）孵化率降低[160, 161]。据报道，在暴露于 98 mT 稳态磁场后，家天牛的活力和幼虫数量显著增加[162]。60 mT 稳态磁场降低了胚胎和胚胎后发育，并在黑腹果蝇和水蝇两个不同物种中导致了较弱的生存能力[163]。Todorović 等发现磁场组与杜比亚蟑螂（*Blaptica dubia*）对照组相比，长期暴露于 110 mT 稳态磁场显著降低了其肠道质量，以及谷胱甘肽还原酶（GR）和谷胱甘肽 *S*-转移酶（GST）活性[164]。他们进一步报道，110 mT 稳态磁场降低了若虫体重和脂肪体中的糖原含量，但增加了所有检查的运动参数[165]。在 2.4 T 稳态磁场的 N 和 S 组中，人们观察到亚盲果蝇的橡树和山毛榉种群具有更长的发育时间和较低生存能力，并显示是由氧化应激所介导[166]。在 9.4 T 和 14.1 T 强磁场中，蚊子卵孵化明显延迟[167]。

在昆虫中，神经内分泌系统是生命过程各方面的主要调节器，如发育和行为，而对外部磁场的探测和活动可能通过神经内分泌系统传输[168, 169]。375 mT 稳态磁场干扰了蜜蜂、黄粉虫和黄粉虫蛹的发育和存活[170, 171]。320 mT 稳态磁场改变了原脑 A1 和 A2 神经分泌神经元和咽侧体的形态计量参数[172]。而 50 mT 稳态磁场虽然不影响两种被检黄粉虫的蛹-成虫发育动态，但调节了它们的运动行为[173]。

果蝇的触角叶为研究神经回路功能提供了理想的完整神经网络模型[174]。Yang 等发现，3.0 T 稳态磁场能够调节果蝇触角叶中大型局部中间神经元（LN）的节律自发活动和果蝇触角叶中 LN/LN 同侧对的相关活动，表明果蝇是一种评估磁场影响的理想完整神经回路模型[175]。

稳态磁场的致突变效应研究发现比地磁场强 10～12 倍的稳态磁场会导致果蝇种群突变率升高[176]。2 T、5 T、14 T 稳态磁场会导致复制后修复缺陷果蝇的体细胞重组频率显著增强，但对核苷酸切除修复缺陷果蝇和 DNA 修复能力正常的果蝇却无影响[177]。

7.4.3 稳态磁场对罗马蜗牛的影响

罗马蜗牛具有简单神经系统，并表现出简单行为特征。单个识别神经元相对较大，易于操作，在神经节表面的位置固定，突触连接类型固定，因此被认为是一种很好的实验模型。Nikolić 等发现 2.7 mT 磁场引起罗马蜗牛食道下神经节 Br 神经元动作电位的幅度和持续时间发生变化，而 10 mT 磁场则改变了 Br 神经元静息电位、振幅峰值、发射频率和动作电位持续时间[178]。此外，10 mT 稳态磁场还会显著提高蜗牛神经系统中 Na^+/K^+-ATP 酶的活性和 α-亚基表达[179]。Hernádi

和 László 利用 147 mT 稳态磁场处理蜗牛 30 min，发现稳态磁场暴露通过影响血清素和阿片神经肽系统来介导外周热痛阈值[180]。

7.4.4　稳态磁场对水生动物的影响

海胆是唯一具有与哺乳动物相似发育模式的无脊椎动物。此外，海胆的配子易于获得，卵和早期胚胎透明且胚胎早期发育高度同步。30 mT 稳态磁场延迟了彩绘海胆（*Lytechinus pictus*）和巨紫球海胆（*Strongylocentrotus purpuratus*）有丝分裂的开始。暴露在稳态磁场下的彩绘海胆胚胎外原肠胚形成发生率增加 8 倍，但巨紫球海胆胚胎无影响[181]。梅氏长海胆受精卵暴露在 30 mT、40 mT 和 50 mT 磁场中会延迟早期卵裂分裂的发生并显著减少其卵裂细胞数；并且随着磁感应强度的增加，会更早出现异常[182]。

小龙虾逃逸回路中神经元之间的相互作用也已被研究。由于侧巨（lateral giant, LG）神经元易于进行电生理研究，Ye 等发现暴露在 4.74～43.45 mT 稳态磁场会增加侧巨神经元动作电位幅值，且与磁感应强度和暴露时间有关，而这是由侧巨神经元中胞内 Ca^{2+} 水平增加所介导。侧巨神经元中电和化学突触会产生兴奋性突触后电位，而且在 8.08 mT 稳态磁场处理 30 min 后被增强[183]。磁场处理后小龙虾灌注电解液或 Ca^{2+} 螯合剂以及细胞内 Ca^{2+} 释放阻滞剂预处理，均观察不到相同效应[184]。

斑马鱼（*Danio rerio*）作为遗传和神经行为研究中日益重要的模式物种，可以使研究人员更深入地理解稳态磁场生物学机制。利用基于负强化的快速全自动化检测系统，Shcherbakov 等发现微弱的磁场变化对在莫桑比克罗非鱼（一种在淡水和海洋之间定期迁徙的鱼类）的影响非常显著，而对非洄游斑马鱼无影响[185]。此外，Takebe 等发现斑马鱼通过双向定位来响应如地磁场一样微弱的磁场，而且这是一种无关血缘的群体特定偏好[186]。4.7～11.7 T 稳态磁场严重干扰成年斑马鱼定向和运动行为，而这些影响与其他感官模式的独立性表明它们由前庭系统介导（图 7.7）[187]。此外，在急性和亚急性暴露期间，稳态磁场可能会破坏里海库图姆鱼苗的新陈代谢和免疫系统[188]。Ge 等表明，9.0 T 稳态磁场暴露对斑马鱼胚胎的存活和整体发育无影响，但减缓了整个动物的发育速度。他们推测在如此高的稳态磁场下，微管和纺锤体的定位可能受到了干扰[189]。

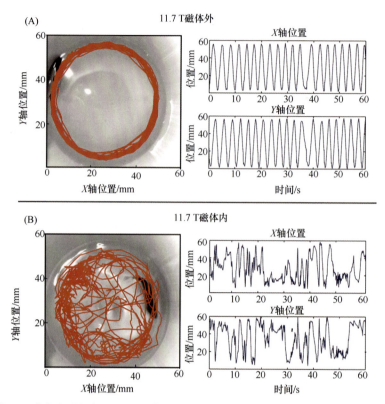

图 7.7 成年斑马鱼在 11.7 T 竖直磁场内外的行为学变化。追踪成年斑马鱼在进入磁场前 1 min（A）和在磁场内 1 min（B）运动路径。X 和 Y 方向的位置坐标显示时间函数。进入磁场后，斑马鱼游动轨迹变得不稳定，频繁滚动，紧密循环，游速增加。转载自参考文献 [187]，开放获取

7.4.5 稳态磁场对非洲爪蟾的影响

非洲爪蟾胚胎因其发育迅速且完全在母体外完成而被认为是一种研究脊椎动物发育和基因表达的有力工具。有研究发现 1 T 永磁体产生的磁场会降低豹蛙（*Rana pipiens*）卵的孵化率[190]。Ueno 等研究了非洲爪蟾卵暴露于 1 T 磁场后的影响，发现磁场不影响原肠胚和神经胚形成；然而，曝磁的卵偶尔会孵化出色素沉着减少、轴向异常或小头畸形的蝌蚪[191]。16.7 T 稳态磁场将第三次卵裂沟正常的水平方向转变为垂直方向，在 8 T 稳态磁场中亦是如此[192, 193]。这些结果表明，稳态磁场直接作用于有丝分裂期微管从而导致第三裂卵沟的异常。Kawakami 等发现 11～15 T 稳态磁场使两栖动物胚胎发育显著迟缓，并导致畸形、双头、异常黏液腺和多发畸形[194]。此外，*Xotx2*（前脑和中脑形态发育的重要调节器）和 *Xag1*

（对黏液腺形成至关重要）的表达被稳态强磁场显著抑制。Mietchen 等利用高达 9.4 T 的稳态磁场处理含有或不含凝胶层的可受精非洲爪蟾卵，发现当其凝胶层存在时磁场对其无明显影响，这表明稳态磁场的作用可能涉及通常由凝胶层所固定的皮层色素或相关细胞骨架结构[195]。

稳态磁场对神经系统的影响已在蛙坐骨神经中进行研究。1.16 T 均匀稳态磁场使坐骨神经复合动作电位的神经传导速度显著增加。Edelman 等将磁场置于神经纤维轴线周围，发现 385 mT 或 600 mT 稳态磁场可以显著提高蛙坐骨神经中复合动作电位的振幅[196]。Eguchi 等发现稳态磁场改变了由离子通道激活介导恢复过程中的膜激发[197]。Satow 等发现在条件试验刺激范式中，0.65 T 稳态磁场增加了牛蛙在恢复过程中的缝匠肌兴奋性[198]。Okano 等发现与未暴露对照相比，C 纤维的神经传导速度被 0.7 T 稳态磁场显著降低，但不被 0.21 T 稳态磁场影响[199]。尽管这种减少的机制尚未阐明，但稳态磁场可能会影响与 C 纤维相关的某些类型离子通道的行为。

7.4.6　稳态磁场对小鼠和大鼠的影响

1. 稳态磁场对骨骼生长、愈合和丢失的影响

稳态磁场已被用作骨骼健康维护和骨骼疾病治疗的一种物理方法，因为它可以促进骨折愈合和体内外成骨细胞形成[200-203]。Zhang 等发现 4 mT 稳态磁场可以抑制 1 型糖尿病大鼠小梁和皮质骨的结构恶化和机械强度降低[204]。他们比较了亚磁场（500 nT）或中等稳态磁场（0.2 T）下小鼠骨的微观结构和机械性能，发现暴露在中等稳态磁场下 4 周对骨生物机械性能有明显影响，但骨微观结构不受影响，而亚磁场明显抑制小鼠生长和骨弹性[205]。Shan 等报道显示在 20～204 mT 稳态磁场下，牙齿移位速度显著加快，牙周膜宽度显著增加[206]。2～4 T 稳态磁场通过刺激骨形成和抑制骨吸收来改善骨微观结构和强度[207]。

通过将磁化棒植入大鼠股骨干中段，Yan 等发现磁化股骨标本的骨密度和钙含量均显著增加[208]。这种缺血性骨模型中骨矿物质密度的显著降低可以通过 3 周稳态磁场暴露来预防[209]。稳态磁场不仅加速了骨新生，还加速了骨移植的整合[210,211]。Kotani 等发现，8 T 高稳态磁场刺激小鼠平行于磁场方向的异位骨的形成，该研究中小鼠被植入含有骨形态发生蛋白-2 的小颗粒[212]。Xu 等使用 OVX 大鼠模型来代表骨丢失临床特征，发现与对照组相比，稳态磁场显著增加了骨质疏松大鼠的腰椎脊椎骨密度，而不影响血清 E2（17-b-雌二醇）水平[213]。Taniguchi 等研究了大鼠全身暴露于稳态磁场对骨形成的影响，发现稳态磁场有助于缓解佐剂性关节炎引起的疼痛，骨密度也显著增加[214]。然而，在相同稳态磁场暴露装置下，

Taniguchi 等进一步发现，稳态磁场确实在一定程度上抑制了 OVX 大鼠胫骨的骨丢失，但其骨密度仍远低于正常大鼠[215]。

2. 稳态磁场对心血管系统的影响

1）血压和血流

已有文献报道毫特斯拉水平的稳态磁场能够调节循环血流动力学和/或动脉血压和压力反射敏感性（BRS）。Okano 等发现稳态磁场抑制自发性高血压大鼠（SHR）血压升高，这是由一氧化氮（NO）通路、Ca^{2+} 通道和激素调节系统介导[216]。Tasić 等通过对血液学特征的计算，发现不同方向稳态磁场对自发性高血压大鼠的血液学指标有不利影响，但其心脏和肾脏形态特征不受影响[217]。Li 等发现 20～150 mT 稳态磁场对构建的大鼠和小鼠血栓模型均具抗血栓作用，表明这是一种对于血栓相关疾病的非侵入性预防和治疗方式[218]。

众所周知，皮肤表面温度和皮肤血流量近似成正比。Ichioka 等报道了将麻醉大鼠全身暴露于 8 T 稳态磁场中，其皮肤血流量和温度均减少和降低，撤走磁场后又恢复[219]。此外，0.4～8 T 稳态磁场使小鼠皮肤表面温度升高和直肠温度降低。然而，也有与上述结果相反的报道显示强均匀场或梯度磁场未使啮齿动物体温发生变化[220]。

2）心脏功能

在外加磁场中的血液流动会引起主动脉和中枢循环系统的其他主要动脉产生感应电压，这种电压可以在心电图中作为叠加电信号被观察到。最大的磁感应电压发生在搏动性血流进入主动脉时出现，并导致心电图中 T 波位置的信号增加。在暴露于 2～7 T 稳态磁场的松鼠猴和暴露于 1 T 稳态磁场的兔子中，均观察到其心电图中具有一个显著增加的 T 波[221, 222]。Gaffey 等报道了类似的结果，当大鼠暴露于 2 T 均匀稳态磁场时，其心电图中出现的 T 波信号具有场强剂量依赖效应[223]。此外，大鼠暴露在 128 mT 稳态磁场后会减少其心肌组织谷胱甘肽过氧化物酶（GPx）和铜锌-超氧化物歧化酶（CuZn-SOD）的含量[224]。

3）血液指标

128 mT 稳态磁场对血液学参数的影响已在大鼠中进行了研究。Amara 等发现 128 mT 的稳态磁场显著降低了雄性 Wistar 大鼠的生长速度，但是却增加了其血液中的血浆总蛋白、血红蛋白、红细胞、白细胞、血小板数量，以及促进了乳酸脱氢酶（LDH）、天冬氨酸转氨酶（AST）和丙氨酸转氨酶（ALT）的活性；相比之下，葡萄糖浓度未受影响[225]。Milovanovich 等发现 128 mT 向上和向下稳态磁场都造成了白细胞总数（WBC）的减少[226]。Chater 等发现 128 mT 稳态磁场亚急性暴露会刺激雌性大鼠血浆皮质酮的生物合成和金属硫蛋白活性，同时升高了血糖和抑制了胰岛素释放，导致怀孕大鼠出现糖尿病状态[227]。Elferchichi 等发现成年大鼠接触稳态磁场后血糖平衡受损，脂质代谢失调[228]。但他们注意到，128 mT 稳态磁场诱导单羧酸盐转运体（MCT4）和葡萄糖转运体 4（Glut4）增加，从而进入假性贫血状态。Atef 等使用数百个毫特斯拉强度的磁场处理小鼠 10 min 后，发现其血红蛋白（Hb）氧化反应的速度在 350～400 mT 场强间下降[229]。然而，Djordjevich 等发现尽管向上和向下的磁场导致血清转铁蛋白的水平在统计学上显著提高，但血红蛋白和血细胞比容未发生变化[230]。

此外，补充维生素 D 可以纠正和恢复稳态磁场暴露导致的大鼠血糖和胰岛素异常[231]。硒（Se）改善了稳态磁场导致的血液不良氧化应激，而补充锌可以通过其抗氧化作用来防止稳态磁场的毒性作用[232]。

3. 稳态磁场对消化系统的影响

稳态磁场对消化系统的影响在很大程度上并不清楚。人们发现 128 mT 稳态磁场增加总谷胱甘肽（GSH）水平以及超氧化物歧化酶（SOD）和过氧化氢酶（CAT）活性，并通过涉及线粒体凋亡诱导因子（AIF）的半胱天冬酶非依赖性途径提高大鼠肝细胞凋亡水平，当通过补充硒和维生素 E 后这些现象均恢复[233]。Amara 等发现大鼠暴露在 128 mT 稳态磁场后其肾脏 8-羟基-2-脱氧鸟苷（8-oxodGuo）浓度有所上升[224]。

4. 稳态磁场对内分泌系统的影响

稳态磁场对内分泌系统的影响与胰岛素、松果体和睾丸等功能有关。Jing 等发现 180 mT 稳态磁场能够显著促进糖尿病创面愈合过程，并增强伤口的抗拉强度[234]；然而，180 mT 局部稳态磁场处理对糖尿病大鼠的胰岛素分泌或胰腺细胞有轻微影响[235]。Feng 等发现钕铁硼永磁体提供的稳态磁场通过抑制氧化应激促进糖尿病小鼠伤口愈合[236]。Elferchichi 等发现暴露在中等强度稳态磁场后的代谢改变可能引发糖尿病前期状态的发展[237]。暴露于 128 mT 的稳态磁场会导致大鼠血浆葡萄糖水平上升和血浆胰岛素浓度下降，而且补充维生素 D 后会改善[231,238]。此外，曝磁组 β-细胞胰岛素含量、葡萄糖转运体 GLUT2 的表达和胰岛面积均小于对照组。Shuo 等发现中等强度稳态磁场能以剂量依赖的方式（图 7.8）引起大鼠大脑葡萄糖代谢异常，这与焦虑行为密切相关[239]。然而 László 等表明，几周中每天重复的稳态磁场暴露对糖尿病小鼠的高血糖水平有保护作用[240]。Li 等还报道了 400 mT 和 600 mT 中等稳态磁场对糖尿病小鼠具有保护作用[218]。Yu 等进一步发现，向下方向 100 mT 稳态磁场可以有效抑制高血糖、脂肪肝、体重增加和组织损伤，而向上方向的稳态磁场则不能[241]。12 h 至 8 天的弱稳态磁场（800 Gs）

和 45 min 7 T 磁共振成像磁体暴露对大鼠夜间松果体、血清褪黑素水平以及 5-羟色胺（5-HT）和 5-羟基吲哚乙酸（5-HIAA）有轻微影响[242]。Abdelmelek 等报道了 128 mT 稳态磁场导致大鼠腓肠肌中去甲肾上腺素含量的增加[243]。

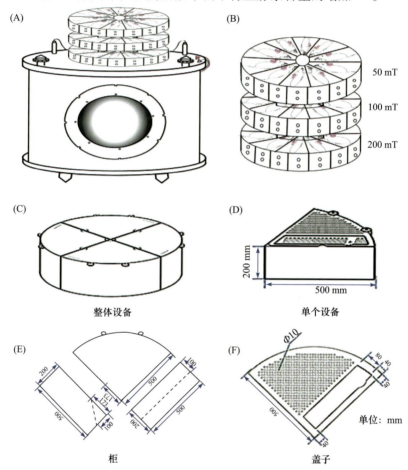

图 7.8　稳态磁场暴露示意图。（A）使用超导磁体处理整个大鼠。（B）有机鼠笼。（C）有机鼠笼的整体装置。（D）有机鼠笼的单个装置。（E）有机鼠笼柜。（F）有机鼠笼盖。经许可转载自参考文献[239]

5. 稳态磁场对淋巴系统的影响

Bellossi 等发现 600 mT 或 800 mT 稳态磁场能显著延长一种自发性淋巴细胞白血病雌性 AKR 小鼠的寿命[244]。Yang 等观察到 200~400 mT 稳态磁场延长了携带 L1210 白血病细胞小鼠的平均寿命，并增加了正常小鼠的脾和胸腺指数[245]。Milovanovich 等报道称，128 mT 稳态磁场导致血清中淋巴细胞减少，脾脏和肾脏炎症中粒细胞减少，以及血液和各种器官中促炎细胞的特异性再分布[226]。De 等表明 1 mT 稳态磁场减少小鼠脾脏中的锌含量，而铜含量无变化[246]。

6. 稳态磁场对神经系统的影响

神经系统，包括大脑、脊髓和神经元均是磁场重要靶点。稳态磁场暴露对大鼠不同组织（包括脑组织）的细胞水化具有强调节作用。Krištofiková 等研究发现 140 mT 稳态磁场方向的改变对 Wistar 大鼠出生后大脑发育和两个海马功能特化的功能性具有致畸风险[247]。全身曝磁和脊柱局部曝磁对耳厚度会产生几乎相同的效应，而且可能涉及一种下脊柱区域对磁场暴露的响应，并显示脊柱局部曝磁会影响耳厚度[248]。Dinčic 等报道了暴露于 1 mT 稳态磁场后大鼠突触体 ATP 酶活性增加[249]。Veliks 等通过测量心率和节律性研究了 100 mT 稳态磁场对大鼠脑植物性神经系统的影响，发现稳态磁场的有效性在很大程度上取决于脑自主神经中枢的功能特性和功能活动[250]。Yakir-Blumkin 等将一个小磁片植入大鼠头骨，该磁片在脑室下区产生的平均磁感应强度为 4.3 mT，在内皮层为 12.9 mT，发现低强度稳态磁场暴露增强了年轻成年大鼠脑室下区细胞的增殖和新皮质区表达双皮质素细胞的增殖[251]。

行为效应是神经系统功能的基本反应。128 mT 稳态磁场不仅改变了十字迷宫中大鼠的情绪行为和长期空间记忆能力，而且还导致 Morris 水迷宫中大鼠的认知障碍，或至少是严重的注意力障碍[252]。Saeedi 等发现雄性 Wistar 大鼠在 5 mT 稳态磁场处理后会增加地佐环平（MK-801），N-甲基-D-天冬氨酸（NMDA）受体阻滞剂的神经行为效应[253]。Maaroufi 等表明稳态磁场处理无严重后果，但会影响长期空间记忆[254]。Weiss 等在一项简单 T 迷宫研究中发现 4 T 稳态磁场处理对大鼠急性行为和神经影响非常显著[255]。大鼠暴露于 9.4 T 超导磁体产生的磁场 30 min 后，诱发了紧密的环绕运动活动、条件性味觉厌恶以及 c-Fos 在脑干内特定前庭和内脏核中的表达[256, 257]。Houpt 等进一步研究了大鼠行为和 7 T 或 14 T 稳态磁场之间的关系，发现曝磁组中出现饮水减少、更多环绕和更少养育行为，短时间内出现条件性味觉厌恶，其中大鼠环绕的方向取决于稳态磁场方向（图 7.9）[258, 259]。响应磁场产生的行为反应会被化学迷路切除术所阻止，这意味着完整的内耳前庭系统是与磁场相互作用的位点[258, 260]。Tkáč 等发现，16.4 T 稳态磁场可诱导小鼠前庭系统的长期损伤，而 10.5 T 稳态磁场暴露则无影响[261]。Gyires 等报道，在小鼠扭体实验中，2～754 mT 稳态磁场处理小鼠会产生与阿片类药物介导的镇痛作用相同的效果[262]。小鼠暴露于 3～477 mT 非均匀和 145 mT 均匀稳态磁场中时，对化学致痛引起的内脏疼痛也会产生镇痛效果[263]。Zhu 等发现，20～204 mT 稳态磁场环境可以降低小鼠的面部疼痛，并在模拟牙齿移动过程中显著下调小鼠三叉神经节的 P2X3 受体[264]。

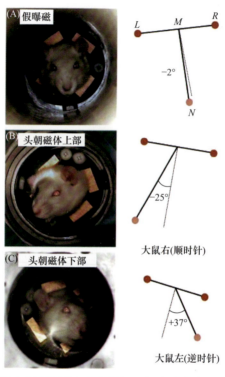

图 7.9   14.1 T 稳态磁场对小鼠头部运动的影响。（A）大鼠在 Sham 假曝磁组中；（B）14.1 T 磁场中鼠头朝上；（C）14.1 T 磁场中鼠头朝下。左侧的面板是录像记录的面板。右侧展示了从鼻子（N）到左眼（L）和右眼（R）位置之间的中点（M）的角度，定义为头部倾斜的量化。偏向垂直方向右侧的定义为负角度图（A），偏向左侧的定义为正角度图（C）。

经许可转载自参考文献[258, 259]

Rivadulla 等利用脑电图检测发现 0.5 T 稳态磁场处理 1～2 h 可以减少麻醉大鼠和猴子的癫痫样活动[265]。Antal 等发现非均匀亚稳态磁场可以抑制神经内机械刺激小鼠敏感性的增加，这与临床磁共振仪的稳态磁场的镇痛作用一致[266]。在亨廷顿病大鼠模型中，利用与阿扑吗啡（APO）相关的喹啉酸损伤 7 天后，稳态磁场的南北极产生了截然不同的行为学模式和形态[267]。Lv 等发现，7 T 稳态磁场暴露 8 h 可减轻抑郁小鼠的抑郁状态，包括减少悬尾实验的不动时间和增加蔗糖偏好。脑组织分析显示，11.1～33.0 T 和 7 T 稳态磁场可分别使催产素增加 164.65% 和 36.03%，促进海马 c-Fos 水平增加 14.79%[268]。然而，Sekino 等却报道了 8 T 的稳态磁场在大鼠中会上调神经 C 纤维的动作电位，其功能就是一种"疼痛传送者"[269]。

7. 稳态磁场对生殖和发育的影响

近年来，稳态磁场对人类精子发生、器官发生，甚至个体发生方面的负面影响备受关注。此外，胚胎发育也是一个对稳态磁场高度敏感的过程。许多研究人员探索了不同稳态磁场磁感应强度和暴露方法对小鼠及其胚胎的生物学效应。暴露模式主要是间歇性短期和持续长期暴露。研究发现，不同稳态磁场参数和暴露方法对生物体影响不同，如表 7.3 所示。

表 7.3　稳态磁场对生殖和发育的影响

种类	稳态磁场暴露	生物学效应	参考文献
小鼠	1.5 T，30 min	对精子发生和胚胎发生有轻微影响	[270]
大鼠	128 mT，1 h/d，持续 30 d	对大鼠睾丸的精子形成无影响，但睾酮浓度降低，氧化应激增加	[271]
雄性和雌性成年大鼠	9.4 T 稳态磁场持续 10 周	对雄性和雌性成年大鼠或其后代无不良生物影响	[272]
怀孕小鼠	7 T 稳态磁场 30 min/d，持续 18.5 d	对小鼠的运动、探索、空间学习等多种行为无明显影响	[273]
小鼠	500～700 mT，单次、短期或连续、长期暴露	无明显影响	[274]
小鼠	20 mT，30 min/d，3 次/周，共 2 周	精子数量、活力和每日精子产量下降，睾丸组织病理学明显变化	[275]
小鼠	4.7 T 稳态磁场，第 7.5 d ～第 9.5 d	对怀孕的远交小鼠和胎儿发育没有显著影响	[276]
小鼠	2.8～476.7 mT，40 min/d	胎儿发育和分娩均正常	[277]
大鼠	第 1～第 20 d 暴露于 30 mT 稳态磁场	大鼠每窝活胎的数量减少	[278]
小鼠胎儿	400 mT，每天 60 min	对胎儿发育有明显的致畸作用	[279]
小鼠	1.5 T 和 7 T，75 min/d	对妊娠期、产仔数、活产数或出生体重均无不良影响且未见致畸作用	[280]
小鼠	整个产前发育过程中使用 7 T 稳态磁场	降低胚胎重量和发育迟缓	[281]
小鼠	60 mT 稳态磁场 20 min	提高了胚胎的卵裂率	[282]

7.4.7　动物中的磁感应蛋白

许多动物已经进化到能够利用地磁场的方向来进行定位、导航和远距离迁徙。蓝光受体 CRY 在蓝光处理后可形成自由基对，被认为是一种磁受体。CRY 不仅在植物中表达，也在蝶蛾、果蝇、鸟类和哺乳动物眼中表达[138,139]。Gegear 等发现在磁场作用下，黑腹果蝇 CRY 突变体既没有表现出原始的，也没有表现出训练过的对磁场的反应，而野生型果蝇则对磁场表现出明显的原始的以及训练过的对磁场的响应[283]，并且在果蝇 CRY 突变体中表达帝王蝶（*Danaus plexippus*）CRY 基因，可以使其恢复对磁场的响应[284]。Marley 等报道了在胚胎发育期间磁场处理联合 CRY 光激活足以在果蝇第三龄期（L3）幼虫中产生更高的癫痫易感性[142]。Giachello 等提供了新的证据表明，100 mT 稳态磁场足以促进光激活 CRY 活性进而增强神经元动作电位，表明 CRY 活性对外界磁场敏感进而能够改变动物行为[143]。CRY 在果蝇脑中也可作为昼夜光感受器，调节 24 h 生物钟的光重置，但在脊椎动物中，由于光感受的差异，所以 CRY 主要作为负调节昼夜节律的反馈回路[3, 141]。非果蝇昆虫也编码 CRY1 和 CRY2，但是只有 CRY1 保留了感光性能，而 CRY2 则作为和脊椎动物一样的负调控因子。

　　为了研究 CRY4 与来自欧洲知更鸟（*Erithacus rubecula*）的被认为与磁感应有关的含铁-硫簇组装蛋白（ISCA1）之间的可能相互作用，Kimø 等报道了 ISCA1 复合物和 CRY4 能够结合；然而这种结合的特殊性并不支持 ISCA1 与磁感应相关[25]。在果蝇中，CRY 作为复眼横纹肌中的"组装"蛋白发挥着不依赖光的作用[80]。Sheppard 等证实黑腹果蝇 CRY 中的光诱导电子转移反应确实受到几毫特斯拉磁场的影响[285]。Günther 等对夜间迁徙的欧洲知更鸟视网膜上的 CRY4（ErCRY4）进行了测序，并预测了 ErCRY4 蛋白目前尚未解析的结构，判断其可能会与黄素结合。他们还发现 CRY1a、CRY1b 和 CRY2 mRNA 显示出强大的昼夜节律交替模式，而 CRY4 只显示出弱的昼夜节律交替[286]。Nohr 等为果蝇 CRY 中延长的电子转移级联提供了令人信服的证据，并确定 W394 是黄素光还原和形成自旋相关自由基对的关键残基，具有足够的寿命用于高灵敏度磁场传感[287]。Xu 等发现来自夜间迁徙的欧洲知更鸟的 CRY4 在体外具有磁敏感性，并且比来自两种非候鸟的 CRY4 更敏感，即原鸡（*Gallus gallus*）和鸽子（*Columba livia*）。ErCRY4 的位点特异性突变揭示了四个连续的黄素-色氨酸自由基对在产生磁场效应和稳定潜在信号状态中的作用，使夜间候鸟的传感和信号功能可以被独立优化[288]。Wan 等报道了帝王蝶对地球磁倾角逆转的反应是以 UV-A/蓝光和 CRY1，而不是 CRY2 的方式进行，并进一步证明了表达 CRY1 的触角和眼睛都可能是磁感应器官[289]。

7.5　结论和展望

　　稳态磁场是强度和方向不随时间变化的磁场，其对生物系统的影响在很大程度上取决于靶组织、磁特性、磁支撑装置、剂量方案以及曝磁方法和时间。尽管稳态磁场对生物体的相互作用是一个快速发展的研究领域，但存在着许多不一致和看似矛盾的结果。这可能是由于缺乏合适的系统性的方法去分离与磁场相关的其他因素，包括地磁场、不同的曝磁系统、不同的生物模型系统以及培养条件和不同的检测方法等。随着超导技术的快速发展，用于医学和学术研究的稳态磁场的强度稳步增加。为了追求更高分辨率和灵敏度，MRI 和磁共振波谱（MRS）仪器使用了几特斯拉或更高强度已十分常见，人类和动物研究已分别在高达 9.4 T 和 21.1 T 下进行。同时强稳态磁场也会在热核反应堆、粒子加速器等设施存在，但目前暴露在强稳态磁场中的生物体数据还不足以评估这些潜在的生态系统风险，还需各领域研究人员进行更广泛更深入的探索。

参 考 文 献

[1] Qin S, Yin H, Yang C, et al. A magnetic protein biocompass. Nat. mater., 2016, 15 (2): 217-226.

[2] Bellinger M R, Wei J D, Hartmann U, et al. Conservation of magnetite biomineralization genes in all domains of life and implications for magnetic sensing. Proc. Natl. Acad. Sci. U. S. A., 2022, 119 (3): e2108655119.

[3] Fedele G, Green E W, Rosato E, et al. An electromagnetic field disrupts negative geotaxis in *Drosophila via* a CRY-dependent pathway. Nat. Commun., 2014, 5: 4391.

[4] Bajpai I, Saha N, Basu B. Moderate intensity static magnetic field has bactericidal effect on *E. coli* and *S. epidermidis* on sintered hydroxyapatite. J. Biomed Mater. Res. B. Appl. Biomater., 2012, 100 (5): 1206-1217.

[5] Fan W, Huang Z, Fan B. Effects of prolonged exposure to moderate static magnetic field and its synergistic effects with alkaline pH on Enterococcus faecalis. Microb. Pathog., 2018, 115: 117-122.

[6] Morrow A, Dunstan R, King B, et al. Metabolic effects of static magnetic fields on Streptococcus pyogenes. Bioelectromagnetics, 2007, 28 (6): 439-445.

[7] Potenza L, Ubaldi L, De Sanctis R, et al. Effects of a static magnetic field on cell growth and gene expression in *Escherichia coli.* Mutat. Res., 2004, 561(1-2): 53-62.

[8] El May A, Snoussi S, Ben Miloud N, et al. Effects of static magnetic field on cell growth, viability, and differential gene expression in *Salmonella.* Foodborne. Pathog. Dis., 2009, 6 (5): 547-552.

[9] Ben Mouhoub R, El May A, Boujezza I, et al. Viability and membrane lipid composition under a 57mT static magnetic field in *Salmonella hadar.* Bioelectrochemistry, 2018, 122: 134-141.

[10] Nakamura K, Okuno K, Ano T, et al. Effect of high magnetic field on the growth of Bacillus subtilis measured in a newly developed superconducting magnet biosystem. Bioelectrochem. Bioenerg., 1997, 43 (1): 123-128.

[11] Horiuchi S, Ishizaki Y, Okuno K, et al. Drastic high magnetic field effect on suppression of *Escherichia coli* death. Bioelectrochemistry, 2001, 53 (2): 149-153.

[12] Ji W J, Huang H M, Deng A, et al. Effects of static magnetic fields on *Escherichia coli.* Micron, 2009, 40 (8): 894-898.

[13] Kohno M, Yamazaki M, Kimura I, et al. Effect of static magnetic fields on bacteria: *Streptococcus*

mutans, *Staphylococcus aureus*, and *Escherichia coli*. Pathophysiology, 2000, 7 (2): 143-148.

[14] Letuta U G, Berdinskiy V L. Biological effects of static magnetic fields and zinc isotopes on *E. coli* bacteria. Bioelectromagnetics, 2019, 40 (1): 62-73.

[15] Nagy P, Fischl G. Effect of static magnetic field on growth and sporulation of some plant pathogenic fungi. Bioelectromagnetics, 2004, 25 (4): 316-318.

[16] Albertini M C, Accorsi A, Citterio B, et al. Morphological and biochemical modifications induced by a static magnetic field on *Fusarium culmorum*. Biochimie, 2003, 85 (10): 963-970.

[17] Novăk J, Strašák L, Fojt L, et al. Effects of low-frequency magnetic fields on the viability of yeast *Saccharomyces cerevisiae*. Bioelectrochemistry, 2007, 70 (1): 115-121.

[18] Ruiz-Gómez M J, Prieto-Barcia M I, Ristori-Bogajo E, et al. Static and 50 Hz magnetic fields of 0.35 and 2.45 mT have no effect on the growth of *Saccharomyces cerevisiae*. Bioelectrochemistry, 2004, 64 (2): 151-155.

[19] Santos L O, Alegre R M, Garcia-Diegoc, et al. Effects of magnetic fields on biomass and glutathione production by the yeast *Saccharomyces cerevisiae*. Process. Biochem., 2010, 45 (8): 1362-1367.

[20] Muniz J B F, Marcelino M, da Motta M, et al. Influence of static magnetic fields on S. cerevisae biomass growth. Braz. Arch. Biol. Technol., 2007, 50: 515-520.

[21] Kthiri A, Hidouri S, Wiem T, et al. Biochemical and biomolecular effects induced by a static magnetic field in *Saccharomyces cerevisiae*: Evidence for oxidative stress. PLoS One, 2019, 14 (1): e0209843.

[22] Malko J, Constantinidis I, Dillehay D, et al. Search for influence of 1.5 Tesla magnetic field on growth of yeast cells. Bioelectromagnetics, 1994, 15 (6): 495-501.

[23] Iwasaka M, Ikehata M, Miyakoshi J, et al. Strong static magnetic field effects on yeast proliferation and distribution. Bioelectrochemistry, 2004, 65 (1): 59-68.

[24] Quiñones-Peña M A, Tavizon G, Puente J L, et al. Effects of static magnetic fields on the enteropathogenic *Escherichia coli*. Bioelectromagnetics, 2017, 38 (7): 570-578.

[25] Kimø S, Friis I, Solov'yov I A. Atomistic insights into cryptochrome interprotein interactions. Biophys. J., 2018, 115 (4): 616-628.

[26] Egami S, Naruse Y, Watarai H. Effect of static magnetic fields on the budding of yeast cells. Bioelectromagnetics, 2010, 31 (8): 622-629.

[27] Letuta U G. Magnetic isotopes of 25Mg and 67Zn and magnetic fields influence on adenosine triphosphate content in *Escherichia coli*. J. Phys. Conf. Ser., 2020, 1443(1): 012015.

[28] Mouhoub R B, May A E, Cheraief I, et al. Influence of static magnetic field exposure on fatty acid composition in Salmonella Hadar. Microb. Pathog., 2017, 108: 13-20.

[29] Mihoub M, El May A, Aloui A, et al. Effects of static magnetic fields on growth and membrane lipid composition of *Salmonella typhimurium* wild-type and dam mutant strains. Int. J. Food. Microbiol., 2012, 157 (2): 259-266.

[30] Tang H F, Wang P, Wang H, et al. Effect of static magnetic field on morphology and growth metabolism of *Flavobacterium* sp. m1-14. Bioprocess. Biosyst. Eng., 2019, 42 (12): 1923-1933.

[31] Hu X, Qiu Z N, Wang Y R, et al. Effect of ultra-strong static magnetic field on bacteria:

application of Fourier-transform infrared spectroscopy combined with cluster analysis and deconvolution. Bioelectromagnetics, 2009, 30 (6): 500-507.

[32] She Z C, Hu X, Zhao X S, et al. FTIR investigation of the effects of ultra-strong static magnetic field on the secondary structures of protein in bacteria. Infrared. Phy. Techn., 2009, 52 (4): 138-142.

[33] Carlioz A, Touati D. Isolation of superoxide dismutase mutants in *Escherichia coli*: is superoxide dismutase necessary for aerobic life? EMBO. J., 1986, 5 (3): 623-630.

[34] Righi H, Arruda-Neto J D T, Gomez J G C, et al. Exposure of *Deinococcus radiodurans* to both static magnetic fields and gamma radiation: Observation of cell recuperation effects. J. Biol. Phys., 2020, 46 (3): 309-324.

[35] Mahdi A, Gowland P, Mansfield P, et al. The effects of static 3.0 T and 0.5 T magnetic fields and the echo-planar imaging experiment at 0.5 T on *E. coli*. Br. J. Radiol., 1994, 67: 983-987.

[36] Ikehata M, Koana T, Suzuki Y, et al. Mutagenicity and co-mutagenicity of static magnetic fields detected by bacterial mutation assay. Mutat. Res., 1999, 427 (2): 147-156.

[37] Schreiber W G, Teichmann E M, Schiffer I, et al. Lack of mutagenic and co-mutagenic effects of magnetic fields during magnetic resonance imaging. J. Magn. Reson. Imaging., 2001, 14: 779 - 788.

[38] Belyaev I, Alipov Y, Shcheglov V, et al. Cooperative response of *Escherichia coli* cells to the resonance effect of millimeter waves at super low intensity. Electro- Magnetobiol., 1994, 13: 53-66.

[39] Zhang Q M, Tokiwa M, Doi T, et al. Strong static magnetic field and the induction of mutations through elevated production of reactive oxygen species in *Escherichia coli* soxR. Int. J. Radiat., 2003, 79: 281-286.

[40] Tsuchiya K, Okuno K, Ano T, et al. High magnetic field enhances stationary phase-specific transcription activity of *Escherichia coli*. Bioelectrochem. Bioenerg., 1999, 48 (2): 383-387.

[41] Ikehata M, Iwasaka M, Miyakoshi J, et al. Effects of intense magnetic fields on sedimentation pattern and gene expression profile in budding yeast. J. Appl. Phys., 2003, 93: 6724-6726.

[42] Gao W, Liu Y, Zhou J, et al. Effects of a strong static magnetic field on bacterium *Shewanella oneidensis*: An assessment by using whole genome microarray. Bioelectromagnetics, 2005, 26: 558-563.

[43] Potenza L, Saltarelli R, Polidori E, et al. Effect of 300 mT static and 50 Hz 0.1 mT extremely low frequency magnetic fields on *Tuber borchii Mycelium*. Can. J. Microbiol., 2012, 58: 1174-1182.

[44] Snoussi S, May A E, Coquet L, et al. Adaptation of Salmonella enterica Hadar under static magnetic field: Effects on outer membrane protein pattern. Proteome. Sci., 2012, 10 (1): 6.

[45] Snoussi S, El May A, Coquet L, et al. Unraveling the effects of static magnetic field stress on cytosolic proteins of *Salmonella* by using a proteomic approach. Can. J. Microbiol., 2016, 62 (4): 338-348.

[46] Moisescu C, Ardelean I, Benning L. The effect and role of environmental conditions on magnetosome synthesis. Front. Microbiol., 2014, 5: 49.

[47] Staniland S, Ward B, Harrison A, et al. Rapid magnetosome formation shown by real-time X-ray magnetic circular dichroism. Proc. Natl. Acad. Sci. U. S. A., 2007, 104 (49): 19524-19528.

[48] Komeili A, Vali H, Beveridge T J, et al. Magnetosome vesicles are present before magnetite formation, and *MamA* is required for their activation. Proc. Natl. Acad. Sci. U. S. A., 2004, 101 (11): 3839-3844.

[49] Matsunaga T, Okamura Y, Fukuda Y, et al. Complete genome sequence of the facultative anaerobic magnetotactic bacterium *Magnetospirillum* sp. strain AMB-1. DNA. Res., 2005, 12 (3): 157-166.

[50] Nakamuar C, Burgess J G, Sode K, et al. An iron-regulated gene, *MagA*, encoding an iron transport protein of *Magnetospirillum* sp. strain AMB-1(*). J. Biol. Chem., 1995, 270 (47): 28392-28396.

[51] Grünberg K, Wawer C, Tebo B M, et al. A large gene cluster encoding several magnetosome proteins is conserved in different species of magnetotactic bacteria. Appl. Environ. Microbiol., 2001, 67 (10): 4573-4582.

[52] Amemiya Y, Arakaki A, Staniland S S, et al. Controlled formation of magnetite crystal by partial oxidation of ferrous hydroxide in the presence of recombinant magnetotactic bacterial protein Mms6. Biomaterials., 2007, 28 (35): 5381-5389.

[53] Yoshino T, Matsunaga T. Efficient and stable display of functional proteins on bacterial magnetic particles using mms13 as a novel anchor molecule. Appl. Environ. Microbiol., 2006, 72 (1): 465-471.

[54] Matsunaga T, Suzuki T, Tanaka M, et al. Molecular analysis of magnetotactic bacteria and development of functional bacterial magnetic particles for nano-biotechnology. Trends. Biotechnol., 2007, 25 (4): 182-188.

[55] Barber-Zucker S, Keren-Khadmy N, Zarivach R. From invagination to navigation: The story of magnetosome-associated proteins in magnetotactic bacteria. Protein. Sci., 2016, 25 (2): 338-351.

[56] Wang X K, Ma Q F, Jiang W, et al. Effects of hypomagnetic field on magnetosome formation of *Magnetospirillum magneticum* AMB-1. Geomicrobiol. J., 2008, 25: 296-303.

[57] Wang X K, Liang L K, Song T, et al. Magnetosome formation and expression of *MamA*, *Mms13*, *Mms6* and *MagA* in *Magnetospirillum magneticum* AMB-1 exposed to pulsed magnetic field. Curr. Microbiol., 2009, 59 (3): 221-226.

[58] Blondeau M, Guyodo Y, Guyot F, et al. Magnetic-field induced rotation of magnetosome chains in silicified magnetotactic bacteria. Sci. Rep., 2018, 8 (1): 7699.

[59] Benson D E, Grissom C B, Burns G L, et al. Magnetic field enhancement of antibiotic activity in biofilm forming *Pseudomonas aeruginosa*. ASAIO. J., 1994, 40 (3): M371-376.

[60] Stansell M J, Winters W D, Doe R H, et al. Increased antibiotic resistance of *E. coli* exposed to static magnetic fields. Bioelectromagnetics, 2001, 22 (2): 129-137.

[61] Tagourti J, El May A, Aloui A, et al. Static magnetic field increases the sensitivity of *Salmonella* to gentamicin. Ann. Microbiol., 2010, 60 (3): 519-522.

[62] Grosman Z, Kolár M, Tesaríková E. Effects of static magnetic field on some pathogenic microorganisms. Acta. Univ. Palacki. Olomuc. Fac. Med., 1992, 134: 7-9.

[63] Motta M A, Montenegro E J N, Stamford T, et al. Changes in Saccharomyces cerevisiae development induced by magnetic fields. Biotechnol. Prog., 2001, 17: 970-973.

[64] Taskin M, Esim N, Genisel M, et al. Enhancement of invertase production by *Aspergillus niger*

oz-3 using low-intensity static magnetic fields. Prep. Biochem. Biotechnol., 2013, 43: 177-188.

[65] Niu C, Liang W H, Ren H Q, et al. Enhancement of activated sludge activity by 10–50mT static magnetic field intensity at low temperature. Bioresour. Technol., 2014, 159: 48-54.

[66] Jia W L, Zhang J, Lu Y M, et al. Response of nitrite accumulation and microbial characteristics to low-intensity static magnetic field during partial nitrification. Bioresour. Technol., 2018, 259: 214-220.

[67] Mansouri A, Abbes C, Ben Mouhoub R, et al. Enhancement of mixture pollutant biodegradation efficiency using a bacterial consortium under static magnetic field. PLoS One, 2019, 14 (1): e0208431.

[68] Křiklavová L, Truhlář M, Skodova P, et al. Effects of a static magnetic field on phenol degradation effectiveness and Rhodococcus erythropolis growth and respiration in a fed-batch reactor. Bioresour. Technol., 2014, 167: 510-513.

[69] Krzemieniewski M, Dębowski M, Janczukowicz W, et al. Effect of sludge conditioning by chemical methods with magnetic field application. Pol. J. Environ. Stud., 2003.

[70] Liu S, Yang F L, Meng F G, et al. Enhanced anammox consortium activity for nitrogen removal: Impacts of static magnetic field. J. Biotechnol., 2008, 138 (3): 96-102.

[71] Tu R, Jin W B, Xi T T, et al. Effect of static magnetic field on the oxygen production of *Scenedesmus obliquus* cultivated in municipal wastewater. Water. Res., 2015, 86: 132-138.

[72] Mateescu C, Burunţea N, Stancu N. Investigation of Aspergillus niger growth and activity in a static magnetic flux density field. Rom. Biotechnol. Lett., 2011, 16: 6364-6368.

[73] Filipič J, Kraigher B, Tepuš B, et al. Effects of low-density static magnetic fields on the growth and activities of wastewater bacteria *Escherichia coli* and *Pseudomonas putida*. Bioresour. Technol., 2012, 120: 225-232.

[74] Shao Y F, Mu G D, Song L, et al. Enhanced biodecolorization performance of azo dyes under high-salt conditions by a marine microbial community exposed to moderate-intensity static magnetic field. ENVIRON. ENG. SCI., 2019, 36 (2): 186-196.

[75] Tan L, Mu G D, Shao Y F, et al. Combined enhancement effects of static magnetic field (SMF) and a yeast *Candida tropicalis* SYF-1 on continuous treatment of Acid Red B by activated sludge under hypersaline conditions. J. Chem. Technol. Biot., 2020, 95 (3): 840-849.

[76] Ren Z J, Leng X D, Liu Q. Effect of a static magnetic field on the microscopic characteristics of highly efficient oil-removing bacteria. Water. Sci. Technol., 2018, 77 (2): 296-303.

[77] Martinez E, Carbonell M V, Amaya J M. A static magnetic field of 125 mT stimulates the initial growth stages of barley (*Hordeum vulgare* L.). Electro- magnetobiol., 2000, 19: 271-277.

[78] Carbonell M V, Martinez E, Amaya J M. Stimulation of germination in rice (Oryza sativa L.) by a static magnetic field. Electro- Magnetobiol., 2000, 19 (1): 121-128.

[79] Vashisth A, Nagarajan S. Exposure of seeds to static magnetic field enhances germination and early growth characteristics in chickpea (*Cicer arietinum* L.). Bioelectromagnetics, 2008, 29 (7): 571-578.

[80] Schlichting M, Rieger D, Cusumano P, et al. Cryptochrome interacts with actin and enhances eye-mediated light sensitivity of the circadian clock in *Drosophila* melanogaster. Front. Mol.

Neurosci., 2018, 11: 238.

[81] Cakmak T, Dumlupinar R, Erdal S. Acceleration of germination and early growth of wheat and bean seedlings grown under various magnetic field and osmotic conditions. Bioelectromagnetics, 2010, 31 (2): 120-129.

[82] Naz A, Jamil Y, Ul Haq Z, et al. Enhancement in the germination, growth and yield of okra (*Abelmoschus esculentus*) using pre-sowing magnetic treatment of seeds. Indian. J. Biochem. Biophys., 2012, 49: 211-214.

[83] Muhammad D, Zia ul H, Jamil Y. Effect of pre-sowing magnetic field treatment to garden pea (Pisum sativum L.) Seed on germination and seedling growth. Pak. J. Bot., 2012, 44: 1851-1856.

[84] Mahajan T S, Pandey O. Effect of electric and magnetic treatments on germination of bitter gourd (*Momordica charantia*) seed. Int. J. Agric. Biol., 2015, 17: 351-356.

[85] Hozayn M, Amal A, Abdel-Rahman H. Effect of magnetic field on germination, seedling growth and cytogenetic of onion (*Allium cepa* L.). Afr. J. Agric. Res., 2015, 10: 849-857.

[86] Vashisth A, Joshi D K. Growth characteristics of maize seeds exposed to magnetic field. Bioelectromagnetics, 2017, 38 (2): 151-157.

[87] Payez A, Ghanati F, Behmanesh M, et al. Increase of seed germination, growth and membrane integrity of wheat seedlings by exposure to static and a 10-KHz electromagnetic field. Electromagn. Biol. Med., 2013, 32(4): 417-429.

[88] Florez M, Carbonell M V, Martinez E. Early sprouting and first stages of growth of rice seeds exposed to a magnetic field. Electromagn. Bio. Med., 2004, 23: 157-166.

[89] Poinapen D, Brown D C, Beeharry G K. Seed orientation and magnetic field strength have more influence on tomato seed performance than relative humidity and duration of exposure to non-uniform static magnetic fields. J. Plant. Physiol., 2013, 170 (14): 1251-1258.

[90] Jovičić-Petrović J, Karličić V, Petrović I, et al. Biomagnetic priming-possible strategy to revitalize old mustard seeds. Bioelectromagnetics, 2021, 42 (3): 238-249.

[91] Bahadir A, Beyaz R, Yildiz M. Effect of magnetic field on in vitro seedling growth and shoot regeneration from *Cotyledon* node explants of Lathyrus chrysanthus boiss. Bioelectromagnetics, 2018, 39 (7): 547-555.

[92] Raipuria R K, Kataria S, Watts A, et al. Magneto-priming promotes nitric oxide *via* nitric oxide synthase to ameliorate the UV-B stress during germination of soybean seedlings. J. Photoch. Photobio. B., 2021, 220: 112211.

[93] Kataria S, Jain M, Tripathi D K, et al. Involvement of nitrate reductase-dependent nitric oxide production in magnetopriming-induced salt tolerance in soybean. Physiol. Plant., 2020, 168 (2): 422-436.

[94] Hajnorouzi A, Vaezzadeh M, Ghanati F, et al. Growth promotion and a decrease of oxidative stress in maize seedlings by a combination of geomagnetic and weak electromagnetic fields. J. Plant. Physiol., 2011, 168 (10): 1123-1128.

[95] Vashisth A, Nagarajan S. Effect on germination and early growth characteristics in sunflower (*Helianthus annuus*) seeds exposed to static magnetic field. J. Plant. Physiol., 2010, 167 (2): 149-156.

[96] Iimoto M, Watanabe K N, Fujiwara K. Effects of magnetic flux density and direction of the magnetic field on growth and CO_2 exchange rate of potato plantlets *in vitro*. Acta. Hortic., 1996, 440: 606-610.

[97] Fatima A, Kataria S, Prajapati R, et al. Magnetopriming effects on arsenic stress-induced morphological and physiological variations in soybean involving synchrotron imaging. Physiol. Plant., 2021, 173 (1): 88-99.

[98] Flórez M, Carbonell M V, Martínez E. Exposure of maize seeds to stationary magnetic fields: Effects on germination and early growth. Environ. Exp. Bot., 2007, 59 (1): 68-75.

[99] Subber A R, Hail R C A, Jabail W A, et al. Effects of magnetic field on the growth development of Zea mays Seeds. Seeds., 2012, 2: 7.

[100] Carbonell M, Flórez M, Martínez E, et al. Study of stationary magnetic fields on initial growth of pea (*Pisum sativum* L.) seeds. Seed. Sci. Technol., 2011, 39 (3): 673-679.

[101] Vashisth A, Meena N, Krishnan P. Magnetic field affects growth and yield of sunflower under different moisture stress conditions. Bioelectromagnetics, 2021, 42 (6): 473-483.

[102] De Souza A, Garcí D, Sueiro L, et al. Pre‐sowing magnetic treatments of tomato seeds increase the growth and yield of plants. Bioelectromagnetics, 2006, 27 (4): 247-257.

[103] Abdel Latef A, Dawood M, Hassanpour H, et al. Impact of the static magnetic field on growth, pigments, osmolytes, nitric oxide, hydrogen sulfide, phenylalanine ammonia-lyase activity, antioxidant defense system, and yield in lettuce. Biology, 2020, 9 (7): 172.

[104] Kuznetsov O A, Hasenstein K H. Intracellular magnetophoresis of amyloplasts and induction of root curvature. Planta., 1996, 198 (1): 87-94.

[105] Hasenstein K H, Kuznetsov O A. The response of lazy-2 tomato seedlings to curvature-inducing magnetic gradients is modulated by light. Planta, 1999, 208 (1): 59-65.

[106] Weise S E, Kuznetsov O A, Hasenstein K H, et al. Curvature in Arabidopsis inflorescence stems is limited to the region of amyloplast displacement. Plant&Cell Physiol., 2000, 41 (6): 702-709.

[107] Jin Y, Guo W, Hu X P, et al. Static magnetic field regulates Arabidopsis root growth via auxin signaling. Sci. Rep-Uk., 2019, 9(1): 14384.

[108] Hasenstein K H, John S, Scherp P, et al. Analysis of magnetic gradients to study gravitropism. Am. J. Bot., 2013, 100 (1): 249-255.

[109] Yano A, Hidaka E, Fujiwara K, et al. Induction of primary root curvature in radish seedlings in a static magnetic field. Bioelectromagnetics, 2001, 22 (3): 194-199.

[110] Shine M, Guruprasad K, Anand A. Enhancement of germination, growth, and photosynthesis in soybean by pre‐treatment of seeds with magnetic field. Bioelectromagnetics, 2011, 32 (6): 474-484.

[111] Baghel L, Kataria S, Guruprasad K N. Static magnetic field treatment of seeds improves carbon and nitrogen metabolism under salinity stress in soybean. Bioelectromagnetics, 2016, 37 (7): 455-470.

[112] Anand A, Nagarajan S, Verma A, et al. Pre-treatment of seeds with static magnetic field ameliorates soil water stress in seedlings of maize (Zea mays L.). Indian. J. Biochem. Biophys., 2012, 49 (1): 63-70.

[113] Javed N, Ashraf M, Akram N A, et al. Alleviation of adverse effects of drought stress on growth and some potential physiological attributes in maize (Zea mays L.) by seed electromagnetic treatment. Photochem. Photobiol., 2011, 87 (6): 1354-1362.

[114] Jan L, Fefer D, Košmelj K, et al. Geomagnetic and strong static magnetic field effects on growth and chlorophyll a fluorescence in Lemna minor. Bioelectromagnetics, 2015, 36 (3): 190-203.

[115] Kataria S, Jain M, Rastogi A, et al. Static magnetic field treatment enhanced photosynthetic performance in soybean under supplemental ultraviolet-B radiation. Photosynth. Res., 2021, 150: 263-278.

[116] Fatima A, Kataria S, Agrawal A, et al. Use of synchrotron phase-sensitive imaging for the investigation of magnetopriming and solar UV-exclusion impact on soybean (*Glycine max*) leaves. Cells, 2021, 10 (7): 1725.

[117] Fatima A, Kataria S, Baghel L, et al. Synchrotron-based phase-sensitive imaging of leaves grown from magneto-primed seeds of soybean. J. Synchrotron. Radiat., 2017, 24: 232-239.

[118] Jovanić B, Sarvan M. Permanent magnetic field and plant leaf temperature. Electromagn. Biol. Med., 2004, 23 (1): 1-5.

[119] Regoli F, Gorbi S, Machella N, et al. Pro-oxidant effects of extremely low frequency electromagnetic fields in the land snail Helix aspersa. Free. Radic. Biol. Med., 2005, 39 (12): 1620-1628.

[120] Baby S M, Narayanaswamy G K, Anand A. Superoxide radical production and performance index of Photosystem II in leaves from magnetoprimed soybean seeds. Plant. Signal. Behav., 2011, 6 (11): 1635-1637.

[121] Jouni F J, Abdolmaleki P, Ghanati F. Oxidative stress in broad bean (*Vicia faba* L.) induced by static magnetic field under natural radioactivity. Mutat. Res-Gen. Tox. En., 2012, 741 (1-2): 116-121.

[122] Mohammadi F, Ghanati F, Sharifi M, et al. On the mechanism of the cell cycle control of suspension-cultured tobacco cells after exposure to static magnetic field. Plant. Sci., 2018, 277: 139-144.

[123] Cakmak T, Cakmak Z E, Dumlupinar R, et al. Analysis of apoplastic and symplastic antioxidant system in shallot leaves: Impacts of weak static electric and magnetic field. J. Plant. Physiol., 2012, 169 (11): 1066-1073.

[124] Shokrollahi S, Ghanati F, Sajedi R, et al. Possible role of iron containing proteins in physiological responses of soybean to static magnetic field. J. Plant. Physiol., 2018, 226: 163-171.

[125] Shine M, Guruprasad K, Anand A. Effect of stationary magnetic field strengths of 150 and 200 mT on reactive oxygen species production in soybean. Bioelectromagnetics, 2012, 33 (5): 428-437.

[126] Chen Y P, Li R, He J M. Magnetic field can alleviate toxicological effect induced by cadmium in mungbean seedlings. Ecotoxicology, 2011, 20 (4): 760-769.

[127] Yu X H, Liu H T, Klejnot J, et al. The cryptochrome blue light receptors. The Arabidopsis Book, 2010, 8: e0135.

[128] Hore P J, Mouritsen H. The radical-pair mechanism of magnetoreception. Annu. Rev. Biophys., 2016, 45: 299-344.

[129] Evans J A, Davidson A J. Health consequences of circadian disruption in humans and animal models. Prog. Mol. Biol. Transl. Sci., 2013, 119: 283-323.

[130] Vanderstraeten J, Burda H, Verschaeve L, et al. Could magnetic fields affect the circadian clock function of cryptochromes? Testing the basic premise of the cryptochrome hypothesis (ELF magnetic fields). Health. Physics., 2015, 109 (1): 84-89.

[131] Lin C T, Todo T. The cryptochromes. Genome. Biology., 2005, 6 (5): 220.

[132] Liu H, Gu F W, Dong S Y, et al. CONSTANS-like 9 (COL9) delays the flowering time in *Oryza sativa* by repressing the Ehd1 pathway. Biochem. Biophys. Res. Commun., 2016, 479 (2): 173-178.

[133] Xu C X, Lv Y, Chen C F, et al. Blue light-dependent phosphorylations of cryptochromes are affected by magnetic fields in Arabidopsis. Adv. Space. Res., 2014, 53 (7): 1118-1124.

[134] Solov'yov I A, Chandler D E, Schulten K. Magnetic field effects in *Arabidopsis thaliana* cryptochrome-1. Biophys. J., 2007, 92 (8): 2711-2726.

[135] Pooam M, Arthaut L D, Burdick D, et al. Magnetic sensitivity mediated by the *Arabidopsis* blue-light receptor cryptochrome occurs during flavin reoxidation in the dark. Planta., 2019, 249 (2): 319-332.

[136] Ahmad M, Galland P, Ritz T, et al. Magnetic intensity affects cryptochrome-dependent responses in *Arabidopsis thaliana*. Planta, 2007, 225 (3): 615-624.

[137] Harris S-R, Henbest K B, Maeda K, et al. Effect of magnetic fields on cryptochrome-dependent responses in *Arabidopsis thaliana*. J. R. Soc. Interface., 2009, 6 (41): 1193-1205.

[138] Möller A, Sagasser S, Wiltschko W, et al. Retinal cryptochrome in a migratory passerine bird: A possible transducer for the avian magnetic compass. Naturwissenschaften., 2004, 91 (12): 585-588.

[139] Nießner C, Denzau S, Stapput K, et al. Magnetoreception: Activated cryptochrome 1a concurs with magnetic orientation in birds. J. R. Soc. Interface., 2013, 10 (88): 20130638.

[140] Edelman N B, Fritz T, Nimpf S, et al. No evidence for intracellular magnetite in putative vertebrate magnetoreceptors identified by magnetic screening. Proc. Natl. Acad. Sci. U. S. A., 2015, 112 (1): 262-267.

[141] Yoshii T, Wülbeck C, Sehadova H, et al. The neuropeptide pigment-dispersing factor adjusts period and phase of *Drosophila*'s clock. J. Neurosci., 2009, 29 (8): 2597-2610.

[142] Marley R, Giachello C N, Scrutton N S, et al. Cryptochrome-dependent magnetic field effect on seizure response in *Drosophila* larvae. Sci. Rep-Uk., 2014, 4 (1): 5799.

[143] Giachello C N, Scrutton N S, Jones A R, et al. Magnetic fields modulate blue-light-dependent regulation of neuronal firing by cryptochrome. J. Neurosci., 2016, 36 (42): 10742-10749.

[144] Kaletta T, Hengartner M O. Finding function in novel targets: C. elegans as a model organism. Nat. Rev. Drug. Discov., 2006, 5 (5): 387-398.

[145] Kazazian H H Jr. Mobile elements: drivers of genome evolution. Science., 2004, 303 (5664): 1626-1632.

[146] Boyd W A, McBride S J, Rice J R, et al. A high-throughput method for assessing chemical toxicity using a *Caenorhabditis elegans* reproduction assay. Toxicol. Appl. Pharmacol., 2010, 245 (2): 153-159.

[147] Dengg M, van Meel J C. Caenorhabditis elegans as model system for rapid toxicity assessment of pharmaceutical compounds. J. Pharmacol. Toxicol. Methods., 2004, 50 (3): 209-214.

[148] Rajini P, Melstrom P, Williams P L. A comparative study on the relationship between various toxicological endpoints in *Caenorhabditis elegans* exposed to organophosphorus insecticides. J. Toxicol. Environ. Health. Part. A., 2008, 71 (15): 1043-1050.

[149] Sprando R L, Olejnik N, Cinar H N, et al. A method to rank order water soluble compounds according to their toxicity using *Caenorhabditis elegans*, a Complex Object Parametric Analyzer and Sorter, and axenic liquid media. Food. Chem. Toxicol., 2009, 47 (4): 722-728.

[150] Vidal-Gadea A, Ward K, Beron C, et al. Magnetosensitive neurons mediate geomagnetic orientation in *Caenorhabditis elegans*. eLife, 2015, 4: e07493.

[151] Bainbridge C, Clites B L, Caldart C S, et al. Factors that influence magnetic orientation in Caenorhabditis elegans. J. Comp. Physiol. A., 2020, 206 (3): 343-352.

[152] Rankin C H, Lin C H. Magnetosensation: Finding a worm's internal compass. eLife., 2015, 4: e09666.

[153] Cheng L, Yang B L, Du H, et al. Moderate intensity of static magnetic fields can alter the avoidance behavior and fat storage of *Caenorhabditis elegans via* serotonin. Environ. Sci. Pollut. Res. Int., 2022, 29 (28): 43102-43113.

[154] Hung Y C, Lee J H, Chen H M, et al. Effects of static magnetic fields on the development and aging of *Caenorhabditis elegans*. J. Exp. Biol., 2010, 213 (12): 2079-2085.

[155] Lee C H, Chen H M, Yeh L K, et al. Dosage-dependent induction of behavioral decline in *Caenorhabditis elegans* by long-term treatment of static magnetic fields. J. Radiat. Res., 2012, 53 (1): 24-32.

[156] Kimura T, Takahashi K, Suzuki Y, et al. The effect of high strength static magnetic fields and ionizing radiation on gene expression and DNA damage in *Caenorhabditis elegans*. Bioelectromagnetics, 2008, 29 (8): 605-614.

[157] Wang L, Du H, Guo X Y, et al. Developmental abnormality induced by strong static magnetic field in *Caenorhabditis elegans*. Bioelectromagnetics, 2015, 36 (3): 178-189.

[158] Yang B L, Yang Z, Cheng L, et al. Effects of 10 T static magnetic field on the function of sperms and their offspring in *Caenorhabditis elegans*. Ecotoxicol. Environ. Saf., 2022, 240: 113671.

[159] Ramirez E, Monteagudo J L, Garcia‐Gracia M, et al. Oviposition and development of *Drosophila* modified by magnetic fields. Bioelectromagnetics, 1983, 4 (4): 315-326.

[160] Ho M W, Stone T A, Jerman I, et al. Brief exposures to weak static magnetic field during early embryogenesis cause cuticular pattern abnormalities in *Drosophila* larvae. Phys. Med. Biol., 1992, 37 (5): 1171-1179.

[161] Pan H. The effect of a 7 T magnetic field on the egg hatching of *Heliothis virescens*. Magn. Reson. Imaging., 1996, 14 (6): 673-677.

[162] Rauš Balind S, Todorović D, Prolić Z. Viability of old house borer (*Hylotrupes bajulus*) larvae

exposed to a constant magnetic field of 98 mT under laboratory conditions. Arch. Biol. Sci., 2009, 61 (1): 129-134.

[163] Savić T, Janać B, Todorović D, et al. The embryonic and post-embryonic development in two *Drosophila* species exposed to the static magnetic field of 60 mT. Electromagn. Biol. Med., 2011, 30 (2): 108-114.

[164] Todorović D, Ilijin L, Mrdaković M, et al. Long-term exposure of cockroach *Blaptica dubia* (Insecta: Blaberidae) nymphs to magnetic fields of different characteristics: Effects on antioxidant biomarkers and nymphal gut mass. Int. J. Radiat. Biol., 2019, 95 (8): 1185-1193.

[165] Todorović D, Ilijin L, Mrdaković M, et al. The impact of chronic exposure to a magnetic field on energy metabolism and locomotion of *Blaptica dubia*. Int. J. Radiat. Biol., 2020, 96 (8): 1076-1083.

[166] Todorović D, Perić-Mataruga V, Mirčić D, et al. Estimation of changes in fitness components and antioxidant defense of *Drosophila subobscura* (Insecta, Diptera) after exposure to 2.4 T strong static magnetic field. Environ. Sci. Pollut. Res. Int., 2015, 22 (7): 5305-5314.

[167] Pan H J, Liu X H. Apparent biological effect of strong magnetic field on mosquito egg hatching. Bioelectromagnetics, 2004, 25 (2): 84-91.

[168] Blanchard J, Blackman C. Clarification and application of an ion parametric resonance model for magnetic field interactions with biological systems. Bioelectromagnetics, 1994, 15 (3): 217-238.

[169] Gilbert S F, Opitz J M, Raff R A. Resynthesizing evolutionary and developmental biology. Dev. Biol., 1996, 173 (2): 357-372.

[170] Prolić Z, Jovanovic Z. Influence of magnetic-field on the rate of development of honeybee preadult stage. Period. Biol., 1986, 88 (2): 187-188.

[171] Prolić Z, Nenadović V. The influence of a permanent magnetic field on the process of adult emergence in *Tenebrio molitor*. J. Insect Physiol., 1995, 41 (12): 1113-1118.

[172] Perić-Mataruga V, Prolić Z, Nenadović V, et al. The effect of a static magnetic field on the morphometric characteristics of neurosecretory neurons and *corpora allata* in the pupae of yellow mealworm *Tenebrio molitor* (Tenebrionidae). Int. J. Radiat. Biol., 2008, 84 (2): 91-98.

[173] Todorović D, Marković T, Prolić Z, et al. The influence of static magnetic field (50 mT) on development and motor behaviour of *Tenebrio* (Insecta, Coleoptera). Int. J. Radiat. Biol., 2013, 89 (1): 44-50.

[174] Ng M, Roorda R D, Lima S Q, et al. Transmission of olfactory information between three populations of neurons in the antennal lobe of the fly. Neuron, 2002, 36 (3): 463-474.

[175] Yang Y, Yan Y, Zou X L, et al. Static magnetic field modulates rhythmic activities of a cluster of large local interneurons in *Drosophila* antennal lobe. J. Neurophysiol., 2011, 106 (5): 2127-2135.

[176] Giorgi G, Guerra D, Pezzoli C, et al. Genetic effects of static magnetic fields. Body size increase and lethal mutations induced in populations of *Drosophila melanogaster* after chronic exposure. Genet. Sel. Evol., 1992, 24 (5): 393-413.

[177] Takashima Y, Miyakoshi J, Ikehata M, et al. Genotoxic effects of strong static magnetic fields

in DNA-repair defective mutants of *Drosophila melanogaster*. J. Radiat. Res., 2004, 45 (3): 393-397.

[178] Nikolić L, Kartelija G, Nedeljković M. Effect of static magnetic fields on bioelectric properties of the Br and N1 neurons of snail Helix pomatia. Comp. Biochem. Physiol. A. Mol. Integr. Physiol., 2008, 151 (4): 657-663.

[179] Nikolić L, Bataveljić D, Andjus P R, et al. Changes in the expression and current of the Na$^+$/K$^+$ pump in the snail nervous system after exposure to a static magnetic field. J. Exp. Biol., 2013, 216 (18): 3531-3541.

[180] Hernádi L, László J F. Pharmacological analysis of response latency in the hot plate test following whole-body static magnetic field-exposure in the snail *Helix pomatia*. Int. J. Radiat. Biol., 2014, 90 (7): 547-553.

[181] Levin M, Ernst S G. Applied DC magnetic fields cause alterations in the time of cell divisions and developmental abnormalities in early sea urchin embryos. Bioelectromagnetics, 1997, 18 (3): 255-263.

[182] Sakhnini L, Dairi M. Effects of static magnetic fields on early embryonic development of the sea urchin *Echinometra mathaei*. IEEE. Trans. Magn., 2004, 40 (4): 2979-2981.

[183] Ye S R, Yang J W, Chen C M. Effect of static magnetic fields on the amplitude of action potential in the lateral giant neuron of crayfish. Int. J. Radiat. Biol., 2004, 80 (10): 699-708.

[184] Yeh S R, Yang J W, Lee Y T, et al. Static magnetic field expose enhances neurotransmission in crayfish nervous system. Int. J. Radiat. Biol., 2008, 84 (7): 561-567.

[185] Shcherbakov D, Winklhofer M, Petersen N, et al. Magnetosensation in zebrafish. Curr. Biol., 2005, 15 (5): R161-R162.

[186] Takebe A, Furutani T, Wada T, et al. Zebrafish respond to the geomagnetic field by bimodal and group-dependent orientation. Sci. Rep., 2012, 2: 727.

[187] Ward B K, Tan G X, Roberts D C, et al. Strong static magnetic fields elicit swimming behaviors consistent with direct vestibular stimulation in adult zebrafish. PLoS One, 2014, 9 (3): e92109.

[188] Loghmannia J, Heidari B, Rozati S A, et al. The physiological responses of the Caspian kutum (Rutilus frisii kutum) fry to the static magnetic fields with different intensities during acute and subacute exposures. Ecotoxicol. Environ. Saf., 2015, 111: 215-219.

[189] Ge S C, Li J C, Huang D F, et al. Strong static magnetic field delayed the early development of zebrafish. Open Biol., 2019, 9 (10): 190137.

[190] Neurath P W. High gradient magnetic field inhibits embryonic development of frogs. Nature, 1968, 219 (5161): 1358-1359.

[191] Ueno S, Harada K, Shiokawa K. The embryonic development of frogs under strong DC magnetic fields. IEEE. Trans. Magn., 1984, 20 (5): 1663-1665.

[192] Denegre J M, Valles Jr J M, Lin K, et al. Cleavage planes in frog eggs are altered by strong magnetic fields. Proc. Natl. Acad. Sci. U. S. A., 1998, 95 (25): 14729-14732.

[193] Eguchi Y, Ueno S, Kaito C, et al. Cleavage and survival of *Xenopus* embryos exposed to 8 T static magnetic fields in a rotating clinostat. Bioelectromagnetics, 2006, 27 (4): 307-313.

[194] Kawakami S, Kashiwagi K, Furuno N, et al. Effects of strong static magnetic fields on amphibian

development and gene expression. JaJAP., 2006, 45 (7R): 6055.

[195] Mietchen D, Keupp H, Manz B, et al. Non-invasive diagnostics in fossils-magnetic resonance imaging of pathological *Belemnites*. Biogeosciences., 2005, 2 (2): 133-140.

[196] Edelman A, Teulon J, Puchalska I. Influence of the magnetic fields on frog sciatic nerve. Biochem. Biophys. Res. Commun., 1979, 91 (1): 118-122.

[197] Eguchi Y, Ogiue-Ikeda M, Ueno S. Control of orientation of rat Schwann cells using an 8-T static magnetic field. Neurosci. Lett., 2003, 351 (2): 130-132.

[198] Satow Y, Matsunami K, Kawashima T, et al. A strong constant magnetic field affects muscle tension development in bullfrog neuromuscular preparations. Bioelectromagnetics, 2001, 22 (1): 53-59.

[199] Okano H, Ino H, Osawa Y, et al. The effects of moderate-intensity gradient static magnetic fields on nerve conduction. Bioelectromagnetics, 2012, 33 (6): 518-526.

[200] Wang N, Wang X L, Qin W, et al. Multiple-mode excitation in spin-transfer nanocontacts with dynamic polarizer. Appl. Phys. Lett., 2011, 98 (24): 242506.

[201] Miyakoshi J. Effects of static magnetic fields at the cellular level. Prog. Biophys. Mol. Biol., 2005, 87 (2-3): 213-223.

[202] Saunders R. Static magnetic fields: Animal studies. Prog. Biophys. Mol. Biol., 2005, 87 (2-3): 225-239.

[203] Trock D H. Electromagnetic fields and magnets: Investigational treatment for musculoskeletal disorders. Rheum. Dis. Clin. North. Am., 2000, 26 (1): 51-62.

[204] Zhang H, Gan L, Zhu X Q, et al. Moderate-intensity 4 mT static magnetic fields prevent bone architectural deterioration and strength reduction by stimulating bone formation in streptozotocin-treated diabetic rats. Bone, 2018, 107: 36-44.

[205] Zhang J, Meng X F, Ding C, et al. Effects of static magnetic fields on bone microstructure and mechanical properties in mice. Electromagn. Biol. Med., 2018, 37 (2): 76-83.

[206] Shan Y, Han H, Zhu J Y, et al. The effects of static magnetic field on orthodontic tooth movement in mice. Bioelectromagnetics, 2021, 42 (5): 398-406.

[207] Yang J C, Wang S H, Zhang G J, et al. Static magnetic field (2-4 T) improves bone microstructure and mechanical properties by coordinating osteoblast/osteoclast differentiation in mice. Bioelectromagnetics, 2021, 42 (3): 200-211.

[208] Yan Q C, Tomita N, Ikada Y. Effects of static magnetic field on bone formation of rat femurs. Med. Eng. Phys., 1998, 20 (6): 397-402.

[209] Xu S, Tomita N, Ohata R, et al. Static magnetic field effects on bone formation of rats with an ischemic bone model. Biomed. Mater. Eng., 2001, 11 (3): 257-263.

[210] Leesungbok R, Ahn S J, Lee S W, et al. The effects of a static magnetic field on bone formation around a sandblasted, large-grit, acid-etched–treated titanium implant. J. Oral. Implantol., 2013, 39 (S1): 248-255.

[211] Puricelli E, Dutra N B, Ponzoni D. Histological evaluation of the influence of magnetic field application in autogenous bone grafts in rats. Head. Face. Med., 2009, 5 (1): 1-6.

[212] Kotani H, Kawaguchi H, Shimoaka T, et al. Strong static magnetic field stimulates bone

formation to a definite orientation *in vitro* and *in vivo*. J. Bone. Miner. Res., 2002, 17 (10): 1814-1821.

[213] Xu S Z, Okano H, Tomita N, et al. Recovery effects of a 180 mT static magnetic field on bone mineral density of osteoporotic lumbar vertebrae in ovariectomized rats. Evid. Based. Complementary. Altern. Med., 2011: 620984.

[214] Taniguchi N, Kanai S, Kawamoto M, et al. Study on application of static magnetic field for adjuvant arthritis rats. Evid. Based. Complementary. Altern. Med., 2004, 1 (2): 187-191.

[215] Taniguchi N, Kanai S. Efficacy of static magnetic field for locomotor activity of experimental osteopenia. Evid. Based. Complementary. Altern. Med., 2007, 4 (1): 99-105.

[216] Okano H, Ohkubo C. Elevated plasma nitric oxide metabolites in hypertension: Synergistic vasodepressor effects of a static magnetic field and nicardipine in spontaneously hypertensive rats. Clin. Hemorheol. Microcirc., 2006, 34 (1-2): 303-308.

[217] Tasić T, Lozić M, Glumac S, et al. Static magnetic field on behavior, hematological parameters and organ damage in spontaneously hypertensive rats. Ecotoxicol. Environ. Saf., 2021, 207: 111085.

[218] Li Q, Fang Y W, Wu N Z, et al. Protective effects of moderate intensity static magnetic fields on diabetic mice. Bioelectromagnetics, 2020, 41 (8): 598-610.

[219] Ichioka S, Minegishi M, Iwasaka M, et al. Skin temperature changes induced by strong static magnetic field exposure. Bioelectromagnetics, 2003, 24 (6): 380-386.

[220] Tenforde T. Thermoregulation in rodents exposed to high‐intensity stationary magnetic fields. Bioelectromagnetics, 1986, 7 (3): 341-346.

[221] Beischer D, Knepton Jr J. Influence of strong magnetic fields on the electrocardiogram of squirrel monkeys (*Saimiri sciureus*). Aerosp. Med., 1964, 35: 939-944.

[222] Togawa T, Okai O, Oshima M. Observation of blood flow E. M. F. in externally applied strong magnetic field by surface electrodes. Med. Biol. Eng., 1967, 5 (2): 169-170.

[223] Gaffey C, Tenforde T. Alterations in the rat electrocardiogram induced by stationary magnetic fields. Environ. Sci. Pollut. Res., 1981, 2 (4): 357-370.

[224] Amara S, Douki T, Garel C, et al. Effects of static magnetic field exposure on antioxidative enzymes activity and DNA in rat brain. Gen. Physiol. Biophys., 2009, 28 (3): 260-265.

[225] Amara S, Abdelmelek H, Salem M B, et al. Effects of static magnetic field exposure on hematological and biochemical parameters in rats. Braz. Arch. Biol. Technol., 2006, 49: 889-895.

[226] Milovanovich I D, Ćirković S, De Luka S R, et al. Homogeneous static magnetic field of different orientation induces biological changes in subacutely exposed mice. Environ. Sci. Pollut. Res. Int., 2016, 23 (2): 1584-1597.

[227] Chater S, Abdelmelek H, Pequignot J M, et al. Effects of sub-acute exposure to static magnetic field on hematologic and biochemical parameters in pregnant rats. Electromagn. Biol. Med., 2006, 25 (3): 135-144.

[228] Elferchichi M, Mercier J, Ammari M, et al. Subacute static magnetic field exposure in rat induces a pseudoanemia status with increase in MCT4 and Glut4 proteins in glycolytic muscle. Environ.

Sci. Pollut. Res. Int., 2016, 23 (2): 1265-1273.

[229] Atef M, Abd el-Baset M, el-Kareem A, et al. Effects of a static magnetic field on haemoglobin structure and function. Int. J. Biol. Macromol., 1995, 17 (2): 105-111.

[230] Djordjevich D M, De Luka S R, Milovanovich I D, et al. Hematological parameters' changes in mice subchronically exposed to static magnetic fields of different orientations. Ecotoxicol. Environ. Saf., 2012, 81: 98-105.

[231] Lahbib A, Ghodbane S, Louchami K, et al. Effects of vitamin D on insulin secretion and glucose transporter GLUT2 under static magnetic field in rat. Environ. Sci. Pollut. Res. Int., 2015, 22 (22): 18011-18016.

[232] Ghodbane S, Amara S, Arnaud J, et al. Effect of selenium pre-treatment on plasma antioxidant vitamins A (retinol) and E (α-tocopherol) in static magnetic field-exposed rats. Toxicol. Ind. Health., 2011, 27 (10): 949-955.

[233] Ghodbane S, Ammari M, Lahbib A, et al. Static magnetic field Exposure–induced oxidative response and caspase-independent apoptosis in rat liver: Effect of selenium and vitamin E supplementations. Environ. Sci. Pollut. Res. Int., 2015, 22 (20): 16060-16066.

[234] Jing D, Shen G H, Cai J, et al. Effects of 180 mT static magnetic fields on diabetic wound healing in rats. Bioelectromagnetics, 2010, 31 (8): 640-648.

[235] Rosmalen J G, Leenen P J, Pelegri C, et al. Islet abnormalities in the pathogenesis of autoimmune diabetes. Trends. Endocrinol. Metab., 2002, 13 (5): 209-214.

[236] Feng C L, Yu B, Song C, et al. Static magnetic fields reduce oxidative stress to improve wound healing and alleviate diabetic complications. Cells, 2022, 11 (3): 443.

[237] Elferchichi M, Mercier J, Bourret A, et al. Is static magnetic field exposure a new model of metabolic alteration? Comparison with Zucker rats. Int. J. Radiat. Biol., 2011, 87 (5): 483-490.

[238] Lahbib A, Elferchichi M, Ghodbane S, et al. Time-dependent effects of exposure to static magnetic field on glucose and lipid metabolism in rat. Gen. Physiol. Biophys., 2010, 29 (4): 390.

[239] Shuo T, Yu M Y, Lei L L, et al. Static magnetic field induces abnormality of glucose metabolism in rats' brain and results in anxiety-like behavior. J. Chem. Neuroanat., 2021, 113: 101923.

[240] László J F, Szilvási J, Fényi A, et al. Daily exposure to inhomogeneous static magnetic field significantly reduces blood glucose level in diabetic mice. Int. J. Radiat. Biol., 2011, 87 (1): 36-45.

[241] Yu B, Liu J J, Cheng J, et al. A static magnetic field improves iron metabolism and prevents high-fat-diet/streptozocin-induced diabetes. The Innovation, 2021, 2 (1): 100077.

[242] Kroeker G, Parkinson D, Vriend J, et al. Neurochemical effects of static magnetic field exposure. Surg. Neurol., 1996, 45 (1): 62-66.

[243] Abdelmelek H, Molnar A, Servais S, et al. Skeletal muscle HSP72 and norepinephrine response to static magnetic field in rat. J. Neural. Transm., 2006, 113 (7): 821-827.

[244] Bellossi A. Effect of static magnetic fields on survival of leukaemia-prone AKR mice. Radiat. Environ. Biophys., 1986, 25 (1): 75-80.

[245] Yang P F, Hu L F, Wang Z, et al. Inhibitory effects of moderate static magnetic field on leukemia. IEEE. Trans. Magn., 2009, 45 (5): 2136-2139.

[246] De Luka S R, Ilić A Ž, Janković S, et al. Subchronic exposure to static magnetic field differently affects zinc and copper content in murine organs. Int. J. Radiat. Biol., 2016, 92 (3): 140-147.

[247] Krištofiková Z, Čermák M, Benešová O, et al. Exposure of postnatal rats to a static magnetic field of 0.14 T influences functional laterality of the hippocampal high-affinity choline uptake system in adulthood; in vitro test with magnetic nanoparticles. Neurochem. Res., 2005, 30 (2): 253-262.

[248] Kiss B, László J F, Szalai A, et al. Analysis of the effect of locally applied inhomogeneous static magnetic field-exposure on mouse ear edema—A double blind study. PLoS One, 2015, 10 (2): e0118089.

[249] Dinčic M, Krstic D Z, Colovic M B, et al. Modulation of rat synaptosomal ATPases and acetylcholinesterase activities induced by chronic exposure to the static magnetic field. Int. J. Radiat. Biol., 2018, 94 (11): 1062-1071.

[250] Veliks V, Ceihnere E, Svikis I, et al. Static magnetic field influence on rat brain function detected by heart rate monitoring. Bioelectromagnetics, 2004, 25 (3): 211-215.

[251] Yakir-Blumkin M B, Loboda Y, Schächter L, et al. Static magnetic field exposure *in vivo* enhances the generation of new doublecortin-expressing cells in the sub-ventricular zone and neocortex of adult rats. Neuroscience, 2020, 425: 217-234.

[252] Ammari M, Jeljeli M, Maaroufi K, et al. Static magnetic field exposure affects behavior and learning in rats. Electromagn. Biol. Med., 2008, 27 (2): 185-196.

[253] Saeedi Goraghani M, Ahmadi-Zeidabadi M, Bakhshaei S, et al. Behavioral consequences of simultaneous postnatal exposure to MK-801 and static magnetic field in male Wistar rats. Neurosci. Lett., 2019, 701: 77-83.

[254] Maaroufi K, Ammari M, Elferchichi M, et al. Effects of combined ferrous sulphate administration and exposure to static magnetic field on spatial learning and motor abilities in rats. Brain Injury, 2013, 27 (4): 492-499.

[255] Weiss J, Herrick R C, Taber K H, et al. Bio-effects of high magnetic fields: A study using a simple animal model. Magn. Reson. Imaging., 1992, 10 (4): 689-694.

[256] Nolte C M, Pittman D W, Kalevitch B, et al. Magnetic field conditioned taste aversion in rats. Physiol. Behav., 1998, 63 (4): 683-688.

[257] Snyder D J, Jahng J W, Smith J C, et al. C-Fos induction in visceral and vestibular nuclei of the rat brain stem by a 9.4 T magnetic field. Neuroreport, 2000, 11 (12): 2681-2685.

[258] Houpt T A, Cassell J A, Riccardi C, et al. Rats avoid high magnetic fields: Dependence on an intact vestibular system. Physiol. Behav., 2007, 92 (4): 741-747.

[259] Houpt T A, Cassell J, Carella L, et al. Head tilt in rats during exposure to a high magnetic field. Physiol. Behav., 2012, 105 (2): 388-393.

[260] Cason A M, Kwon B, Smith J C, et al. Labyrinthectomy abolishes the behavioral and neural response of rats to a high-strength static magnetic field. Physiol. Behav., 2009, 97 (1): 36-43.

[261] Tkáč I, Benneyworth M A, Nichols-Meade T, et al. Long-term behavioral effects observed in mice chronically exposed to static ultra-high magnetic fields. Magn. Reson. Med., 2021, 86 (3): 1544-1559.

[262] Gyires K, Zádori Z S, Rácz B, et al. Pharmacological analysis of inhomogeneous static magnetic field‐induced antinociceptive action in the mouse. Bioelectromagnetics, 2008, 29 (6): 456-462.

[263] Kiss B, Gyires K, Kellermayer M, et al. Lateral gradients significantly enhance static magnetic field‐induced inhibition of pain responses in mice—A double blind experimental study. Bioelectromagnetics, 2013, 34 (5): 385-396.

[264] Zhu Y F, Wang S G, Long H, et al. Effect of static magnetic field on pain level and expression of P2X3 receptors in the trigeminal ganglion in mice following experimental tooth movement. Bioelectromagnetics, 2017, 38 (1): 22-30.

[265] Rivadulla C, Aguilar J, Coletti M, et al. Static magnetic fields reduce epileptiform activity in anesthetized rat and monkey. Sci. Rep-Uk., 2018, 8 (1): 15985.

[266] Antal M, László J. Exposure to inhomogeneous static magnetic field ceases mechanical allodynia in neuropathic pain in mice. Bioelectromagnetics, 2009, 30 (6): 438-445.

[267] Giorgetto C, Silva E C M, Kitabatake T T, et al. Behavioural profile of Wistar rats with unilateral striatal lesion by quinolinic acid (animal model of Huntington disease) post-injection of apomorphine and exposure to static magnetic field. Experimental Brain. Res., 2015, 233 (5): 1455-1462.

[268] Lv Y, Fan Y X, Tian X F, et al. The anti-depressive effects of ultra-high static magnetic field. J. Magn. Reson. Imaging., 2022, 56: 354-365.

[269] Sekino M, Tatsuoka H, Yamaguchi S, et al. Effects of strong static magnetic fields on nerve excitation. IEEE. Trans. Magn., 2006, 42 (10): 3584-3586.

[270] Narra V R, Howell R W, Goddu S M, et al. Effects of a 1.5-Tesla static magnetic field on spermatogenesis and embryogenesis in mice. Invest. Radiol., 1996, 31 (9): 586-590.

[271] Amara S, Abdelmelek H, Garrel C, et al. Effects of subchronic exposure to static magnetic field on testicular function in rats. Arch. Med. Res., 2006, 37 (8): 947-952.

[272] High W B, Sikora J, Ugurbil K, et al. Subchronic in vivo effects of a high static magnetic field (9.4 T) in rats. J. Magn. Reson. Imaging, 2000, 12 (1): 122-139.

[273] Hoyer C, Vogt M A, Richter S H, et al. Repetitive exposure to a 7 Tesla static magnetic field of mice in utero does not cause alterations in basal emotional and cognitive behavior in adulthood. Reprod. Toxicol., 2012, 34 (1): 86-92.

[274] Tablado L, Soler C, Núñez M, et al. Development of mouse testis and epididymis following intrauterine exposure to a static magnetic field. Bioelectromagnetics, 2000, 21 (1): 19-24.

[275] Ramadan L A, Abd-Allah A R, Aly H A, et al. Testicular toxicity effects of magnetic field exposure and prophylactic role of coenzyme Q10 and l-carnitine in mice. Pharmacol. Res., 2002, 46 (4): 363-370.

[276] Okazaki R, Ootsuyama A, Uchida S, et al. Effects of a 4.7 T static magnetic field on fetal development in ICR mice. J. Radiat. Res., 2001, 42 (3): 273-283.

[277] László J F, Pórszász R. Exposure to static magnetic field delays induced preterm birth occurrence in mice. Am. J. Obstet. Gynecol., 2011, 205 (4): 362. e26-362. e31.

[278] Mevissen M, Buntenkötter S, Löscher W. Effects of static and time‐varying (50‐Hz) magnetic fields on reproduction and fetal development in rats. Teratology, 1994, 50 (3): 229-237.

[279] Saito K, Suzuki H, Suzuki K. Teratogenic effects of static magnetic field on mouse fetuses.

Reprod. Toxicol., 2006, 22 (1): 118-124.

[280] Zahedi Y, Zaun G, Maderwald S, et al. Impact of repetitive exposure to strong static magnetic fields on pregnancy and embryonic development of mice. J. Magn. Reson. Imaging, 2014, 39 (3): 691-699.

[281] Zaun G, Zahedi Y, Maderwald S, et al. Repetitive exposure of mice to strong static magnetic fields in utero does not impair fertility in adulthood but may affect placental weight of offspring. J. Magn. Reson. Imaging, 2014, 39 (3): 683-690.

[282] Baniasadi F, Hajiaghalou S, Shahverdi A, et al. Static magnetic field halves cryoinjuries of vitrified mouse COCs, improves their functions and modulates pluripotency of derived blastocysts. Theriogenology, 2021, 163: 31-42.

[283] Gegear R J, Casselman A, Waddell S, et al. Cryptochrome mediates light-dependent magnetosensitivity in *Drosophila*. Nature, 2008, 454 (7207): 1014-1018.

[284] Gegear R J, Foley L E, Casselman A, et al. Animal cryptochromes mediate magnetoreception by an unconventional photochemical mechanism. Nature, 2010, 463 (7282): 804-807.

[285] Sheppard D M W, Li J, Henbest K B, et al. Millitesla magnetic field effects on the photocycle of an animal cryptochrome. Sci. Rep-Uk., 2017, 7.

[286] Günther A, Einwich A, Sjulstok E, et al. Double-cone localization and seasonal expression pattern suggest a role in magnetoreception for European robin cryptochrome 4. Curr. Biol., 2018, 28 (2): 211-223.

[287] Nohr D, Paulus B, Rodriguez R, et al. Determination of radical-radical distances in light-active proteins and their implication for biological magnetoreception. Angew. Chem. Int. Edit., 2017, 56 (29): 8550-8554.

[288] Xu J J, Jarocha L E, Zollitsch T, et al. Magnetic sensitivity of cryptochrome 4 from a migratory songbird. Nature, 2021, 594 (7864): 535-540.

[289] Wan G J, Hayden A N, Iiams S E, et al. Cryptochrome 1 mediates light-dependent inclination magnetosensing in monarch butterflies. Nat. Commun., 2021, 12 (1): 771.

第 8 章
稳态磁场对人体的影响

随着现代技术的发展，人们暴露在各种类型的电磁场的机会越来越多，其中包括稳态磁场。因此，世界卫生组织（WHO）和国际非电离辐射防护委员会（ICNIRP）也发布了磁场在人体上的安全应用指南。本章总结了稳态磁场对人体影响的研究结果，以及磁场在医学中的若干应用（磁医学）。它不仅包括一些常见的稳态磁场，如我们所处的弱地球磁场，还包括医院中 MRI 仪产生的中等至超高磁场。本章还简要介绍了磁外科、脑磁图和心磁图在临床上的应用。并且讨论了基于稳态磁场的磁场疗法，这些疗法有着长期争论的历史，仍然缺乏系统的机制研究和足够的双盲、随机和设置了安慰剂对照的人体实验。根据过去几十年的研究进展，我们预测磁医学在不久的将来能够发挥其巨大潜力。

8.1 引言

简单来说，人体主要由弱抗磁性物质组成，包括水、大多数蛋白质和脂质。"抗磁性"是指物质与外部施加的磁场排斥。在外部施加的磁场中，抗磁性分子中的电子运动发生微小变化，从而产生与外部磁场相反的弱磁。尽管大多数生物的抗磁性很弱，但由于排斥力与磁场强度和磁场梯度的乘积成正比，所以所受到的力可以被超强磁场放大。例如，最著名的例子就是几十年前的"悬浮的青蛙"。人们将水滴、花、蚱蜢和小青蛙等小的抗磁性物体放在由竖直电磁铁产生的 16 T 超强稳态磁场中，从而可以对这些物体实现磁悬浮。从理论上来讲，如果我们有一个竖直方向大口径超强磁体，那么我们人体也可以实现磁悬浮。

由于技术的快速发展，如今人们越来越多地暴露在不同种类的电磁场中。大多为时变磁场（也称为动态磁场），例如电力线产生的 50～60 Hz 的电磁场，以及手机和微波发射的射频电磁场。这些电磁场已引起人们极大的兴趣，也有许多相关的综述和书籍，因此我们在此不再讨论。本书的重点是稳态磁场，它在一定时间内的场强和方向都不发生变化（0 Hz）。人们接触到的最常见稳态磁场包括微弱但无处不在的地球磁场/地磁场（GMF）（约 0.5 Gs，50 μT）。人们还会接触到医院里的 MRI 仪（大部分在 0.5~3 T），一些人可能会使用各种强度的永磁体作为一些慢性病的替代治疗，以及经常用于冰箱等家用物品、玩具和配件的小磁铁。此外，随着超高场 MRI 的发展，人们越来越多地接触到高强稳态磁场，这毫不奇怪地引起了新的关注。因此，稳态磁场及其对人体的影响需要更多的研究来获得更好的理解。

从安全角度来看，由于公众一直关注各种电磁场，WHO 发起了国际电磁场项目以评估接触稳态、时变电场和磁场对健康和环境的影响。更多信息请访问 WHO 网站：https://www.who.int/health-topics/electromagnetic-fields，或 ICNIRP 网站：https://www.icnirp.org/。值得一提的是，ICNIRP 大约每两年一次非常频繁地更新对 100~300 GHz 射频磁场的指南（https://www.icnirp.org/en/frequencies/radiofrequency）。就目前而言（2024 年 12 月）最后一次更新的射频磁场指南是在 2020 年。相比之下，关于稳态磁场的最新指南于 2009 年发布，此后一直未更新（https://www.icnirp.org/en/frequencies/static-magnetic-fields-0-hz）。其中一个最重要的原因是稳态磁场比时变磁场安全得多。

WHO 和 ICNIRP 已经为公众和职业接触稳态磁场设定了上限。根据 ICNIRP 于 2009 年发布的最新指南，公众暴露上限为 400 mT，职业暴露上限为 2 T/8 T（表 8.1）。公众的 400 mT 暴露上限是通过在 2 T 的基础上应用了折减系数 5，并已被证明对动物[1, 2]或人类无明显影响。超过 8 T 的稳态磁场暴露需要机构审查委员会批准研究方案以及受试者的知情同意。

表 8.1 ICNIRP（国际非电离辐射防护委员会）设定的稳态磁场暴露限值

	暴露特征	磁通量密度
职业[1]	头部和躯干的暴露	2 T
	四肢暴露[2]	8 T
公众[3]	身体任何部位的暴露	400 mT

注：ICNIRP 建议将这些限值视为空间峰值暴露限值。1. 对于特定工作应用，如果环境受到控制，并实施适当的工作实践以控制移动引起的影响，则可证明高达 8 T 的暴露是合理的。2. 没有足够的信息来确定超过 8 T 的暴露限值。3. 由于潜在的间接不利影响，ICNIRP 认识到，需要实施切实可行的政策，以防止植入电子医疗设备和含有铁磁材料的植入物造成的意外伤害以及飞行物体的危险，这可能会导致更低的限制水平（例如 0.5 mT）。该表及其注释来自 ICNIRP[3]。

如 WHO 网站所示，虽然也有一些国家有更严格的标准，如巴林、韩国和伊朗，但 2019 年发布的 ICNIRP 指南仍然是大多数国家制定标准的基础，特别是职业性暴露（表 8.2）。

表 8.2　不同国家的稳态磁场暴露限值

国家	磁感应强度	
	公众	职业
巴林	40 mT	0.2 T
韩国		
伊朗		0.2 T/2 T/5 T
丹麦		2 T
匈牙利		
以色列		
瑞士		
奥地利		2 T/8 T
塞浦路斯		
希腊		
芬兰		
瑞典		
英国		
荷兰	400 mT/0.5 mT	
克罗地亚	400 mT	2 T
新加坡		
新西兰		
挪威		2 T/8 T
德国	400 mT/0.5 mT	
阿根廷	无相关信息	2 T/60 mT
比利时		2 T/8 T
保加利亚		
法国		
爱尔兰		
意大利		
美国		

注：信息来自 WHO 网站，最后更新于 2018 年 6 月 20 日。更详细的信息请查看：https://www.who.int/data/gho/data/indicators/indicator-details/GHO/magnetic-flux-density-（microt）。

8.2　地球磁场/地磁场

　　如上所述，人们最常见的稳态磁场是地球磁场/地磁场，大约是 0.5 Gs/50 μT（0.3～0.6 Gs，取决于地点）。地磁场与其他类型的稳态磁场相比要弱得多，但它普遍存在且对地球生物十分重要。现在已经知道，地球在其周围形成一个区域，称为磁层。人们认为，没有完整全球磁场的行星会受到太阳风的有害影响。例如，人们认为火星没有全球磁场，所以太阳风造成了水的流失和大气的侵蚀。相反，地球有它的磁场（磁层）来保护我们整个星球免受有害的太阳和宇宙粒子辐射以及太阳风侵蚀（图 8.1）。关于磁层更多信息可在美国国家航空航天局网站上查询（https://www.nasa.gov/magnetosphere）。

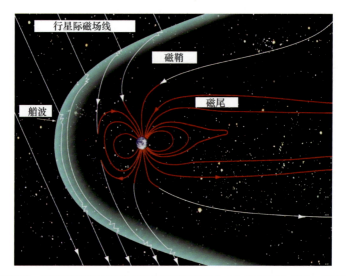

图 8.1　地球磁层。地球磁层的形状直接受到太阳风影响（太阳在图左侧）。该图片来自美国国家航空航天局网站（https://www.nasa.gov/mission_pages/ sunearth/multimedia/magnetosphere. html）。在较长时间尺度上，地磁场并不是严格意义上的静止，至少不像永磁体那样静止

　　众所周知，鸟类、蜜蜂、海龟和其他一些动物在迁徙过程中会感知地磁场方向，并且已有许多关于地磁场和动物磁感应的研究。还有一些其他的动物行为也被报道与地磁场相关。例如，人们发现了狗在排泄（排便和排尿）时喜欢将自己的身体沿地磁场排列[4]等有趣但神秘的现象。关于稳态磁场对微生物、植物和动物影响的更多信息在第 7 章和第 13 章讨论。尽管在过去几年中，这一领域进展巨大，但仍需要更多的努力来研究其确切和详细机制，以解释磁场中的各种动物行为，特别是微弱的地磁场。

　　关于人类是否能感应地磁场，一直以来都有争议。有趣的是，最近几年有一些新的研究表明，人类可能真的可以感应地磁场[5-7]。2019 年，Wang 等发现地磁场强度的磁场可以在脑电图（EEG）α 波段（8～13 Hz）对人类脑电波活动产生强烈、特异和可重复的影响，提出了与铁磁转导元件有关的机制，如生物沉淀的磁铁矿晶体（Fe_3O_4）[5]。另外，Chae 等也研究了人类磁感应，指出饥饿的男性比女性具有更好的磁感应能力[6]。最近，他们还提出了一种男性的磁场共振机制介导的光依赖性磁取向[7]。这个领域目前显然仍是十分模糊，我们离了解它的本质还很遥远。

　　同时有多项研究表明地磁场可以影响人类的其他方面。例如，Thoss 和 Bartsch 指出地磁场实际上可以影响人类视觉系统[8, 9]，尽管其机制还不完全清楚。Burch 等提出地磁场可以影响褪黑素分泌[10]，这是地磁场的改变造成神经和心血管效应的可能机制。此外，Lipnicki 表明地磁场活动与怪梦之间甚至可能存在某种联系[11]。然而，也有一些其他研究报道了阴性结果。例如，2002 年，Sastre 等研究了地磁场的控制性变化对 50 名人类志愿者的脑电图的影响，并未发现任何明显相关性[12]。由于在这些单独的研究中测量了不同方面，因此它们之间并不完全具有可比性。

　　另外，也有一些证据表明在没有地磁场的情况下（亚磁场（HMF）），一些人类癌症细胞的基因表达、细胞增殖、迁移和黏附都可能受到影响[13-16]。例如，Mo 等就亚磁场对人类神经母细胞瘤 SH-SY5Y 细胞的影响做了多项研究。2013 年，他们发现连续暴露在亚磁场中会通过促进细胞周期的进程而显著增加 SH-SY5Y 细胞的增殖[13]；2014 年，他们比较了暴露于亚磁场或地磁场的 SH-SY5Y 细胞的转录组图谱，发现多个基因表达有差异，包括 MAPK1 和 CRY2[14]。2016 年，他们发现在亚磁场中，SH-SY5Y 细胞的 F-肌动蛋白细胞骨架减少，并且黏附和迁移减少[15]。此外，还发现亚磁场可以降低人胰腺癌 AsPC-1 细胞系和牛肺动脉表皮细胞（PAEC）中的活性氧水平[16]，他们还在非洲爪蟾（*Xenopus laevis*）中发现亚磁场可以导致 *Xenopus* 胚胎的水平第三裂隙沟的减少和异常形态发生[17]。其研究结果表明，2 h 的亚磁场就足以干扰 *Xenopus* 胚胎在裂解阶段的发育。虽然这项研究是在蛙上进行，但亚磁场对有丝分裂纺锤体和细胞分裂的影响在其他生物体，包括人类也可能具有可比性。

　　事实上我们需要注意，且更为复杂的是，地磁场并非严格静态。它是一个动态相互关联系统的一部分，该系统对太阳、行星和星际条件做出反应。因此，我们周围的地磁场在白天与夜晚、冬季与夏季之间会有轻微的波动并不奇怪，这也取决于是否有零星出现的太阳风。据报道，在日本、芬兰和澳大利亚，地磁场干扰和/或太阳辐射与自杀/抑郁有关[18-21]。因此，无论人类是否能像一些迁徙或归巢的动物一样感知地磁场方向，目前的证据表明，我们的身体确实受到地球磁场的影响，或者更准确地说，受到地磁场的保护。希望能够有更多的研究来更全面地对此进行了解。

8.3　时变磁场及其临床应用

虽然本书和本章的重点是稳态磁场，但在这里笔者想简单介绍一下时变磁场及其临床应用，因为它们在临床上的成功发展可能会给稳态磁场在临床上的未来发展带来启示。

8.3.1　脑磁图和心磁图

正如本章开头所提及，人体主要由弱抗磁性物质组成，如水、蛋白质和脂类。然而，我们的身体也会产生电流和小的磁场[22]。我们大脑中的神经元、神经细胞和肌肉纤维都是可兴奋细胞，当它们被激活时可以产生电流。因此，相关的仪器也被开发用以测量这些电活动。例如，心电图（ECG）测量心脏电活动，脑电图测量大脑电活动，均已被广泛用于临床。

人体产生的磁场已经被测量，它们实际上非常微弱（$10^{-10} \sim 10^{-5}$ Gs）。众所周知，人类大脑可以分为多个区域，每个区域都负责行为的不同方面。这些区域之间准确和有效的连接对于健康大脑的正常功能至关重要。尽管单个神经元只能产生非常微弱的电流，但当神经元聚集并排列在一起并同时激发时，它可以被放大。在这种情况下，神经元可以产生足够强的磁场而被超导量子干涉仪（SQUID）检测到[23, 24]。目前已经证实，人头皮外的弱交变磁场由α-节律电流产生。头皮附近的磁场约为 1×10^{-9} Gs（峰-峰值）[25]。脑磁图（MEG）是一种非侵入性精密技术，能够捕捉到同步神经元内电活动所产生的磁场，从而得到关于人类大脑功能的空间、频谱和时间特征的丰富信息，它具有良好的空间分辨率（约 5 mm）和出色的时间分辨率（约 1 ms），并在阐明人类健康和疾病中的神经动力学方面提供了重要价值[26]。有许多关于脑磁图的非常有用的评论和研究文章表明，像脑磁图这样的神经影像学方法代表了一种出色的手段，可以更好地理解正常和异常大脑功能的机制[26-33]。同样，心磁图（MCG）测量心脏的磁场，是冠状动脉疾病无创检测的一个补充或替代工具[34, 35]。

此外，脑磁图似乎比脑电图更敏感。与脑电图相比，脑磁图可以提供额外的不同信息[36]。脑磁图可用于功能神经外科和连通性分析。由于脑磁图在用于研究复杂网络功能时可以提供磁共振成像无法提供的额外信息,因此人们将具有高时间分辨率的脑磁图与具有高空间分辨率的功能磁共振成像（fMRI）相结合，以提供更多关于人脑功能的信息[37]。脑磁图尤其广泛地应用于研究癫痫，这一种导致人们痉挛的大脑疾病[27, 38]。此外，同步记录和分析脑磁图/脑电图可以为追踪原发性癫痫活动提供补充信息和更好的检测灵敏度[31, 39]。而对于癫痫等慢性神经系统疾病,通过血流动力学和电磁技术检测的功能连接有助于识别癫痫活动和生理神经网络在不同尺度上的相互作用。fMRI 和脑电图/脑磁图功能连接可以帮助定位驱动癫痫发生的重要脑区,也可以帮助预测手术后的结果[40]。近年来，在量子传感器的帮助下，人们能够将脑磁图开发成头盔状的可穿戴设备,这种设备不依赖超导技术,允许受试者或患者在扫描过程中自由、自然地移动[41]。

8.3.2　经颅磁刺激

首先，经颅磁刺激（TMS）中的磁场是脉冲磁场，而不是稳态磁场。经颅磁刺激是一种电磁方法，使用放置在头部附近的"线圈"来刺激大脑的特定区域，用于诊断或治疗多种疾病，如中风和抑郁症。它是目前世界上应用最广泛的磁场相关医学治疗技术。经颅磁刺激目前在美国被纳入一些医疗保险，用于治疗抑郁症等疾病。它们的一些应用可能会对人们研究稳态磁场有所启发，尤其是在神经系统的应用。有许多综述会对人们获得有关这一主题的更多信息有所帮助[42-44]。

8.4　稳态磁场及其临床应用

除了约 50 μT 的微弱地磁场，现在人们有更多机会接触到更强的稳态磁场。一方面，世界各地的医院都在使用核磁共振成像仪，是强磁场在人类健康方面的最佳应用。另一方面，还有一些基于稳态磁场的磁疗产品，在许多国家都有售，大多数由人们自己使用。美国约翰斯·霍普金斯大学的 Kevin Yarema 教授将在本书第 15 章中对此进行更详细的讨论。

8.4.1　磁共振成像

与其他放射学成像方法相比，MRI 具有卓越的软组织对比度，这使得它成为许多生理和功能应用的有力工具。目前医院中大多数 MRI 的磁感应强度为 0.5～3 T，约为地磁场的 10000～60000 倍。这比地磁场或其他人们容易接触到的永磁体强得多。但只要操作遵循基本准则，MRI 会是一种非常安全的诊断技术。例如，有起搏器的人不应使用 MRI，因为 MRI 的磁场可能会重新编程或关闭起搏器。使用其他植入物的人，如含铁的颅内血管夹，也应避免 MRI，因为 MRI 的强稳态磁场可能会导致植入物移动。手机和信用卡可能会被磁场损坏，因此也应放在 MRI 检查室外。此外，人们已知对于经常接触 MRI 的人来说会有一些常见症状，包括恶心和头痛，但都是可逆的[45]。这将在本书的第 13 章中详细讨论。

　　同时，由于稳态强磁场有助于提供增强的灵敏度和更高的分辨率，因此人们已开发出具有更高磁感应强度的 MRI。例如，7 T MRI 可以明显提供比 3 T 或 1.5 T 更多的信息（图 8.2）。与此同时，人们正在不断研究如何构建具有超高场 MRI。除 9.4 T MRI 临床研究外，10.5 T MRI 也在人体上进行了测试[46]。这项试点研究发现受试者的眼球运动增加，但在等中心点的认知能力未受影响。此外，他们经历了生命体征的微小变化，但没有电场引起的血压升高，也未发现任何危及受试者安全性的影响。与此同时，动物研究已在更高场 MRI 上进行。例如，2010 年，Schepkin 等在美国国家强磁场实验室（NHMFL）使用 21.1 T MRI 测试了小鼠和大鼠的大脑，这是迄今为止最高磁场的 MRI。他们能够达到 50 μm 的成像分辨率，这比低场 MRI 要高得多。此外，他们还比较了 21.1 T 和 9.4 T 两种情况，发现 21.1 T MRI 可以提供关于啮齿动物大脑中的组织和血管的更详细的特征[47]。

(A)

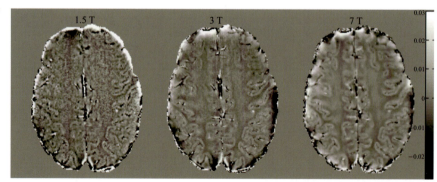

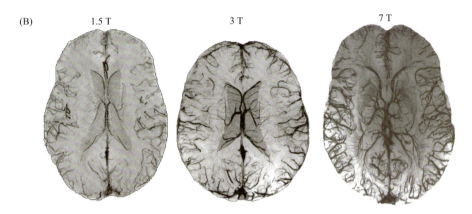

图 8.2　高场 MRI 分辨率提高。（A）1.5 T、3 T 和 7 T 的相位图像，通过场强和回波时间进行归一化，各向同性分辨率为 0.8 mm。经许可转载自参考文献[48]。（B）1.5 T、3 T 和 7 T 时的三个磁敏感加权成像（SWI）最小强度投影（mIPs），分辨率分别为 0.7 mm × 0.7 mm × 1.0 mm、0.5 mm × 0.5 mm × 1.0 mm 和 0.5 mm × 0.5 mm × 0.5 mm[49]。经许可转载自参考文献[50]

　　对稳态磁场生物学效应的了解将指导我们在未来提升 MRI 场强以有利于医疗诊断，所以肯定需要更多关于稳态超强磁场生物学效应的研究，这对未来超高场 MRI 在人类身上应用十分必要。在最近几年，有多项研究以此为目的而展开。例如，在 2021 年，Wang 等报告了一项关于长期暴露在高达 12 T 的稳态强磁场下 28 天对健康雄性 C57BL/6 小鼠的影响[51]。他们发现小鼠体内的 Mg、Fe、Zn、Ca 和 Cu 含量发生了一些改变，但没有发现任何有害的影响。此外，我们课题组还进行了一系列动物研究以检测 20 T 以上稳态磁场的安全性[52-56]。2018 年，我们首次报道了一项对荷瘤裸鼠进行 3.7～24.5 T 稳态磁场下 9 h 暴露的初步研究，发现除了一些中度肝损伤外，总体生物安全性良好[52]。接下来我们将暴露时间缩短至 1～2 h，并使用健康 C57BL/6 小鼠进行接下来的几项研究。我们发现 3.5～23.0 T 稳态磁场暴露 2 h 对健康小鼠无明显不利影响，包括食物和水的消耗、血糖水平、血常规、血液生化、器官重量和组织 HE（苏木精-伊红）染色[53]。在后来的一项研究中，我们进一步将磁场升高到 33.0 T，并将暴露时间缩短到 1 h，这与临床 MRI 暴露时间更接近，发现在健康 C57BL/6 小鼠中并没有显示出生理指标的显著变化[54]。此外，我们还进行了行为学测试，以检查 3.5～33.0 T 稳态磁场暴露 1～2 h 对健康 C57BL/6 小鼠神经系统的潜在影响。令人惊讶的是，我们发现强磁场处理后的小鼠具有更好的精神状态和空间记忆能力[55, 56]，通过构建 CUS（慢性不可预测压力）抑郁症小鼠模型的生理和行为测试，我们证实了 7 T 稳态磁场处理 8 h 也可以改善小鼠的抑郁状态[55]。这些初步研究不仅为超高场 MRI 的开发提供了有用的安全信息，还表明稳态强磁场可能在未来有潜力被开发为抗抑郁的新型治疗模式。

应该指出的是，尽管目前医院里的 MRI 被认为是安全的，但反复暴露的长期后果及其对人体的潜在有益影响仍未完全确定。此外，超高场 MRI 的显著成像优势一方面鼓励人们去探索超高场技术，同时，另一方面也要求人们注意对其安全问题进行必要研究。为了制定职业人员和患者暴露于更高稳态磁场的准则，我们还需付出更多努力。

8.4.2 磁外科

早在 1957 年，Equen 等就报道了用磁铁取出食道、胃和十二指肠中的异物[57]。然而磁铁在临床上的应用进展不大，直到过去 20 年里，随着磁技术在外科手术中的应用不断发展，人们对其的兴趣也越来越浓厚，特别是胃肠道方面[58]。目前，磁外科（即在外科手术中应用磁场）已发展到多个外科领域，尤其是消化道外科，提供了一种有利于各种手术的创伤性大大减少的选择[59]。近几年来，磁外科领域的医生已达成一些共识，旨在减少手术创伤，提高手术领域的暴露度和手术可操作性[60,61]。

就目前而言，大多数磁外科手术使用永久磁铁来进行磁辅助手术（图 8.3）。磁铁已被用于组织的牵引、固定、移动和吻合。应该指出的是，在过去几十年里，磁外科手术的进展主要是由磁性材料的发展而推动，特别是钕磁铁，可以提供足够强的磁力，使医生能够设计各种新颖的手术程序。例如，已经有一个磁力手术系统被美国食品药品监督管理局（FDA）批准，称为 Levita™磁力手术系统，用于腹腔镜胆囊切除术。有研究表明，日常使用该系统可能有利于减少所使用的腹腔镜套管总数，从而减少组织创伤并改善外观[62]。2016 年 10 月至 2017 年 8 月，杜克大学代谢和减肥手术中心对在初级或修正腹腔镜减肥手术中接受磁辅助肝脏牵开的连续患者进行了回顾性审查。很明显，磁辅助肝脏牵开技术是一种安全、可重复、无切口的新方法，可以实现无约束、无端口的腹腔内活动，在减少腹部切口数量的同时提高了手术暴露度[63]。也有研究表明，减肥手术中的肝脏磁力牵引伴随着术后疼痛评分的降低和住院时间的缩短[64]。

除了在手术过程中临时使用磁铁外，还有一些情况是把磁铁长期放置在人体内以矫正漏斗胸（凹陷的胸部）[66-70]或胃食管反流病（GERD）[65,71,72]。例如，磁性括约肌增强术（图 8.3）是一种经 FDA 批准的手术，即在食管下端靠近括约肌处放置一个磁性装置，是治疗胃食管反流病的一种有效而安全的手术方法[65,71,72]。Ganz 等在美国和荷兰的 14 个中心对 100 名胃食管反流病患者进行了为期 6 个月或更长时间的磁性括约肌增强装置的安全性和有效性的前瞻性研究。85 名受试者随访 5 年后发现，磁性括约肌增强装置可以有效和持续地控制反流，并且副作用或并发症非常少，这验证了磁性括约肌增强装置对胃食管反流病患者的长期安全性和有效性[65]。

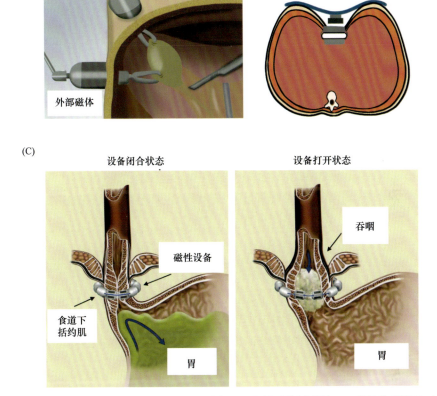

图 8.3　两种类型的磁外科手术，一种是在手术过程中临时使用磁铁，一种是将磁铁长时间放
入人体。（A）在手术过程中暂时使用磁铁以提供更好的锚定。（B）用于矫正胸廓畸形的新
型微创磁力手术。两幅插图均由王丁提供。（C）用于治疗胃食管反流病的磁性括约肌增强
术，其中的磁环可在患者体内放置多年。经许可转载自参考文献[65]

8.4.3　使用稳态磁场的磁场疗法

回顾历史，磁疗已争论数千年，经历了多次起起伏伏[73]。有趣的是，虽然磁
场对人体的作用机制总体而言尚缺乏可靠的科学解释，但并未真正阻止人们去使
用磁铁。虽然从来未被纳入主流医学，但目前仍有许多人在使用磁疗作为一些慢
性疾病的替代和补充治疗，如关节炎，伤口愈合和缓解疼痛。事实上每年磁疗产
品在全球有数十亿美元销售额，主要是因为许多使用磁疗的人确实发现自己可以
从中受益。例如，在亚马逊上有一些磁疗产品，其中一些产品有数千个正面评论，
称它们可以减轻疼痛和不适，尤其是嵌入了一些相对较强磁铁的磁铁手镯。通过

浏览市场上的磁疗产品，我们不难发现获得好评的磁性手环通常都有明确的磁感应强度标识，并且大多数都在 0.01～1 T 范围。

尽管如此，磁疗仍然没有被主流医学所接受，甚至有时被认为是伪科学。这些怀疑主要是由于缺乏一致性和科学的解释（如第 1 章所讨论）。人们做了很多努力来解决这个问题，其中一些确实提供了正面结果。例如，1997 年 Vallbona 等对 50 名脊髓灰质炎患者进行了一项研究，发现 300～500 Gs（0.03～0.05 T）稳态磁场显著降低了患者疼痛水平，疼痛指数从 9.6 降至 4.4（$p < 0.0001$）[74]（表 8.3）。有趣的是，最大程度模拟磁性装置的假暴露系统也具有一些安慰剂效应，并将患者的疼痛水平从 9.5 降到 8.4。然而很明显，稳态磁场治疗组的疼痛水平变化比安慰剂装置组要高 5 倍（5.2 vs. 1.1，$p < 0.0001$）。此外，76%的患者曝磁后表示疼痛明显减轻，而安慰剂装置组只有 19%的患者觉得有效[74]（表 8.3）。这项研究是在设立了正确的对照下进行，因此为人们提供了令人信服的证据，即稳态磁场确实可以对缓解疼痛产生有益影响。

表 8.3　中度稳态磁场降低小儿麻痹症后患者的疼痛程度

治疗前和治疗后的疼痛评分		
	磁性装置（$n=29$）	假曝磁装置（$n=21$）	显著性
治疗前疼痛评分　（平均值 ± 标准差）	9.6±0.7	9.5±0.8	NS
治疗后疼痛评分　（平均值 ± 标准差）	4.4±3.1	8.4±1.8	$p < 0.0001$
分数变化（平均值 ± 标准差）	5.2±3.2	1.1±1.6	$p < 0.0001$
通过磁性装置改善疼痛的受试者比例		
	磁性装置（$n=29$）	假曝磁装置（$n=21$）	
疼痛改善	$N=22$（76%）	$N=4$（19%）	
疼痛无改善	$N=7$（24%）	$N=17$（81%）	

注：上表显示磁性装置可有效降低疼痛评分。下表显示在磁性装置组中，有效缓解疼痛的患者比例要高得多。两个表格均基于文献[74]参考结果，NS，无统计学意义。

Alfano 等和 Juhasz 等在磁疗领域进行了另外两项科学研究。Alfano 等在 1997～1998 年对纤维肌痛患者进行了一项为期 6 个月的随机安慰剂对照试验[75]。除了假曝磁对照外，他们还比较了一组暴露于低均匀"负极性"稳态磁场睡眠垫的人群（功能垫 A）和一组暴露在不同极性睡眠垫的人群（功能垫 B）。事实上，他们确实发现功能垫 A 具有最显著的效果，治疗 6 个月后，功能垫 A 组和 B 组的功能状态、疼痛强度水平、压痛点计数和压痛点强度均有改善，但与对照组的变化无显著差异[75]。因此，尽管这项研究表明磁睡眠垫有潜力发挥作用，但其效果在统计学上并不显著。笔者认为其主要原因可能是磁感应强度太低（低于 1 mT）。此外，2014 年 Juhász 等进行了一项随机、设置了自我对照和安慰剂对照的，包括 16 名被诊断为糜烂性胃炎患者的双盲试点研究。他们在患者胃上方胸骨下部区域使用了非均匀稳态磁场进行暴露干预，在目标部位的磁感应强度峰值为 3 mT，梯度为 30 mT/m。他们发现稳态磁场暴露比假曝磁对照组对糜烂性胃炎症状有临床和统计学上的显著有益作用，其平均抑制效果为 56%（$p=0.001$）。这表明非均匀稳态磁场有希望作为糜烂性胃炎的潜在替代或补充治疗方法[76]。有趣的是，他们的磁感应强度似乎比其他大多数有正面结果的研究要低得多。

目前的证据表明磁感应强度是潜在磁场治疗应用的关键。总体而言，人们认为强度太弱的磁场不足以产生足够的能量。如上所述，大多数人用于磁疗的永磁体已被证明是有效的，范围从数百到数千高斯。例如，2002 年布朗等发现 0.05 T 稳态磁场持续 4 周可以减少患者的慢性盆腔疼痛[77]。2011 年，Kovacs-Balint 等对 15 名年轻健康志愿者做了一项研究，发现非均匀 0.33 T（B_{max}）稳态磁场暴露 30 min 可以增加热痛阈值（TPT）[78]。然而不同的症状可能对磁感应强度以及其他磁场参数有不同的要求。与此同时，毫不奇怪的是有一些实验证据显示某些磁疗产品无法产生积极效果，即使对于磁感应强度足够高的磁体也是如此。例如，Richmond 等将 1502～2365 Gs 磁性腕带、<20 Gs 消磁腕带、250～350 Gs 减弱磁性腕带和铜手镯进行比较，发现除安慰剂之外，佩戴磁性腕带或铜手镯对缓解类风湿性关节炎的症状和对抗疾病活动似乎无效[79]。正如本书第 1 章所述，磁场参数及多种其他因素导致了磁场的临床或研究结果的不同。例如，尽管到目前为止尚缺乏明确的科学机制解释，但有趣的是，确实存在着多种关于两个不同磁极对人体不同影响的说法（表 8.4），以及一些科学实验证据显示磁场方向引起的差异[80, 81]，对此我们也在本书第 2 章进行了介绍和总结。尽管从目前来看磁体的南北极本身并无物理学的差异，但有可能确实存在一些未知的机制来解释他们引起的一些不同的生物学现象。因此，建议人们在实验室研究磁场生物学效应时也应注意磁极（实质上应该是磁场方向）的不同。

表 8.4　一些磁疗产品制造商和治疗师认为南北磁极具有不同"治疗效果"

北极—"阴性"	南极—"阳极"
抑制缓解疼痛	兴奋增加疼痛
减少炎症	增加炎症
产生碱性效应	产生酸性效应
减少症状	加剧症状
抵抗感染	促进微生物生长
促进愈合	抑制愈合
缓解水肿	促进水肿
增加组织细胞氧含量	降低组织细胞氧含量
促进深度恢复性睡眠	刺激觉醒
产生有效的心理效果	有一种过度保护心理效应
减少脂肪沉积	促进脂肪沉积
建立愈合极性	损伤部位的极性
刺激褪黑素分泌	刺激身体机能
使天然的碱性 pH 正常化	

注：目前尚不清楚这些是否真实，但不同磁场方向确实会产生一些差异。虽然目前还无确凿科学性解释，但笔者并不排除这些说法（或至少其中一些说法）可能是正确的，并希望能有更多的研究来进一步探讨这个问题。

8.5　讨论

　　值得一提的是，目前许多与磁场治疗相关的研究以及关于磁场生物学效应的研究都没有得到很好的描述或设置适当的对照。2008 年和 2009 年，Colbert 等撰写了两篇重要而全面的综述[82, 83]，其中指出"迄今为止发表的大多数稳态磁场治疗研究中，对应用于人类参与者的稳态磁场参数的完整描述明显缺乏。在不知靶组织所在位置稳态磁场参数的情况下，我们无法从临床试验结果中得出有意义的推论。随着稳态磁场治疗的研究进展，工程师、物理学家和临床医生需要继续努力优化每种临床状况的稳态磁场剂量和治疗参数。关于稳态磁场研究结果，在未来发表时应包括对本综述中概述的稳态磁场剂量和治疗参数的明确评估，以便能够复制以前的研究结果，这样才能对研究之间进行客观科学的比较。"他们列出的参数包括磁铁材料、磁铁尺寸、磁极配置、磁感应强度、应用频率、时间和部位、磁铁支撑装置、靶组织、磁体表面与靶组织的距离，这些都有很大的可能直接影响到结果[82,83]（表 8.5）。许多相关的研究需要重复，我们希望在对磁场和生物系统有了正确的认识后能取得更大的进步，进行更严格的实验，不仅有助于WHO 评估任何可能的健康后果，也能改善磁疗现状。事实上，FDA 已经批准使用 TTF（肿瘤治疗电场）。它提供低强度、中频（$100 \sim 300\,kHz$）的交变电场来治疗新诊断和复发胶质母细胞瘤，其作用是破坏癌细胞分裂，对正常非分裂细胞无明显损害[84-86]。尽管肿瘤治疗电场是一种低强度交变电场，而非稳态磁场，但它可能会为稳态磁场的未来潜在临床应用研究提供线索。

表 8.5　10 个基本的稳态磁场剂量参数

	稳态磁场剂量参数
1	靶组织
2	磁铁应用部位
3	磁体表面与靶组织的距离
4	磁感应强度
5	永磁体的材料组成
6	磁铁尺寸：大小、形状和体积
7	磁铁的极性配置
8	磁铁支撑装置
9	磁铁应用频率
10	磁铁应用持续时间

注：改编自参考文献[82]。我们建议人们在报道结果时都应该遵循这些标准。

8.6　结论

由于人体本身是一个电磁体，因此外加磁场会对我们产生一些影响并不奇怪。然而，人体内的电化学过程非常复杂，至今仍不完全了解。因此，磁场对人体的实际物理效应仍需不断努力才能获得完整的理解。同时，磁场治疗在未来有可能作为临床应用的一种替代或补充方法，特别是在常规治疗选项不可用或者效果不理想的情况下。此外，磁场疗法是否有效并不取决于我们对其潜在生物学机制的理解。正如 Basford 博士所说[73] "电疗法或磁疗法首先被大众发现，受到医疗机构的抵制，然后被丢弃，但在未来会以稍微不同的形式再次出现。虽然复杂程度有所提高，但这种模式很可能会持续到未来，直到发现明确的治疗效果和建立令人信服的作用机制"。目前我们应该做的是尽力去揭开这些谜团，以便能够从这些自然力量中获得最大益处。同时我们应该提醒人们，现在有许多关于磁疗的不可靠网站或产品。相信随着磁场研究领域合理和科学方法的应用，我们将会获得更多的机制见解，从而促进稳态磁场的临床应用，并最终使磁场治疗在科学上受到尊重。

参 考 文 献

[1] Gaffey C T, Tenforde T S. Bioelectric properties of frog sciatic nerves during exposure to stationary magnetic fields. Radiat. Environ. Biophys., 1983, 22(1): 61-73.

[2] Tenforde T S. Magnetically induced electric fields and currents in the circulatory system. Prog. Biophys. Mol. Biol., 2005, 87(2-3): 279-288.

[3] Ziegelberger G, Pr I C, N-I R. Guidelines on limits of exposure to static magnetic fields. Health. Phys., 2009, 96(4): 504-514.

[4] Hart V, Nováková P, Malkemper E P, et al. Dogs are sensitive to small variations of the Earth's magnetic field. Front. Zool., 2013, 10(1): 80.

[5] Wang C X, Hilburn I A, Wu D A, et al. Transduction of the geomagnetic field as evidenced from alpha-band activity in the human brain. eNeuro., 2019, 6(2): ENEURO. 0483.

[6] Chae K S, Oh I T, Lee S H, et al. Blue light-dependent human magnetoreception in geomagnetic food orientation. PLoS One, 2019, 14(2): e0211826.

[7] Chae K S, Kim S C, Kwon H J, et al. Human magnetic sense is mediated by a light and magnetic field resonance-dependent mechanism. Sci. Rep-Uk., 2022, 12(1).

[8] Thoss F, Bartsch B. The geomagnetic field influences the sensitivity of our eyes. Vision. Res., 2007, 47(8): 1036-1041.

[9] Thoss F, Bartsch B. The human visual threshold depends on direction and strength of a weak magnetic field. J. Comp. Physiol. A. Neuroethol. Sens. Neural. Behav. Physiol., 2003, 189(10): 777-779.

[10] Burch J B, Reif J S, Yost M G. Geomagnetic activity and human melatonin metabolite excretion. Neurosci. Lett., 2008, 438(1): 76-79.

[11] Lipnicki D M. An association between geomagnetic activity and dream bizarreness. Med. Hypotheses., 2009, 73(1): 115-117.

[12] Sastre A, Graham C, Cook M R, et al. Human EEG responses to controlled alterations of the Earth's magnetic field. Clin. Neurophysiol., 2002, 113(9): 1382-1390.

[13] Mo W C, Zhang Z J, Liu Y, et al. Magnetic shielding accelerates the proliferation of human neuroblastoma cell by promoting G1-phase progression. PLoS One, 2013, 8(1): e54775.

[14] Mo W, Liu Y, Bartlett P F, et al. Transcriptome profile of human neuroblastoma cells in the

hypomagnetic field. Sci. China. Life. Sci., 2014, 57(4): 448-461.

[15] Mo W C, Zhang Z J, Wang D L, et al. Shielding of the geomagnetic field alters actin assembly and inhibits cell motility in human neuroblastoma cells. Sci. Rep., 2016, 6: 22624.

[16] Martino C F, Castello P R. Modulation of hydrogen peroxide production in cellular systems by low level magnetic fields. PLoS One, 2011, 6(8): e22753.

[17] Mo W C, Liu Y, Cooper H M, et al. Altered development of Xenopus embryos in a hypogeomagnetic field. Bioelectromagnetics, 2012, 33(3): 238-246.

[18] Tada H, Nishimura T, Nakatani E, et al. Association of geomagnetic disturbances and suicides in Japan, 1999-2010. Environ. Health. Prev. Med., 2014, 19(1): 64-71.

[19] Nishimura T, Tsai I J, Yamauchi H, et al. Association of geomagnetic disturbances and suicide attempts in Taiwan, 1997-2013: A cross-sectional study. Int. J. Environ. Res. Public. Health., 2020, 17(4).

[20] Partonen T, Haukka J, Nevanlinna H, et al. Analysis of the seasonal pattern in suicide. J. Affect. Disord., 2004, 81(2): 133-139.

[21] Berk M, Dodd S, Henry M. Do ambient electromagnetic fields affect behaviour? A demonstration of the relationship between geomagnetic storm activity and suicide. Bioelectromagnetics, 2006, 27(2): 151-155.

[22] Cohen D, Palti Y, Cuffin B N, et al. Magnetic fields produced by steady currents in the body. Proc. Natl. Acad. Sci. U. S. A., 1980, 77(3): 1447-1451.

[23] Hämäläinen M, Hari R, Ilmoniemi R J, et al. Magnetoencephalography—Theory, instrumentation, and applications to noninvasive studies of the working human brain. Rev. Mod. Phys., 1993, 65(2): 413-497.

[24] Zimmerman J E, Thiene P, Harding J T. Design and operation of stable rf-biased superconducting point-contact quantum devices, and a note on the properties of perfectly clean metal contacts. J. Appl. Phys., 1970, 41(4): 1572.

[25] Cohen D. Magnetoencephalography: Evidence of magnetic fields produced by alpha-rhythm currents. Science., 1968, 161(3843): 784-786.

[26] O'Neill G C, Barratt E L, Hunt B A, et al. Measuring electrophysiological connectivity by power envelope correlation: A technical review on MEG methods. Phys. Med. Biol., 2015, 60(21): R271-295.

[27] Pang E W, Snead O C. From structure to circuits: The contribution of MEG connectivity studies to functional neurosurgery. Front. Neuroanat., 2016, 10: 67.

[28] Pizzella V, Marzetti L, Della Penna S, et al. Magnetoencephalography in the study of brain dynamics. Funct. Neurol., 2014, 29(4): 241-253.

[29] Kida T, Tanaka E, Kakigi R. Multi-dimensional dynamics of human electromagnetic brain activity. Front. Hum. Neurosci., 2015, 9: 713.

[30] Brookes M J, Woolrich M, Luckhoo H, et al. Investigating the electrophysiological basis of resting state networks using magnetoencephalography. Proc. Natl. Acad. Sci. U. S. A., 2011, 108(40): 16783-16788.

[31] Stefan H, Trinka E. Magnetoencephalography(MEG): Past, current and future perspectives for

improved differentiation and treatment of epilepsies. Seizure., 2016.

[32] He B, Yang L, Wilke C, et al. Electrophysiological imaging of brain activity and connectivity——Challenges and opportunities. IEEE. Trans. Biomed. Eng., 2011, 58(7): 1918-1931.

[33] Baillet S. Magnetoencephalography for brain electrophysiology and imaging. Nat. Neurosci., 2017, 20(3): 327-339.

[34] Wu Y H, Gu J Q, Chen T, et al. Noninvasive diagnosis of coronary artery disease using two parameters extracted in an extrema circle of magnetocardiogram. Annu. Int. Conf. IEEE. Eng. Med. Biol. Soc., 2013: 1843-1846.

[35] Kandori A, Ogata K, Miyashita T, et al. Subtraction magnetocardiogram for detecting coronary heart disease. Ann. Noninvas. Electro., 2010, 15(4): 360-368.

[36] Cohen D. Magnetoencephalography: Detection of the brain's electrical activity with a superconducting magnetometer. Science., 1972, 175(4022): 664-666.

[37] Hall E L, Robson S E, Morris P G, et al. The relationship between MEG and fMRI. NeuroImage, 2014, 102: 80-91.

[38] Kim D, Joo E Y, Seo D W, et al. Accuracy of MEG in localizing irritative zone and seizure onset zone: Quantitative comparison between MEG and intracranial EEG. Epilepsy Res., 2016, 127: 291-301.

[39] Hunold A, Funke M E, Eichardt R, et al. EEG and MEG: Sensitivity to epileptic spike activity as function of source orientation and depth. Physiol. Meas., 2016, 37(7): 1146-1162.

[40] Pittau F, Vulliemoz S. Functional brain networks in epilepsy: Recent advances in noninvasive mapping. Curr. Opin. Neurobiol., 2015, 28(4): 338-343.

[41] Boto E, Holmes N, Leggett J, et al. Moving magnetoencephalography towards real-world applications with a wearable system. Nature, 2018, 555(7698): 657-661.

[42] Hallett M. Transcranial magnetic stimulation: A primer. Neuron, 2007, 55(2): 187-199.

[43] Rossi S, Hallett M, Rossini P M, et al. Safety, ethical considerations, and application guidelines for the use of transcranial magnetic stimulation in clinical practice and research. Clin. Neurophysiol., 2009, 120(12): 2008-2039.

[44] Pitcher D, Parkin B, Walsh V. Transcranial magnetic stimulation and the understanding of behavior. Annu. Rev. Psychol., 2021, 72: 97-121.

[45] Heilmaier C, Theysohn J M, Maderwald S, et al. A large-scale study on subjective perception of discomfort during 7 and 1.5 T MRI examinations. Bioelectromagnetics, 2011, 32(8): 610-619.

[46] Grant A, Metzger G J, Van de Moortele P F, et al. 10.5 T MRI static field effects on human cognitive, vestibular, and physiological function. Magn. Reson. Imaging, 2020, 73: 163-176.

[47] Schepkin V D, Brey W W, Gor'kov P L, et al. Initial *in vivo* rodent sodium and proton MR imaging at 21.1 T. Magn. Reson. Imaging, 2010, 28(3): 400-407.

[48] Zhong K, Leupold J, von Elverfeldt D, et al. The molecular basis for gray and white matter contrast in phase imaging. NeuroImage., 2008, 40(4): 1561-1566.

[49] Monti S, Cocozza S, Borrelli P, et al. MAVEN: An algorithm for multi-parametric automated segmentation of brain veins from gradient echo acquisitions. IEEE. Trans. Med. Imaging, 2017,

36(5): 1054-1065.

[50] Ladd M E, Bachert P, Meyerspeer M, et al. Pros and cons of ultra-high-field MRI/MRS for human application. Prog. Nucl. Magn. Reson. Spectrosc., 2018, 109: 1-50.

[51] Wang S H, Ting H Y, Zhou L F, et al. Effect of high static magnetic field(2 T-12 T) exposure on the mineral element content in mice. Biol. Trace. Elem. Res., 2021, 199(9): 3416-3422.

[52] Tian X F, Wang Z, Zhang L, et al. Effects of 3.7 T—24.5 T high magnetic fields on tumor bearing mice. Chin. Phys. B, 2018, 27(11): 118703.

[53] Tian X F, Wang D M, Feng S, et al. Effects of 3.5—23.0T static magnetic fields on mice: A safety study. NeuroImage., 2019, 199: 273-280.

[54] Tian X F, Lv Y, Fan Y X, et al. Safety evaluation of mice exposed to 7.0-33.0 T high-static magnetic fields. J. Magn. Reson. Imaging., 2021, 53(6): 1872-1884.

[55] Lv Y, Fan Y X, Tian X F, et al. The anti-depressive effects of ultra-high static magnetic field. J. Magn. Reson. Imaging., 2022, 56(2): 354-365.

[56] Khan M H, Huang X F, Tian X F, et al. Short- and long-term effects of 3.5—23.0 Tesla ultra-high magnetic fields on mice behaviour. Eur. Radiol., 2022, 32(8): 5596-5605.

[57] Equen M, Roach G, Brown R, et al. Magnetic removal of foreign bodies from the esophagus, stomach and duodenum. AMA. Arch. Otolaryngol., 1957, 66(6): 698-706.

[58] Cantillon-Murphy P, Cundy T P, Patel N K, et al. Magnets for therapy in the GI tract: A systematic review. Gastrointest. Endosc., 2015, 82(2): 237-245.

[59] Diaz R, Davalos G, Welsh L K, et al. Use of magnets in gastrointestinal surgery. Surg. Endosc., 2019, 33(6): 1721-1730.

[60] Lv Y, Shi Y. Scientific committee of the first international conference of Magnetic S Xi'an consensus on magnetic surgery. Hepatobiliary. Surg. Nutr., 2019, 8(2): 177-178.

[61] Bai J G, Wang Y, Zhang Y, et al. Expert consensus on the application of the magnetic anchoring and traction technique in thoracoscopic and laparoscopic surgery. Hepatobiliary. Pancreat. Dis. Int., 2022, 21(1): 7-9.

[62] Haskins I N, Strong A T, Allemang M T, et al. Magnetic surgery: First U.S. experience with a novel device. Surg. Endosc., 2018, 32(2): 895-899.

[63] Davis M, Davalos G, Ortega C, et al. Magnetic liver retraction: An incision-less approach for less invasive bariatric surgery. Obes. Surg., 2019, 29(3): 1068-1073.

[64] Welsh L K, Davalos G, Diaz R, et al. Magnetic liver retraction decreases postoperative pain and length of stay in bariatric surgery compared to nathanson device. J. Laparoendosc. Adv. Surg. Tech. A., 2021, 31(2): 194-202.

[65] Ganz R A, Edmundowicz S A, Taiganides P A, et al. Long-term outcomes of patients receiving a magnetic sphincter augmentation device for gastroesophageal reflux. Clin. Gastroenterol. Hepatol., 2016, 14(5): 671-677.

[66] Jamshidi R, Harrison M. Magnet-mediated thoracic remodeling: A new approach to the sunken chest. Expert. Rev. Med. Devices., 2007, 4(3): 283-286.

[67] Harrison M R, Gonzales K D, Bratton B J, et al. Magnetic mini-mover procedure for pectus excavatum III: Safety and efficacy in a Food and Drug Administration-sponsored clinical trial. J.

Pediatr. Surg., 2012, 47(1): 154-159.

[68] Harrison M R, Estefan-Ventura D, Fechter R, et al. Magnetic mini-mover procedure for pectus excavatum: I. Development, design, and simulations for feasibility and safety. J. Pediatr. Surg., 2007, 42(1): 81-85.

[69] Harrison M R, Curran P F, Jamshidi R, et al. Magnetic mini-mover procedure for pectus excavatum II: Initial findings of a Food and Drug Administration-sponsored trial. J. Pediatr. Surg., 2010, 45(1): 185-191.

[70] Graves C E, Hirose S, Raff G W, et al. Magnetic mini-mover procedure for pectus excavatum IV: FDA sponsored multicenter trial. J. Pediatr. Surg., 2017, 52(6): 913-919.

[71] Lipham J C, Taiganides P A, Louie B E, et al. Safety analysis of first 1000 patients treated with magnetic sphincter augmentation for gastroesophageal reflux disease. Dis. Esophagus., 2015, 28(4): 305-311.

[72] Bonavina L, Saino G, Bona D, et al. One hundred consecutive patients treated with magnetic sphincter augmentation for gastroesophageal reflux disease: 6 years of clinical experience from a single center. J. Am. Coll. Surg., 2013, 217(4): 577-585.

[73] Basford J R. A historical perspective of the popular use of electric and magnetic therapy. Arch. Phys. Med. Rehabil., 2001, 82(9): 1261-1269.

[74] Vallbona C, Hazlewood C F, Jurida G. Response of pain to static magnetic fields in postpolio patients: A double-blind pilot study. Arch. Phys. Med. Rehabil., 1997, 78(11): 1200-1203.

[75] Alfano A P, Taylor A G, Foresman P A, et al. Static magnetic fields for treatment of fibromyalgia: A randomized controlled trial. J. Altern. Complement. Med., 2001, 7(1): 53-64.

[76] Juhász M, Nagy V L, Székely H, et al. Influence of inhomogeneous static magnetic field-exposure on patients with erosive gastritis: A randomized, self- and placebo-controlled, double-blind, single centre, pilot study. J. R. Soc. Interface., 2014, 11(98): 20140601.

[77] Brown C S, Ling F W, Wan J Y, et al. Efficacy of static magnetic field therapy in chronic pelvic pain: A double-blind pilot study. Am. J. Obstet. Gynecol., 2002, 187(6): 1581-1587.

[78] Kovács-Bálint Z, Csathó Á, Laszló J F, et al. Exposure to an inhomogeneous static magnetic field increases thermal pain threshold in healthy human volunteers. Bioelectromagnetics, 2011, 32(2): 131-139.

[79] Richmond S J, Gunadasa S, Bland M, et al. Copper bracelets and magnetic wrist straps for rheumatoid arthritis: Analgesic and anti-inflammatory effects: a randomised double-blind placebo controlled crossover trial. PLoS One, 2013, 8(9): e71529.

[80] Milovanovich I D, Ćirković S, De Luka S R, et al. Homogeneous static magnetic field of different orientation induces biological changes in subacutely exposed mice. Environ. Sci. Pollut. Res. Int., 2016, 23(2): 1584-1597.

[81] De Luka S R, Ilić A Ž, Janković S, et al. Subchronic exposure to static magnetic field differently affects zinc and copper content in murine organs. Int. J. Radiat. Biol., 2016, 92(3): 140-147.

[82] Colbert A P, Markov M S, Souder J S. Static magnetic field therapy: Dosimetry considerations. J. Altern. Complement. Med., 2008, 14(5): 577-582.

[83] Colbert A P, Wahbeh H, Harling N, et al. Static magnetic field therapy: A critical review of

treatment parameters. Evid. Based. Complement. Alternat. Med., 2009, 6(2): 133-139.

[84] Pless M, Weinberg U. Tumor treating fields: Concept, evidence and future. Expert. Opin. Investig. Drugs., 2011, 20(8): 1099-1106.

[85] Kirson E D, Gurvich Z, Schneiderman R, et al. Disruption of cancer cell replication by alternating electric fields. Cancer. Res., 2004, 64(9): 3288-3295.

[86] Davies A M, Weinberg U, Palti Y. Tumor treating fields: A new frontier in cancer therapy. Ann. N. Y. Acad. Sci., 2013, 1291: 86-95.

第 9 章
稳态磁场在癌症治疗中的潜在应用

本章从分子、细胞、动物到患者水平列举了目前关于稳态磁场对癌症抑制作用的一些实验证据及潜在机制。总结了稳态磁场对癌细胞的直接影响，包括癌细胞的增殖、分裂、迁移和侵袭，以及癌细胞干性。除此之外，实验表明，稳态磁场还可以影响微循环和血管生成，并调节免疫系统，从而在体内产生抑癌作用。此外，本章节还总结了稳态磁场单独作用或与化疗药物、交变磁场以及放射治疗相结合在癌症治疗中的应用前景，并讨论了导致其不一致结果的因素和潜在机制。这些证据表明了稳态磁场作为抑制癌症的物理方法具有很大潜力，但仍需进一步的研究来优化磁场参数和暴露程度，并探索不同的联合治疗方式，从而可以在未来产生良好的效果。

9.1 引言

肿瘤治疗电场（TTF）已于 2011 年和 2015 年分别被美国食品药品监督管理局批准用于复发和新诊断的胶质母细胞瘤，为物理手段在癌症治疗中的优势提供了一个很好的例子。然而，尽管稳态磁场已被一些人用作多种慢性疾病的替代治疗，但总体而言仍然缺乏系统性的、确凿的科学基础。正如我们在前几章中所介绍，许多研究已经报道了稳态磁场的生物学效应，其结果取决于多种因素，包括稳态磁场参数、生物样本和实验方法的差异，特别是细胞类型的差异，都产生了重大影响。目前已有多个报告显示，癌细胞和一些特定细胞类型，包括干细胞、胚胎或神经细胞，更容易受到稳态磁场的影响，而其他大多数类型的人体正常细胞受到的影响要小得多。

在这里，我们想重点讨论稳态磁场对癌症的影响。众所周知，癌细胞与正常细胞有许多不同之处。例如，多种类型的癌细胞都可以在表皮生长因子受体（EGFR）等高表达蛋白的信号通路作用下提高增殖能力。而我们发现稳态磁场可以影响 EGFR 的激酶区取向，降低其活性并影响与其相关的信号通路，从而抑制一些癌细胞的增殖[1,2]。此外，与正常细胞相比，大多数癌细胞处于更活跃分裂的状态。我们发现中等和强稳态磁场可以干扰微管，从而影响细胞分裂[3]，并且癌细胞的转移行为和干性也与非癌细胞有极大不同。我们最近发现，中等强度的稳态磁场可以抑制卵巢癌细胞的迁移、侵袭和干性，而对非癌卵巢细胞的影响可以忽略不计[4]。然而，Zhao 等报道，倾斜和具有梯度的中等强度稳态磁场促进了小鼠骨肉瘤干细胞的转移[5]。此外，癌症的微循环/血管生成和体内免疫反应也与正常组织不同。这里我们总结了小鼠研究中稳态磁场对癌症的影响（表 9.1），结果表明，场强更高的稳态磁场、更长的处理时间和竖直向上的方向似乎与抗癌功效呈正相关。例如，Zhu 等发现，0.6 T 稳态磁场处理 2～3 个月可以有效地抑制转移性乳腺癌多瘤病毒中间 T 抗原（PyMT）转基因小鼠的肿瘤生长，抑制率约为60%～70%，但 0.3 T 的稳态磁场则无此效果[6]。我们课题组发现，在相同的稳态磁场磁感应强度下，竖直向上的稳态磁场可以抑制小鼠的肿瘤生长，而竖直向下的稳态磁场则不能[7, 8]（更多相关讨论请参考本书第 2 章"稳态磁场方向引起的不同生物学效应"）。此外，尽管我们没有对相同类型的癌症进行并行比较，但是对于竖直向上方向的 9.4 T 稳态磁场，200 h 的处理，对肿瘤生长的抑制率达到62.88%[9]，而仅 88 h 的磁场处理对肿瘤生长的抑制率便达到了 44.7%[7]。

表 9.1　稳态磁场对小鼠的抑癌作用与磁感应强度、方向和处理时间有关

小鼠	稳态磁场磁感应强度和方向		处理时间	对癌症的影响	参考文献
PyMT 转移性乳腺癌小鼠	0.3 T[a]	竖直向上	持续 2～3 个月		[6]
GIST-T1 细胞荷瘤雌性 BALB/c（nu/nu）小鼠	0.4～0.5 T[b]	竖直向下	连续 38 d	无影响	[8]
GIST-T1 细胞荷瘤雄性 BALB/c（nu/nu）小鼠	9.4 T[c]		共 88 h（8 h/d，11 次，隔天加磁）		[7]
GIST-T1 细胞荷瘤雌性 BALB/c（nu/nu）小鼠	0.4～0.5 T[b]		连续 38 d	肿瘤生长抑制率19.3%	[8]
注射了卵巢癌 SKOV3 细胞的雌性 BALB/c（nu/nu）小鼠	0.5 T[d]		连续 42 d	转移率下降约 40%	[4]
GIST-T1 细胞荷瘤雄性 BALB/c（nu/nu）小鼠	9.4 T[c]	竖直向上	共 88 h（8 h/d，11 次，隔天加磁）	肿瘤生长抑制率44.7%	[7]
PyMT 转移性乳腺癌小鼠	0.6 T[a]		持续 2～3 个月	肿瘤生长抑制率60%～70%	[6]
GIST-T1 细胞荷瘤雌性 BALB/c（nu/nu）小鼠	9.4 T[c]		共 200 h（10 h/d，每天加磁）	肿瘤生长抑制率62.88%	[9]

续表

小鼠	稳态磁场磁感应强度和方向		处理时间	对癌症的影响	参考文献
将 K7M2 骨肉瘤干细胞注射到麻醉的雄性 BALB/c 小鼠胫骨近端	0.2～0.4 T[e]	倾斜方向	持续 2 周	增加转移（无统计学意义）	[5]

注：a. 在小型永磁立方体表面测量的最大磁感应强度，水平方向上并不均匀；b. 在大型永磁板表面测量的最大磁感应强度，水平方向上比较均匀；c. 由超导磁体提供的均匀稳态磁场；d. 由超导磁体内孔提供的非均匀稳态磁场（偏离中心）；e. 由超导磁体外部提供的非均匀稳态磁场。

在本章中，我们将首先介绍稳态磁场在体外和体内直接作用于癌细胞的研究，包括癌细胞的增殖、分裂、迁移和侵袭，以及癌细胞干性。然后从体内的角度讨论稳态磁场对微循环/血管生成和免疫调节的作用，接着是稳态磁场与其他治疗方法的结合，包括化学药物、交变磁场等。

9.2 稳态磁场对体外和体内癌细胞的直接影响

9.2.1 稳态磁场可抑制某些癌细胞的增殖

正如前几章所介绍，稳态磁场对细胞的影响很大程度上取决于细胞的类型，所以稳态磁场对各种细胞的影响各不相同。例如，Sullivan 等研究了 35～120 mT 稳态磁场对四种不同类型细胞的影响，发现它们之间存在很大差异[10]。然而相对于其他细胞类型来说，稳态磁场对癌细胞的生长/增殖的抑制作用则更为一致。

多项研究表明稳态磁场可以抑制癌细胞生长，而对大部分类型的非癌细胞的影响较小。虽然在每个独立研究中人们所研究的细胞类型非常有限，但我们可以看到一个明显趋势，即稳态磁场倾向于抑制癌细胞而不是非癌细胞。例如，在1996 年，Rayman 等发现 7 T 稳态磁场可以抑制几种癌细胞生长[11]。后来，一些研究同时比较了癌细胞和非癌细胞，发现它们对稳态磁场响应不同。例如，2003年 Aldinucci 等发现 4.75 T 稳态磁场不影响人类外周血单个核细胞，但抑制了 Jurkat 白血病细胞的增殖[12]。2006 年 Ghibelli 等研究表明，1 T 稳态磁场可以增加化疗诱导的人淋巴瘤 U937 单核细胞的凋亡，但对单核白细胞无作用[13]。2011年 Tatarov 等测试了 100 mT 稳态磁场对携带转移性小鼠乳腺肿瘤 EpH4-MEK-Bcl2 细胞的小鼠的影响。他们发现将小鼠在 4 周内每天暴露在磁场中 3 h 或 6 h，可以抑制肿瘤生长，但每天暴露 1 h 则无此效果[14]。这不仅表明中等稳态磁场可以抑制小鼠乳腺癌生长，并且这种抑制作用与稳态磁场暴露时间直接相关[14]。
2015 年，Zafari 等研究了 5 mT、10 mT、20 mT 和 30 mT 稳态磁场处理 24～96 h
对人类宫颈癌 HeLa 细胞和成纤维细胞活力的影响，发现与成纤维细胞相比，增
加稳态磁场强度和培养时间可以更明显地提高 HeLa 细胞的死亡率[15]。

　　有一些机制研究探索了稳态磁场对癌症与非癌症细胞增殖的不同影响。例
如，许多类型的癌细胞在受体酪氨酸激酶（RTK）的信号传导下增殖，而磁场对
EGFR 磷酸化的影响已在一些工作中进行了研究[16-18]。研究表明，0.4 mT、50 Hz
的低频磁场和 2 μT、1.8 GHz 的射频时变磁场都会促进 EGFR 的磷酸化。然而，
非常有趣的是，这种效果可以被相同强度的非相干（"噪声"）磁场所逆转[17, 18]。
这些结果不仅证明了 EGFR 是磁场作用的一个靶点，而且表明不同类型的磁场对
EGFR 活性有不同的影响。2016 年，我们课题组测试了稳态磁场对 EGFR 的影
响，发现中等和强稳态磁场可以在体外和细胞中以磁感应强度依赖的方式抑制
EGFR 活性[2]（图 9.1（A））。我们使用溶液扫描隧道显微镜（STM）（图 9.1（B））
和分子动力学模拟（图 9.1（C））进一步探索其潜在机制，发现稳态磁场可以影
响 EGFR 激酶结构域的取向，从而干扰了 EGFR 单体之间的正常相互作用，抑制
其活化。此外，尽管 CHO 细胞的数目几乎不受 0.05 T、1 T 或 9 T 稳态磁场的影
响，但 EGFR 转染的 CHO 细胞对稳态磁场却产生了响应，可以被 1 T 和 9 T 稳
态磁场有效抑制（图 9.1（D））。这表明 EGFR 至少是稳态磁场诱导癌细胞抑制的
关键因素之一。

　　如上所述，大多数研究只测试了一种或极少数的细胞类型，这使人们无法全
面了解稳态磁场对不同类型细胞的效应。因此，我们课题组并行比较了 15 种不
同的细胞系，包括 12 种人类细胞系（7 个癌症细胞系和 5 个非癌症细胞系），以
及 3 种啮齿动物细胞系对永磁体提供的 1 T 不均匀稳态磁场的响应。我们发现稳
态磁场不仅以细胞类型依赖的方式影响细胞增殖，细胞密度也起着不可或缺的作
用（表 9.2）[19]。例如，当 A549 肺癌细胞以高密度接种时，其生长受到 1 T 稳态
磁场的抑制，但正常肺细胞的生长却得到促进（表 9.2）。

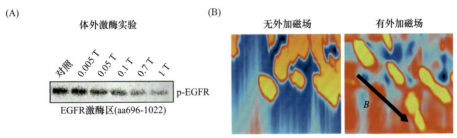

(A) 体外激酶实验
对照　0.005 T　0.05 T　0.1 T　0.7 T　1 T　p-EGFR
EGFR 激酶区(aa696-1022)

(B) 无外加磁场　有外加磁场
B
溶液扫描隧道显微镜

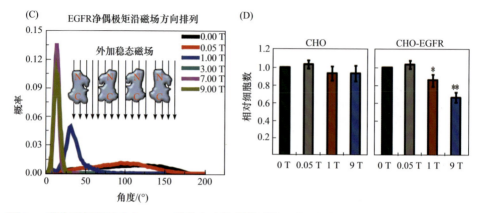

图 9.1 稳态磁场通过改变 EGFR 的取向来抑制其活性，从而抑制细胞增殖。（A）体外激酶
实验免疫印记（Western blot）表明，中等稳态磁场可以抑制 EGFR 激酶区域自磷酸化。
（B）溶液扫描隧道显微镜显示 0.4 T 稳态磁场可以改变 EGFR 激酶区域的取向。（C）理论
计算显示，EGFR 激酶区域净偶极矩与稳态磁场方向一致的概率具有磁感应强度依赖性。（D）CHO
细胞数目不受 0.05 T、1 T 或 9 T 稳态磁场的影响，而过表达 EGFR-Flag 的 CHO 数目则因
1 T 和 9 T 稳态磁场而明显减少。磁场处理时间为 3 d。*代表 $p<0.05$；**代表 $p<0.01$。图片
改编自参考文献[2]。开放获取

表 9.2 对 15 种不同细胞系的系统分析表明，细胞类型和细胞密度都影响了 1 T 稳态磁场对
细胞的作用

	细胞系名称	细胞系信息	1 T 稳态磁场对细胞数量的影响	
			高铺板密度	低铺板密度
人类实体癌	CNE-2Z	鼻咽癌	削减	增加
	HCT-116	结肠癌		
	A431	皮肤癌		没有影响
	A549	肺癌		
	MCF7	乳腺癌		增加
	PC3	前列腺癌		无影响
	EJ1	膀胱癌	无影响	增加
人类非癌症	HSAEC2-KT	正常肺部	增加	增加
	HSAEC30-KT			没有影响
	HBEC30-KT			增加
	RPE1	视网膜色素上皮细胞	无影响	无影响
	293T	胚胎性肾脏		

续表

细胞系名称	细胞系信息	1 T 稳态磁场对细胞数量的影响	
		高铺板密度	低铺板密度
CHO	中国仓鼠卵巢细胞	无影响	无影响
CHO-EGFR	中国仓鼠卵巢细胞（转染 EGFR-Flag）	削减	增加
NIH-3T3	小鼠胚胎成纤维细胞		无影响

（最左列合并单元格："啮齿动物"）

注：包括 7 株人类实体癌细胞系、5 株人类非癌细胞系以及 3 株啮齿动物细胞系。将细胞提前 1 d 接种在培养板中，再暴露于 1 T 稳态磁场 2 d。在"高铺板密度"组中，培养皿中加入 $4 \times 10^5 \sim 5 \times 10^5$ 个细胞，使得实验结束时对照组细胞铺满整个皿底。在"低铺板密度"组中，加入 0.5×10^5 个细胞，使对照组细胞在实验结束时约占细胞培养皿底的一半。实验由两个独立的研究人员重复 3~4 次。结果来自参考文献[19]。

　　我们进一步分析了它们的 EGFR-mTOR-Akt 通路，发现 A549 肺癌细胞和 HSAEC2-KT 非癌肺细胞的 EGFR-mTOR-Akt 通路表达和激活情况有很大差异（图 9.2）[19]。A549 肺癌细胞中的 EGFR 表达和磷酸化水平远高于 HSAEC2-KT 正常肺细胞。A549 肺癌细胞中的 mTOR 和 Akt 表达和磷酸化水平也明显较高。这些结果结合上面提到的 EGFR 研究，表明 EGFR-mTOR-Akt 通路可能是造成稳态磁场诱导的细胞增殖变化中细胞类型差异的关键因素之一。此外，需要指出的是，细胞铺板密度对 A549 肺癌细胞和正常肺细胞 HSAEC2-KT 的影响也不同（图 9.2）。例如，与低细胞密度相比，在 A549 肺癌细胞中，EGFR 和 4EBP1 的表达和磷酸化水平在较高的细胞密度中升高，而在 HSAEC2-KT 正常肺细胞中则没有。这些结果表明，EGFR-mTOR-Akt 通路可能是稳态磁场效应具有细胞类型和细胞密度依赖性的一个关键因素。

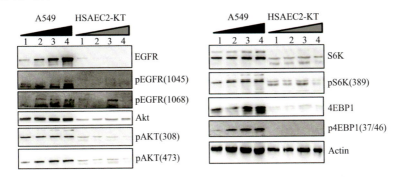

图 9.2　EGFR-mTOR-Akt 信号通路的表达和磷酸化水平在人肺癌细胞 A549 和正常肺细胞 HSAEC2-KT 中存在差异。人肺癌细胞 A549 和正常肺细胞 HSAEC2-KT 在 Western blot 之前提前 1 d 以四种不同的密度进行铺板培养。"1"表示最低细胞密度；"4"表示最高细胞密度。转载自参考文献[19]。开放获取

　　除了 RTK 通路，稳态磁场对 DNA 合成的影响也是细胞增殖的一个重要因素，已在第 6 章进行介绍。使用 BrdU 掺入试验来测定 DNA 合成速率，我们首先发现 1 T 稳态磁场可以抑制结肠癌 HCT-116 和 LoVo 细胞以及肺癌 PC9 和 A549 细胞的 DNA 合成[20]，但 0.5 T 稳态磁场对他们的 DNA 合成则无明显影响[7]。然后我们使用超导磁体提供的更高场强的稳态磁场，发现磁场处理 24 h 后，DNA 合成被竖直向上（14.3%，$p < 0.01$）和竖直向下（18.6%，$p < 0.01$）的 9.4 T 稳态磁场显著抑制（图 9.3（A））。我们还利用 Western blot 实验来检测 TOP2α（DNA 拓扑异构酶 II Alpha）的水平。TOP2α的功能是在 G2-M 转换期间促进染色质聚缩成致密的有丝分裂染色体。结果显示，在竖直向上和竖直向下的 9.4 T 稳态磁场处理的细胞中，TOP2α都有所下降（图 9.3（B））。稳态磁场对 DNA 合成的抑制可能是通过洛伦兹力对运动中带负电荷的 DNA 进行的 DNA 双螺旋化。更具体地，我们之前提出竖直向上的稳态磁场可能会导致 DNA 双螺旋收紧，而向下的稳态磁场可能会导致 DNA 双螺旋松动[20]。有趣的是，我们发现竖直向上的 9.4 T 稳态磁场明显增加了活性氧（ROS）水平（图 9.3（C）），而竖直向下的 9.4 T 稳态磁场则无此效果（图 9.3（C））。众所周知，ROS 在多个细胞过程中发挥着关键作用，包括一种关键肿瘤抑制因子 P53 的激活。事实上，我们的数据显示，竖直向上的 9.4 T 稳态磁场可以激活和上调 P53（图 9.3（D）），但竖直向下的 9.4 T 稳态磁场没有这种作用（图 9.3（E）），这与 ROS 水平的变化一致。竖直向上的 9.4 T 稳态磁场中洛伦兹力引起的 DNA 双螺旋变紧可能是提高 ROS 水平的关键步骤，从而激活 P53，进一步抑制 DNA 复制和细胞增殖。

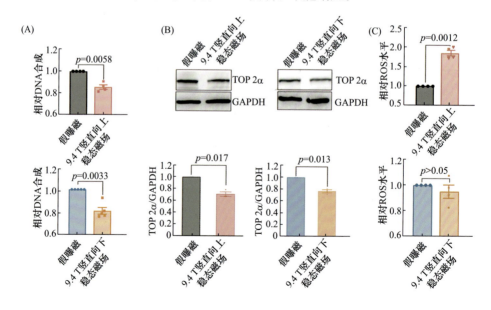

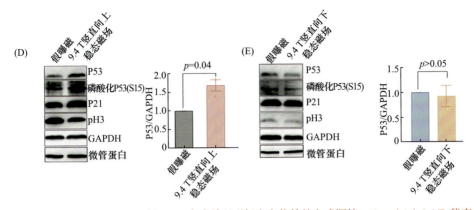

图 9.3 9.4 T 稳态强磁场抑制 DNA 合成并以磁场方向依赖的方式调控 P53。（A）9.4 T 稳态磁场明显抑制了细胞 DNA 复制。（B）Western blots 分析 9.4 T 稳态磁场处理细胞的 TOP 2α 水平，并通过 Image J 软件进行量化 GAPDH 为甘油醛-3-磷酸脱氢酶。（C）竖直向上方向 9.4 T 稳态磁场显著增加 A549 的 ROS 水平，但竖直向下方向的磁场无此效果。（D）代表性 Western blots 结果显示暴露于 9.4 T 竖直向上方向稳态磁场的细胞中磷酸化 P53（S15）和 P53 水平显著增加。（E）代表性 Western blots 结果显示了暴露在竖直向下方向的 9.4 T 稳态磁场的细胞中磷酸化 P53（S15）和 P53 的水平以及对 P53 的统计分析。转载自参考文献[7]。开放获取

　　为了证实体外得到的结果，我们进一步检查了 9.4 T 稳态磁场处理是否影响小鼠肿瘤组织中 P53 和增殖标志物 Ki-67 的水平。很明显的是，用磁场方向竖直向上的 9.4 T 稳态磁场处理后，P53 水平明显升高；但用磁场方向竖直向下的稳态磁场处理后，P53 水平并没有明显升高（图 9.4（A），（B））。此外，用竖直向上的 9.4 T 稳态磁场处理后，Ki-67 水平明显降低，但用竖直向下稳态磁场处理后的 Ki-67 水平降低幅度不大。这些与我们的结论一致，即方向竖直向上的 9.4 T 稳态磁场可以抑制 A549 肺癌细胞在体外和体内的生长。因此，虽然竖直向上和向下的 9.4 T 稳态磁场都能抑制体外的 DNA 合成，但只有竖直向上的 9.4 T 稳态磁场能明显增加 ROS 和 P53 的水平，降低有丝分裂指数并导致 G2 期细胞停滞，共同导致荷瘤小鼠肿瘤生长受到抑制（图 9.4（C））。

　　但需要指出的是，也有少量研究表明稳态磁场可以促进癌细胞增殖。例如，我们以前发现，虽然中等强度的稳态磁场在高密度接种时可以抑制癌细胞增殖，但在细胞低密度接种时也可以增加一些癌细胞的数量（表 9.2）[19]。遗憾的是，当时我们在这项研究中还没有意识到稳态磁场方向的重要性，所以缺少稳态磁场方向的信息。此外，Fan 等的研究表明，约 150 mT 的稳态磁场处理促进了 4T1 乳腺癌细胞的增殖。然而他们也表明稳态磁场处理缩短了端粒长度，降低了端粒酶活性，并抑制了癌症特异性标志物端粒酶逆转录酶（TERT）的表达[21]。然而，由于

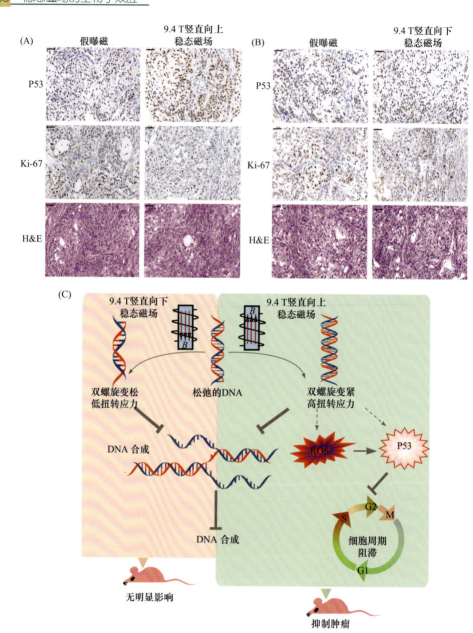

图 9.4　9.4 T 稳态磁场提高了小鼠肿瘤组织的 P53 水平并降低了 Ki-67 水平。（A）9.4 T 竖直向上或（B）竖直向下稳态磁场处理的小鼠肿瘤组织 P53 和 Ki-67 免疫组化染色或 H&E 染色代表性图片。比例尺：50 μm。（C）9.4 T 稳态磁场影响 A549 肺癌细胞的机制示意图。转载自参考文献[7]。开放获取

其稳态磁的方向和细胞密度信息的缺失，我们无法排除磁场方向和细胞密度引起不同影响的可能性。因此人们还需要进行更多的研究来测试各种稳态磁场条件和癌细胞，以获得更为完整的信息。

9.2.2　稳态磁场与癌细胞分裂

除了细胞增殖外，还有其他细胞因素在稳态磁场诱导的癌症抑制中起着不可或缺的作用，如细胞分裂。由于细胞分裂是导致肿瘤生长的一个关键步骤，破坏或干扰细胞分裂就可能会抑制肿瘤生长。事实上也有多种靶向细胞分裂的化疗药物，如紫杉醇。此外，在癌症治疗中研究得最多的电场疗法 TTF 也是靶向细胞分裂。

控制整个细胞分裂过程的关键结构是主要由微管组成的有丝分裂纺锤体。众所周知，微管可以受到稳态磁场的影响，而近几年来的证据表明，细胞分裂也可以受到稳态磁场的影响。这些已在本书第 6 章进行了讨论。2017 年，我们报道了稳态磁场诱导的纺锤体取向和形态变化是由微管和染色体共同决定（图 9.5）。平行于盖玻片的磁场使我们能够区分作用于染色质和微管上的磁扭矩。虽然微管和染色体都倾向于沿着磁场方向排列，但我们发现排列整齐的染色体的磁扭矩似乎占据了主导地位。在此情况下，纺锤体中的中期板平行于磁场而微管垂直于磁场。更重要的是，尽管稳态强磁场可以改变癌细胞和非癌细胞的纺锤体方向和形态，但我们发现非癌细胞在撤磁之后可以恢复，然而癌细胞却没有这种恢复能力，即使从稳态强磁场中取出，其生长也会停止。

9.2.3　稳态磁场与癌症转移

癌症转移是癌症患者死亡的主要原因，涉及癌细胞的迁移和侵袭，并受到多种因素的调节。据我们所知，目前关于稳态磁场对癌细胞迁移/侵袭和/或癌症转移影响的研究非常有限。2020 年，Fan 等报道了约 150 mT 的中等稳态磁场可以抑制 4T1 乳腺癌细胞的迁移[21]，但作者并未进行动物实验。2021 年，我们团队发现，由超导磁体或永磁体提供的约 0.5 T 梯度中等稳态磁场可以增加 ROS 水平，抑制卵巢癌细胞迁移和侵袭（图 9.6），并抑制小鼠卵巢癌转移（图 9.7）[4]。然而同样在 2021 年，商澎课题组报道了由超导磁体提供的倾斜梯度稳态磁场对骨肉瘤具有促转移作用（图 9.8）[5]。

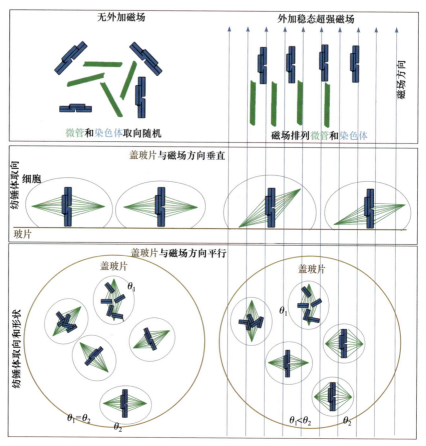

图 9.5 超强稳态磁场可以改变微管和染色体取向，从而改变纺锤体的取向和形态。蓝色向上箭头表示竖直向上磁场。细胞接种在盖玻片上后置于超强磁场中，盖玻片与重力方向平行。转自参考文献[3]。开放获取

(A)

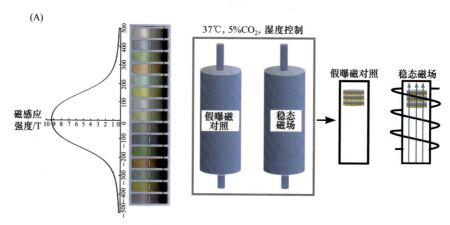

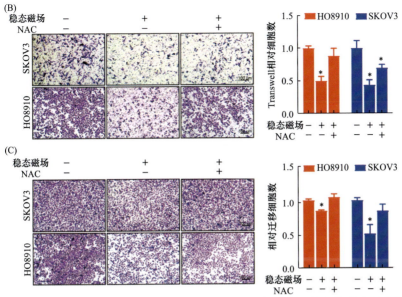

图 9.6　中等强度稳态磁场以 ROS 依赖的方式抑制卵巢癌侵袭。（A）将细胞放置在超导磁体的上部，约为 0.5 T。（B）Transwell 侵袭实验和（C）在有/无稳态磁场和/或 N-Acetylcysteine（N-乙酰半胱氨酸）时 SKOV3 和 HO8910 卵巢癌细胞的迁移实验。*$p < 0.05$。转载自参考文献[4]。开放获取

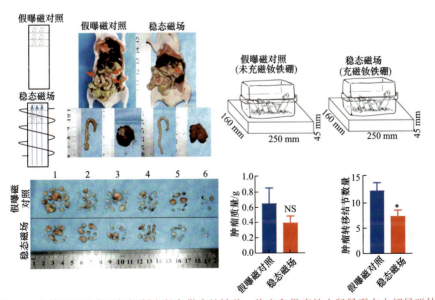

图 9.7　中等强度稳态磁场抑制小鼠卵巢癌的转移。将患卵巢癌的小鼠暴露在由超导磁体（10 h/d，7 天/周）或永磁板（连续 6 周）提供的中等强度稳态磁场下，实验结束时检测小鼠的卵巢癌转移情况。*代表 $p < 0.05$；NS：无统计学差异。转载自参考文献[4]。开放获取

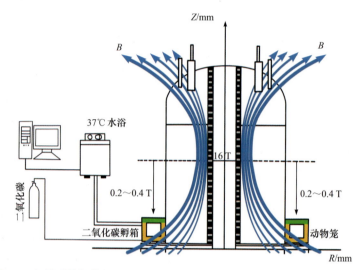

图 9.8　由 16 T 超导磁体提供的 0.2～0.4 T 稳态磁场暴露方案。图片由王丁基于参考文献[5] 绘制

9.2.4　稳态磁场与癌细胞干性

已有多项研究报道了稳态磁场对干细胞的影响，如牙髓干细胞（DPSC）、骨髓基质细胞（BMSC）和人脂肪间充质干细胞（hASC）等，这些研究已在本书第 6 章和一些综述中介绍[22-24]。然而稳态磁场对癌细胞干性的影响直到最近才有报道，显示了中等强度稳态磁场对癌症干性和转移的相反作用[4, 5]。

我们课题组宋超等的研究表明，使用由永磁体或超导磁体提供的约 0.5 T 竖直向上的稳态磁场（图 9.6（A），图 9.7）可以增加卵巢癌细胞的 ROS 水平，并抑制其干性和转移[4]。众所周知，ROS 可以影响上皮-间质转化（EMT），促进间质癌症干细胞（CSC）转化为上皮 CSC，然后转化为体细胞（图 9.9（A））。我们将 SKOV3 细胞暴露于由永磁体（0.1～0.5 T）提供的不均匀中等稳态磁场中 24 h，通过定量聚合酶链反应（qPCR）发现，干性相关基因在稳态磁场处理后明显下调，包括 SRY 盒转录因子 2（Sox2）、Nanog、细胞 myc 原癌基因蛋白（C-myc）、透明质酸受体（CD44）和 CD133（图 9.9（B））。此外，SKOV3 细胞的形态在稳态磁场暴露后从间质样变为上皮样状态（图 9.9（C））。此外，我们将 HO8910 和 SKOV3 细胞暴露于稳态磁场中 12 天，并检测其成球能力，发现稳态磁场使得卵巢癌细胞球体的数量和大小明显下降（图 9.9（D））[4]。这些数据表明，这种中等强度稳态磁场处理显著降低了卵巢癌的干性。

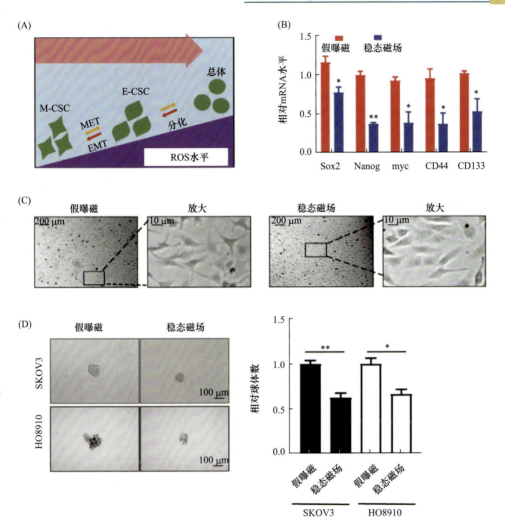

图 9.9　中等强度稳态磁场减少卵巢癌干性。（A）ROS 水平对 CSC 影响的示意图。（B）通过 qPCR 测量干性基因的相对 mRNA 表达。（C）SKOV3 细胞暴露在假曝磁组或中等稳态磁场下 24 h 的代表性图像。（D）用稳态磁场处理 12 d 的 SKOV3 和 HO8910 细胞，测量球体数量和大小。所有比较都在实验组和 Sham 对照组之间进行。*代表 $p < 0.05$ ，**代表 $p < 0.01$。转载自参考文献[4]。开放获取

　　相反，商澎课题组另一项研究报告发现，由超导磁体提供的倾斜梯度稳态磁场也能增加骨肉瘤干细胞的 ROS 水平，但促进了其干性[5]。有趣的是，上述两项独立研究都进行了关于中等稳态磁场对癌细胞干性影响的细胞和动物实验，但得到了相反的效果。我们分析，这里有多种可能的原因：①他们使用了不同的细胞系，宋超等使用 SKOV3 和 HO8910 卵巢癌细胞，而 Zhao 等使用的是骨肉瘤干细

胞。骨系统中的细胞对稳态磁场非常敏感，这将在本书第 11 章进行讨论。②磁场方向不同。宋超等使用了竖直向上的稳态磁场，而 Zhao 等使用的是倾斜的稳态磁场。虽然稳态磁场方向诱导生物学效应的机制仍不清楚，但之前在本书第 2 章中已经对此进行了讨论。显然，目前我们还不能就稳态磁场对癌细胞干性的影响得到任何结论，但鉴于癌症干细胞在癌症发展中的重要性，人们应该进行更多的研究来对此进行更深入的了解。

9.3　稳态磁场与肿瘤微循环和血管生成

　　上述稳态磁场的作用是直接作用于癌细胞，包括癌细胞的增殖、分裂、迁移和侵袭，以及癌细胞干性。此外还有一些研究表明，中等强度稳态磁场可以抑制血管生成和肿瘤微循环，从而抑制体内癌症生长。例如，在 2008 年，Strieth 等研究了< 600 mT 的稳态磁场对叙利亚金仓鼠背侧皮褶室中生长的 A-Mel-3 肿瘤的影响。他们发现，短时间暴露于约 150 mT 稳态磁场导致红细胞速度（vRBC）和肿瘤微血管中的节段性血流量显著降低[25]。在 587 mT 时，观察到红细胞速度的可逆性降低和功能血管密度的降低。此外，他们发现将暴露时间从 1 min 延长到 3 h 有更明显的效果。稳态磁场不仅减少了肿瘤血管中的血流量，而且还激活并增加了血小板的附着力[25]。2009 年，Strelczyk 等进一步评估了长时间暴露于稳态磁场对肿瘤血管生成和肿瘤生长的影响。他们发现，586 mT 的稳态磁场暴露 3 h可以抑制肿瘤血管生成和肿瘤生长[26]。深入分析发现，肿瘤中的功能性血管密度、血管直径和 vRBC 均被稳态磁场减少。此外，他们还观察到稳态磁场暴露导致仓鼠的水肿增加，这表明稳态磁场可能会增加肿瘤微血管的渗漏。2014 年，他们课题组做了进一步分析，发现 587 mT 稳态磁场确实显著增加了 A-Mel-3 荷瘤仓鼠的肿瘤微血管通透性[27]（图 9.10）。同时他们发现了一个很有趣，但并不奇怪的现象，即由 FITC-葡聚糖标记的功能性肿瘤微血管在稳态磁场暴露后明显减少，特别是在重复的稳态磁场暴露后，这可能是由于肿瘤血管生成受到了抑制。很明显的是，稳态磁场单次暴露和重复暴露都增加了血管的渗透性，而重复稳态磁场暴露的影响更大。此外，作者提出，微血管通透性的增加可能是稳态磁场与紫杉醇联合使用提高抗肿瘤疗效的原因（图 9.10）[27]。

　　另一个独立研究组也报道了稳态磁场对血管生成的影响。2009 年，Wang等研究了 0.2～0.4 T、2.09 T/m 梯度稳态磁场暴露 1～11 天对人脐静脉内皮细胞

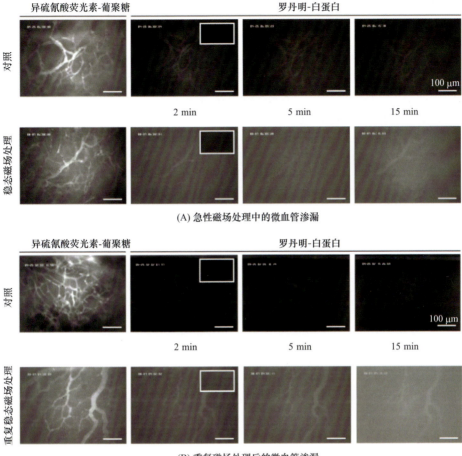

（HUVEC）以及两个体内模型小鸡尿囊绒膜（CAM）和基质胶栓（matrigel plug）血管生成的影响[28]。他们的结果表明，暴露 24 h 后，HUVEC 的增殖被显著抑制。此外，两种体内模型都显示在磁场暴露 7 天或 11 天后血管生成减少[28]。虽然这项研究不是在肿瘤相关模型中进行，但显示了中等稳态磁场对血管生成的抑制作用，这与 Strieth 等报告的结果一致[25, 26]。此外，我们课题组分析了暴露在 9.4 T 稳态磁场下 88 h 的小鼠肺癌 A549 肿瘤。我们用 CD31（一种血管标志物）对其

进行染色，并计算每组小鼠的血管数量，发现血管数量在竖直向上和向下的稳态磁场组中都有所减少（图9.11）（未发表数据），这表明稳态磁场对血管生成的抑制作用不依赖于磁场方向。

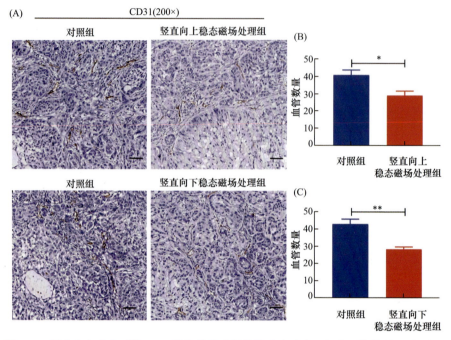

图 9.11　竖直向上和向下的 9.4 T 均匀稳态磁场均能减少肺癌组织的血管数量。（A）对 Sham 对照组和磁场处理组的肿瘤组织进行血管标志物 CD31 染色（棕色）。（B），（C）从组织的 6 个独立视图中计算血管数量的统计结果。数据代表平均值 ± SEM。*代表 $p<0.05$，** 代表 $p<0.01$（笔者课题组未发表数据）

综上所述，这些研究报道了中等到强稳态磁场在一些动物模型中具有减少血管生成的能力，这意味着它们在体内可能有助于抑制肿瘤生长。关于这一点，我们需要进行进一步的研究来确定其影响，包括其他磁感应强度以及更多类型的肿瘤模型等。

9.4　稳态磁场通过免疫调节抑制癌症

现有证据表明，人类和小鼠的免疫状态以病因学依赖的方式影响癌症发展的风险[29,30]。在实验模型中，通过遗传学的方法造成免疫细胞的缺陷会改变癌症的进展。激活抗肿瘤的适应性免疫应答可以抑制肿瘤的生长。然而，尽管一些研究表明稳态磁场可以影响免疫系统（本书第 12 章将对此进行总结），也有一些关于时变磁场调节免疫系统以抑制癌症的报道，但目前只有两项研究直接涉及稳态磁场可以通过免疫系统来影响癌症[6, 31]。

2020 年，Zhu 等报道了中等强度稳态磁场（所用永磁体表面最大磁感应强度为 0.6 T）会导致 CD8[+] T 细胞的颗粒和细胞因子分泌，以及 ATP 产生和线粒体呼吸都增加[6]。这些作用通过敲除线粒体呼吸链的 *Uqcrb* 和 *Ndufs6* 基因而得到抑制，这些基因的转录受到磁敏感蛋白 Isca1 和 CRY1/CRY2 的调节。暴露于稳态磁场促进 CD8[+] T 细胞颗粒和细胞因子的分泌并抑制体内肿瘤生长。稳态磁场增强了 CD8[+] T 细胞的细胞毒性，过继转移到荷瘤小鼠体内后，抗肿瘤效果明显增强（图 9.12）。他们的研究表明，中等强度稳态磁场通过促进线粒体呼吸增强了 CD8[+] T 细胞的细胞毒性，从而促进其抗肿瘤功能。

事实上，Lin 等在 2019 年已探索了通过将 NK 细胞与 K562 白血病细胞在 0.4 T 稳态磁场下共培养来增强 NK 细胞杀伤能力的潜力[31]。他们发现 NK92-MI 细胞的活力和杀伤力在 0.4 T 的稳态磁场下有明显提高。虽然这项研究只是在细胞水平上进行，并未在动物身上测试，但这些结果表明了中等稳态磁场在促进 NK 细胞抑制癌症方面具有很大潜力。此外值得一提的是，在 Zhu 等的研究中，0.3 T 稳态磁场并没有产生这种效果[6]，这与我们之前提到的观点一致，即稳态磁场强度是稳态磁场对癌症抑制作用的关键因素。

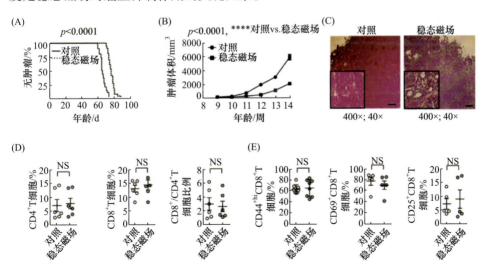

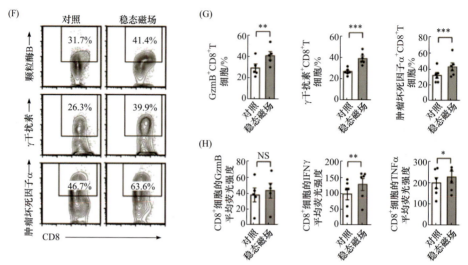

图 9.12 中等强度稳态磁场促进体内 CD8⁺T 细胞的抗肿瘤反应。PyMT 小鼠置于由表面最大 0.6 T 的小磁块制成的 N 极朝上磁板上。监测 PyMT 小鼠的（A）肿瘤发生和（B）肿瘤生长。（C）PyMT 小鼠 H&E 染色乳腺肿瘤切片（比例尺 200 μm）。（D）PyMT 小鼠肿瘤浸润 T 细胞中 CD4⁺T、CD8⁺T 和 CD8⁺/CD4⁺T 细胞比例，（E）CD8⁺T 细胞中 CD69、CD44 和 CD25 表达，（F）CD8⁺T 细胞的细胞因子/颗粒生成，（G），（H）CD8⁺T 细胞中颗粒酶 B（GzmB）、γ 干扰素（IFNγ）和肿瘤坏死因子 α（TNFα）表达和平均荧光强度统计。采用 log-rank 检验（A）、双向方差分析（B）或 Student's t 检验（（D），（E），（G））对数据进行分析。（NS 代表无统计学意义，*代表 $p < 0.5$，**代表 $p < 0.01$，***代表 $p < 0.001$，****代表 $p < 0.0001$）。误差条表示 SEM。改编自参考文献[6]，开放获取

9.5 稳态磁场与其他治疗方法的结合

9.5.1 稳态磁场与化学药物的结合

有大量的实验研究了稳态磁场与化疗药物的联合效应，其中大部分使用了中等强度稳态磁场（表 9.3）。与单独使用稳态磁场或化疗药物相比，多项研究都显示其抗肿瘤疗效得到了增强。例如，在 2014 年，Gellrich 等发现 587 mT 稳态磁场可以显著提高 A-Mel-3 荷瘤仓鼠紫杉醇化疗的抗肿瘤效果，因为 587 mT 稳态磁场可以抑制肿瘤血管生成并显著降低肿瘤微血管的通透性[27]。我们课题组还发现，1 T 中等稳态磁场可以增加 mTOR 抑制剂、EGFR 抑制剂、Akt 抑制剂以及紫杉醇和 5-氟尿嘧啶的抗肿瘤效果[1, 32]。此外，化疗药物阿霉素与 110 mT 或

8.8 mT 中等稳态磁场结合时，对白血病细胞 K562 和移植的小鼠乳腺肿瘤的生长有增强的抑制作用[33, 34]。2006 年，Ghibelli 等研究表明，1 T 稳态磁场可以增加抗肿瘤药物诱导的人淋巴瘤 U937 单核细胞凋亡，但不增加单核白细胞凋亡[13]。

有人提出了稳态磁场可以增加细胞膜通透性，从而可以使更多药物进入细胞[27,35,36]。这虽然可以解释很多稳态磁场和化学药物的联合效应，从理论上说也是行得通的，因为稳态磁场可以直接影响脂质，但令人费解的是稳态磁场与化疗药物的联合效果并不统一（表 9.3），并非增强了所有药物的效应。因此我们推测稳态磁场与化疗药物的联合效应可能具有药物和/或细胞类型特异性。

表 9.3　稳态磁场与不同化学性药物和细胞毒性药物联合使用对不同细胞的影响

细胞系/动物模型信息	化学药物	稳态磁场	药效	参考文献
Lewis 肺癌小鼠	顺铂	3 mT		[36]
T 杂交瘤 3DO 细胞	放线酮、嘌呤霉素	6 mT		[39]
白血病 K562 细胞	顺铂			[37]
移植到小鼠体内的乳腺肿瘤	阿霉素	8.8 mT		[34]
	紫杉醇			[40]
白血病 K562 细胞	阿霉素	110 mT		[33]
	长春花碱	500 mT		未发表数据
A-Mel-3-荷瘤仓鼠	紫杉醇	587 mT		[27]
人类癌症细胞（CNE-2Z 和 HCT-116）	mTOR 抑制剂			[1]
	EGFR 抑制剂阿法替尼		增加	[2]
人类癌症细胞（CNE-2Z，MCF-7，HeLa 和 HCT-116）	紫杉醇和 5-氟尿嘧啶			[32]
白血病细胞株 HL-60	5-氟尿嘧啶、顺铂、阿霉素和长春新碱混合物	1 T		[41]
人淋巴瘤 U937 单核细胞	嘌呤霉素、依托泊苷、过氧化氢			[13]
人鼻咽癌 CNE-2Z 细胞	AKT 抑制剂（MK2206，BEZ-235）			[19]
HCT-116 和 LoVo 结肠癌细胞	托泊替康			[20]
人胃肠道间质瘤 GIST-T1 细胞	甲磺酸伊马替尼	9.4 T		[9]
B16 黑色素细胞黑色素瘤	环磷酰胺	3 mT		[36]
正常人单核细胞、淋巴细胞和肿瘤 Jurkat 细胞	嘌呤霉素	6 mT 和 1 T	无影响	[13]
淋巴细胞、胸腺细胞、U937、HepG2、HeLa、FRTL-5	放线酮、嘌呤霉素	6 mT		[39]
人淋巴瘤 U937 单核细胞	嘌呤霉素		减少	[13]
人类神经母细胞瘤 SH-SY5Y 细胞		31.7~232 mT		[38]
人类癌症细胞（CNE-2Z，MCF-7，HeLa 和 HCT-116）	顺铂	1 T		[32]

此外需要指出的是，目前关于稳态磁场与顺铂联合使用的实验结果并不完全一致。尽管我们实验室和 Vergallo 等发现稳态磁场没有增加顺铂的疗效，但也有一些其他证据显示了相反的结果。例如，有研究表明，稳态磁场可以增加顺铂在小鼠 Lewis 肺癌[36]和白血病细胞 K562 中的抗癌效果[37]。这可能是由于在各自的独立研究中，研究人员使用了不同的磁感应强度或细胞类型。正如我们前面所讨论的，这两个因素都可能直接影响磁场效应。例如，研究报道了 1～10 mT 稳态磁场可以增强顺铂抗肿瘤疗效[36,37]，但我们[32]和 Vergallo 等的研究[38]都使用了更强的磁场（Vergallo 等为 31.7～232 mT，我们使用了 1 T）。也许较低的磁感应强度可以增加顺铂的疗效，而较高的磁感应强度无此效果。此外，稳态磁场与顺铂联合的确切效果和机制还需在不同的细胞中进一步研究。

事实上，有一些研究表明磁感应强度和细胞类型都可以影响稳态磁场联合药物的效果。例如，1999 年 Fanelli 等发现，从 6 Gs 开始的不同强度稳态磁场可以通过调节 Ca^{2+} 的流入来降低不同人类细胞中由药物诱导的细胞死亡的程度，并且其影响与磁感应强度相关[42]。这直接说明了磁感应强度会影响稳态磁场与药物的联合效果。对于细胞类型引起的差异，2003 年 Aldinucci 等测试了几种不同的细胞类型，以确定 4.75 T 稳态磁场与 NMR 设备产生的 0.7 mT 脉冲电磁场联合 1 h 的效果。他们发现在 T 细胞白血病 Jurkat 细胞中，稳态磁场暴露后的钙水平明显降低[12]，但在正常或受 PHA 刺激的淋巴细胞中，钙水平增加[43]。此外，在 2006 年，Ghibelli 等比较了两种不同的磁感应强度（1 T 与 6 mT）对四种不同细胞系（两种癌症细胞：人淋巴瘤 U937 细胞和白血病 Jurkat 细胞，以及两种正常细胞：人类单核细胞和淋巴细胞）凋亡的影响[13]。1 T 和 6 mT 稳态磁场均未引起四种类型细胞的凋亡，但 1 T 稳态磁场增加了 U937 细胞中嘌呤霉素（PMC）诱导的细胞凋亡，而在其他三种细胞类型中却没有[13]。此外，与 1 T 稳态磁场不同，6 mT 稳态磁场不仅没有增加 PMC 所诱导的细胞凋亡，相反，它还减少了 PMC 诱导的 U937 细胞的凋亡[13]。此外，Tenuzzo 等使用 6 mT 稳态磁场和凋亡诱导剂来比较它们对多种类型细胞的影响，发现稳态磁场以细胞类型和暴露时间依赖的方式干扰凋亡[39]。同时，我们还报道了 1 T 稳态磁场可以增加一些化学药物（5-氟尿嘧啶，紫杉醇）在多种人类实体癌细胞系中的疗效，如乳腺癌 MCF-7、结肠癌 HCT-116、鼻咽癌 CNE-2Z 细胞，但只是在某些药物浓度下起效[32]。因此，磁感应强度、细胞类型、药物浓度甚至暴露时间，都可能影响稳态磁场与药物的联合作用。

此外，虽然大多数研究使用的是中等稳态磁场，但我们最近报道了 9.4 T 稳态强磁场也可以提高化疗药物甲磺酸伊马替尼的疗效。更重要的是，它还能改善甲磺酸伊马替尼引起的副作用（图 9.13）[9]。我们比较了 9.4 T 稳态磁场与甲磺酸伊马替尼联合或不联合对 BALB/c（Nu/Nu）小鼠胃肠道间质瘤（GIST-T1）细胞的抗肿瘤作用。发现当单独用 9.4 T 稳态磁场处理小鼠 200 h 后，肿瘤生长被抑制 62.88%。联合 9.4 T 稳态磁场与 20 mg/kg 甲磺酸伊马替尼可使肿瘤抑制率达到 92.75%，这与 80 mg/kg 大剂量甲磺酸伊马替尼的效果接近。而 80 mg/kg 甲磺酸伊马替尼会引起严重的副作用，包括小鼠体重明显减少，肝功能异常和抑郁样行为。相比之下，9.4 T 稳态磁场明显减少了这些副作用，特别是对小鼠的抑郁样行为。因此我们的研究结果表明 9.4 T 稳态强磁场不仅本身具有抗肿瘤作用，而且可以提高甲磺酸伊马替尼的抗肿瘤效果，降低其毒性，改善小鼠精神状态，展示了稳态强磁场在未来临床应用中的巨大潜力。

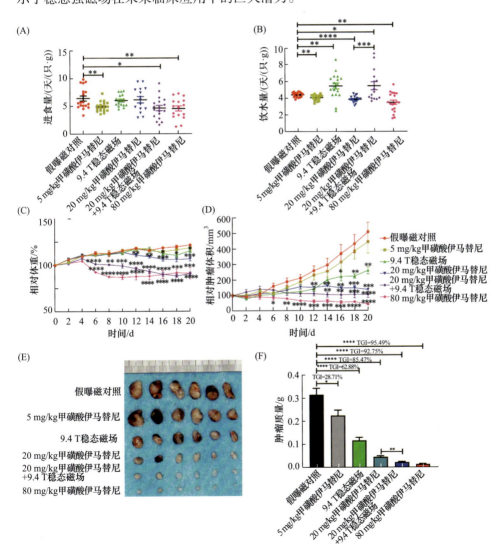

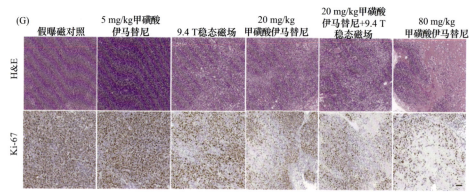

图 9.13　9.4 T 稳态磁场抑制 GIST-T1 肿瘤的生长并提高甲磺酸伊马替尼的疗效。每两天测量一次食物（A）和水（B）的消耗，以及相对体重（C）和肿瘤体积（D）。实验结束时测量肿瘤（E）和它们的质量（F）。（G）肿瘤组织的 H&E 和 Ki-67 染色。比例尺：50 μm。数据以平均值±SEM 表示。对于有统计学意义的，我们标记为* 代表 $p < 0.05$，** 代表 $p < 0.01$，*** 代表 $p < 0.001$，**** 代表 $p < 0.0001$。经许可转载自参考文献[9]

由上述结果可见，虽然在大多数情况下稳态磁场可以增强化学药物的疗效，但也有一些研究显示了不同的结果（表 9.3）。这些差异可能是由细胞类型、磁感应强度以及药物差异等所引起的。因此，不同强度的稳态磁场与各种化疗药物在不同癌细胞中的联合策略也需进一步研究。

9.5.2　稳态磁场与时变磁场的结合

有多项研究表明，稳态磁场与时变磁场相结合可以抑制癌细胞的生长[44]（表 9.4）。例如，Tofani 等在稳态磁场和 50 Hz 时变磁场的结合上取得了一系列进展。2001 年，Tofani 等表明，与稳态磁场或单独的 50Hz 时变磁场相比，3 mT 稳态磁场联合 50 Hz 时变磁场可诱导更多细胞凋亡[45]。此外，有趣的是，细胞凋亡只发生在两种转化的细胞系（WiDr 人类结肠腺癌和 MCF-7 人类乳腺癌）中，而不是非转化细胞系（MRC-5 胚胎肺成纤维细胞）中。他们还在 WiDr 细胞异种移植的裸鼠中进行了测试，将其暴露于联合的≤5 mT 稳态磁场与时变磁场，70 min/d，每周 5 天，持续 4 周，发现肿瘤被显著抑制（高达 50%）[45]。2002 年，他们进一步测试了联合 5.5 mT 稳态磁场与 50 Hz 时变磁场对携带 WiDr 细胞的裸鼠的影响，发现磁场处理 70 min/d，持续 4 周后，小鼠生存时间增加了 31%[46]。当小鼠连续 4 周暴露在磁场中时，肿瘤生长受到显著抑制（40%），肿瘤细胞有丝分裂指数和增殖活动下降。此外，他们还发现细胞凋亡显著增加，P53 表达减少[46]。这些结果表明，稳态磁场 + 50 Hz 时变磁场在 3 mT 以上可能具有抗癌潜力。相比之下，较低的磁感应强度，如 1 mT 稳态磁场并不像 3 mT、10 mT 或 30 mT 稳态磁场那样诱发细胞凋亡[45]。实际上，他们的结果也许可以解释为什么 Bodega 等将培养的星形胶质细胞暴露在 1 mT 稳态磁场与正弦 50 Hz 时变磁场中 11 天时没有观察到任何变化[47]，这可能是由于磁感应强度太低。

据我们所知，所有报道的研究都使用了毫特斯拉级稳态磁场（1~10 mT）与 50 Hz 时变磁场的组合，磁感应强度相似（表 9.4）。更高磁感应强度的稳态磁场和/或与 50 Hz 以外的其他频率的时变磁场相结合的效果尚无报道。目前报道的具有 50 Hz 时变磁场的毫特斯拉稳态磁场的抑癌效果是否也适用于其他磁场参数，如不同的磁感应强度或频率，仍然未知。此外，由于 Tofani 等测试的三种细胞对稳态磁场+时变磁场的联合处理表现出了不同的响应（两种癌细胞系 WiDr 和 MCF-7 的细胞凋亡增加，但非癌细胞系 MRC-5 没有），因此也可能具有细胞类型依赖性。其他癌细胞类型是否也能被稳态磁场+时变磁场抑制，仍需要进一步研究。

表 9.4　稳态磁场与时变磁场组合在不同细胞中的作用

细胞系/动物模型信息	50 Hz 时变磁场	稳态磁场	抗癌作用	参考文献
培养的星形胶质细胞	1 mT	1 mT	无影响	[47]
人类结肠 WiDr 和乳腺 MCF-7 腺癌 MRC-5 胚胎肺成纤维细胞	3 mT	3 mT	增加细胞凋亡 无影响	[45]
带有 WiDr 细胞的裸鼠	5 mT	5.5 mT	存活时间延长	[46]
神经母细胞瘤和肾母细胞瘤细胞	5.1 mT	5.1 mT	增殖减少，细胞凋亡增加	[48]

9.5.3　稳态磁场与放疗的结合

放射治疗（radiation therapy）是治疗癌症的常用方法。它使用高能量的辐射来杀死癌细胞并缩小肿瘤体积。目前最常使用的辐射类型是 X 射线。在某些情况下，伽马射线和带电粒子也被用于癌症治疗。近年来，图像引导放疗（IGRT）利用了现代成像技术，如超声波、X 射线和 CT（computed tomography）扫描，大大提高了放疗的精度和准确性。这些成像技术在放疗前和放疗过程中提供的信息不仅可以显示肿瘤本身、周围组织及骨骼的大小、形状和位置，还可以即时纠正定位偏差，从而提高每日放疗分量的精确度。虽然目前的 IGRT 多采用 CT 扫描，但 MRI 引导下的放疗也越来越受到关注。众所周知，MRI 能提供卓越的软组织对比度，更重要的是，与 CT 或 X 射线成像相比，MRI 不会给患者带来额外的辐射剂量。目前有多个研究小组正在建立或开始测试 MRI 引导的放疗技术。

随着 MRI 引导放疗的引入，稳态磁场对电离辐射的潜在影响已变得越来越重要。然而，目前有关稳态磁场与辐射联合作用的相关实验室研究还比较缺乏。虽然有一些证据表明，电离辐射对细胞的影响可以通过时变中频磁场来加强，如 50 Hz 磁场[49]，但关于稳态磁场与放疗结合的研究却少得多。到目前为止，只有少数研究调查了稳态磁场与电离辐射的联合作用，这些研究大多表明稳态磁场可能能够增加放疗效果（表 9.5）。例如，2002 年，Nakahara 等发现尽管 10 T 稳态磁场本身对 CHO-K1 细胞的生长、细胞周期分布或微核频率没有影响，但它们可以导致 4 Gy X 射线诱导的微核形成增加[50]。2010 年，Sarvestani 等研究了单独使用 15 mT 稳态磁场 5 h 或按照 0.5 Gy X 射线+15 mT 稳态磁场顺序照射（先是 X 射线然后是稳态磁场 5 h）对大鼠骨髓干细胞（BMSC）的细胞周期进展的影响。他们没有发现稳态磁场单独处理的细胞有任何细胞周期变化，但发现 15 mT 稳态磁场暴露可以进一步增加 0.5 Gy X 射线诱导的 G2/M 细胞百分比[51]。2014 年，Teodori 等研究了 80 mT 稳态磁场单独和联合 X 射线照射对原发性胶质母细胞瘤细胞的遗传毒性作用。他们的结果显示，细胞单独暴露在 5 Gy X 射线照射下会导致广泛的 DNA 损伤，而 80 mT 稳态磁场可显著降低这种损伤[52]。10 T 稳态磁场促进了 CHO-K1 细胞中的 DNA 损伤[50]，而 80 mT 稳态磁场却可以减少原发性胶质母细胞瘤细胞中的 DNA 损伤[52]，这似乎看起来很矛盾，然而这种差异可能是由细胞类型或磁感应强度差异造成的。2013 年，Politanski 等研究了 X 射线辐射和稳态磁场对雄性白化 Wistar 大鼠淋巴细胞中 ROS 的联合作用。其结果表明，5 mT 的稳态磁场增加了 3 Gy X 射线辐射诱导的 ROS 变化，而 "0 mT"（与地磁场相反的 50 μT 磁场诱导）与 5 mT 稳态磁场相比总是起到相反的效果[53]。这表明不同的磁感应强度可以直接影响其对辐射诱导效应的效果。因此，我们还需要进行更多的研究来全面了解不同的磁感应强度，特别是在 MRI 仪的范围内，以及它们对不同类型细胞辐射诱导效应的影响。而对于其他类型的辐射，如伽马射线，也应进行研究。

表 9.5   稳态磁场与不同剂量 X 射线辐射在不同类型细胞中的联合效应

样品	辐照	稳态磁场	与单纯辐照相比，稳态磁场的特定效应	稳态磁场对辐照引起细胞毒性的影响	参考文献
原发性胶质母细胞瘤细胞	5 Gy X 射线	80 mT	减少了 DNA 损伤	减少	[52]
中国仓鼠卵巢 CHO-K1 细胞	1 Gy、2 Gy X 射线	10 T	无影响	无变化	[50]
TK6 人类淋巴细胞	1～4 Gy 6 MV 光子	1 T	对 TK6 细胞的克隆性无影响		[54]

续表

样品	辐照	稳态磁场	与单纯辐照相比，稳态磁场的特定效应	稳态磁场对辐照引起细胞毒性的影响	参考文献
人类白细胞	4 Gy 的（60）Co-γ 辐照	辐照前的均质和非均质稳态磁场；辐照后的均质稳态磁场，159 mT	对 DNA 修复无影响		[55]
人类头/颈癌和肺癌细胞	2 Gy、4 Gy、6 Gy X 射线	1.5 T	对放射反应性无影响	无变化	[56]
MDA-MB-231 和 MCF-7 人类乳腺癌细胞	4 Gy、6 Gy、8 Gy、10 Gy X 射线	1 T	1 T 稳态磁场减少了 X 射线诱导的 ROS 升高，但不能阻止 X 射线诱导的细胞数量减少或细胞死亡增加		[57]
人类白细胞	4Gy 的（60）Co-γ 辐照	辐照后不均匀的 159mT 稳态磁场	减少了 DNA 修复	增加	[55]
中国仓鼠卵巢 CHO-K1 细胞	4 Gy X 射线	10 T	微核增多		[50]

9.6　患者研究

有趣的是，时变电磁场已经在患者层面的多项研究中被证明是有效的，并作为一种新型的癌症治疗方式被用于临床。例如，肿瘤治疗场（TTF 或 TTFields）提供了低强度、中频（100～300 kHz）的交变电场，通过诱导有丝分裂灾变而导致细胞凋亡或死亡，可以有效地抑制各种人类和啮齿动物肿瘤细胞的生长，对正常的非分裂细胞则无明显损害[58-60]。此外，Barbault 等使用无创的生物反馈的方法检查了各种类型的癌症患者以确定"肿瘤特定频率"[61]。他们表明，癌症相关频率似乎具有肿瘤特异性，耐受性良好，对晚期癌症患者可能有效[61]。最近，Kim 等用 TTF 研究了 U87 和 U373 胶质母细胞瘤细胞的转移，发现 TTF 影响了 NF-κB、MAPK 和 PI3K/Akt 信号通路，并下调了血管内皮细胞生长因子（VEGF）、低氧诱导因子（HIF1α）和基质金属蛋白酶 2 和 9，表明 TTF 可能是胶质母细胞瘤患者的一种有希望的新型抗侵袭和抗血管生成治疗策略[62]。更重要的是，有研究报告称，用 TTF 治疗复发性胶质母细胞瘤患者可以提高其总生存期（OS），并且无意外不良反应[63, 64]。基于这些临床结果，TTF 被 FDA 批准作为复发和新诊断胶质母细胞瘤患者的替代方案。

　　相比之下，尽管大量的体外和体内研究表明稳态磁场具有抗癌潜力，但到目前为止，关于其在临床癌症治疗中的应用只有很少的数据。2003 年，Salvatore 等发现，暴露于稳态磁场并没有增加参与者的化疗毒性，因为其白细胞计数和血小板计数没有增加[65]。2004 年，Ronchetto 等在一项试点研究中对 11 名接受不同稳态磁场暴露的已经历过多种治疗的晚期癌症患者进行了检查，发现磁场处理比较安全[66]。虽然这些研究表明稳态磁场在患者水平上是安全的，但这些稳态磁场对人类癌症抑制的有效性验证仍然缺乏。事实上，在一些中文期刊上有一些关于稳态磁场在癌症治疗上成功应用的临床研究报告，这些报告已由周博士用中文撰写了综述[67]。在这些研究中，似乎单独应用永磁体或与时变磁场/放疗联合应用永磁体在抑制癌症方面具有积极作用，而且这些作用与磁感应强度相关。更具体地，稳态磁场在 0.2 T 及以上强度似乎具有抗癌作用，而 0.1 T 以下的强度则没有。在笔者看来，尽管这些报道并不真正符合科学研究的标准，但它们看起来很有希望。而我们需要进行更多的双盲、有良好对照的临床研究调查来证实这些说法。

　　有趣的是，也有一些研究报道了一类使用了永磁体，但以低速旋转的方式提供的极低频磁场，可以产生一些积极的作用[68-71]。例如，2012 年，Sun 等研究了 420 r/min，0.4 T 磁场对 13 名晚期非小细胞肺癌（NSCLC）患者的生存和一般症状的影响[68]。这些患者接受了每天 2 h、每周 5 天、为期 6～10 周的治疗。接受支持性照顾的晚期 NSCLC 患者的中位生存期为 4 个月，而他们的"旋转磁性装置"可以将患者中位生存期延长到 6 个月，增加了 50%。虽然 6 个月的中位生存期仍比接受化疗的患者短（顺铂，9.1 个月；卡铂，8.4 个月），但接受磁场治疗的患者没有严重的毒性或副作用。更重要的是，磁场治疗组的 1 年生存率为 31.7%，远高于只接受支持性照顾的患者（15%），几乎与接受化疗的患者（顺铂，37%；卡铂，34%）相当。同时，接受磁场治疗的患者的身体状况得到了改善，临床症状也普遍得到了缓解[68]。事实上，这种类型的磁场也在其他研究中被证明对晚期癌症患者有效[72]，以及在癌症细胞和小鼠模型中有效[69-71]。同时，也有其他非官方报道称，旋转磁场可以作为患者的替代治疗方法。因此，笔者认为这是一个非常有前途的探索领域，但目前仍处于非常初步的阶段。事实上，这些人体研究的一个重大缺陷是缺乏对照组。因此，人们迫切需要更严格、对照良好、双盲的临床试验来证明磁场在癌症治疗中的有效性。而磁场参数，如磁感应强度，固定或旋转频率，暴露时间和癌症类型等都应进行测试。

9.7　讨论

癌细胞与非癌细胞对稳态磁场响应不同的机制目前还不够明确，人们对其了解还不充分。然而，中强稳态磁场通过干扰微管进而对大多数分裂细胞可能会有广泛的影响。此外，癌细胞和非癌细胞已被证明对细胞周期扰动有不同的响应。例如，人类非转化细胞和癌细胞对微管药物处理的反应有明显差异[73]。Brito 和 Rieder 发现，诺考达唑和紫杉醇这两种微管毒药可以杀死更多的 HeLa 和 U2OS 癌细胞，而不是非肿瘤 RPE1 细胞。具体来说，5 nmol/L 的紫杉醇（大约是化疗的临床浓度）可以杀死 93%的 HeLa 细胞和 46%的 U2OS 细胞，但只杀死 1%的 RPE1 细胞[73]。而不同类型的癌症细胞对微管药物也有不同的反应[74]。此外，plk1（极样激酶 1）是多个细胞过程中的重要调节因子，特别是在细胞周期过程中，plk1 缺失导致人宫颈癌 HeLa 细胞的显著细胞增殖和细胞周期异常，但在非肿瘤 RPE1 或 MCF10A 乳腺细胞中则没有影响[75]。因此，靶向微管或细胞周期可能对癌细胞与非癌细胞，或不同类型的癌症细胞产生不同的影响。

同时，我们应该记住，虽然 EGFR 和细胞分裂都很重要，但它们绝对不是解释稳态磁场诱导不同细胞类型之间差异的全部原因。其他因素也可能参与其中。例如，Short 等表明 4.7 T 的稳态磁场可以改变人类恶性黑色素瘤细胞附着在组织培养板上的能力，但对正常人类成纤维细胞没有影响[76]。这表明在癌细胞与非癌细胞中，稳态磁场对细胞附着的影响是不同的。此外，其他方面也值得仔细研究，如细胞代谢、线粒体功能、ROS 响应和 ATP 水平，这些都可能在癌症与正常细胞中受到不同影响。我们课题组目前正在对此进行研究，希望能在不久的将来对这些问题有更好的理解。

9.8　结论

癌症是一种异质性疾病，其复杂性阻碍了有效和安全治疗方法的发展。本章所列的研究有助于我们了解稳态磁场影响癌细胞的一些机制，以及它们在未来癌症治疗中的潜在应用。我们在这里只讨论了膜受体 EGFR、细胞分裂和微循环，但事实上可能还涉及离子通道、ROS、免疫系统以及代谢等其他方面。此外，目前关于稳态磁场对癌症影响的细胞和动物模型研究在可重复性方面经常存在着差异，因此还需要对不同磁场参数进行进一步的系统研究。虽然人们还需要进行更多的研究来确认多种参数稳态磁场对人体的安全性和有效性，但目前的实验结果表明，稳态磁场总体而言比较安全。因此，了解和开发稳态磁场的潜在应用将是未来针对常规耐药性肿瘤辅助治疗的一个重要方面。

参 考 文 献

[1] Zhang L, Yang X X, Liu J J, et al. 1 T moderate intensity static magnetic field affects Akt/mTOR pathway and increases the antitumor efficacy of mTOR inhibitors in CNE-2Z cells. Sci. Bull., 2015, 60(24): 2120-2128.

[2] Zhang L, Wang J, Wang H, et al. Moderate and strong static magnetic fields directly affect EGFR kinase domain orientation to inhibit cancer cell proliferation. Oncotarget, 2016, 7(27): 41527-41539.

[3] Zhang L, Hou Y, Li Z, et al. 27 T ultra-high static magnetic field changes orientation and morphology of mitotic spindles in human cells. eLife, 2017, 6.

[4] Song C, Yu B, Wang J, et al. Moderate static magnet fields suppress ovarian cancer metastasis via ROS-mediated oxidative stress. Oxid. Med. Cell. Longev., 2021, 2021: 7103345.

[5] Zhao B, Yu T, Wang S, et al. Static magnetic field(0.2-0.4 T)stimulates the self-renewal ability of osteosarcoma stem cells through autophagic degradation of ferritin. Bioelectromagnetics, 2021, 42(5): 371-383.

[6] Zhu X, Liu Y, Cao X, et al. Moderate static magnetic fields enhance antitumor CD8(+) T cell function by promoting mitochondrial respiration. Sci. Rep., 2020, 10(1): 14519.

[7] Yang X, Song C, Zhang L, et al. An upward 9.4 T static magnetic field inhibits DNA synthesis and increases ROS-P53 to suppress lung cancer growth. Transl. Oncol., 2021, 14(7): 101103.

[8] Tian X, Wang D, Zha M, et al. Magnetic field direction differentially impacts the growth of different cell types. Electromagn. Biol. Med., 2018, 37(2): 114-125.

[9] Tian X, Wang C, Yu B, et al. 9.4 T static magnetic field ameliorates imatinib mesylate-induced toxicity and depression in mice. Eur. J. Nucl. Med. Mol. Imaging, 2023, 50(2):314-327.

[10] Sullivan K, Balin A K, Allen R G. Effects of static magnetic fields on the growth of various types of human cells. Bioelectromagnetics, 2011, 32(2): 140-147.

[11] Raylman R R, Clavo A C, Wahl R L. Exposure to strong static magnetic field slows the growth of human cancer cells *in vitro*. Bioelectromagnetics, 1996, 17(5): 358-363.

[12] Aldinucci C, Garcia J B, Palmi M, et al. The effect of strong static magnetic field on lymphocytes. Bioelectromagnetics, 2003, 24(2): 109-117.

[13] Ghibelli L, Cerella C, Cordisco S, et al. NMR exposure sensitizes tumor cells to apoptosis. Apoptosis, 2006, 11(3): 359-365.

[14] Tatarov I, Panda A, Petkov D, et al. Effect of magnetic fields on tumor growth and viability. Comp. Med., 2011, 61(4): 339-345.

[15] Zafari J, Javani Jouni F, Abdolmaleki P, et al. Investigation on the effect of static magnetic field up to 30 mT on viability percent, proliferation rate and IC50 of HeLa and fibroblast cells. Electromagn. Biol. Med., 2015, 34(3): 216-220.

[16] Jia C, Zhou Z, Liu R, et al. EGF receptor clustering is induced by a 0.4 mT power frequency magnetic field and blocked by the EGF receptor tyrosine kinase inhibitor PD153035. Bioelectromagnetics, 2007, 28(3): 197-207.

[17] Sun W, Gan Y, Fu Y, et al. An incoherent magnetic field inhibited EGF receptor clustering and phosphorylation induced by a 50-Hz magnetic field in cultured FL cells. Cell. Physiol. Biochem., 2008, 22(5-6): 507-514.

[18] Sun W, Shen X, Lu D, et al. Superposition of an incoherent magnetic field inhibited EGF receptor clustering and phosphorylation induced by a 1.8 GHz pulse-modulated radiofrequency radiation. Int. J. Radiat. Biol., 2013, 89(5): 378-383.

[19] Zhang L, Ji X, Yang X, et al. Cell type- and density-dependent effect of 1 T static magnetic field on cell proliferation. Oncotarget, 2017, 8(8): 13126-13141.

[20] Yang X, Li Z, Polyakova T, et al. Effect of static magnetic field on DNA synthesis: The interplay between DNA chirality and magnetic field left-right asymmetry. FASEB Bioadv., 2020, 2(4): 254-263.

[21] Fan Z, Hu P, Xiang L, et al. A static magnetic field inhibits the migration and telomerase function of mouse breast cancer cells. BioMed Res. Int., 2020, 2020: 7472618.

[22] Sadri M, Abdolmaleki P, Abrun S, et al. Static magnetic field effect on cell alignment, growth, and differentiation in human cord-derived mesenchymal stem cells. Cell. Mol. Bioeng., 2017, 10(3): 249-262.

[23] Marycz K, Kornicka K, Röcken M. Static magnetic field(SMF) as a regulator of stem cell fate-new perspectives in regenerative medicine arising from an underestimated tool. Stem Cell Rev Rep., 2018, 14(6): 785-792.

[24] Ho S Y, Chen I C, Chen Y J, et al. Static magnetic field induced neural stem/progenitor cell early differentiation and promotes maturation. Stem Cells Int., 2019, 2019: 8790176.

[25] Strieth S, Strelczyk D, Eichhorn M E, et al. Static magnetic fields induce blood flow decrease and platelet adherence in tumor microvessels. Cancer Biol. Ther., 2008, 7(6): 814-819.

[26] Strelczyk D, Eichhorn M E, Luedemann S, et al. Static magnetic fields impair angiogenesis and growth of solid tumors *in vivo*. Cancer Biol. Ther., 2009, 8(18): 1756-1762.

[27] Gellrich D, Becker S, Strieth S. Static magnetic fields increase tumor microvessel leakiness and improve antitumoral efficacy in combination with paclitaxel. Cancer Lett., 2014, 343(1): 107-114.

[28] Wang Z, Yang P, Xu H, et al. Inhibitory effects of a gradient static magnetic field on normal angiogenesis. Bioelectromagnetics, 2009, 30(6): 446-453.

[29] de Visser K E, Eichten A, Coussens L M. Paradoxical roles of the immune system during cancer development. Nat. Rev. Cancer, 2006, 6(1): 24-37.

[30] Reiche E M, Nunes S O, Morimoto H K. Stress, depression, the immune system, and cancer. Lancet Oncol., 2004, 5(10): 617-625.

[31] Lin S L, Su Y T, Feng S W, et al. Enhancement of natural killer cell cytotoxicity by using static magnetic field to increase their viability. Electromagn. Biol. Med., 2019, 38(2): 131-142.

[32] Luo Y, Ji X M, Liu J J, et al. Moderate intensity static magnetic fields affect mitotic spindles and increase the antitumor efficacy of 5-FU and Taxol. Bioelectrochemistry, 2016, 109: 31-40.

[33] Gray J R, Frith C H, Parker J D. *In vivo* enhancement of chemotherapy with static electric or magnetic fields. Bioelectromagnetics, 2000, 21(8): 575-583.

[34] Qi H, Chen W F, Ai X, et al. Effects of a moderate-intensity static magnetic field and adriamycin on K562 cells. Bioelectromagnetics, 2011, 32(3): 191-199.

[35] Liu Y, Qi H, Sun R G, et al. An investigation into the combined effect of static magnetic fields and different anticancer drugs on K562 cell membranes. Tumori, 2011, 97(3): 386-392.

[36] Tofani S, Barone D, Berardelli M, et al. Static and ELF magnetic fields enhance the *in vivo* anti-tumor efficacy of cis-platin against lewis lung carcinoma, but not of cyclophosphamide against B16 melanotic melanoma. Pharmacol. Res., 2003, 48(1): 83-90.

[37] Chen W F, Qi H, Sun R G, et al. Static magnetic fields enhanced the potency of cisplatin on k562 cells. Cancer Biother. Radiopharm., 2010, 25(4): 401-408.

[38] Vergallo C, Ahmadi M, Mobasheri H, et al. Impact of inhomogeneous static magnetic field(31.7-232.0 mT) exposure on human neuroblastoma SH-SY5Y cells during cisplatin administration. PLoS One, 2014, 9(11): e113530.

[39] Tenuzzo B, Chionna A, Panzarini E, et al. Biological effects of 6 mT static magnetic fields: A comparative study in different cell types. Bioelectromagnetics, 2006, 27(7): 560-577.

[40] Sun R G, Chen W F, Qi H, et al. Biologic effects of SMF and paclitaxel on K562 human leukemia cells. Gen. Physiol. Biophys., 2012, 31(1): 1-10.

[41] Sabo J, Mirossay L, Horovcak L, et al. Effects of static magnetic field on human leukemic cell line HL-60. Bioelectrochemistry, 2002, 56(1-2): 227-231.

[42] Fanelli C, Coppola S, Barone R, et al. Magnetic fields increase cell survival by inhibiting apoptosis via modulation of Ca^{2+} influx. FASEB J., 1999, 13(1): 95-102.

[43] Aldinucci C, Garcia J B, Palmi M, et al. The effect of exposure to high flux density static and pulsed magnetic fields on lymphocyte function. Bioelectromagnetics, 2003, 24(6): 373-379.

[44] Tofani S. Electromagnetic energy as a bridge between atomic and cellular levels in the genetics approach to cancer treatment. Curr. Top. Med. Chem., 2015, 15(6): 572-578.

[45] Tofani S, Barone D, Cintorino M, et al. Static and ELF magnetic fields induce tumor growth inhibition and apoptosis. Bioelectromagnetics, 2001, 22(6): 419-428.

[46] Tofani S, Cintorino M, Barone D, et al. Increased mouse survival, tumor growth inhibition and decreased immunoreactive p53 after exposure to magnetic fields. Bioelectromagnetics, 2002, 23(3): 230-238.

[47] Bodega G, Forcada I, Suárez I, et al. Acute and chronic effects of exposure to a 1-mT magnetic field on the cytoskeleton, stress proteins, and proliferation of astroglial cells in culture. Environ. Res., 2005, 98(3): 355-362.

[48] Yuan L Q, Wang C, Zhu K, et al. The antitumor effect of static and extremely low frequency magnetic fields against nephroblastoma and neuroblastoma. Bioelectromagnetics, 2018, 39(5): 375-385.

[49] Artacho-Cordón F, Salinas-Asensio M D, Calvente I, et al. Could radiotherapy effectiveness be enhanced by electromagnetic field treatment? Int. J. Mol. Sci., 2013, 14(7): 14974-14995.

[50] Nakahara T, Yaguchi H, Yoshida M, et al. Effects of exposure of CHO-K1 cells to a 10-T static

magnetic field. Radiology, 2002, 224(3): 817-822.

[51] Sarvestani A S, Abdolmaleki P, Mowla S J, et al. Static magnetic fields aggravate the effects of ionizing radiation on cell cycle progression in bone marrow stem cells. Micron, 2010, 41(2): 101-104.

[52] Teodori L, Giovanetti A, Albertini M C, et al. Static magnetic fields modulate X-ray-induced DNA damage in human glioblastoma primary cells. J. Radiat. Res., 2014, 55(2): 218-227.

[53] Politański P, Rajkowska E, Brodecki M, et al. Combined effect of X-ray radiation and static magnetic fields on reactive oxygen species in rat lymphocytes in vitro. Bioelectromagnetics, 2013, 34(4): 333-336.

[54] Yudhistiara B, Zwicker F, Weber K J, et al. The influence of a magnetic field on photon beam radiotherapy in a normal human TK6 lymphoblastoid cell line. Radiat. Oncol., 2019, 14(1): 11.

[55] Kubinyi G, Zeitler Z, Thuróczy G, et al. Effects of homogeneous and inhomogeneous static magnetic fields combined with gamma radiation on DNA and DNA repair. Bioelectromagnetics, 2010, 31(6): 488-494.

[56] Wang L, Hoogcarspel S J, Wen Z, et al. Biological responses of human solid tumor cells to X-ray irradiation within a 1.5-Tesla magnetic field generated by a magnetic resonance imaging-linear accelerator. Bioelectromagnetics, 2016, 37(7): 471-480.

[57] Wang H, Zhang X. ROS Reduction does not decrease the anticancer efficacy of X-ray in two breast cancer cell lines. Oxid. Med. Cell. Longev., 2019, 2019: 3782074.

[58] Pless M, Weinberg U. Tumor treating fields: Concept, evidence and future. Expert Opin Investig Drugs, 2011, 20(8): 1099-1106.

[59] Kirson E D, Gurvich Z, Schneiderman R, et al. Disruption of cancer cell replication by alternating electric fields. Cancer Res., 2004, 64(9): 3288-3295.

[60] Davies A M, Weinberg U, Palti Y. Tumor treating fields: A new frontier in cancer therapy. Ann. N. Y. Acad. Sci., 2013, 1291: 86-95.

[61] Barbault A, Costa F P, Bottger B, et al. Amplitude-modulated electromagnetic fields for the treatment of cancer: Discovery of tumor-specific frequencies and assessment of a novel therapeutic approach. J. Exp. Clin. Cancer Res., 2009, 28: 51.

[62] Kim E H, Song H S, Yoo S H, et al. Tumor treating fields inhibit glioblastoma cell migration, invasion and angiogenesis. Oncotarget, 2016, 7(40): 65125-65136.

[63] Rulseh A M, Keller J, Klener J, et al. Long-term survival of patients suffering from glioblastoma multiforme treated with tumor-treating fields. World J. Surg. Oncol., 2012, 10: 220.

[64] De Bonis P, Doglietto F, Anile C, et al. Electric fields for the treatment of glioblastoma. Expert Rev. Neurother., 2012, 12(10): 1181-1184.

[65] Salvatore J R, Harrington J, Kummet T. Phase I clinical study of a static magnetic field combined with anti-neoplastic chemotherapy in the treatment of human malignancy: Initial safety and toxicity data. Bioelectromagnetics, 2003, 24(7): 524-527.

[66] Ronchetto F, Barone D, Cintorino M, et al. Extremely low frequency-modulated static magnetic fields to treat cancer: A pilot study on patients with advanced neoplasm to assess safety and acute toxicity. Bioelectromagnetics, 2004, 25(8): 563-571.

[67] Zhou W. Application and review of magnetic field treatment for cancer. J. Magn. Mater. Devices., 2000, 31(4): 32-34.

[68] Sun C T, Yu H M, Wang X W, et al. A pilot study of extremely low-frequency magnetic fields in advanced non-small cell lung cancer: Effects on survival and palliation of general symptoms. Oncology Letters, 2012, 4(5): 1130-1134.

[69] Wang T, Nie Y, Zhao S, et al. Involvement of midkine expression in the inhibitory effects of low-frequency magnetic fields on cancer cells. Bioelectromagnetics, 2011, 32(6): 443-52.

[70] Nie Y, Du L, Mou Y, et al. Effect of low frequency magnetic fields on melanoma: Tumor inhibition and immune modulation. BMC Cancer, 2013, 13: 582.

[71] Nie Y, Chen Y, Mou Y, et al. Low frequency magnetic fields enhance antitumor immune response against mouse H22 hepatocellular carcinoma. PLoS One, 2013, 8(11): e72411.

[72] Yang J, Yu M, Guo Z, et al. Moderate intensity rotating low: Frequency magnetic fields and their effects on human bodies, in Interdisciplinary Research of Magnetic Fields and Life Sciences. Bei Jing: Science Press, 2018.

[73] Brito D A, Rieder C L. The ability to survive mitosis in the presence of microtubule poisons differs significantly between human nontransformed(RPE-1) and cancer(U2OS, HeLa) cells. Cell Motil. Cytoskeleton, 2009, 66(8): 437-447.

[74] Tang Y, Xie T, Florian S, et al. Differential determinants of cancer cell insensitivity to antimitotic drugs discriminated by a one-step cell imaging assay. J. Biomol. Screen, 2013, 18(9): 1062-1071.

[75] Liu X, Lei M, Erikson R L. Normal cells, but not cancer cells, survive severe Plk1 depletion. Mol. Cell. Biol., 2006, 26(6): 2093-2108.

[76] Short W O, Goodwill L, Taylor C W, et al. Alteration of human tumor cell adhesion by high-strength static magnetic fields. Invest Radiol, 1992, 27(10): 836-840.

第10章
稳态磁场对糖尿病及其并发症的影响

糖尿病是一种以高血糖为特征的代谢性疾病，如不加以控制，会对人类健康造成严重影响。近年来有一些关于稳态磁场对糖尿病及其并发症影响的研究，但结果并不一致。本章节比较和分析了多种参数稳态磁场对血糖、胰岛素和糖尿病并发症的影响。有趣的是，尽管稳态磁场对血糖和胰岛素水平的影响会因磁场参数和检测样品的多样化而导致结果的不同，但稳态磁场似乎始终对糖尿病伤口愈合等并发症产生较为一致的积极改善作用。机制研究表明，稳态磁场可能通过影响膜蛋白、激素水平和活性氧对胰岛素的分泌发挥重要作用。这不仅有助于人们更好地了解稳态磁场对糖尿病及其并发症的影响，而且为更深入和系统的研究奠定了基础，以帮助开发稳态磁场未来在糖尿病临床治疗中的潜在应用。

10.1 引言

糖尿病主要是因为身体不能产生足够的胰岛素，或不能有效利用胰岛素而导致的一种长期的高血糖症，主要有两种主要类型，1 型糖尿病（type 1 diabetes mellitus，T1D/T1DM）和 2 型糖尿病（type 2 diabetes mellitus，T2D/T2DM）。同时也有一些特殊类型，如妊娠糖尿病，或由药物、病毒感染等介导的糖尿病[1, 2]。诱发糖尿病的原因主要包括：胰岛细胞被自身免疫系统破坏、胰岛素抵抗和胰岛素分泌不足[3]。除高血糖外，糖尿病还可能引起一系列并发症，包括肾脏、视网膜、心血管系统、神经系统和肝脏等功能障碍，这是糖尿病患者发病和死亡的主要原因[4, 5]。

近年来，有多项研究报道磁场对糖尿病及其并发症的影响。例如，Carter 等使用了多种小鼠进行实验，证明了稳态磁场和静电场联合可以有效改善 T2D 小鼠的血糖、胰岛素抵抗和葡萄糖耐量[6]（图 10.1）。本课题组研究和比较了四种具有不同磁通量、方向和分布的稳态磁场，发现约 100 mT 竖直向下方向的稳态磁场可以有效缓解 2 型糖尿病小鼠高血糖、脂肪肝和体重增加[7]（图 10.2）。这两项研究都显示出了磁场对 2 型糖尿病的有益影响，并且指出磁场在调节氧化应激方面起着关键作用。在本章中，我们将着重讨论不同稳态磁场对糖尿病及其并发症的影响以及相关内在机制。

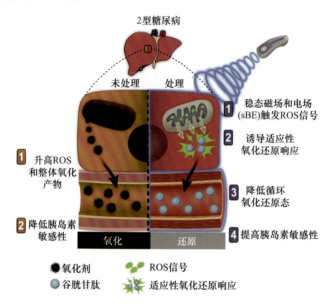

图 10.1　稳态磁场和静电场的联合可以缓解 2 型糖尿病。经许可转载自参考文献[6]

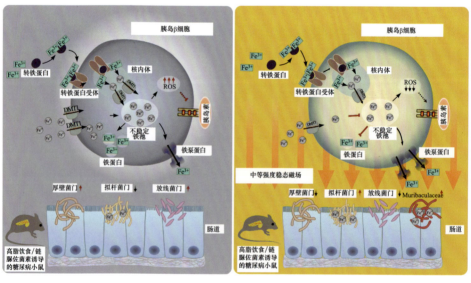

图 10.2　约 100 mT 竖直向下（与重力方向一致）稳态磁场可以改善小鼠铁代谢，预防高脂饮食（HFD）/链脲佐菌素（STZ）诱导的 2 型糖尿病。经许可转载自参考文献[7]

10.2 稳态磁场对糖尿病动物血糖水平的影响

目前，稳态磁场对糖尿病动物模型血糖（糖尿病诊断的关键指标）的影响结果不一致（表 10.1），这主要是由于不同实验中稳态磁场参数和生物样本不同所导致的。一些研究表明稳态磁场可以提高血糖水平。例如 Carter 等发现，连续 25 天每天 7 h 在水平方向进行 3 mT 稳态磁场处理可以升高血糖[6]。而同时也有一些研究发现稳态磁场可以降低血糖水平。例如，Li 等发现 N 极和 S 极交替排布的磁极（简称交替磁极）提供的 400 mT 和 600 mT 稳态磁场处理 24 h 可使机体血糖降低[8]。此外，也有研究发现稳态磁场对血糖水平无影响。例如，我们课题组发现在暴露于约 15 mT 非均匀稳态磁场 10 周后，db/db 小鼠血糖水平并没有发生统计学意义上的差异[9]。Zhang 等使用 4 mT 稳态磁场装置处理糖尿病大鼠 16 周，也没有观察到血糖水平产生变化[10]。而我们的研究发现，连续 12 周使用约 100 mT 竖直向上方向（与重力方向相反）的稳态磁场处理 T2D 小鼠，可以使其血糖水平升高，而使用竖直向下方向（与重力方向相同）的稳态磁场处理却可以降低小鼠血糖水平[7]。这些研究结果表明，稳态磁场参数，尤其是稳态磁场方向对血糖的影响至关重要。

表 10.1 稳态磁场对糖尿病动物血糖水平的影响

研究对象	诱导方式	稳态磁场参数	曝磁时间	血糖水平	其他影响	参考文献
C57BL/6J 小鼠	高脂饮食 4~8 周	3 mT 水平方向	7 h/d, 25 d	升高	血糖水平升高、葡萄糖耐量恶化	[6]
	高脂饮食 6 周，然后连续 3 d 腹腔注射 45 mg/kg 的（STZ）	约 100 mT 向上方向	24 h/d, 12 周		降低葡萄糖清除率，加剧肝细胞脂肪变性，增加铁储存	[7]
CD1 小鼠	分别腹腔注射一次剂量为 100 mg/kg、150 mg/kg、200 mg/kg 的 STZ	2.8~476.7 mT	30 min/d, 6 周		无	[11]
C57BL/6J 小鼠	高脂饮食 6 周，然后连续 3 d 腹腔注射 45 mg/kg 的 STZ	约 100 mT 向下方向	24 h/d, 12 周	降低	降低 T2D 小鼠血糖、体重和组织损伤；调节铁代谢，改善胰岛细胞氧化应激	[7]
ICR 小鼠	高脂饮食 2 周，然后连续 3 d 腹腔注射 80 mg/kg 的 STZ	400 mT、600 mT、交替磁极	24 h/d, 60 d		降低血糖，改善葡萄糖耐量和脂质代谢，增加胰岛素分泌	[8]

续表

研究对象	诱导方式	稳态磁场参数	曝磁时间	血糖水平	其他影响	参考文献
Sprague-Dawley 大鼠	尾静脉注射一次 50 mg/kg 的 STZ	4 mT	2 h/d, 16 周			[10]
BKS-db 小鼠	自发型	约 15 mT	24 h/d, 10 周			[9]
Sprague-Dawley 大鼠	腹腔注射一次 60 mg/kg 的 STZ	180 mT	24 h/d, 5~19 d			[12]
ICR 小鼠	高脂饮食 2 周, 然后连续 3 d 腹腔注射 80 mg/kg 的 STZ	200 mT	24 h/d, 60 d	无影响	无	[8]
Wistar 大鼠	皮下注射一次 65 mg/kg 的 STZ	230 mT	24 h/d, 7~21 d			[13]
C57BL/6J 小鼠	6 周高脂饮食, 然后连续 3 d 腹腔注射 45 mg/kg 的 STZ	400 mT、600 mT, 交替磁极	24 h/d, 12 周			[7]

10.3　稳态磁场对糖尿病动物模型胰岛素水平的影响

一般来说，机体胰岛素水平的升高通常会导致其血糖水平下降。然而，事实并非总是如此，因为胰岛素抵抗是糖尿病的另一个重要特征，会导致机体对胰岛素的敏感性降低，从而使得胰岛素不能完全发挥作用。文献调研发现，目前仅有三项研究报道了稳态磁场对糖尿病小鼠胰岛素水平的影响，但其结果也是不尽相同（表 10.2）。Carter 等发现，尽管稳态磁场联合电场处理减少了胰岛素分泌，但它们仍然可以通过增加小鼠的胰岛素敏感性来降低血糖[6]。因此，建议人们在研究过程中也需要对胰岛素敏感性进行检测，以更加全面地了解稳态磁场如何影响葡萄糖代谢。在我们的研究中，发现约 100 mT 竖直向下方向的稳态磁场不仅增加了高脂饮食（high-fat-diet, HFD）/链脲佐菌素（streptozocin, STZ）诱导的 2 型糖尿病小鼠的胰岛素水平，同时也增加了胰岛素敏感性[7]。

表 10.2　稳态磁场对糖尿病动物胰岛素水平的影响

研究对象	诱导方式	稳态磁场参数	曝磁时间	胰岛素水平	其他影响	参考文献
C57BL/6J 小鼠	高脂饮食 6 周，然后连续 3 d 腹腔注射 45 mg/kg 的 STZ	约 100 mT 竖直向下方向	24 h/d，12 周	升高	竖直向下稳态磁场通过调节铁代谢和 ROS 的生成及肠道微生物菌群而改善胰岛功能，增加胰岛面积，提高胰岛素敏感性	[7]
ICR 小鼠	高脂饮食 2 周，然后连续 3 d 腹腔注射 80 mg/kg 的 STZ	200 mT、600 mT，交替磁极	24 h/d，60 d		600 mT 稳态磁场增加了胰岛细胞的数量	[8]
Sprague-Dawley 大鼠	静脉注射一次 50 mg/kg 的 STZ	4 mT	2 h/d，16 周		无	[10]
C57BL/6J 小鼠	高脂饮食 6 周，然后连续 3 d 腹腔注射 45 mg/kg 的 STZ	约 100 mT 竖直向上方向	24 h/d，12 周	无影响	竖直向上稳态磁场降低胰岛素敏感性	[7]
ICR 小鼠	高脂饮食 2 周，然后连续 3 d 腹腔注射 80 mg/kg 的 STZ	400 mT 交替磁极	24 h/d，60 d		400 mT 稳态磁场增加了胰岛细胞的数量	[8]

10.4　稳态磁场对糖尿病并发症的影响

糖尿病高血糖会产生糖毒性，引起大血管（心血管疾病）、微血管（糖尿病肾病、糖尿病视网膜病变和神经病变）和其他组织系统（糖尿病骨、糖尿病足和糖尿病脑）病变，导致各种糖尿病并发症的发生和发展[14, 15]。

糖尿病会显著损害骨骼形成，降低骨骼机械强度，导致骨质疏松[16]。此外糖尿病会加速骨骼结构退化[17]，使糖尿病患者更易骨折[18, 19]，且骨折后难以恢复，因而导致死亡率明显高于非糖尿病人群[20]。2018 年，Zhang 等研究发现，2 h/d 的 4 mT 稳态磁场连续处理 16 周可以改善骨骼强度，增加成骨相关基因的表达，并改善与糖尿病骨关节病相关的症状[10]。目前，虽然文献调研仅有一项稳态磁场对糖尿病骨骼系统的影响研究，但实际上有大量研究表明，稳态磁场可以对非糖尿病动物的骨骼系统产生积极影响[21]，这部分将在本书第 11 章进行进一步的讨论。此外，我们发现 100 mT 竖直向下方向的稳态磁场可以增加 1 型糖尿病小鼠胫骨骨小梁的成骨细胞数量，而在 0.5 T 向上方向的稳态磁场中并未观察到这种现象

（数据暂未发表）。

　　值得注意的是，至少 50% 的糖尿病患者罹患糖尿病神经病变，这是一组由外周神经和自主神经系统受损引起的综合征，可导致异常性疼痛、自发性疼痛、灼热和麻木[22]。与上述稳态磁场对骨骼的影响类似，也有许多关于稳态磁场对非糖尿病动物神经系统的研究，这将在本书第 13 章中讨论。然而，到目前为止，仅两项研究探究了稳态磁场对糖尿病神经病变的影响，但结果仍然没有定论。László 等使用 2.8～476.7 mT 非均匀稳态磁场处理 STZ 诱导的 CD1 小鼠，每天 0.5 h，连续处理 6 周后未发现统计学意义上的影响[11]。然而，Weintraub 等通过随机、双盲、安慰剂对照的临床试验发现含有 45 mT 交替磁极的稳态磁场（24 h/d，4 个月）的鞋垫，可以对糖尿病神经病变相关症状患者的足部起到缓解作用[23]。

　　众所周知，糖尿病伤口难以愈合是糖尿病患者最常见并发症之一[24]，可能会导致患者感染、截肢甚至死亡[25-27]。有趣的是，尽管各种参数的稳态磁场对血糖、胰岛素水平和糖尿病神经病变的影响结果不相一致，但通过文献调研发现，稳态磁场对糖尿病小鼠伤口愈合的所有报告研究都显示出非常一致的积极作用（表 10.3）。事实上，在 2021 年，吕欢欢等总结了多种类型的磁场都对促进糖尿病伤口愈合有着非常积极的作用[28]。这些发现很有趣，也具有很大的应用价值，但造成这种现象背后的作用机制尚不明了。

表 10.3　稳态磁场加速糖尿病伤口愈合

研究对象	诱导方式	稳态磁场参数	曝磁时间	具体影响	参考文献
BKS-db/db 小鼠	自发型	约 15 mT	24 h/d，22 d	促进伤口闭合和再上皮化，减少伤口组织的坏死，增加胶原纤维，改善细胞活力和迁移，减少细胞死亡，降低核转录因子红系 2 相关因子 2（NrF2）水平，降低细胞内氧化应激水平	[9]
Sprague-Dawley 大鼠	腹腔注射一次 60 mg/kg 的 STZ	180 mT	24 h/d，5～19 d	炎症细胞总数和坏死水平降低；愈合率提高，总愈合时间缩短；胶原沉积和伤口拉伸强度增加	[12]
Wistar 大鼠	皮下注射一次 65 mg/kg 的 STZ	230 mT	24 h/d，7～21 d	伤口愈合速率加快。伤口总愈合时间缩短。伤口组织强度增强	[13]
BKS-db/db 小鼠	自发型	600 mT	24 h/d，14 d	加速伤口愈合，促进上皮化、血管重建和炎症的消退，并上调抗炎相关基因的表达	[29]

10.5　稳态磁场对细胞及非糖尿病动物的血糖和胰岛素水平的影响

　　除稳态磁场对糖尿病动物模型的研究外，实际上还有相当多的稳态磁场对非糖尿病动物模型的研究（表 10.4）。与糖尿病动物模型研究类似，非糖尿病动物的结果也不相一致。然而，迄今为止还没有研究报告显示稳态磁场可以降低非糖尿病动物模型的血糖水平。Gorczynska 等发现，1 mT 和 10 mT 的稳态磁场可以升高 Wistar 大鼠的血糖[30]。Lahbib 等的几项研究发现，128 mT 稳态磁场也有增加 Wistar 大鼠血糖水平的效果[31-33]。但同时也有一些研究数据表明稳态磁场对非糖尿病动物模型的血糖水平没有影响。目前，由于小鼠品系、稳态磁场参数和稳态磁场处理方法等的差异，我们无法做出准确的结论和解释。

表 10.4　稳态磁场对非糖尿病动物血糖水平的影响

研究对象	稳态磁场参数	曝磁时间	血糖水平	其他影响	参考文献
Wistar 大鼠	1 mT, 10 mT	1 h/d, 10 d	升高	生长激素、促甲状腺激素、甲状腺激素、皮质醇和胰高血糖素水平升高；胰岛素水平降低	[30]
	128 mT 竖直向上方向	1 h/d, 15 d		血糖、乳酸甘油、胆固醇和磷脂升高；血浆胰岛素水平降低；股四头肌和肝脏组织糖原水平降低	[38]
				体重、肝脏质量、乳酸、胆固醇、磷脂、血清胰岛素和甘油三酯水平降低	[39]
		1 h/d, 5 d 或 15 d		升高血浆中甘油、胆固醇、磷脂、血清胰岛素和乳酸水平；肝糖原水平减少	[31]
		1 h/d, 5 d		胰岛面积减小；胰岛细胞膜上葡萄糖转运蛋白 2（GLUT2）表达减少；	[32]
				血浆胰岛素水平降低	[33]
		1 h/d, 13 d		红细胞压积和血红蛋白浓度升高；天冬氨酸转氨酶和乳酸脱氢酶活性增加；血浆胰岛素水平降低	[40]
		1 h/d, 10 d		血小板和血红蛋白水平升高；天冬氨酸转氨酶和乳酸脱氢酶活性增加	[41]
BALB/c 小鼠	$-2.9 \times 10^{-6} \sim$ 2.9×10^{-6} T	24 h/d, 30 d	无影响	无	[42]
	50 mT	10 h/d, 25 d			[43]

此外，研究人员也在细胞和非糖尿病动物模型上探究了稳态磁场对胰岛素水平的影响（表 10.5）。发现用 400 mT 稳态磁场处理 INS-1 细胞 6 h 可以促进胰岛素的表达和分泌[34, 35]，而用 6 T 稳态磁场处理 INS-1 细胞 1 h 也可增加胰岛素的分泌[36]。有趣的是，在研究稳态磁场对 Sprague-Dawley 大鼠离体胰岛功能的影响时，Hayek 等发现稳态磁场在 0.1～1 mT 的磁感应强度和较低的初始葡萄糖浓度（5.4 mmol/L）下可以以磁感应强度依赖的方式增加胰岛素水平[37]。相反，在较高的初始葡萄糖浓度（16.7 mmol/L）条件下，这些影响并无统计学意义[37]。根据以上结果，我们推测稳态磁场对胰岛素的影响与磁感应强度、曝磁时间和初始葡萄糖水平有关。

表 10.5　稳态磁场对细胞和非糖尿病动物胰岛素水平的影响

研究对象	稳态磁场参数	曝磁时间	胰岛素水平	其他影响	参考文献
INS-1 细胞	400 mT	12～72 h	增加	上调胰腺特异转录因子和囊泡分泌蛋白的表达，增强胰岛素基因启动子的活性，提高胰岛素基因的表达能力	[35]
	400 mT	6～18 h			[34]
	6 T 水平方向	1 h		上调胰岛素基因的表达	[36]
Wistar 大鼠	1 mT 10 mT	1 h/d, 10 d	降低	增加胰高血糖素、生长激素、促甲状腺素、甲状腺素和皮质醇水平	[30]
	128 mT 竖直向上方向	1 h/d, 13 d		血小板和血红蛋白水平升高，天门冬氨酸氨基转移酶和乳酸脱氢酶活性增加	[40]
		1 h/d, 15 d		升高的血糖、乳酸甘油、胆固醇和磷脂；减少血浆胰岛素水平；股四头肌和肝组织中的糖原水平降低	[38]
				降低体重和肝脏质量，减少乳酸、胆固醇、磷脂和甘油三酯的水平	[39]
		1 h/d, 5/15 d		血浆中的甘油、胆固醇、磷脂和乳酸水平明显升高；肝糖原水平下降	[31]
		1 h/d, 5 d		胰岛面积减小，胰岛细胞外膜缺乏 GLUT2 的表达	[32]
				无	[33]
Sprague-Dawley 孕鼠的离体胰岛细胞	0.1～1 mT	48 h	胰岛素分泌与葡萄糖水平和磁感应强度相关	高浓度葡萄糖，抑制胰岛释放；低浓度葡萄糖，稳态磁场可以以磁感应强度依赖的方式增加胰岛素水平	[37]

10.6　稳态磁场对血糖和胰岛素影响效果不统一的原因分析

　　很明显，除糖尿病伤口愈合外，稳态磁场对糖尿病和并发症都产生了非常不一致的影响。我们认为这是多种因素所导致的，下面将对此进行讨论。

　　首先，主要因素是稳态磁场参数，包括磁场分布（方向和梯度等）和不同设备产生的磁感应强度（图 10.3）。我们课题组此前曾报道过不同稳态磁场方向导致生物学效应的差异[44-46]，并在本书第 2 章中对其进行了系统总结。此外，我们平行比较了四种不同稳态磁场装置和不同暴露时间对 HFD/STZ 诱导的 2 型糖尿病小鼠的影响。我们发现不同的磁感应强度、分布、方向和处理时间都可以对血糖产生完全不同的影响[7]。具体来说，我们发现交替磁极的稳态磁场（表磁为 400 mT 或 600 mT）（图 10.3（A）、（B））和约 100 mT 竖直向上方向稳态磁场（图 10.3（C））都不能降低血糖水平，而约 100 mT 向下方向稳态磁场降低了血糖（图 10.3（D））[7]。此外，大多数稳态磁场导致非糖尿病动物血糖水平升高和胰岛

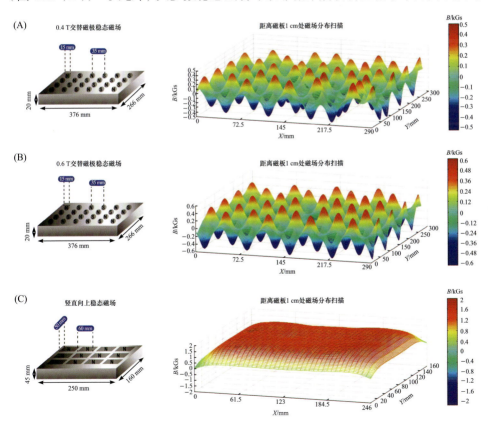

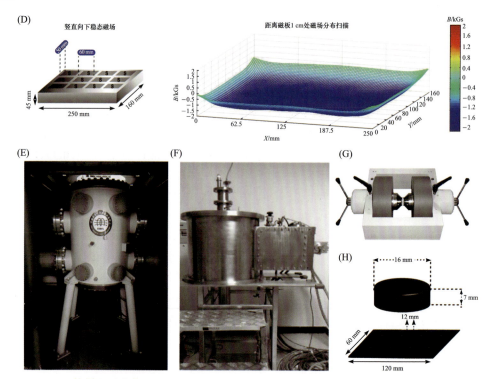

图 10.3   生物样品曝磁装置（A）0.4 T 和（B）0.6 T 交替磁极稳态磁场实验装置和磁场分布图[7]；（C）向上和（D）向下稳态磁场的小鼠实验装置和磁场分布图[7]；（E）中国科学院合肥物质科学研究院强磁场科学中心 27.5 T 超强水冷磁体（水冷磁体#4）；（F）本课题组的 10 T稳态磁场垂直曝磁系统[46]；（G）Lake Shore 曝磁装置（图片来自 Lake Shore Cryotronics 官方网站: https://www.lakeshore.com/products/categories/overview/discontinued-products/ discontinued-products/em4-em7-electromagnets）；（H）由 8 个 0.5 T 圆柱形永磁体组成的非均匀磁颗板装置[9]

素水平降低的研究都使用了由 Lake Shore Cryotronics 公司制造的 Lake Shore 128 mT 电磁铁暴露装置（图 10.3（G））（表 10.4 和 10.5），而这种装置所产生的稳态磁场方向为竖直向上。此外，磁感应强度也非常重要，例如 Hayek 等发现胰岛素的释放与磁感应强度在一定程度上呈剂量依赖性[37]。

其次，生物样本差异也导致了实验结果的不统一。这一点在本书的第 1 章和第 3 章中对其进行了总结。据表 10.1 和表 10.2 可知，几种不同类型的糖尿病动物模型可以用于评估稳态磁场对血糖和胰岛素的影响。一些研究使用化学诱导的糖尿病模型，如 STZ 或四氧嘧啶，而另一些研究则使用不同品系的转基因糖尿病动物模型。此外，Yu 等和 Li 等虽然使用了相同的磁场参数（由表磁为 400 mT 和 600 mT 的钕铁硼磁铁交替分布提供的非均匀稳态磁场），但 2 型糖尿病小鼠的血糖水平并不相同[7, 8]。我们推测，小鼠品系和糖尿病小鼠的造模方法也是重要因素，例如，Yu 等使用 C57BL/6J 小鼠，而 Li 等使用 ICR 小鼠；Yu 等使用高脂饮食喂养小鼠 6 周，然后注射 45 mg/kg 的 STZ，而 Li 等使用高脂食物喂养小鼠 2 周，然后注射 80 mg/kg 的 STZ。此外，我们最近的研究还发现，稳态磁场对轻度和重度 1 型糖尿病小鼠的血糖也有不同的影响[47]。由于存在多种糖尿病亚型，且同一类型的糖尿病也因严重程度而异，因此稳态磁场最终的确切影响也不尽相同。

最后，另外一个因素是稳态磁场的处理方法，包括曝磁时间、是否使用预处理等。研究结果已表明，曝磁时间是导致磁场对生物样品产生不同影响的关键因素。我们将糖尿病小鼠暴露于稳态磁场不同时间，发现稳态磁场对血糖的影响呈时间依赖性。稳态磁场处理 8 周后，糖尿病小鼠的血糖无统计学意义上的差异，但处理 9 周后，与 Sham 组相比，糖尿病小鼠血糖发生了降低[7]。根据 László 等和 Li 等的研究，我们同样发现了稳态磁场处理时间对血糖的不同影响[8, 11]。此外，稳态磁场预处理也可能是导致实验结果差异的重要因素。我们用稳态磁场预处理正常小鼠 6 周后再诱导 2 型糖尿病小鼠动物模型，而 Li 等是在诱导小鼠成为 2 型糖尿病后再用稳态磁场处理小鼠，这可能是导致其结果上产生差异的重要原因。最后，全身磁场暴露和靶向磁场暴露也可能是导致现象不一致的潜在因素。从表 10.1、表 10.2、表 10.4 和表 10.5 中可以看出，虽然目前没有使用靶向磁场的研究报告，但不能排除将来研究人员不会使用靶向磁场的可能性。同时我们认为还应探讨稳态磁场对特定器官（如胰腺和肝脏）的相应影响，以发现稳态磁场对具体器官的特定生物学效应。

因此，为了促进相关研究的标准化，我们建议研究人员仔细、清楚地设计实验，并准确描述相应的实验细节。这包括但不限于实验中相关的磁场参数（磁体表面与组织的距离、处理时间、磁感应强度、方向和分布）和曝磁过程。除了糖尿病小鼠的体重、饮食和血糖变化等基本参数外，还建议进行其他测定，如胰岛素水平、胰岛素敏感性、骨密度和血管生成标志物等。同时还应清楚记录动物的性别、年龄、物种品系和其他关键因素等。

10.7　稳态磁场对血糖或胰岛素影响的潜在机制

目前稳态磁场对血糖和胰岛素影响的潜在机制研究已有了一些初步探索（图 10.4）。例如，研究表明胰岛 β 细胞可以释放胰岛素以降低血糖，而稳态磁场可能影响胰岛细胞转录因子和运输通道调节胰岛素的分泌[30, 32, 35]。同时研究人员也提出了如铁代谢、去甲肾上腺素、胰岛素构象和细胞膜构象等一些其他的相关机制。然而，值得注意的是，虽然图 10.4 中列出了这些机制的研究结果，但很明显，到目前为止仍没有达成一致的机制模型。再者，它们中的大多数都是基于假设，而直接的分子证据，或者更重要的是，背后的物理、化学机制仍然缺乏。此外，由于这些研究中使用的稳态磁场参数、处理方法和受试者的不同，稳态磁场影响血糖和胰岛素水平的机制也互不相同。因此，今后我们应系统地探究其机制，并更多地从生物物理学和生物化学多角度对其进行研究。

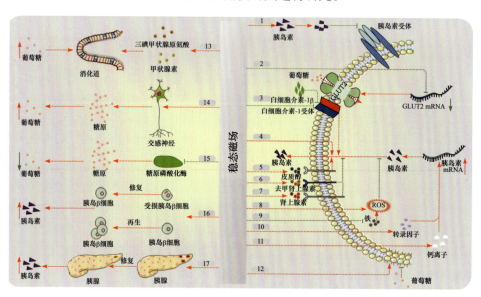

图 10.4   文献中报道的稳态磁场对血糖或胰岛素影响的潜在机制

　　虽然到目前为止仍没有达成一致的机制模型，但我们在此将文献报道中涉及的稳态磁场在糖尿病方面作用的潜在机制结果进行归纳整理，以供读者参考：1. 稳态磁场处理可能会改变胰岛素构象，降低其对胰岛素受体的亲和力从而影响其发挥的功能[39]；2. 暴露于稳态磁场后，胰岛 β 细胞中 GLUT2 表达减少，胰岛 β 细胞无法感知细胞外葡萄糖浓度，导致细胞无法释放胰岛素[32]；3. 稳态磁场暴露后可能引起白细胞介素-1β 受体拮抗剂类似的效应，相当于胰岛素摄入后导致白细胞介素-1β 水平降低，抑制先天免疫细胞的募集，从而降低血糖[11]；4. 马来酰亚胺敏感因子附着蛋白受体（soluble n-ethylmaleimide-sensitive fusion protein attachment protein receptor, SNARE）蛋白复合物可帮助胰岛素转运出细胞，暴露于稳态磁场可促进突触体相关蛋白 25（synaptosomal-associated protein 25, SNAP 25）和突触结合蛋白 1（synaptotagmin 1, Syt 1）的 mRNA 表达，而 SNAP25 和 Syt1 是可溶性 SNARE 的组成部分，进而促进胰岛素释放[35]；5.SMF 通过增加皮质醇水平进而促进胰岛素的释放[30]；6. 稳态磁场通过提高去甲肾上腺素水平抑制胰岛素释放升高血糖[39, 48]；7. 稳态磁场提高肾上腺素水平（刺激胰岛β细胞α受体），以减少胰岛素释放并促进血糖升高[30]；8. 稳态磁场增加细胞内 ROS 水平以减少胰岛素分泌[38]；9. 稳态磁场恢复了肠道微生物菌群的铁复合物外膜受体基因的丰度，从而可能使膳食中的铁进入微生物，减少细胞中的铁储存，减少过量铁积累引起的氧化应激，最终帮助恢复胰岛素的分泌[7]；10. 稳态磁场诱导多种转录因子的产生从而促进胰岛素基因的表达[35]；11. 稳态磁场通过增加细胞内钙离子浓度进而促进胰岛素相关 mRNA 表达和胰岛素分泌[36]；12. 一定强度的稳态磁场可以影响细胞脂质层的排列，从而阻碍葡萄糖向细胞内部的扩散[30]；13. 稳态磁场可提高甲状腺素和三碘甲状腺原氨酸水平（促进小肠对葡萄糖的吸收），进而诱发高血糖[30]；14. 稳态磁场通过诱导交感神经亢进，从而降低胰岛素水平[31]；15. 稳态磁场通过降低糖原磷酸化酶活性和减少肝脏糖原分解导致血糖降低[8]；16. 稳态磁场可以通过促进胰岛β细胞的再生和修复、保护胰岛细胞和改善胰岛素分泌来降低血糖[8]；17. 稳态磁场修复胰腺损伤，改善胰岛细胞功能促进胰岛素的分泌[8]

10.8　结论

　　总之，由于稳态磁场参数和不同生物样本的差异，稳态磁场对血糖和胰岛素水平的调节至今尚无定论，但很明显，多种稳态磁场处理方式已展现出明显的有益效果，尤其是对糖尿病伤口愈合的改善作用。此外，为了提高治疗糖尿病的效果，基于当前的实验研究数据，总结出了一些优化稳态磁场参数的线索，包括稳态磁场的磁感应强度、方向和分布。我们相信从生物学和物理学等多学科交叉角度进行更系统、更深入的研究一定会帮助我们揭示稳态磁场对糖尿病及其并发症的详细调控机制，从而发挥稳态磁场的最佳优势，最终将其应用于糖尿病的临床治疗。

参 考 文 献

[1] Forbes J M, Cooper M E. Mechanisms of diabetic complications. Physiol. Rev., 2013,93(1):137-188.

[2] Magliano D J, Boyko E J, Balkau B, et al. IDF diabetes atlas. Brussels: International Diabetes Federation, 2021.

[3] Association A D. Diagnosis and classification of diabetes mellitus. Diabetes Care, 2010,33:S62-S69.

[4] Morrish N J, Wang S L, Stevens L K, et al. Mortality and causes of death in the WHO multinational study of vascular disease in diabetes. Diabetologia, 2001,44(2):S14.

[5] Demir S, Nawroth P P, Herzig S, et al. Emerging targets in type 2 diabetes and diabetic complications. Adv. Sci., 2021,8(18):2100275.

[6] Carter C S, Huang S C, Searby C C, et al. Exposure to static magnetic and electric fields treats type 2 diabetes. Cell Metab, 2020,32(6):1076.

[7] Yu B, Liu J J, Cheng J, et al. A static magnetic field improves iron metabolism and prevents high-fat-diet/streptozocin-induced diabetes. The Innovation, 2021,2(1):100077.

[8] Li Q, Fang Y W, Wu N Z, et al. Protective effects of moderate intensity static magnetic fields on diabetic mice. Bioelectromagnetics, 2020,41(8):598-610.

[9] Feng C L, Yu B, Song C, et al. Static magnetic fields reduce oxidative stress to improve wound healing and alleviate diabetic complications. Cells, 2022,11(3):443.

[10] Zhang H, Gan L, Zhu X Q, et al. Moderate-intensity 4 mT static magnetic fields prevent bone architectural deterioration and strength reduction by stimulating bone formation in streptozotocin-treated diabetic rats. Bone, 2018,107:36-44.

[11] László J F, Szilvási J, Fényi A, et al. Daily exposure to inhomogeneous static magnetic field significantly reduces blood glucose level in diabetic mice. Int. J. Radiat. Biol., 2011,87(1):36-45.

[12] Jing D, Shen G H, Cai J, et al. Effects of 180 mT static magnetic fields on diabetic wound healing in rats. Bioelectromagnetics, 2010,31(8):640-648.

[13] Zhao J, Li Y G, Deng K Q, et al. Therapeutic effects of static magnetic field on wound healing in diabetic rats. J. Diabetes Res., 2017,2017:6305370.

[14] Ceriello A. Postprandial hyperglycemia and diabetes complications: Is it time to treat? Diabetes, 2005,54(1):1-7.

[15] Cole J B, Florez J C. Genetics of diabetes mellitus and diabetes complications. Nat. Rev. Nephrol., 2020,16(7):377-390.

[16] Hofbauer L C, Busse B, Eastell R, et al. Bone fragility in diabetes: Novel concepts and clinical implications. The Lancet Diabetes Endo., 2022,10(3):207-220.

[17] Rabe O C, Winther-Jensen M, Allin K H, et al. Fractures and osteoporosis in patients with diabetes with Charcot foot. Diabetes Care, 2021,44(9):2033-2038.

[18] Janghorbani M, Van Dam R M, Willett W C, et al. Systematic review of type 1 and type 2 diabetes mellitus and risk of fracture. Am. J. Epidemiol., 2007,166(5):495-505.

[19] Wang H, Ba Y, Xing Q, et al. Diabetes mellitus and the risk of fractures at specific sites: A meta-analysis. BMJ Open, 2019,9(1):e024067.

[20] Gulcelik N E, Bayraktar M, Caglar O, et al. Mortality after hip fracture in diabetic patients. Exp. Clin. Endocr. Diab., 2011,119(7):414-418.

[21] Zhang J, Ding C, Ren L, et al. The effects of static magnetic fields on bone. Prog. Biophys. Mol. Bio., 2014,114(3):146-152.

[22] Feldman E L, Callaghan B C, Pop-Busui R, et al. Diabetic neuropathy. Nat. Rev. Dis. Primers, 2019,5(1):41.

[23] Weintraub M I, Wolfe G I, Barohn R A, et al. Static magnetic field therapy for symptomatic

diabetic neuropathy: A randomized, double-blind, placebo-controlled trial. Arch. Phys. Med. Rehab., 2003,84(5):736-746.

[24] Bowling F L, Rashid S T, Boulton A J M. Preventing and treating foot complications associated with diabetes mellitus. Nat. Rev. Endocrinol., 2015,11(10):606-616.

[25] Falanga V. Wound healing and its impairment in the diabetic foot. Lancet, 2005,366(9498):1736-1743.

[26] Lavery L A, Hunt N A, Ndip A, et al. Impact of chronic kidney disease on survival after amputation in individuals with diabetes. Diabetes Care, 2010,33(11):2365-2369.

[27] Lipsky B A, Berendt A R, Cornia P B, et al. 2012 infectious diseases society of America clinical practice guideline for the diagnosis and treatment of diabetic foot infectionsa. Clin. Infect. Dis., 2012,54(12):e132-e173.

[28] Lv H H, Liu J Y, Zhen C X, et al. Magnetic fields as a potential therapy for diabetic wounds based on animal experiments and clinical trials. Cell Proliferat., 2021,54(3):e12982.

[29] Shang W L, Chen G L, Li Y X, et al. Static magnetic field accelerates diabetic wound healing by facilitating resolution of inflammation. J. Diabetes. Res., 2019,2019(2): 5641271.

[30] Gorczynska E, Wegrzynowicz R. Glucose-homeostasis in rats exposed to magnetic-fields. Invest. Radiol., 1991,26(12):1095-1100.

[31] Lahbib A, Elferchichi M, Ghodbane S, et al. Time-dependent effects of exposure to static magnetic field on glucose and lipid metabolism in rat. Gen. Physiol. Biophys., 2010,29(4):390-395.

[32] Lahbib A, Ghodbane S, Louchami K, et al. Effects of vitamin D on insulin secretion and glucose transporter GLUT2 under static magnetic field in rat. Environ. Sci. Pollut. Res. Int., 2015,22(22):18011-18016.

[33] Lahbib A, Ghodbane S, Maâroufi K, et al. Vitamin D supplementation ameliorates hypoinsulinemia and hyperglycemia in static magnetic field-exposed rat. Arch. Environ. Occup. H., 2015,70(3):142-146.

[34] Mao L B, Guo Z X, Wang H Q, et al. Exposure to static magnetic fields affects insulin secretion in INS cells. Singapore: Springer, 2015.

[35] Mao L B, Wang H Q, Ma F H, et al. Exposure to static magnetic fields increases insulin secretion in rat INS-1 cells by activating the transcription of the insulin gene and up-regulating the expression of vesicle-secreted proteins. Int. J. Radiat. Biol., 2017,93(8):831-840.

[36] Sakurai T, Terashima S, Miyakoshi J. Effects of strong static magnetic fields used in magnetic resonance imaging on insulin-secreting cells. Bioelectromagnetics, 2009,30(1):1-8.

[37] Hayek A, Guardian C, Guardian J, et al. Homogeneous magnetic fields influence pancreatic islet function in vitro. Biochem. Bioph. Res. Co., 1984,122(1):191-196.

[38] Elferchichi M, Mercier J, Coisy-Quivy M, et al. Effects of exposure to a 128-mT static magnetic field on glucose and lipid metabolism in serum and skeletal muscle of rats. Arch. Med. Res., 2010,41(5):309-314.

[39] Elferchichi M, Mercier J, Bourret A, et al. Is static magnetic field exposure a new model of metabolic alteration? Comparison with Zucker rats. Int. J. Radiat. Biol., 2011,87(5):483-490.

[40] Chater S, Abdelmelek H, Pequignot J M, et al. Effects of sub-acute exposure to static magnetic

field on hematologic and biochemical parameters in pregnant rats. Electromagn. Biol. Med., 2006,25(3):135-144.

[41] Sihem C, Hafedh A, Mohsen S, et al. Effects of sub-acute exposure to magnetic field on blood hematological and biochemical parameters in female rats. Turk. J. Hematol., 2006,23(4):182-187.

[42] Hashish A H, El-Missiry M A, Abdelkader H I, et al. Assessment of biological changes of continuous whole body exposure to static magnetic field and extremely low frequency electromagnetic fields in mice. Ecotox. Environ. Safe, 2008,71(3):895-902.

[43] Abbasi M, Nakhjavani M, Hamidi S, et al. Constant magnetic field of 50 mT does not affect weight gain and blood glucose level in BALB/c mice. Med. Sci. Monit., 2007,13(7):BR151-BR154.

[44] Tian X F, Wang D M, Zha M, et al. Magnetic field direction differentially impacts the growth of different cell types. Electromagn. Biol. Med., 2018,37(2):114-125.

[45] Yang X, Li Z, Polyakova T, et al. Effect of static magnetic field on DNA synthesis: The interplay between DNA chirality and magnetic field left-right asymmetry. FASEB. BioAdvances, 2020,2(4):254-263.

[46] Yang X X, Song C, Zhang L, et al. An upward 9.4 T static magnetic field inhibits DNA synthesis and increases ROS-P53 to suppress lung cancer growth. Transl. Oncol., 2021,14(7):101103.

[47] Yu B, Song C, Feng C L, et al. Effects of gradient high-field static magnetic fields on diabetic mice. Zool. Res., 2023,44(2):249-258.

[48] Abdelmelek H, Molnar A, Servais S, et al. Skeletal muscle HSP72 and norepinephrine response to static magnetic field in rat. J. Neural Transm., 2006,113(7):821-827.

第 11 章
稳态磁场对骨骼健康的影响

本章概述了稳态磁场对骨骼健康的影响。第一部分是关于稳态磁场对成骨细胞和破骨细胞生物学活动的影响、稳态磁场联合磁性纳米材料在成骨细胞上可能的应用，以及稳态磁场对绝经后骨质疏松症和糖尿病骨质疏松症的影响。第二部分是关于亚磁场对骨代谢的影响。第三部分是关于稳态磁场对骨肉瘤的影响。通过研究发现，稳态磁场对骨健康的可能作用机制与铁代谢调节有关。本章内容为今后骨病辅助治疗设备的开发提供了理论和实验依据。

11.1 引言

健康骨组织的维持需要持续的骨重塑，其中包括破骨细胞介导的旧骨或受损骨的溶解和吸收，以及成骨细胞介导的新骨形成。磁场具有可以穿透并直接作用于骨组织的独特能力。自 1970 年 Bassett 等首次报道磁场可以有效加速骨折愈合以来，大量的研究表明了磁场对各种骨病具有良好的治疗效果[1,2]。稳态磁场是指磁场的方向和强度不随时间变化的磁场，根据其强度可以分为亚磁场（<5 μT）、弱磁场（5 μT～1 mT）、中等磁场（1 mT～1 T）和强磁场（>1 T）[2]。众多研究表明，稳态磁场可以预防和治疗骨质疏松症，或促进骨折愈合和骨质再生。

11.2 稳态磁场对骨质疏松的影响

骨质疏松症是由于骨重塑失衡导致的病理性骨损失，由破骨细胞介导的骨吸收超过由成骨细胞介导的骨形成，导致骨矿物质密度（BMD，也称骨密度）降低、骨微结构退化，甚至是脆性骨折[3]。大量研究表明，稳态磁场可以促进骨髓间充质干细胞和成骨细胞增殖与成骨分化，同时抑制破骨细胞的形成和骨吸收，从而防止骨质疏松。

11.2.1 稳态磁场对骨髓间充质干细胞和成骨细胞等的影响

成骨细胞主要由骨髓间充质干细胞分化而来，在骨骼中发挥成骨功能。骨形成的过程包括成骨细胞的增殖、分化、成熟和分泌各种基质蛋白，最后在这些基质蛋白上矿化形成新骨。表 11.1 总结了近年来发现的稳态磁场对骨髓间充质干细胞和成骨细胞等所引起的生物学效应。

表 11.1 稳态磁场对骨髓间充质干细胞和成骨细胞等的影响

细胞模型	设备	稳态磁场磁感应强度	处理时间	结果	参考文献
人类骨髓间充质干细胞	钕铁硼圆盘磁体	15 mT 和 50 mT	连续 3 d、7 d 和 14 d	增强成骨细胞的增殖、碱性磷酸酶（ALP）活性、钙含量和骨结节的形成	[8]
大鼠骨髓间充质干细胞	由带电螺线管产生的自制稳态磁场	15 mT	连续 24 h、48 h、72 h 和 96 h	抑制细胞增殖	[7]
小鼠骨髓间充质干细胞	钕铁硼磁体	0.2 T、0.4 T 和 0.6 T	连续 14 d	抑制脂肪生成的分化，但以强度依赖的方式促进成骨细胞的分化	[14]
人牙髓干细胞	由带电螺线管产生的自制稳态磁场	1 mT、2 mT 和 4 mT	连续 2 d、4 d、6 d、8 d、10 d、12 d、16 d 和 20 d	1 mT 促进牙髓干细胞增殖和分化，但在 2 mT 和 4 mT 处理后无变化	[9]
大鼠的原始成骨细胞	钕铁硼磁体	160 mT	连续 1 d 和 14 d	细胞增殖没有变化，骨结节的形成、钙含量和 ALP 活性增加	[4]
大鼠 DPSC	钕铁硼磁体	290 mT	连续 7 d 和 14 d	ALP 活性增强和钙的沉积	[15]
MG63 细胞	钕铁硼磁体	0.1 T、0.25 T 和 0.4 T	连续 24 h、48 h 和 72 h	抑制细胞增殖，增加 ALP 活性和细胞外基质释放	[5]
MG63 细胞	MagnetoFACTOR-24（Chemicell，德国）	320 mT	连续 1 d、3 d 和 7 d	细胞数量减少，骨钙素的分泌在第 3 d 增加，在第 7 d 减少	[6]
MG63 细胞	钕铁硼磁体	0.4 T	连续 12 h、24 h、48 h 和 72 h	增加成骨细胞的分化	[12]
小鼠成骨细胞 MC3T3-E1 细胞	超导磁体（牛津仪器公司，英国）	8 T	连续 60 h	对细胞增殖、ALP 活性的增强和骨结节的形成没有影响	[10]
MC3T3-E1 细胞	超导磁体（JASTEC，日本）	16 T	连续 2 d 和 8 d	细胞增殖、ALP 活性、钙含量和骨结节形成增加	[11]
MC3T3-E1 细胞	自制的永磁体	2 T	连续 14 d	增加成骨细胞的分化	[16]

大量研究报道了稳态磁场对成骨细胞和骨髓间充质干细胞增殖等的影响，但不同研究得出了不同的结果。160 mT 稳态磁场处理大鼠颅骨成骨细胞、成骨细胞系 UMR106 和 ROS17/2.8 并未影响其增殖[4]。另外，稳态磁场抑制了人骨肉瘤细胞 MG63 和小鼠胚胎成骨细胞 MC3T3-E1 的增殖率，但不影响细胞周期过程[5,6]。15 mT 稳态磁场也抑制了大鼠骨髓间充质干细胞的细胞增殖[7]。然而另一项研究表明 15 mT 稳态磁场可以促进人类骨髓间充质干细胞的增殖[8]。Zheng 等研究表明，1 mT 稳态磁场可以促进人牙髓干细胞（DPSC）的增殖，但 2 mT 和 4 mT 对其无影响[9]。除了中等稳态磁场，一些研究还关注了>1 T 的稳态强磁场对成骨细胞增殖的影响。发现暴露于 8 T 稳态磁场中的 MC3T3-E1 细胞数量无明显变化[10]，但 16 T 磁场促进了成骨细胞的增殖[11]。在稳态磁场作用下，成骨细胞增殖差异也可能是由细胞接种密度不一致所造成的。事实上，有研究表明，0.4 T 稳态磁场对 MG63 细胞增殖的影响取决于初始细胞密度[12]。也有研究表明，同样的 1 T 稳态磁场会对不同接种密度的细胞产生三种截然不同的影响（无影响、促进和抑制）[13]。

虽然骨髓间充质干细胞和成骨细胞增殖对不同稳态磁场的反应并不一致，但不同强度稳态磁场均可促进成骨分化。15 mT 稳态磁场以时间依赖的方式增加人类骨髓间充质干细胞 ALP 活性、钙释放和矿化结节的形成，并上调成骨标记基因的表达[8]。此外，骨髓间充质干细胞具有分化成多种细胞类型的潜力，包括脂肪细胞和成骨细胞。但骨髓间充质干细胞的成骨分化减少和成脂分化增加可能会导致骨质疏松症。最近，Chen 等证明了 0.2～0.6 T 稳态磁场促进了小鼠骨髓间充质干细胞的成骨细胞分化，但以强度依赖的方式抑制了其成脂分化[14]。1 mT 和 290 mT 稳态磁场明显促进牙髓干细胞的成骨分化和矿化[9,15]。与骨髓间充质干细胞和牙髓干细胞研究结果一致，大量研究表明了稳态磁场也能促进原代成骨细胞和成骨细胞系的分化和矿化。例如，160 mT 稳态磁场增强了大鼠原代成骨细胞矿化结节的形成、钙含量和 ALP 活性[4]；0.4 T 稳态磁场促进了 MG63 细胞的成骨细胞分化[5,12]；2 T 稳态磁场促进了小鼠成骨细胞 MC3T3-E1 细胞的成骨细胞分化[16]；连续 16 T 稳态磁场暴露 8 天促进了 MC3T3-E1 细胞 ALP 活性和矿化结节的形成[11]；稳态磁场暴露 60 h 后培养 14 天和 21 天，MC3T3-E1 细胞的分化和基质合成都有所增强[10]。

11.2.2　稳态磁场结合磁性纳米材料对骨髓间充质干细胞和成骨细胞的影响

近年来，随着纳米材料的快速发展，磁性纳米材料的应用也逐渐得到推广。磁性纳米材料一般是由氧化铁纳米颗粒（ION）与其他材料复合而成。ION 因其比表面积高、表面修饰容易、生物相容性好等特点被用作纳米材料，并在磁共振成像、组织工程、磁药物靶向、基因治疗等生物医学领域得到应用[17]。然而，ION 也可以改变细胞的一些生物学功能，如 ION 可以促进成骨细胞分化和骨形成[18]。

由于 ION 的超顺磁性，外部磁场可以改变其理化性质，而磁性纳米材料的大部分应用都与它们的特定磁性有关。因此，单一磁性纳米材料在成骨分化研究中的应用逐渐减少，许多研究试图将稳态磁场与磁性纳米材料相结合，发现这些方法比单一磁场或磁性纳米材料的作用效果更好（表 11.2）。

表 11.2 稳态磁场结合磁性纳米材料对间充质干细胞和成骨细胞的影响

细胞模型	稳态磁场磁感应强度	纳米粒子	结果	参考文献
人牙髓干细胞	（35±5）mT	离子结合的磷酸钙水泥支架	ALP 活性提高，成骨标记基因的表达增加和更多的钙结节	[19]
小鼠骨髓间充质干细胞	20～120 mT	γ-Fe_2O_3 纳米颗粒	促进骨髓间充质干细胞的成骨分化	[27]
大鼠骨髓间充质干细胞	1 T	载有牛血清白蛋白的 ION	增加纳米颗粒的吸收和骨髓间充质干细胞的成骨分化	[20]
MC3T3-E1 细胞	100 mT	Poly（L-lactide）/Fe_3O_4 纳米纤维	增强 MC3T3-E1 细胞的增殖和成骨分化	[21]
		矿物化的胶原蛋白包裹的 ION	促进成骨细胞分化	[22]
	70～80 mT	由油酸和聚乳酸-羟基乙酸修饰的 ION	细胞附着和成骨分化得到了协同改善	[23]
		α-Fe_2O_3/γ-Fe_2O_3 纳米复合材料	增强成骨分化的能力	[24]
	200 mT	$CoFe_2O_4$/P（VDF-TrFE）纳米复合涂层	促进成骨基因标记的表达	[25]
		锌铁氧体（$ZnFe_2O_4$）涂层	提高成骨分化相关基因的表达	[26]

Xia 等发现，在 ION 结合磷酸钙水泥支架处理的人牙髓干细胞中，暴露于稳态磁场后显著增强了 ION 对 ALP 活性、成骨标记基因表达、钙结节形成的促进作用[19]。Jiang 等制备了一种加载了牛血清白蛋白（BSA）的 ION（Fe_3O_4/BSA），发现外部稳态磁场暴露可以提高 Fe_3O_4/BSA 的摄取，并显著增强骨髓间充质干细胞的成骨分化，表现为 ALP 活性、钙沉积以及 I 型胶原和骨钙素在 mRNA 和蛋白水平的表达都有所增加[20]。人们还发现用 Poly（L-lactide）包被的铁纳米粒子处理 MC3T3-E1 细胞，并暴露在 100 mT 稳态磁场中，比单一铁纳米粒子处理对

成骨细胞的增殖和分化有更明显的促进作用[21]。Zhuang 等发现 100 mT 稳态磁场增强了用氧化铁纳米颗粒/矿化胶原涂层处理的 MC3T3-E1 细胞的成骨分化[22]。Hao 等证明了在外部稳态磁场存在的情况下,油酸和聚乳酸-羟基乙酸修饰的 ION 显著改善了细胞附着和成骨细胞分化。此外,机械刺激的关键受体压电型机械敏感离子通道组分 1(Piezo1)的表达上调,表明机械刺激引起了成骨细胞分化的协同增强[23]。Marycz 等将 α-Fe$_2$O$_3$ /γ-Fe$_2$O$_3$ 组成纳米复合材料,并将其加载到 MC3T3-E1 细胞上,发现 200 mT 稳态磁场的存在增强了成骨分化。此外,他们还发现在 200 mT 稳态磁场下,热塑性聚氨酯和(乳酸)聚合物掺入 ION 可以明显促进脂肪干细胞的成骨分化[24]。Tang 等证明了 CoFe$_2$O$_4$ /P(VDF-TrFE)纳米复合涂层或锌铁氧体(ZnFe$_2$O$_4$)涂层和 200 mT 稳态磁场的组合可以显著上调成骨细胞分化相关基因的表达水平[25, 26]。综上所述,一定强度的稳态磁场配合不同形态的磁性纳米材料可协同促进成骨细胞的分化。

11.2.3 稳态磁场对破骨细胞的影响

破骨细胞主要由骨髓巨噬细胞(BMM)分化而来,在骨骼中发挥骨吸收功能。在正常生理条件下,破骨细胞可以清除旧的或受损的骨骼,并诱导成骨细胞形成新骨骼。与成骨细胞相比,关于稳态磁场对破骨细胞分化影响的报道相对有限。Kim 等系统地研究了 15 mT 稳态磁场对 BMM 向破骨细胞分化的影响。结果表明,稳态磁场抑制了破骨细胞形成,降低了抗酒石酸酸性磷酸酶(TRAP)活性和骨吸收活性。稳态磁场处理成骨细胞后,在条件培养基中培养 BMM,也发现对破骨细胞分化和骨吸收功能的抑制[28]。Zhang 等发现,0.2 T 稳态磁场促进了 Raw264.7 前破骨细胞高度表达几乎所有的破骨细胞形成基因,导致破骨细胞分化和形成,而 16 T 强度的磁场具有显著的抑制作用,这与其对破骨细胞的作用相反。稳态磁场对破骨细胞的这种调节作用可能与稳态磁场对破骨细胞中一氧化氮(NO)产生和铁代谢的调节有关[2, 29, 30]。最近,一项研究表明,2 T 稳态磁场可在体内和体外增强破骨细胞的形成[16]。

11.2.4 稳态磁场对绝经后骨质疏松症的影响

绝经后骨质疏松症是最常见的原发性骨质疏松症,而卵巢切除术(OVX)是研究绝经后骨质疏松症最成熟和公认的动物模型。在 OVX 大鼠的腰椎 L3 棘突右侧植入磁感应强度为 180 mT 的钐铁氮磁性材料,6 周后发现磁性材料附近腰椎骨质密度明显高于 Sham 假手术组和 OVX 组[31]。另一组 OVX 大鼠全身暴露于 30～200 mT 稳态磁场中 12 周,也发现磁场组大鼠的骨密度和骨面积明显高于对照组[32]。Yang 等将 OVX 小鼠暴露在 0.2～0.4 T 和 0.6 T 稳态磁场中 4 周，发现稳态磁场可以防止 OVX 引起的骨密度降低、骨小梁和皮质骨微结构的恶化以及骨机械性能的减弱。此外，骨组织化学分析显示，稳态磁场减少了松质骨和皮质骨中破骨细胞的形成，增加了小梁骨中成骨细胞的形成[33]。综上所述，这些结果表明，稳态磁场能有效缓解 OVX 引起的骨质流失，并意味着稳态磁场可能成为绝经后骨质疏松症的一种潜在的物理治疗方式。然而，人们还需要进一步的临床试验来证实稳态磁场对骨质疏松症的预防作用。

11.2.5　稳态磁场对糖尿病骨质疏松症的影响

糖尿病骨质疏松症是糖尿病患者常见的慢性并发症之一，属于继发性骨质疏松症，主要表现为骨量减少、脆性增加和骨微结构减少[34, 35]。越来越多的研究表明，如果糖尿病患者血糖控制不好会引起骨代谢紊乱，最终导致糖尿病骨质疏松症。目前一般认为 1 型糖尿病会导致骨密度下降，而 2 型糖尿病情况相对复杂，骨密度可能会下降、保持不变，甚至增加[36]。

包括稳态磁场和动态磁场在内的磁场已被证明可以改善糖尿病并发症[37-41]。最近，Zhang 团队的研究表明，竖直向下的约 0.1 T 中等稳态磁场可以预防 HFD/STZ 诱导的小鼠糖尿病，并改善糖尿病小鼠的高血糖等不良生理状态[42]。Carter 等发现，2 型糖尿病小鼠短期暴露在静电场和稳态磁场的复合场中，可以通过调节小鼠全身的氧化还原状态，增强小鼠的胰岛素敏感性，改善胰岛素抵抗[43]。

关于动态磁场对糖尿病骨质疏松症的研究较多[38, 44-46]。至于稳态磁场对糖尿病骨质疏松症的影响，目前只有一篇报道。Zhang 等研究表明，暴露在 4 mT 的稳态磁场中 16 周后可以抑制 STZ 诱导的 1 型糖尿病大鼠骨小梁的结构损伤和骨力学性能的降低。此外，他们还发现，稳态磁场可以增加血清中的骨钙素含量，促进骨矿物质的沉积，并增加糖尿病大鼠的成骨细胞数量[47]。上述研究表明，稳态磁场可以预防 1 型糖尿病引起的微观结构退化、机械强度降低和骨代谢改变等骨骼健康问题。

11.3　亚磁场对骨质代谢的影响

远低于地磁场强度的磁场通常称为亚磁场（HyMF 或 HMF）。地球上缺乏天然亚磁场，因此研究人员需要特殊的设备来建立亚磁场环境[48]。在长途的太空任务中，宇航员将暴露在具有亚磁场的环境中[49]。大量研究表明，亚磁场在分子、细胞、动物和临床层面上引起各种损伤和疾病。亚磁场对中枢神经系统、血液系统、大脑认知和胚胎发育都有影响[50-52]，对细胞骨架组装[53]、细胞增殖[54]和胚胎发育[55]有明显抑制作用。

亚磁场与骨骼系统的新陈代谢密切相关。Zhang 等发现，在体外，暴露于亚磁场中 4 天的前破骨细胞 RAW264.7 明显促进了破骨细胞的分化和骨吸收活动[2]，这在一定程度上是由 NO 的产生和 NO 合成酶活性降低所致[29, 56]。此外，将成骨细胞 MC3T3-E1 暴露在亚磁场中 8 天后，基质矿化被抑制，钙化结节和钙沉积明显减少[11]。亚磁场还抑制了从大鼠中分离出来的卫星肌肉细胞的增殖和黏附能力[57]。此外，Fu 等发现，在亚磁场环境中 3 天会降低骨骼肌细胞的活力和线粒体活性[58]。

在体内，亚磁场加重了大鼠和小鼠后肢去负荷（HLU）诱发的骨质流失[59, 60]。此外，铁过载也加剧了亚磁场对微重力诱导的骨质流失恢复的抑制作用。Xue 等发现，亚磁场抑制了微重力诱导的骨丢失的恢复，可能是通过抑制升高的铁水平恢复到生理水平。他们的研究表明，机械卸载可能是通过诱导骨骼、肝脏和血清中的铁含量增加而导致骨质流失。重载后，地磁场环境下铁代谢相关蛋白表达变化、铁水平升高、机械卸载引起的骨生理损伤均恢复正常。然而，在亚磁场环境下，这些变化在重新加载的小鼠中没有得到恢复。铁螯合剂甲磺酸去铁胺（DFO）降低了骨骼、肝脏和脾脏中的铁含量，并显著逆转了骨质流失[61]。这些发现有助于更好地理解地磁场在恢复微重力诱导的骨质流失中的作用，并为治疗宇航员太空飞行后的骨质流失提供了新的见解。

11.4　稳态磁场对骨肉瘤的影响

骨肉瘤是最常见的骨骼原发性恶性肿瘤，其发病率约占原发性骨肿瘤的12%[62, 63]。骨肉瘤主要发生在 20 岁以下的青少年，约占发病率的 90%[64]。目前，手术治疗结合化疗是骨肉瘤最有效的治疗策略[65, 66]。然而，由于肿瘤转移和局部复发，在过去几十年中，骨肉瘤患者的 5 年生存率并无明显变化。因此，寻找和开发新的骨肉瘤治疗方法对骨肉瘤患者非常重要。

稳态磁场对肿瘤的影响受许多因素的影响。根据目前稳态磁场暴露的安全暴露标准，四肢的最大磁暴露强度远高于躯干和头部。此外，骨肉瘤的主要发病区位于四肢长骨，四肢无大血管或器官。因此，骨肉瘤适用于稳态磁场的局部暴露，稳态磁场有可能成为一种潜在的骨肿瘤治疗方法。

稳态磁场对骨肉瘤的影响

研究表明，0.618 mT 稳态磁场可以抑制 MG63 骨肉瘤细胞的增殖[67]。Herea 等报道了一种基于交变磁场和纳米粒子的磁热疗法，有效抑制了骨肉瘤细胞[68]。12 T 稳态强磁场可以通过引起细胞内游离铁和 ROS 的过度积累，诱导细胞周期停滞，抑制人骨肉瘤细胞 MNNG/HOS 和 U2OS 的增殖。同时，12 T 稳态磁场可以增强顺铂和索拉非尼对骨肉瘤细胞的细胞毒性。1～2 T 稳态磁场在体内和体外都能抑制骨肉瘤的进展。然而，暴露于 1～2 T 稳态磁场后，骨肉瘤中的铁含量与对照组相比显著降低（未发表的数据）。总体而言，稳态磁场对骨肉瘤的生物学效应仍不清楚。

稳态磁场对骨肉瘤干细胞的影响

肿瘤干细胞在癌症转移和复发中起着关键作用。研究人员探索了稳态磁场对癌症干细胞（CSC）的影响。长期暴露于 0.2～0.4 T 的稳态磁场中，诱发了 K7M2MG63 和骨肉瘤干细胞的增殖和肿瘤球的形成。此外，稳态磁场促进了亚铁（Fe^{2+}）的释放，并引发了骨肉瘤干细胞的活性氧生成。有趣的是，0.2～0.4 T 稳态磁场明显触发了铁蛋白的自噬降解，其特征是激活微管相关蛋白 1 轻链 3（LC3）和核受体共同激活剂 4（NCOA4），并下调骨肉瘤干细胞中的铁蛋白重链 1（FTH1）。稳态磁场暴露通过铁蛋白的自噬降解促进了骨肉瘤干细胞的自我更新能力，这意味着铁蛋白吞噬可能是癌症的一个潜在分子靶点[69]。

稳态磁场与化学药物联用对骨肉瘤的影响

研究人员还探索了稳态磁场联合一些化学药物对骨肉瘤的影响。二氢青蒿素是一种经典的抗疟药物，已被证明具有很强的抗肿瘤作用。单独使用二氢青蒿素可以抑制人骨肉瘤细胞的活性和增殖，并诱导细胞死亡[70]。但当二氢青蒿素与 16 T 稳态磁场联合作用时，对骨肉瘤细胞系包括 MG-63、U2OS、143B 和 MNNG HOS 的细胞活力没有显示出任何明显影响（未发表数据）。

二甲双胍可用于治疗糖尿病，同时也因其抗肿瘤作用而备受关注。二甲双胍可抑制骨肉瘤细胞和骨肉瘤干细胞增殖，并诱导骨肉瘤细胞的凋亡或自噬，并且与浓度有关[71]。二甲双胍结合特定浓度的柠檬酸铁铵（FAC）诱导骨肉瘤的内质网应激进而介导细胞凋亡。暴露在 1.5 T 稳态磁场下可以使 FAC 在骨肉瘤小鼠的肿瘤组织中富集。同时，在 1.5 T 稳态磁场条件下，二甲双胍联合 FAC 可抑制荷瘤小鼠骨肉瘤的生长（未发表数据）。

高剂量抗坏血酸作为癌症辅助治疗具有安全性和耐受性，并在一定程度上增强了肿瘤细胞对化疗药物的敏感性。高剂量抗坏血酸对骨肉瘤无毒性作用，但与顺铂联用能协同抑制骨肉瘤细胞生长[72]。静脉注射或瘤内注射超顺磁性氧化铁纳米粒子 Feraheme 后，肿瘤部位铁含量随着 1 T 外置稳态磁场而明显增加。通过稳态磁场处理增加肿瘤部位的铁含量可以增强大剂量抗坏血酸对骨肉瘤的抑制作用（未发表数据）。

11.5　结论

综上所述，本章节总结了文献中关于稳态磁场对骨组织细胞、骨质疏松症和骨肉瘤的影响，以及稳态磁场对骨组织生物学行为调节机制的报道。这不仅有助于人们了解稳态磁场对骨细胞和骨骼系统的生物学功能和潜在机制，并为今后开发用于骨病辅助治疗的磁场治疗设备提供基础。

参 考 文 献

[1] Bassett C A, Pawluk R J, Pilla A A. Augmentation of bone repair by inductively coupled electromagnetic fields. Science, 1974, 184(4136): 575-577.

[2] Zhang J, Meng X, Ding C, et al. Regulation of osteoclast differentiation by static magnetic fields. Electromagn. Biol. Med., 2017, 36(1): 8-19.

[3] Shoback D, Rosen C J, Black D M, et al. Pharmacological management of osteoporosis in postmenopausal women: An endocrine society guideline update. J. Clin. Endocrinol. Metab., 2020, 105(3): dgaa048.

[4] Yamamoto Y, Ohsaki Y, Goto T, et al. Effects of static magnetic fields on bone formation in rat osteoblast cultures. J. Dent. Res., 2003, 82(12): 962-966.

[5] Chiu K H, Ou K L, Lee S Y, et al. Static magnetic fields promote osteoblast-like cells differentiation via increasing the membrane rigidity. Ann. Biomed. Eng., 2007, 35(11): 1932-1939.

[6] Cunha C P S, Marcacci M, Tampieri A. Evaluation of the effects of a moderate intensity static magnetic field application on human osteoblast-like cells. Am. J. Biomed. Eng., 2013, 2: 263-268.

[7] Javani Jouni F, Abdolmaleki P, Movahedin M. Investigation on the effect of static magnetic field up to 15 mT on the viability and proliferation rate of rat bone marrow stem cells. In Vitro Cell. Dev. Biol. Anim., 2013, 49(3): 212-219.

[8] Kim E C, Leesungbok R, Lee S W, et al. Effects of moderate intensity static magnetic fields on

human bone marrow-derived mesenchymal stem cells. Bioelectromagnetics, 2015, 36(4): 267-276.

[9] Zheng L, Zhang L, Chen L, et al. Static magnetic field regulates proliferation, migration, differentiation, and YAP/TAZ activation of human dental pulp stem cells. J. Tissue Eng. Regen. Med., 2018, 12(10): 2029-2040.

[10] Kotani H, Kawaguchi H, Shimoaka T, et al. Strong static magnetic field stimulates bone formation to a definite orientation in vitro and *in vivo*. J. Bone Miner. Res., 2002, 17(10): 1814-1821.

[11] Yang J, Zhang J, Ding C, et al. Regulation of osteoblast differentiation and iron content in MC3T3-E1 cells by static magnetic field with different intensities. Biol. Trace Elem. Res., 2018, 184(1): 214-225.

[12] Huang H M, Lee S Y, Yao W C, et al. Static magnetic fields up-regulate osteoblast maturity by affecting local differentiation factors. Clin. Orthop. Relat. Res., 2006, 447: 201-208.

[13] Zhang L, Ji X, Yang X, et al. Cell type- and density-dependent effect of 1 T static magnetic field on cell proliferation. Oncotarget, 2017, 8(8): 13126-13141.

[14] Chen G, Zhuo Y, Tao B, et al. Moderate SMFs attenuate bone loss in mice by promoting directional osteogenic differentiation of BMSCs. Stem Cell Res. Ther., 2020, 11(1): 487.

[15] Hsu S H, Chang J C. The static magnetic field accelerates the osteogenic differentiation and mineralization of dental pulp cells. Cytotechnology, 2010, 62(2): 143-155.

[16] Yang J, Wang S, Zhang G, et al. Static magnetic field(2-4 T)improves bone microstructure and mechanical properties by coordinating osteoblast/osteoclast differentiation in mice. Bioelectromagnetics, 2021, 42(3): 200-211.

[17] Dadfar S M, Roemhild K, Drude N I, et al. Iron oxide nanoparticles: Diagnostic, therapeutic and theranostic applications. Adv. Drug Deliv. Rev., 2019, 138: 302-325.

[18] Wang Q, Chen B, Cao M, et al. Response of MAPK pathway to iron oxide nanoparticles in vitro treatment promotes osteogenic differentiation of hBMSCs. Biomaterials, 2016, 86: 11-20.

[19] Xia Y, Chen H, Zhao Y, et al. Novel magnetic calcium phosphate-stem cell construct with magnetic field enhances osteogenic differentiation and bone tissue engineering. Mater. Sci. Eng. C. Mater. Biol. Appl., 2019, 98: 30-41.

[20] Jiang P, Zhang Y, Zhu C, et al. Fe_3O_4/BSA particles induce osteogenic differentiation of mesenchymal stem cells under static magnetic field. Acta Biomater., 2016, 46: 141-150.

[21] Cai Q, Shi Y, Shan D, et al. Osteogenic differentiation of MC3T3-E1 cells on poly(L-lactide)/Fe_3O_4 nanofibers with static magnetic field exposure. Mater. Sci. Eng. C. Mater. Biol. Appl., 2015, 55: 166-173.

[22] Zhuang J, Lin S, Dong L, et al. Magnetically actuated mechanical stimuli on Fe_3O_4/ mineralized collagen coatings to enhance osteogenic differentiation of the MC3T3-E1 cells. Acta Biomater., 2018, 71: 49-60.

[23] Hao L, Li L, Wang P, et al. Synergistic osteogenesis promoted by magnetically actuated nano-mechanical stimuli. Nanoscale, 2019, 11(48): 23423-23437.

[24] Marycz K, Sobierajska P, Roecken M, et al. Iron oxides nanoparticles(IOs) exposed to magnetic field promote expression of osteogenic markers in osteoblasts through integrin alpha-3(INTa-3) activation, inhibits osteoclasts activity and exerts anti-inflammatory action. J. Nanobiotechnology,

2020, 18(1): 33.

[25] Tang B, Shen X, Ye G, et al. Magnetic-field-assisted cellular osteogenic differentiation on magnetic zinc ferrite coatings via MEK/ERK signaling pathways. ACS Biomater. Sci. Eng., 2020, 6(12): 6864-6873.

[26] Tang B, Shen X, Yang Y, et al. Enhanced cellular osteogenic differentiation on $CoFe_2O_4$/ P(VDF-TrFE) nanocomposite coatings under static magnetic field. Colloids Surf. B Biointerfaces, 2020, 198: 111473.

[27] Sun J, Liu X, Huang J, et al. Magnetic assembly-mediated enhancement of differentiation of mouse bone marrow cells cultured on magnetic colloidal assemblies. Sci. Rep., 2014, 4: 5125.

[28] Kim E C, Park J, Noh G, et al. Effects of moderate intensity static magnetic fields on osteoclastic differentiation in mouse bone marrow cells. Bioelectromagnetics, 2018, 39(5): 394-404.

[29] Zhang J, Ding C, Meng X, et al. Nitric oxide modulates the responses of osteoclast formation to static magnetic fields. Electromagn. Biol. Med., 2018, 37(1): 23-34.

[30] Dong D, Yang J, Zhang G, et al. 16 T high static magnetic field inhibits receptor activator of nuclear factor kappa-B ligand-induced osteoclast differentiation by regulating iron metabolism in Raw264.7 cells. J. Tissue Eng. Regen. Med., 2019, 13(12): 2181-2190.

[31] Xu S, Okano H, Tomita N, et al. Recovery effects of a 180 mT static magnetic field on bone mineral density of osteoporotic lumbar vertebrae in ovariectomized rats. Evid. Based Complement Alternat. Med., 2011, 2011: 620984.

[32] Taniguchi N, Kanai S. Efficacy of static magnetic field for locomotor activity of experimental osteopenia. Evid. Based Complement Alternat. Med., 2007, 4(1): 99-105.

[33] Yang J, Zhou S, Wei M, et al. Moderate static magnetic fields prevent bone architectural deterioration and strength reduction in ovariectomized mice. IEEE Trans. Magn., 2021, 57(7): 5000309.

[34] Marin C, Luyten F P, Van der Schueren B, et al. The impact of type 2 diabetes on bone fracture healing. Front Endocrinol(Lausanne), 2018, 9: 6.

[35] Nilsson A G, Sundh D, Johansson L, et al. Type 2 diabetes mellitus is associated with better bone microarchitecture but lower bone material strength and poorer physical function in elderly women: A population-based study. J. Bone Miner. Res., 2017, 32(5): 1062-1071.

[36] Vestergaard P. Discrepancies in bone mineral density and fracture risk in patients with type 1 and type 2 diabetes: A meta-analysis. Osteoporos Int, 2007, 18(4): 427-444.

[37] Choi H M C, Cheung A K K, Ng G Y F, et al. Effects of pulsed electromagnetic field(PEMF) on the tensile biomechanical properties of diabetic wounds at different phases of healing. PLoS One, 2018, 13(1): e0191074.

[38] Li F, Lei T, Xie K, et al. Effects of extremely low frequency pulsed magnetic fields on diabetic nephropathy in streptozotocin-treated rats. Biomed. Eng. Online, 2016, 15: 8.

[39] Mert T, Sahin E, Yaman S, et al. Pulsed magnetic field treatment ameliorates the progression of peripheral neuropathy by modulating the neuronal oxidative stress, apoptosis and angiogenesis in a rat model of experimental diabetes. Arch. Physiol. Biochem., 2020, 128(6): 1658-1665.

[40] Zhao J, Li Y G, Deng K Q, et al. Therapeutic effects of static magnetic field on wound healing in

diabetic rats. J Diabetes Res, 2017, 2017: 6305370.

[41] Lv H, Liu J, Zhen C, et al. Magnetic fields as a potential therapy for diabetic wounds based on animal experiments and clinical trials. Cell Prolif., 2021, 54(3): e12982.

[42] Yu B, Liu J, Cheng J, et al. A static magnetic field improves iron metabolism and prevents high-fat-diet/streptozocin-induced diabetes. Innovation(Camb), 2021, 2(1): 100077.

[43] Carter C S, Huang S C, Searby C C, et al. Exposure to static magnetic and electric fields treats type 2 diabetes. Cell Metab., 2020, 32(4): 561-574.e7.

[44] Zhou J, Li X, Liao Y, et al. Pulsed electromagnetic fields inhibit bone loss in streptozotocin-induced diabetic rats. Endocrine, 2015, 49(1): 258-266.

[45] Jing D, Cai J, Shen G, et al. The preventive effects of pulsed electromagnetic fields on diabetic bone loss in streptozotocin-treated rats. Osteoporos Int, 2011, 22(6): 1885-1895.

[46] Cai J, Li W, Sun T, et al. Pulsed electromagnetic fields preserve bone architecture and mechanical properties and stimulate porous implant osseointegration by promoting bone anabolism in type 1 diabetic rabbits. Osteoporos Int, 2018, 29(5): 1177-1191.

[47] Zhang H, Gan L, Zhu X, et al. Moderate-intensity 4mT static magnetic fields prevent bone architectural deterioration and strength reduction by stimulating bone formation in streptozotocin-treated diabetic rats. Bone, 2018, 107: 36-44.

[48] Zhang Z, Xue Y, Yang J, et al. Biological effects of hypomagnetic field: ground-based data for space exploration. Bioelectromagnetics, 2021, 42(6): 516-531.

[49] Belyavskaya N A. Biological effects due to weak magnetic field on plants. Adv. Space Res., 2004, 34(7): 1566-1574.

[50] Fu J P, Mo W C, Liu Y, et al. Elimination of the geomagnetic field stimulates the proliferation of mouse neural progenitor and stem cells. Protein Cell, 2016, 7(9): 624-637.

[51] Jia B, Zhang W, Xie L, et al. Effects of hypomagnetic field environment on hematopoietic system in mice. Space Medicine & Medical Engineering, 2011, 24(5): 318-322.

[52] Mo W-C, Liu Y, He R-Q. A Biological perspective of the hypomagnetic field: From definition towards mechanism. Progress in Biochemistry and Biophysics, 2012, 39(9): 835-842.

[53] Mo W C, Zhang Z J, Wang D L, et al. Shielding of the geomagnetic field alters actin assembly and inhibits cell motility in human neuroblastoma cells. Sci. Rep., 2016, 6: 32055.

[54] Mo W C, Zhang Z J, Liu Y, et al. Magnetic shielding accelerates the proliferation of human neuroblastoma cell by promoting G1-phase progression. PLoS One, 2013, 8(1): e54775.

[55] Osipenko M A, Mezhevikina L M, Krasts I V, et al. Influence of "zero" magnetic field on the growth of embryonic cells and primary embryos of mouse in vitro. Biofizika, 2008, 53(4): 705-712.

[56] van't Hof R J, Ralston S H. Nitric oxide and bone. Immunology, 2001, 103(3): 255-261.

[57] Eldashev I S, Shchegolev B F, Surma S V, et al. Effect of low-intensity magnetic fields on the development of satellite muscle cells of a newborn rat in the primary culture. Biofizika, 2010, 55(5): 868-874.

[58] Fu J P, Mo W C, Liu Y, et al. Decline of cell viability and mitochondrial activity in mouse skeletal muscle cell in a hypomagnetic field. Bioelectromagnetics, 2016, 37(4): 212-222.

[59] Jia B, Xie L, Zheng Q, et al. A hypomagnetic field aggravates bone loss induced by hindlimb unloading in rat femurs. PLoS One, 2014, 9(8): e105604.

[60] Yang J, Meng X, Dong D, et al. Iron overload involved in the enhancement of unloading-induced bone loss by hypomagnetic field. Bone, 2018, 114: 235-245.

[61] Xue Y, Yang J, Luo J, et al. Disorder of iron metabolism inhibits the recovery of unloading-induced bone loss in hypomagnetic field. J. Bone Miner. Res., 2020, 35(6): 1163-1173.

[62] Kansara M, Teng M W, Smyth M J, et al. Translational biology of osteosarcoma. Nat. Rev. Cancer, 2014, 14(11): 722-735.

[63] Bielack S, Carrle D, Jost L. Osteosarcoma: ESMO Clinical Recommendations for diagnosis, treatment and follow-up. Ann. Oncol., 2009, 20 Suppl 4: 137-139.

[64] Botter S M, Neri D, Fuchs B. Recent advances in osteosarcoma. Curr. Opin. Pharmacol., 2014, 16: 15-23.

[65] Harrison D J, Geller D S, Gill J D, et al. Current and future therapeutic approaches for osteosarcoma. Expert Rev. Anticancer Ther., 2018, 18(1): 39-50.

[66] Moore D D, Luu H H. Osteosarcoma. Cancer Res. Treat., 2014, 162: 65-92.

[67] Cohly H H, Abraham G E, Ndebele K, et al. Effects of static electromagnetic fields on characteristics of MG-63 osteoblasts grown in culture. Biomed. Sci. Instrum., 2003, 39: 454-459.

[68] Herea D D, Danceanu C, Radu E, et al. Comparative effects of magnetic and water-based hyperthermia treatments on human osteosarcoma cells. Int. J. Nanomedicine, 2018, 13: 5743-5751.

[69] Zhao B, Yu T, Wang S, et al. Static magnetic field(0.2-0.4 T)stimulates the self-renewal ability of osteosarcoma stem cells through autophagic degradation of ferritin. Bioelectromagnetics, 2021, 42(5): 371-383.

[70] Shen Y, Zhang B, Su Y, et al. Iron promotes dihydroartemisinin cytotoxicity via ROS production and blockade of autophagic flux via lysosomal damage in osteosarcoma. Front. Pharmacol., 2020, 11: 444.

[71] Zhao B, Luo J, Wang Y, et al. Metformin suppresses self-renewal ability and tumorigenicity of osteosarcoma stem cells via reactive oxygen species-mediated apoptosis and autophagy. Oxid. Med. Cell Longev., 2019, 2019: 9290728.

[72] Zhou L, Zhang L, Wang S, et al. Labile iron affects pharmacological ascorbate-induced toxicity in osteosarcoma cell lines. Free Radic. Res., 2020, 54(6): 385-396.

第 12 章
稳态磁场对免疫系统的影响

免疫系统是人类健康基本组成部分，与人体各种生理和病理状况密切相关。目前已有一些研究初步探索了稳态磁场对细胞、动物和人类免疫系统的影响，其结果显示了稳态磁场会对免疫器官、免疫细胞和细胞因子产生一些积极或消极的影响。此外，还有一些研究显示大脑局部植入磁体也会影响免疫系统，表明了中枢神经系统的关键作用。虽然稳态磁场通过神经系统对免疫调节的探索很少，但目前证据表明其潜力巨大。我们希望未来研究人员可以对不同磁感应强度、磁场梯度和磁场处理条件进行关注，并对能够可以体现免疫系统不同方面功能的各种指标进行系统深入的研究。

12.1 引言

免疫系统是由免疫器官、免疫细胞和细胞因子组成的庞大而复杂的网络，它不仅是机体执行免疫反应和免疫活动的组织系统，而且在人类健康的几乎所有方面都发挥着重要作用[1]。当外来病原微生物攻击宿主时，非特异/先天免疫应答和特异/适应性免疫应答两个独立而相互关联的分支会被激活（图 12.1），两个系统密切合作来保护生物体免受感染和伤害[2]。先天免疫反应作为抵御致病性入侵的第一道防线，尤其是可以执行吞噬任务的巨噬细胞和中性粒细胞，在最简单的动物体内就可以观察到。适应性免疫是高等动物免疫系统的标志，这种反应包括 T 细胞和 B 细胞的抗原特异性反应。T 细胞可以产生 10^{13} 种不同的受体，而 B 细胞可以产生多达 10^{18} 种特异性抗体。近些年，随着更加深入的研究，免疫系统也不再被认为是一个完全自主的系统。例如，人们发现中枢神经系统还可以通过释放神经递质、神经肽和其他物质来调节身体的免疫功能[3]。

稳态磁场具有多种生物学效应，可影响人类健康和疾病的多个方面，如癌症、糖尿病、骨骼系统和神经系统，本书其他章节将对此进行讨论。在本章节，我们将重点放在免疫系统，并对相关研究进行总结和讨论，从而为今后更深入的研究提供一个起点。

12.2 稳态磁场对免疫器官的影响

免疫器官，如胸腺、脾和淋巴结，是免疫细胞产生、发育、成熟和定居的场所。有多项研究表明稳态磁场可以影响免疫器官，其中大多数研究都是通过将整个动物暴露于磁场中，目前只有一项体外研究（表 12.1）。虽然科研人员重点关注了免疫器官中细胞数量的变化，但是由于大家使用了不同的磁感应强度和磁场方向以及不同动物模型和处理时间等，我们目前很难得出稳态磁场对免疫器官影响的确切结论。

表 12.1 稳态磁场对免疫器官的影响

研究对象		稳态磁场			效应	参考文献
		磁感应强度	处理时间	方向		
体外研究	脾外植体	0.2 mT	N/A	N/A	来源于中胚层的脾细胞数目增加	[13]
体内研究	健康动物模型 雄性 Swiss-Webster 小鼠	16 mT	28 d	竖直向上	脾细胞总数和脾淋巴细胞数目增加、脾粒细胞数目减少	[4]
				竖直向下		
	雄性 Wistar 大鼠	60 mT	21 d	额顶缝后	胸腺重量增加	[9]
			25 d	枕顶后缝		[10]
	雄性 Swiss-Webster 小鼠	128 mT	1 h/d、5 d	竖直向上	脾细胞总数增加，脾粒细胞数目减少，脾脏无明显病变	[5]
				竖直向下	脾粒细胞数目减少	
	雄性 C57BL/6 小鼠	2~4 T、6~8 T、10~12 T	28 d	N/A	脾脏无明显病变	[6]
	雄性 C57BL/6 小鼠	3.5~23 T	2 h	竖直向上	13.5 T 脾脏重量增加，脾无明显病变	[8]
		7.0~33 T	1 h		33.0 T 脾脏重量减小，脾无明显病变	[7]

续表

研究对象		稳态磁场			效应	参考文献
		磁感应强度	处理时间	方向		
体内研究	疾病动物模型	雄性自发性高血压大鼠（SHR）16 mT	30 d	竖直向上	脾细胞总数和脾红细胞数目增加，脾粒细胞数目减少	骨髓细胞总数和骨髓粒细胞数目减少，骨髓红细胞数目增加	[11]
				竖直向下		骨髓细胞总数增加，骨髓粒细胞和骨髓淋巴细胞数目减少	
		雌性 AKR 小鼠　0.4 T、0.6 T、0.8 T	2 h/d、5 天/周，直到死亡	N/A	脾脏重量无明显变化，0.4 T 胸腺重量增加，0.6 T、0.8 T 胸腺重量减少	[12]
		900 mT、非均匀	0.5～2 h/d，5 d/周，直到死亡		脾脏和胸腺重量无显著差异	

　　大多数动物体内研究表明，稳态磁场可以影响免疫器官的重量或细胞数量，但免疫器官本身并不会产生明显病理变化。一些科研人员用不同品系的健康小鼠进行了不同强度的磁场暴露实验，例如，Djordjevich 等将雄性 Swiss-Webster 小鼠暴露于 16 mT 不同方向的稳态磁场中 28 天，发现磁场处理的小鼠脾脏细胞总数和淋巴细胞数量增加，粒细胞数量减少[4]。与此同时，Milovanovich 等用相同品系的小鼠（Swiss-Webster），但将磁感应强度增大到 128 mT，磁场暴露时间缩短为每天 1 h，累计处理 5 天，也观察到磁场处理后小鼠脾脏细胞数显著增加，粒细胞数减少，并且脾脏组织没有明显的病理变化[5]。2019 年，Wang 等将健康雄性 C57BL/6 小鼠暴露在 2～12 T 稳态磁场下 28 天，发现小鼠脾脏无明显病理变化[6]。我们课题组也用健康 C57BL/6 小鼠进行了不同强度的磁场暴露实验，将小鼠暴露于 3.5～33 T 稳态磁场中 1～2 h，发现 13.5 T 组小鼠的脾脏重量增加，33.0 T 组小鼠的脾脏重量减小，但脾脏组织中未出现明显病理变化[7,8]。虽然以上研究显示稳态磁场对脾脏确实会有一些影响，并且可以确定的是，无论中等强度还是高强度稳态磁场，对健康小鼠脾脏的病理损伤都很小或几乎无影响，但稳态磁场引起脾脏重量或细胞数量变化的原因，目前尚不清楚。

　　还有一些科研人员将磁场暴露在大鼠特定部位或使用疾病小鼠模型，比如自发性高血压大鼠（SHR）和易患白血病的 AKR 小鼠进行相关的实验。例如，1993 年 Janković 等在大鼠脑内植入了 60 mT 的微磁体。在植入后的第 21 天和 25 天，他们发现大鼠胸腺重量增加[9, 10]。Tasic 等发现 16 mT 不同方向的稳态磁场处理雄性 SHR 大鼠 30 天后，骨髓细胞数目在不同磁场方向处理后存在差异，而对脾脏细胞、脾脏红细胞和脾脏粒细胞的影响无差异[11]。Bellossi 等将易患白血病的 AKR 小鼠暴露于不同强度的均匀和非均匀稳态磁场中，发现两组小鼠脾脏重量未见显著变化，但暴露于 600 mT 和 800 mT 均匀稳态磁场中的小鼠胸腺重量减少[12]。

　　Ivanova 等的一项体外研究显示 0.2 mT 稳态磁场提高了由中胚层提取的脾细胞增殖率[13]，这可能为动物体内脾脏大小发生变化提供一些解释。然而，不同稳态磁场对不同类型脾脏细胞增殖的确切影响仍不清楚。不同方向稳态磁场生物学效应及对免疫器官影响的潜在机制也需进一步研究。

12.3　稳态磁场对免疫细胞的影响

　　免疫细胞主要分为先天性免疫细胞和获得性免疫细胞（图 12.1）。当人体受到病原体入侵时，先天性免疫细胞会迅速做出非特异性反应，是人体防御第一道防线。相比之下，获得性免疫细胞可以以特定方式靶向并摧毁入侵病原体[14]。据报道，稳态磁场可以对免疫细胞产生各种影响，并与磁场方向和磁感应强度、免疫细胞类型和暴露方式等有关（表 12.2）。

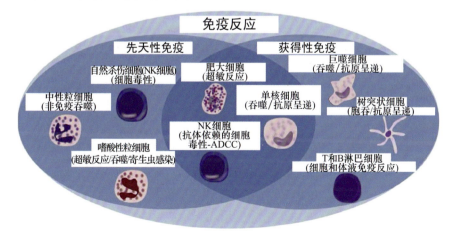

图 12.1　免疫类型和具有代表性的免疫系统细胞。图片经许可转载自参考文献[24]

从表 12.2 列出的一些相关研究中可以看出，目前对先天性免疫细胞的研究多于获得性免疫细胞。例如，人们发现当暴露于中等稳态磁场时，C57BL/6 小鼠巨噬细胞和 Raw 264.7 巨噬细胞的吞噬能力降低[15, 16]，人巨噬细胞分泌的促炎细胞因子也发生减少[17]，db/db 小鼠巨噬细胞的抗炎基因表达增加[18]。健康人血和大鼠腹膜中性粒细胞暴露于中等强度稳态磁场会产生活性氧（ROS），可能与磁场方向和暴露时间有关[19, 20]。自然杀伤细胞（NK 细胞）在稳态磁场下发现具有更强的细胞毒性[21]。有关稳态磁场对获得性免疫细胞影响的研究很少，且大多是在外界刺激下进行。例如，在 $FeCl_2$/植物血凝素（PHA）刺激下，淋巴细胞的凋亡更加明显[22, 23]。

表 12.2 稳态磁场对免疫细胞的影响

	免疫细胞	稳态磁场	暴露时间	效应	参考文献
巨噬细胞	C57BL/6 小鼠巨噬细胞	0.8～1.4 mT	24 h	细胞内 Ca^{2+} 增加，吞噬能力下降	[15]
	Raw 264.7 巨噬细胞	6 mT	N/A	吞噬指数、吞噬百分率降低	[16]
	人巨噬细胞	476 mT，非均匀	24 h	促炎细胞因子释放减少	[17]
	db/db 小鼠巨噬细胞	0.6 T，竖直向上	24 h/d，14 d	抗炎基因表达增加，伤口愈合速度加快	[18]
中性粒细胞	大鼠腹膜中性粒细胞	2.5 mT，20 mT	400～2000 s	ROS 增加	[19]
	健康人中性粒细胞	60 mT，竖直向下，非均匀	15 min/30 min/45 min	15 min 时 ROS 减少，45 min 时 ROS 增加，30 min 时无变化	[20]
		60 mT，竖直向上，非均匀		15 min ROS 减少，45 min ROS 增加，30 min 无变化	
NK 细胞	人 NK92-MI	0.4 T，竖直向上	72 h	细胞存活率增加，抗肿瘤能力增加	[21]
淋巴细胞	人淋巴细胞	6 mT+促凋亡治疗	24 h	新鲜和老年淋巴细胞凋亡减少	[25]
		6 mT		老年淋巴细胞自发性凋亡减少	
	大鼠淋巴细胞	7 mT +$FeCl_2$	3 h	细胞凋亡、细胞坏死增加	[22]
T 细胞	人 $CD4^+$ T 细胞	10 T+PHA	3 h	细胞数量减少	[23]
	人 $CD8^+$ T 细胞				
	C57BL/6 小鼠 $CD8^+$ T 细胞	0.3 T	24 h、48 h、72 h	$CD8^+$ T 细胞内 ATP 水平升高，抗肿瘤功能能力增强	[26]

12.3.1　稳态磁场对巨噬细胞的影响

巨噬细胞是人体内主要的先天性免疫细胞之一，主要参与免疫防御和炎症调节[1]。多项研究表明稳态磁场可以影响巨噬细胞吞噬功能。例如，1998 年，Flipo 等将从 C57BL/6 小鼠中分离的巨噬细胞在 0.8～1.4 mT 稳态磁场中暴露 24 h，发现细胞内 Ca^{2+} 水平升高和吞噬能力下降[15]。2010 年，Dini 等发现 6 mT 稳态磁场可降低巨噬细胞的吞噬指数和吞噬百分率。他们还发现，与巨噬细胞分化早期阶段相比，稳态磁场对分化后期巨噬细胞的影响更大[16]。为了深入了解稳态磁场影响巨噬细胞功能的机制，一些科研人员重点关注巨噬细胞炎症因子的释放和炎症相关基因的表达水平。例如，在 2013 年，VerGallo 等将体外培养的巨噬细胞暴露在 476 mT 非均匀稳态磁场中 24 h，发现促炎症细胞因子，如白细胞介素-6（IL-6）、白细胞介素-8（IL-8）和转化生长因子-α（TGF-α）的释放受到抑制[17]。2019 年，Shang 等发现，表面最大磁感应强度为 0.6 T 的 N/S 交替磁场使巨噬细胞极化偏向 M2 表型来促进伤口愈合，从而促进炎症的消退。同时，他们还发现这种磁场还能通过激活巨噬细胞中的 STAT6 和抑制 STAT1 上调影响抗炎基因表达[18]。这些研究指出稳态磁场不仅能够影响巨噬细胞的吞噬功能，并且可能通过影响基因表达来调节巨噬细胞的炎性功能。

12.3.2　稳态磁场对中性粒细胞的影响

中性粒细胞也称多形核白细胞。当病原体入侵机体时，中性粒细胞在趋化因子作用下聚集在感染部位，并通过吞噬和脱颗粒杀死病原体。为了杀死包裹在液泡中的病原体，中性粒细胞会产生和释放大量抗菌肽、蛋白酶和 ROS，大量 ROS 产生的过程也被称为中性粒细胞的"呼吸爆发"期[27,28]。目前关于稳态磁场对中性粒细胞影响的相关研究较少，且主要集中在 ROS 水平变化。例如，在 2000 年，Noda 等将大鼠腹膜中性粒细胞暴露于 2.5 mT 和 20 mT 稳态磁场中 400～2000 s，观察到"呼吸爆发"期间的 ROS 水平变化以时间依赖的方式增加[19]。2013 年，Poniedziałek 等将健康人血液样本中外周血中性粒细胞暴露在不均匀稳态磁场中处理 15 min、30 min 和 45 min，同时用"呼吸爆发"刺激剂（phorbol 12-myristate 13-acetate，PMA）处理，诱导中性粒细胞产生"呼吸爆发"，研究发现 PMA 刺激和未刺激的细胞暴露在稳态磁场中 15 min 会导致 ROS 水平下降，而将时间延长到 45 min 会导致 ROS 水平上升，当孵育 30 min 时，ROS 水平无显著差异[20]。虽然这两项研究得到了不同结果，但都表明稳态磁场对 ROS 的影响具有时间依赖性。

12.3.3　稳态磁场对淋巴细胞的影响

淋巴细胞是免疫反应的核心。根据来源、形态结构、表面标志和免疫功能，可将淋巴细胞分为三种类型：T 细胞、B 细胞和 NK 细胞。T 细胞通过表面特异抗原识别受体提供针对病原体的细胞免疫，B 细胞通过产生抗体提供针对病原体的体液免疫[29]。NK 细胞在先天免疫中发挥重要作用，其作用包括发挥细胞毒性和释放细胞因子[30]。

T 细胞根据其表面分化抗原可分为两个主要亚群，即 CD4$^+$ 和 CD8$^+$T 细胞[14]。Janković 等将 60 mT 的微磁体植入大鼠脑部，发现大鼠外周血液中 CD4$^+$T 细胞数量增加，CD8$^+$T 细胞数量减少[9, 31]。植物血凝素（phytohemagglutinin，PHA）是外周血淋巴细胞培养中有丝分裂的促进剂，可促进外周血淋巴细胞向不同类型淋巴细胞的转化[32]。Onodera 等从健康人外周血液中提取外周血单个核细胞（PBMC），包括淋巴细胞和单核细胞，用 PHA 处理 PBMC 的同时施加 10 T 稳态磁场。他们发现 10 T 稳态磁场减少了 PHA 激活的 CD4$^+$ 和 CD8$^+$T 细胞的生存，但磁场单独处理并不影响 CD4$^+$ 或 CD8$^+$T 细胞的生存[23]。Zhu 等从 C57BL/6 小鼠脾细胞中分离 CD8$^+$T 细胞，并将 CD8$^+$T 细胞暴露在 0.3 T 稳态磁场中，发现在稳态磁场处理的 CD8$^+$T 细胞中，与线粒体呼吸电子传递链相关的基因 *Uqcrb* 和 *Ndufs6* 上调，CD8$^+$T 细胞内 ATP 水平升高（图 12.2）。在机制方面，他们认为稳态磁场通过 *Isca1* 和 *Cry1/Cry2* 促进 *Uqcrb* 和 *Ndufs6* 的转录。发现 0.3 T 稳态磁场增强了 CD8$^+$T 细胞的细胞毒性，并促进了 CD8$^+$T 细胞的抗肿瘤功能[26]。

到目前为止，关于稳态磁场对 B 细胞影响的研究还未有报道，而对 NK 细胞的影响也只有一项。2019 年，Lin 等将 NK92-MI 细胞系暴露于 0.4 T 稳态磁场中，并用四甲基偶氮唑盐（MTT）比色法检测 NK 细胞活性，同时用 DAG/IP3、STAT3、ERK、JNK 和 P38 抑制剂检测信号传导通路。他们发现 0.4 T 稳态磁场通过激活多个 MAPK 信号通路（ERK、JNK 和 P38-MAPK），显著提高 NK92-MI 细胞的存活率，进而增强其对 K562 肿瘤细胞的杀伤能力，提示稳态磁场可提高 NK 细胞的杀伤活性，从而可能增强 NK 细胞的抗癌能力[21]。

也有一些科研人员在研究稳态磁场生物学效应时直接从人或大鼠的血液中分离淋巴细胞，而不区分其具体类型。例如，在 2009 年，Tenuzzo 等发现当淋巴细胞被 6 mT 稳态磁场处理后，新鲜分离和老化淋巴细胞的凋亡率都显著降低。当稳态磁场作用于淋巴细胞老化过程时，稳态磁场处理会使老年淋巴细胞自发性凋亡减少。对新鲜分离和培养老化的人淋巴细胞基因表达的研究表明，稳态磁场暴露 24 h 增加了 *bax* 和 *p53* 表达，降低了 hsp70 和 bcl-2 等蛋白表达[25]。2002 年，Jajta 等发现当稳态磁场与药物联用时，体外分离的淋巴细胞发生了更明显的细胞凋亡。他们将分离的大鼠淋巴细胞暴露于 7 mT 稳态磁场中 3 h，未见明显的细胞凋亡率或坏死率的变化。然而，当他们将分离的淋巴细胞中加入 $FeCl_2$ 的同时用 7 mT 稳态磁场进行处理，凋亡和坏死细胞的百分比显著增加[22]。

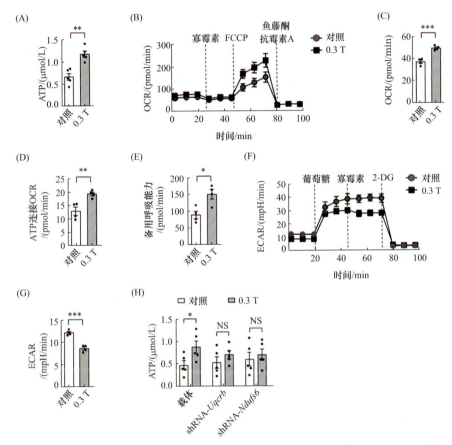

图 12.2　中等强度稳态磁场可以提高 $CD8^+T$ 细胞的 ATP 生成和线粒体呼吸。（A）用抗 CD3 和抗 CD28 抗体刺激 $CD8^+T$ 细胞 72 h，测定细胞内相对 ATP 浓度（$n=5$）。（B）Seahorse MitoStress assay 检测刺激的 $CD8^+T$ 细胞在基线以及对寡霉素、FCCP 和鱼藤酮与抗霉素 A 反应时的细胞耗氧率（OCR）。（C）刺激后 $CD8^+T$ 细胞的基线 OCR（$n=4$）。（D）刺激后 $CD8^+T$ 细胞的 ATP 连接 OCR（基线 OCR 减去在寡霉素存在下的 OCR）（$n=4$）。（E）刺激后 $CD8^+T$ 细胞的备用呼吸能力（SRC）（$n=4$）。（F）用 Seahorse MitoStress assay 检测刺激后的 $CD8^+T$ 细胞在基线和对葡萄糖、寡霉素和 2-脱氧-D-葡萄糖（2-DG）反应中的葡萄糖反应的胞外酸化率（ECAR）。（G）刺激后 $CD8^+T$ 细胞的基础 ECAR（$n=4$）。（H）在磁场存在或不存在情况下，基因敲除的 $CD8^+T$ 细胞与携带载体的细胞 ATP 浓度比较（$n=5$）。细胞样品用 0.3 T 磁铁处理，对照组为未用磁铁处理的样品。NS 代表无统计学差异，*代表 $p<0.05$，**代表 $p<0.01$，***代表 $p<0.001$。经许可转载自参考文献[26]

12.4　稳态磁场对细胞因子的影响

　　细胞因子是一类生物活性分子，由激活的免疫细胞、基质细胞（如血管内皮细胞、成纤维细胞、上皮细胞等）和某些肿瘤细胞在刺激后合成并分泌[2]。它们可分为白细胞介素（IL）类、干扰素（IFN）、肿瘤坏死因子（TNF）和集落刺激因子（CSF）等，具有调节特定组织生长和抵御病毒入侵等多种功能[33]。一些研究探索了稳态磁场在动物和细胞水平上对细胞因子的影响（表 12.3）。在动物水平上，细胞因子的变化在使用不同的磁感应强度和动物模型的实验中有所不同。例如，Novoselova 等研究了 30～150 μT 稳态磁场与 100 nT 或 200 nT 交变磁场联合作用对健康 BALB/c 雄性小鼠细胞因子产生的影响，他们观察到肿瘤坏死因子-α（TNF-α）、干扰素-γ（IFN-γ）、白细胞介素-2（IL-2）和白细胞介素-3（IL-3）水平均有升高，以及细胞因子在血浆中出现聚集现象[34]。Chu 等将糖尿病大鼠暴露于 4 mT 稳态磁场后，发现大鼠血清中血管内皮生长因子（VEGF）、转化生长因子-β1（TGF-β1）、肿瘤坏死因子-α（TNF-α）和白细胞介素-6（IL-6）水平显著降低[35]。Wu 等发现 80 mT 稳态磁场可提高接种小鼠骨髓瘤细胞（SP2/0）的荷瘤小鼠肿瘤坏死因子水平，抑制肿瘤生长，改善小鼠免疫功能[36]。

表 12.3　稳态磁场对细胞因子的影响

	研究对象	稳态磁场	暴露时间	效应	参考文献
动物水平	健康雄性 BALB/c 小鼠	30～150 μT 稳态磁场 100 nT、200 nT 交变磁场	2 h/d，14 d	TNF-α、IFN-γ、IL-2、IL-3 增加	[34]
	糖尿病 SD 大鼠	4 mT	2 h/d，8 周	VEGF、TGF-β1、TNF-α、IL-6 减少	[35]
	注射 SP2/0 肿瘤的雌性荷瘤小鼠	80 mT	2 h/d，9 d	TNF 增加	[36]
细胞水平	人巨噬细胞	非均匀，476 mT	24 h	IL-6、IL-8、TNF-α 减少	[17]
	人淋巴细胞			IL-6 减少、IL-10 增加	
	C57BL/6 小鼠的 CD8+ T 细胞	0.3 T，竖直向上	24 h，48 h，72 h	24 h、48 h 无变化，72 h IFN-γ 和 TNF-α 增加	[26]
		0.6 T，竖直向上		24 h、48 h 无变化；72 h IFN-γ 和 TNF-α 增加	
	人 CD4+ T 细胞	0.5 T	2 h	IFN-γ 减少	[37]

　　在细胞水平上，在不同的实验环境中结果也不相同。例如，VerGallo 等发现 476 mT 不均匀稳态磁场不仅抑制巨噬细胞释放促炎因子 IL-6、白细胞介素-8（IL-8）和 TNF-α，而且抑制淋巴细胞释放 IL-6，促进抗炎因子白细胞介素-10（IL-10）的释放[17]。Zhu 等发现 CD8+T 细胞在 0.3 T 和 0.6 T 稳态磁场作用超过 72 h 后增加 IFN-γ 和 TNF-α 的分泌[26]（图 12.3）。Salerno 等将人类 CD4+T 细胞暴露于磁共振设备（0.5 T）和双圆柱线圈（0.5 mT）产生的磁场中 2 h，观察到 IFN-γ 水平降低[37]。

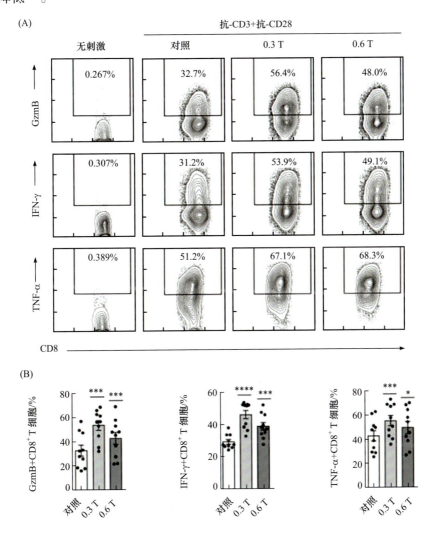

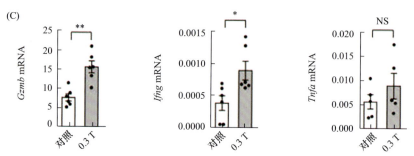

图 12.3 　中等强度稳态磁场刺激 72 h 可促进 CD8$^+$T 细胞颗粒和细胞因子的分泌。（A）用流式细胞仪分析小鼠 CD8$^+$T 细胞刺激后细胞因子/颗粒的产生。细胞在 0.3 T 或 0.6 T 永磁体存在情况下用抗-CD3 和抗-CD28 抗体刺激，对照组细胞不加磁。无刺激的细胞样本用于显示细胞因子分泌基线。（B）刺激 72 h 后 CD8$^+$T 细胞表达 GzmB、IFN-γ 和 TNF-α 的百分率统计（*n*=10）。（C）0.3 T SMF 处理组和对照组 CD8$^+$T 细胞中 *Gzmb*、*Tnfa* 和 *Ifng* 的相对转录水平（*n*=6）。用抗-CD3 和抗-CD28 抗体刺激细胞 72 h，所有靶基因的相对转录水平均归一化为 β-肌动蛋白。NS 代表无统计学差异，*代表 *p*<0.05，**代表 *p*<0.01，***代表 *p*<0.005，****代表 *p*<0.001。经许可转载自参考文献[26]

12.5　稳态磁场可能通过中枢神经系统调节免疫功能

　　早在 1987 年，就有报道称神经内分泌影响中枢神经系统对免疫功能的调节，也有从免疫系统反馈到大脑的报道表明中枢神经系统与免疫系统的相互作用[38]。Janković 等在三项研究中指出，植入大鼠头骨的 60 mT 磁铁可能通过作用于中枢神经系统（如蓝斑和松果体）来促进免疫功能（表 12.4）。在这三项研究中，都采用磁铁的 N 极面向大鼠头骨植入的方法。1991 年，Janković 等在双侧颅骨内植入两块磁铁，分别位于额顶缝前（额脑暴露）、额顶缝后（顶脑暴露）和枕顶缝后（枕脑暴露），N 极面向颅骨，处理 34 d。他们发现大鼠外周血中 CD4$^+$/CD8$^+$T 细胞比例增加，抗体效力以及体液和细胞介导的免疫反应的整体免疫也有所增强[31]。有趣的是，当磁铁被植入松果体附近的头枕区时，大鼠出现了最强的免疫应答。接下来，在 1993 年，他们移除了大鼠松果体并在枕顶缝后对称地植入了两块面向头骨的磁铁，发现切除松果体并植入微磁铁的大鼠抗体水平与对照组相似，而未切除松果体但植入微磁铁的大鼠抗体水平和胸腺重量都有所增加[10]。这表明松果体可能参与了磁场诱导的免疫调节。同年，Janković 等还比较了在额顶缝后对称植入两个磁铁的大鼠，发现蓝斑受损大鼠的 CD4$^+$/CD8$^+$T 细胞比率和抗体水平与对照组相似，而蓝斑未受损大鼠 CD 4⁺/CD 8⁺T 的细胞比率和抗体水平增加，以及胸腺重量增加[9]，这表明蓝斑参与了这一调节过程。

表 12.4　三项研究报告显示在头骨上植入磁铁可以对大鼠免疫系统产生积极影响

研究对象	60 mT 微磁体，N 极面向颅骨		效应		参考文献
	暴露位置	暴露时间			
雌性 Wistar 大鼠	额顶缝前	34 d	CD4⁺/CD8⁺ T 细胞比值增加，额顶缝后暴露比值最高	抗体效价：枕部>额部和顶部暴露	[31]
	额顶缝后				
	枕顶缝后				
雄性 Wistar 大鼠	松果体摘除	枕顶缝后 25 d	抗体水平与对照相似		[10]
	松果体未摘除		胸腺重量增加，抗体水平增加		
	蓝斑损毁	额顶缝后 21 d	胸腺重量、CD4⁺/CD8⁺T 细胞比值和抗体水平与对照组相似		[9]
	蓝斑未损毁		胸腺重量、CD4⁺/CD8⁺ T 细胞比值和抗体水平增加		

松果体是大脑中分泌褪黑素的部位[39]。据报道，褪黑素最显著的多效性作用之一是调节免疫系统[40]。尽管有研究表明磁场可以减少夜间松果体褪黑素的分泌[41]，但是当磁铁被植入头骨枕骨区域时，褪黑素是否发挥了关键作用尚不清楚，这需要更多的实验来证明。蓝斑是大脑合成去甲肾上腺素的主要部位[42]，去甲肾上腺素是从大脑到免疫系统的信使[43]。虽然目前还没有关于磁场对蓝斑激素合成影响的研究，但我们推测磁场可能影响蓝斑激素的合成，从而影响机体免疫状态。尽管上述观点目前只是猜测，还需要进一步探讨，但 Janković 等报道的三项研究提出了一种有趣且有吸引力的猜想，即稳态磁场可以通过中枢神经系统来调节免疫系统。

12.6　结论

从上述有限的报道中我们可以看出，稳态磁场可以对免疫系统的某些方面产生影响，包括免疫器官中的细胞数量、巨噬细胞功能、中性粒细胞 ROS 释放、淋巴细胞凋亡、NK 细胞毒性和细胞因子水平等。有趣的是，少数研究表明，中等强度稳态磁场可能通过调节巨噬细胞，增加 T 细胞和 NK 细胞的肿瘤杀伤能力，以及通过远端施加颅骨磁铁来调节免疫系统，从而更多地促进免疫反应向抗炎方向发展。此外，中等到强稳态磁场似乎可以影响衰老或药物处理的免疫细胞的凋亡，影响分裂的免疫细胞，而未分裂免疫细胞不受影响，这显示了稳态磁场与其他治疗方法相结合的可能。然而，目前关于稳态磁场在免疫系统中的研究还很少，还不能得出明确结论。此章节只是为对这方面感兴趣的人们提供一个起点。不同参数稳态磁场（包括从弱磁场到强磁场以及不同的磁场梯度）如何影响免疫应答（包括不同的 T、B 和 NK 细胞亚群等），目前尚不清楚。稳态磁场是否会影响一些自身免疫性疾病，如类风湿性关节炎、系统性红斑狼疮和荨麻疹等也不清楚。因此，我们期待科研人员进行更好的对照双盲实验，以开发稳态磁场在免疫系统中的潜在应用，这无疑将为未来人类多种生理和病理状况的健康改善提供基础。

参 考 文 献

[1] Parkin J, Cohen B. An overview of the immune system. Lancet, 2001, 357(9270): 1777-1789.

[2] Tomar N, De R K. A brief outline of the immune system. Methods. Mol. Biol., 2014, 1184: 3-12.

[3] Kenney M J, Ganta C K. Autonomic nervous system and immune system interactions. Compr. Physiol., 2014, 4(3): 1177-1200.

[4] Djordjevich D M, De Luka S R, Milovanovich I D, et al. Hematological parameters' changes in mice subchronically exposed to static magnetic fields of different orientations. Ecotoxicol. Environ. Saf., 2012, 81: 98-105.

[5] Milovanovich I D, Ćirković S, De Luka S R, et al. Homogeneous static magnetic field of different orientation induces biological changes in subacutely exposed mice. Environ. Sci. Pollut. Res. Int., 2016, 23(2): 1584-1597.

[6] Wang S H, Luo J, Lv H H, et al. Safety of exposure to high static magnetic fields(2 T-12 T): A study on mice. Eur. Radiol., 2019, 29(11): 6029-6037.

[7] Tian X F, Lv Y, Fan Y X, et al. Safety evaluation of mice exposed to 7.0-33.0 T high-static magnetic fields. J. Magn. Reson. Imaging, 2021, 53(6): 1872-1884.

[8] Tian X F, Wang D M, Feng S, et al. Effects of 3.5-23.0T static magnetic fields on mice: A safety study. Neuroimage, 2019, 199: 273-280.

[9] Janković B D, Jovanova-Nesić K, Nikolić V. Locus ceruleus and immunity. III. Compromised immune function(antibody production, hypersensitivity skin reactions and experimental allergic encephalomyelitis) in rats with lesioned locus ceruleus is restored by magnetic fields applied to the brain. Int. J. Neurosci., 1993, 69(1-4): 251-269.

[10] Janković B D, Jovanova-Nesić K, Nikolić V, et al. Brain-applied magnetic fields and immune response: Role of the pineal gland. Int. J. Neurosci., 1993, 70(1-2): 127-134.

[11] Tasić T, Lozić M, Glumac S, et al. Static magnetic field on behavior, hematological parameters and organ damage in spontaneously hypertensive rats. Ecotoxicol. Environ. Saf., 2021, 207: 111085.

[12] Bellossi A. Effect of static magnetic fields on survival of leukaemia-prone AKR mice. Radiat.

Environ. Biophys., 1986, 25(1): 75-80.

[13] Ivanova P N, Surma S V, Shchegolev B F, et al. The effects of weak static magnetic field on the development of organotypic tissue culture in rats. Dokl. Biol. Sci., 2018, 481(1): 132-134.

[14] McComb S, Thiriot A, Akache B, et al. Introduction to the immune system. Methods. Mol. Biol., 2019, 2024: 1-24.

[15] Flipo D, Fournier M, Benquet C, et al. Increased apoptosis, changes in intracellular Ca^{2+}, and functional alterations in lymphocytes and macrophages after in vitro exposure to static magnetic field. J. Toxicol. Environ. Health. A., 1998, 54(1): 63-76.

[16] Dini L, Panzarini E. The influence of a 6 mT static magnetic field on apoptotic cell phagocytosis depends on monocyte/macrophage differentiation. Exp. Biol. Med.(Maywood). 2010, 235(12): 1432-1441.

[17] Vergallo C, Dini L, Szamosvölgyi Z, et al. In vitro analysis of the anti-inflammatory effect of inhomogeneous static magnetic field-exposure on human macrophages and lymphocytes. PLoS One, 2013, 8(8): e72374.

[18] Shang W L, Chen G L, Li Y X, et al. Static magnetic field accelerates diabetic wound healing by facilitating resolution of inflammation. J. Diabetes. Res., 2019, 2019(1): 5641271.

[19] Noda Y, Mori A, Liburdy R P, et al. Magnetic fields and lipoic acid influence the respiratory burst in activated rat peritoneal neutrophils. Pathophysiology, 2000, 7(2): 137-141.

[20] Poniedzialek B, Rzymski P, Karczewski J, et al. Reactive oxygen species(ROS) production in human peripheral blood neutrophils exposed in vitro to static magnetic field. Electromagn. Biol. Med., 2013, 32(4): 560-568.

[21] Lin S L, Su Y T, Feng S W, et al. Enhancement of natural killer cell cytotoxicity by using static magnetic field to increase their viability. Electromagn. Biol. Med., 2019, 38(2): 131-142.

[22] Jajte J, Grzegorczyk J, Zmyślony M, et al. Effect of 7 mT static magnetic field and iron ions on rat lymphocytes: Apoptosis, necrosis and free radical processes. Bioelectrochemistry, 2002, 57(2): 107-111.

[23] Onodera H, Jin Z, Chida S, et al. Effects of 10-T static magnetic field on human peripheral blood immune cells. Radiat. Res., 2003, 159(6): 775-779.

[24] Piszczek P, Wójcik-Piotrowicz K, Gil K, et al. Immunity and electromagnetic fields. Environ. Res., 2021, 200: 111505.

[25] Tenuzzo B, Vergallo C, Dini L. Effect of 6 mT static magnetic field on the bcl-2, bax, p53 and hsp70 expression in freshly isolated and in vitro aged human lymphocytes. Tissue and Cell, 2009, 41(3): 169-179.

[26] Zhu X Y, Liu Y, Cao X X, et al. Moderate static magnetic fields enhance antitumor CD8(+) T cell function by promoting mitochondrial respiration. Sci. Rep., 2020, 10(1): 14519.

[27] El-Benna J, Hurtado-Nedelec M, Marzaioli V, et al. Priming of the neutrophil respiratory burst: Role in host defense and inflammation. Immunol. Rev., 2016, 273(1): 180-193.

[28] Liew P, Kubes X P. The neutrophil's role during health and disease. Physiol. Rev., 2019, 99(2): 1223-1248.

[29] Larosa D F, Orange J S. 1. Lymphocytes. J. Allergy. Clin. Immunol., 2008, 121(2 Suppl): S364-

369.

[30] Chen Y Y, Lu D, Churov A, et al. Research progress on NK cell receptors and their signaling pathways. Mediators. Inflamm., 2020, 2020(1): 6437057.

[31] Janković B D, Maric D, Ranin J, et al. Magnetic fields, brain and immunity: Effect on humoral and cell-mediated immune responses. Int. J. Neurosci., 1991, 59(1-3): 25-43.

[32] Pisciotta A V, Westring D W, DePrey C, et al. Mitogenic effect of phytohaemagglutinin at different ages. Nature, 1967, 215(5097): 193-194.

[33] Dembic Z. The cytokines of the immune system: the role of cytokines in disease related to immune response. London: Academic Press, 2015.

[34] Novoselova E G, Novikov V V, Lunin S M, et al. Effects of low-level combined static and weak low-frequency alternating magnetic fields on cytokine production and tumor development in mice. Electromagn. Biol. Med., 2019, 38(1): 74-83.

[35] 楚轶, 冯品, 张薇, 等. 稳恒磁场刺激对糖尿病动脉粥样硬化大鼠血清和主动脉中 VEGF、TGF-β1、TNF-α 和 IL-6 表达的影响. 中国医学物理学杂志, 2017, 34(10): 1045-1050.

[36] 吴全义, 丁翠兰, 王胜军, 等. 磁场对荷瘤小鼠血清 TNF 和 IgG 水平影响的研究. 镇江医学院学报, 2000, 10(3): 416-418.

[37] Salerno S, La Mendola C, Lo Casto A, et al. Reversible effect of MR and ELF magnetic fields(0.5 T and 0.5 mT) on human lymphocyte activation patterns. Int. J. Radiat. Biol., 2006, 82(2): 77-85.

[38] Solomon G F. Psychoneuroimmunology: interactions between central nervous system and immune system. J. Neurosci. Res., 1987, 18(1): 1-9.

[39] Sapède D, Cau E. The pineal gland from development to function. Curr. Top. Dev. Biol., 2013, 106: 171-215.

[40] Carrillo-Vico A, Guerrero J M, Lardone P J, et al. A review of the multiple actions of melatonin on the immune system. Endocrine, 2005, 27(2): 189-200.

[41] Welker H A, Semm P, Willig R P, et al. Effects of an artificial magnetic field on serotonin N-acetyltransferase activity and melatonin content of the rat pineal gland. Exp. Brain. Res., 1983, 50(2-3): 426-432.

[42] Schwarz L A , Luo L. Organization of the locus coeruleus-norepinephrine system. Curr. Biol., 2015, 25(21): R1051-R1056.

[43] Kohm A P, Sanders V M. Norepinephrine: A messenger from the brain to the immune system. Immunol. Today, 2000, 21(11): 539-542.

第13章
稳态磁场对神经系统的生物学效应

经颅磁刺激（TMS）和脑磁图（MEG）的应用已经证明了时变磁场和神经系统之间的相互联系。此外，近年来几十项研究表明，稳态磁场也可以对动物和人类神经系统产生积极或消极的影响。例如，一些研究表明，某些参数的稳态磁场可能有一些镇痛作用，而高场磁共振成像可能诱发短暂性的头晕、恶心和眩晕。然而由于磁场参数、研究对象和检测标准的多样性，稳态磁场对神经系统的具体影响还未得到系统的探讨和评估。本章重点讨论稳态磁场在细胞、动物和人类层面对神经系统的影响，这将有助于了解稳态磁场对神经系统的影响，为促进高场磁共振成像的发展和稳态磁场在神经系统疾病中的潜在应用奠定基础。

13.1 引言

人体神经系统影响着我们的方方面面，不仅包括有意识的运动和思考，还包括无意识的呼吸和消化。包括鸟类、爬行动物和哺乳动物在内的大多数脊椎动物都有中枢神经系统（大脑和脊髓）和外周神经系统（颅神经、脊神经和内脏神经）。

神经系统由神经细胞和胶质细胞两类细胞组成。神经细胞也被称为神经元，是作为神经系统基本构件和结构单位的个体特化细胞。根据其功能，可分为运动神经元（接收来自大脑和脊髓的信号并将其传递给相关器官）和感觉神经元（接收来自感觉器官的信号并将其传递给大脑和脊髓）。胶质细胞包括多种细胞类型，如中枢神经系统中的星形胶质细胞、少突胶质细胞、小胶质细胞、室管膜细胞和放射状胶质细胞，以及外周神经系统中的施万细胞和卫星细胞。胶质细胞本身不传递信号，但可以为神经元提供支持功能。

从结构和功能角度来看，神经是外周神经系统与中枢神经系统沟通的封闭轴突束。有三种类型的神经：传入神经（从感觉器官向中枢神经系统传递信号），传出神经（从中枢神经系统向肌肉和腺体传递信号），以及混合神经（在两者之间传递信号）。应该指出的是，在神经系统中有两个术语似乎很容易混淆，即神经元细胞和神经细胞。神经细胞不仅包括神经细胞，还包括胶质细胞。

　　神经系统与磁场之间有许多相互交织的联系。例如，脑磁图是一种非侵入性的技术，可以捕捉到人脑同步的神经元内电活动产生的磁场，可以为脑电生理活动提供独特信息[1, 2]。经颅磁刺激是一种刺激大脑小区域的电磁技术，用于诊断或治疗多种神经元疾病，如中风和抑郁症[3-5]。此外，磁共振成像是一种安全和广泛使用的非侵入性诊断技术，但会对患者人体神经系统造成一些短暂的副作用，如头晕、恶心和眩晕[6]。此外非常奇特的是，多项研究报道了自杀与太阳风暴引起的地磁场干扰的相关性[7-9]。

　　尽管上述案例并不完全是由稳态磁场（在一定时期内保持恒定的磁场）提供，但它们证明了神经系统与磁场之间的多种纠缠联系。在本章中，我们将总结稳态磁场对神经系统的影响，旨在总结已知事实并为未来探索提供起点。

13.2　稳态磁场对神经细胞的影响

　　神经细胞不仅包括神经细胞，还包括胶质细胞。稳态磁场对神经细胞的影响可分为三类：正面影响、无明显影响和负面影响（表 13.1）。

表 13.1　稳态磁场对神经细胞的作用

对象	稳态磁场		对神经系统的效应		参考文献
	磁感应强度	时间	特定效应		
蜗牛食管下神经复合体 Br 神经元	2.7 mT, 10 mT	15 min	增强动作电位幅度，缩短尖峰时间		[16]
小龙虾尾巴的侧 LG 神经元	8.08 mT	30 min	增加动作电位、兴奋性突触电位和突触传递效率		[18]
Wistar 大鼠神经前体细胞	100 mT	12 d	NPC 自身增殖和星形胶质细胞分化减少，神经元分化，Mash1，Math1 和 Math3 表达增加	正面影响	[11]
人神经细胞系 FNC-B4	200 mT	15 min	促进神经元分化和突触形成		[10]
PC12 细胞	250 mT	6 h	产生与 A_2AR 选择性拮抗剂相似效果		[12]

续表

对象	稳态磁场		对神经系统的效应		参考文献
	磁感应强度	时间	特定效应		
人少突胶质细胞前体细胞	300 mT	2 h/d, 2 w	增加细胞分化，脑源性神经营养因子（BDNF），神经营养因子-3（NT3），Ca^{2+}内流，L 型通道亚基的基因表达——$CaV1.2$ 和 $CaV1.3$	正面影响	[13]
天蛾前脑神经分泌神经元	320 mT	8 d	神经元的细胞和细胞核随着形态变化而增大		[15]
ICR 小鼠的神经前体细胞	500 mT	7 d	增加神经球数，细胞周期蛋白 B/Sox2 表达，促进神经谱系分化和神经元成熟		[14]
大鼠星形胶质细胞	1 mT	1 h	对热休克蛋白和肌动蛋白的形态、增殖或表达无显著影响		[28]
大鼠新皮层和海马星形胶质细胞	100 mT	7 d	细胞活力、神经胶质细胞原纤维酸性蛋白（GFAP）或增殖细胞核抗原（PCNA）表达无显著影响		[21]
青蛙的坐骨神经纤维	0.21 T 2.6 T/m	6 h	对神经传导无显著影响	无显著影响	[27]
大鼠坐骨神经	1 T	12 h/d, 4 w	对坐骨神经再生无显著影响		[19]
鸡胚胎中的运动神经元	1.5 T	6 h	对运动神经细胞的增殖和迁移无显著影响		[20]
大鼠脊髓中的星形胶质细胞	2.1 T	2 h, 72 h	对星形胶质细胞形态或活性无显著影响		[22]
小鼠海马体 DG 亚颗粒细胞层中的神经干细胞	<5 μT	8 w	抑制成年神经干细胞增殖		[29]
SD 大鼠大脑皮层星形胶质细胞	0.5 mT	6 d	星形胶质细胞凋亡和坏死增加	负面影响	[23]
成年豚鼠脊髓	500 mT	10 min	降低复合动作电位，不变的响应延迟		[24]
青蛙的坐骨神经纤维	0.7 T 6.47 T/m	4~6 h	抑制神经传导		[27]

续表

对象	稳态磁场		对神经系统的效应		参考文献
	磁感应强度	时间	特定效应		
黑腹果蝇触角叶中的大中间神经元	3 T	8 h	降低神经元动作电位的振幅和频率以及自发细胞外活动的平均频率	负面影响	[26]
胚胎小鼠	15 T	30 min	海马神经元的死亡和其余细胞中神经元分化的抑制		[25]

注：h：小时，min：分钟，d：天，w：周。

13.2.1　一些稳态磁场可以促进神经细胞功能

早在 1999 年，Pacini 等报道说，正常人类神经细胞系 FNC-B4 在暴露于磁共振产生的 200 mT 稳态磁场 15 min 后，细胞形态发生了明显的变化，显示出具有突触特征的分支神经元。分支神经节的出现和突触连接的增加被认为是神经系统转变的标志，表明稳态磁场有助于神经元的分化并增强神经元可塑性[10]。2009 年，一项研究将新生大鼠暴露在 100 mT 稳态磁场中 12 天，发现稳态磁场增加了大脑新皮质和海马中分离的神经前体细胞中 Mash1 的表达。被激活的神经源性基因如 Math1 和 Math3 的 mRNA 表达可以促进神经前体细胞向神经元的分化[11]。2010 年，Wang 等发现 250 mT 稳态磁场可以影响参与帕金森病（PD）发病机制的腺苷 A_{2A} 受体（$A_{2A}R$），产生与 $A_{2A}R$ 选择性拮抗剂 ZM241385 类似的效果，这是一种潜在的非多巴胺能帕金森病药物，可以抵消 $A_{2A}R$ 激动剂 CGS21680 加剧的一些帕金森病症状[12]。

2017 年，Prasad 等将人少突胶质细胞前体细胞（OPC）暴露在 300 mT 稳态磁场中，每天 2 h 持续 2 周，发现其通过增强 OPC 的髓鞘化能力和神经影响因子（BDNF、NT3）的分泌，增加细胞内钙离子流入和 L 型通道亚单位——CaV1.2 和 CaV1.3 的基因表达，促进 OPC 分化[13]。2019 年，Ho 等发现，小鼠暴露在 500 mT 磁场中 7 天，小鼠神经祖细胞（NPC）的神经球形成数量明显增加，同时伴随着 Sox2 和 Cyclin B 表达增加。此外，稳态磁场促进小鼠 NPC 向神经元谱系分化，并显示出形态和电生理成熟度明显增加[14]。

在对非哺乳动物神经元影响的研究中也观察到了磁场的正面作用。2008 年，将 Tenebrio 蛹暴露在 320 mT 稳态磁场中 8 天后，发现前脑 A1 和 A2 神经内分泌细胞形态参数发生了明显变化[15]。同样，Nikolic 等将罗马蜗牛下食道复合神经节中的 Br 神经元暴露在 2.7 mT 和 10 mT 稳态磁场中 15 min，发现它们都增强了 Br

神经元动作电位的振幅，缩短了动作电位尖峰持续时间[16]。此外，10 mT 稳态磁场也改变了它们的静息膜电位。接下来，他们用 10 mT 稳态磁场处理 Br 神经元 15 min，发现神经元质膜中钠钾泵 α 亚基表达和钾泵活性明显增加[17]。此外，Yeh 等表明，在暴露于 8.08 mT 稳态磁场 30 min 之后的小龙虾离体神经节的侧向巨大神经元中，动作电位和兴奋性突触后电位得到增强[18]。

13.2.2　一些稳态磁场对神经细胞无明显影响

早在 1989 年，Cordeiro 等将 44 只坐骨神经受损的大鼠暴露在 1 T 稳态磁场下，每天 12 h，连续 4 周，并没有发现磁场对坐骨神经再生有明显影响[19]。1994 年，研究人员发现 1500 mT 稳态磁场暴露 6 h 并不影响小鸡胚胎侧向运动神经元的增殖和迁移[20]。2004 年，Hirai 和 Yoneda 等发现在暴露于 100 mT 稳态磁场 7 天后，大鼠新皮层和海马星形胶质细胞存活率无显著变化。神经胶质细胞原纤维酸性蛋白（GFAP）和增殖细胞核抗原（PCNA）以及神经元标记蛋白微管相关蛋白-2（MAP2）的表达也无明显变化[21]。此外，Khodarahmi 等发现，暴露在 2.1 T 的稳态磁场中 2 h 或 72 h 对大鼠脊髓中原位星形胶质细胞的形态和活性也无明显影响[22]。

13.2.3　一些稳态磁场抑制了神经细胞的功能

2001 年的一项研究报道说，大鼠星形胶质细胞在 0.5 mT 稳态磁场作用 6 天后增加了细胞凋亡和坏死[23]。2004 年，Coots 等报道，成年豚鼠脊髓暴露在 500 mT 稳态磁场下 10 min 后，其复合动作电位振幅明显降低[24]。2005 年，Valiron 等发现暴露在超过 15 T 的稳态磁场下 30 min 或更长时间会导致胚胎小鼠海马神经元死亡，并干扰剩余细胞的神经分化[25]。2011 年，Yang 等将黑腹果蝇前叶局部大型神经元暴露在 3 T 稳态磁场中 8 h，发现它干扰了神经元的自发神经活动，包括降低动作电位的振幅和频率，降低细胞外自发活动的平均频率[26]。2012 年，研究发现在 0.2～0.7 T 梯度稳态磁场暴露 6 h 后，成年雄性非洲爪蟾离体坐骨神经中 C 纤维的传导速度受到 0.7 T 稳态磁场的抑制，但没有受到 0.21 T 稳态磁场的抑制，这为中等稳态磁场的镇痛作用提供了依据[27]。

13.3　稳态磁场对动物行为的影响

由于个体的行为主要由神经系统控制，因此除了稳态磁场对神经细胞的研究外，还有许多研究对动物行为进行了观察。

13.3.1 稳态磁场对啮齿动物行为的影响

研究人员广泛使用啮齿动物来研究稳态磁场对动物行为的影响。通常观察和评估的行为能力包括平衡能力、社会行为、探索行为、活动能力、焦虑类行为、抑郁类行为和表现记忆能力的行为，以及与疼痛有关的行为。

1. 平衡能力

平衡能力主要体现在跑步、走路和转身等行为上，这些行为受运动协调、前庭功能和肌肉力量等因素的影响。研究人员发现，暴露在 3.5～23.0 T 稳态磁场中 2 h 后，C57BL/6 小鼠的平衡能力暂时受损，到达平衡木上指定位置的时间明显延长[30]。在 Tkac 等的研究中，小鼠被暴露在 16.4 T 和 10.5 T 稳态磁场下，并使用三种不同大小和形状的平衡木来研究它们的平衡能力。他们发现 16.4 T 稳态磁场暴露组小鼠在 15 mm 和 8 mm 的方形平衡木上的脚滑与对照组有明显不同，但在直径 17 mm 的圆形平衡木上则没有。与对照组小鼠相比，暴露于 10.5 T 稳态磁场的小鼠在所有三种规格的平衡木测试结果中无显著差异。此外，研究人员还研究了稳态磁场"运动"组小鼠的平衡能力，这些小鼠在 2 min 内进入和离开 16.4 T 磁铁 20 次。15 mm 的方形平衡木和 17 mm 的圆形平衡木的测试时间明显比对照组长，但 8 mm 的方形平衡木测试结果没有明显变化[31]。因此，稳态磁场的磁感应强度、动物接触的方式以及测试的仪器都会影响测试结果。

平衡能力也被认为是前庭器官功能的一个指标。当前庭系统受到损害或干扰时，会出现头晕或身体不平衡，增加跌倒和受伤风险[32]。前庭系统已被证明很容易受到磁场干扰，导致动物行为变化。例如，Houpt 等将成年 Sprague-Dawley 大鼠置于 14.1 T、梯度为 50 T/m 的超导磁体中，发现稳态磁场抑制了大鼠的饲养行为并诱发了条件性味觉厌恶，连续暴露在稳态磁场中 30 min 也导致了大鼠的绕圈行为[33]，这也与临床观察到的 MRI 受试者的头晕和味觉改变一致。进一步研究发现，动物头部和磁场的方向形成的夹角可以影响它们的绕圈行为。如果小鼠的喙轴与磁场方向相同（0°）或相反（180°），小鼠会表现出明显的逆时针或顺时针绕圈行为。动物行为的这种变化可能是前庭神经系统对稳态强磁场反应的结果[34]，也受雌二醇的调节，并伴随着与前庭功能密切相关的脑干区域 c-Fos 水平的上调[35]。此外，化学迷路切除术可以阻断这种反应，表明了内耳前庭系统的完整性对此磁场反应十分重要[36]。

2. 社会行为

动物的社会行为是个体之间一系列复杂而重要的社会互动，其中社会认知是社会行为的重要组成部分。社会互动和社会认知对于维持动物群体内社会交流的结构和稳定性至关重要[37]。当社会行为受损时，个体有可能出现许多神经系统疾病，如抑郁症、双相情感障碍、精神分裂症、自闭症谱系障碍和强迫症[38]。2013 年，Kiss 等通过使用有一半钕磁铁的特殊磁铁装置，检测了 145 mT 均匀和 3～477 mT 非均匀稳态磁场对疼痛模型小鼠社会行为的影响。他们发现稳态磁场组小鼠的疼痛程度降低，社交能力增强[39]。近期，我们利用三箱社交实验，发现健康小鼠在接触 11.0～33.0 T 稳态磁场后，其社交新颖度指数明显增加（图 13.1），这表明稳态磁场明显改善了小鼠的社会能力[40]。同样，9.4 T 稳态磁场对甲磺酸伊马替尼治疗小鼠的社交能力也有正面影响，其社交指数明显增加[41]。

3. 焦虑和抑郁水平

探索行为是许多物种与生俱来的行为，主要用于寻找食物和住所。在啮齿动物中，较高的焦虑水平通常与较少的自我探索和较多的抑郁症状行为有关。2008 年，Ammari 等发现大鼠暴露在 128 mT 稳态磁场下，每天 1 h，持续 5 d，

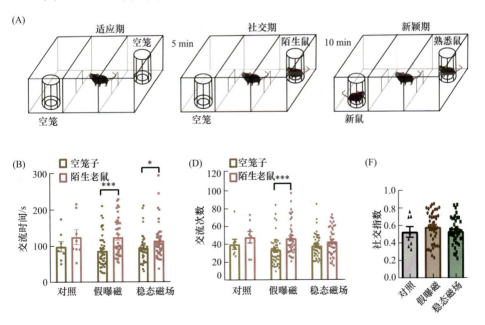

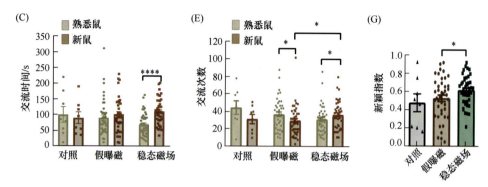

图 13.1   超强稳态磁场提高了小鼠新颖社交能力。（A）三箱社交实验装置示意图。（B）、（D）在社交阶段与陌生老鼠和空笼子的互动时间和次数。（C）、（E）在新颖阶段，与熟悉小鼠和新来年轻小鼠互动的时间和数量。（F）、（G）分别为社交阶段的社交指数和新颖阶段的新颖指数。*代表 $p<0.05$；***代表 $p<0.005$；****代表 $p<0.001$。经许可转载自参考文献[40]

其焦虑水平增加[42]。Laszlo 等发现，暴露在 2～754 mT 稳态磁场下 30 min 的小鼠，和对照组小鼠的焦虑水平没有统计学显著差异[43]。根据最近一项研究报道，在连续暴露于平均梯度为 10 mT/cm 的稳态磁场 30 天后，自发性高血压模型雄性大鼠的焦虑水平低于对照组。此外，竖直向下方向的稳态磁场的影响比向上方向的更为明显[44]。此外，Shuo 等发现，Wistar 大鼠在连续暴露于 200 mT 稳态磁场 15 天（1 h/d）后，焦虑程度增加并伴有糖代谢异常（HK1 和 PFK1 下调）和脑部病理变化（核固缩、神经元水肿和血管周隙轻微增宽）[45]。我们的研究表明，11.0～33.0 T 稳态磁场降低了健康 C57BL/6 小鼠的焦虑和抑郁行为[40]。还发现，9.4 T 稳态磁场能提高甲磺酸伊马替尼治疗的肿瘤小鼠的抗焦虑、抗抑郁水平及探索活动[41]。由此可见，稳态磁场对啮齿动物的焦虑、抑郁和探索行为的具体影响受到多种因素的影响，包括稳态磁场参数、暴露时间和实验对象。

4. 空间学习和记忆

学习和记忆空间信息的能力是几乎所有动物的一项基本生存技能。水迷宫试验经常被用来测量啮齿动物的学习和空间记忆。Ammari 等发现 128 mT 稳态磁场导致大鼠在水迷宫测试中表现不佳，表明空间记忆受损[42]。同样地，Tkac 等发现暴露在 16.4 T 的稳态磁场下 4 周后，小鼠水迷宫的逃脱潜伏期明显长于对照组。但是 10.5 T 的稳态磁场无此现象[31]。然而，Khan 等研究显示，与假曝磁组小鼠相比，稳态磁场组小鼠有更短的逃逸潜伏期，这伴随着钙/钙调蛋白依赖性蛋白激酶 II（CaMKII）的表达升高[30]。我们的研究还发现，11.0～33.0 T 稳态磁场可以提高健康 C57BL/6 小鼠在水迷宫测试中的表现，表明稳态强磁场可以改善小鼠的学习和空间记忆[40]。

5. 与疼痛有关的行为

除了上述经常用于监测啮齿动物神经功能的行为试验外，还有一些其他的疼痛水平行为试验[46]。例如，扭体实验被经常用于测试啮齿动物的疼痛水平和药物或其他治疗的镇痛效果。Gyires 等报道说，在 0.6%醋酸诱导的小鼠扭体实验中，1.6 mT 和 0.16 T/m 的非均匀稳态磁场的镇痛效果与阿片类药物相当[47]。此外，定向擦嘴行为可作为实验大鼠牙齿移动后疼痛的可靠衡量标准[48]。Zhu 等发现，稳态磁场可以降低小鼠三叉神经节的疼痛水平并下调 P2X3 受体表达，而 P2X3 受体在牙齿移动疼痛的发展和维持中发挥着重要作用[49]。

13.3.2　稳态磁场对斑马鱼行为的影响

斑马鱼是一种很好的模式生物，已被用于检测稳态磁场对其行为的影响。例如，2014 年，Ward 等将成年斑马鱼暴露在水平方向 4.7 T 稳态磁场和竖直方向 11.7 T 稳态磁场下 2 min，发现其游泳速度增加、频繁盘旋、翻滚、潜水和其他行为，且与视觉和侧线毛细胞功能无关[50]。2016 年，Pais-Roldan 等发现，暴露在 14 T 稳态磁场下 2 h 可诱导斑马鱼幼体的耳石融合，进而改变了幼体游泳行为，包括活动减少、旋转运动以及无法保持正常游泳姿势。这一发现表明耳石融合直接影响到幼体的游泳和平衡能力。而稳态磁场可以导致斑马鱼耳石融合也为在脊椎动物中寻找磁感受器提供了新思路[51]。Ge 等报道说，斑马鱼幼体的自由游泳没有受到 9.4 T 稳态磁场暴露 24 h 的影响，除了反应发展延迟等更精细的视觉功能。而斑马鱼幼体的这种发育延迟在回到正常环境 1 天后便会消失（图 13.2）[52]。

13.3.3　稳态磁场暴露对其他动物行为的影响

除了啮齿动物和斑马鱼，研究人员还研究了其他动物在稳态磁场中的行为。例如，Rosen 和 Lubowsky 发现，在 0.12 T 稳态磁场暴露 50 s 后，成年猫视觉诱发反应的振幅和变异性明显下降，表明纹状体皮层的兴奋性下降[53]。Aguila 等使用 0.5 T 钕磁铁，报道了稳态磁场在经颅静磁场刺激（tSMS）下对麻醉后清醒的猕猴和猫的神经系统的影响。他们发现 tSMS 通过可逆地改变皮质感知和神经元活动，降低了猕猴的皮质兴奋性，减少了猫的神经元反应[54]。

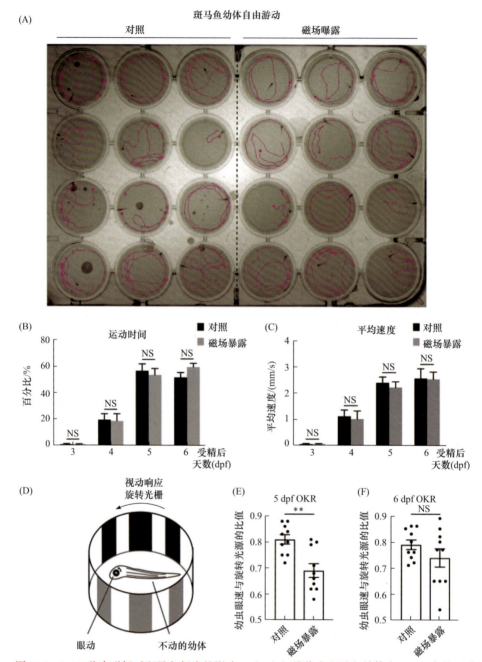

图 13.2   9.4 T 稳态磁场对斑马鱼行为的影响。（A）红线代表斑马鱼幼体在 1 min 内的运动情况；（B）、（C）斑马鱼在自由游泳实验中的平均游泳时间和速度；（D）斑马鱼眼动实验示意图，（E）、（F）斑马鱼幼体在受精后第 5 d 和第 6 d 的眼动实验结果。**代表 $p <$ 0.01。转载自参考文献[52]，开放获取

13.4　稳态磁场对人类神经系统的影响

13.4.1　与MRI有关的研究

目前，稳态强磁场已经被证明可以短暂地影响人类的神经系统，引起神经系统症状或影响行为。受试者在 MRI 检查后经常会有一些不适，如短暂但严重的眩晕、眼球震颤、金属味，以及在仪器内外均有的刺痛感[6]。有人提出，眩晕、眼球震颤和金属味与稳态磁场对前庭系统的干扰有关，而刺痛感则与梯度磁场在神经和肌肉中快速变化所产生的电场有关[55,56]。此外，这些症状也会随着更高的磁感应强度而加重，所以在 7 T MRI 中的个体可能会比在 1.5 T MRI 中经历更多不适[57]。MRI 附近的工作人员也报道了短暂的眩晕和平衡问题[58]。2013 年，41 名健康受试者在不同磁感应强度（1.5 T、3.0 T 和 7.0 T）的 MRI 后接受了广泛的神经心理学测试，如记忆、手眼协调和注意力等。在检查过程中，尽管受试者出现了短暂的症状，如头晕、眼球震颤、幻视和耳鸣，但三种类型的 MRI 都没有对受试者的认知功能造成严重损害[59]。有趣的是，当研究人员比较 10 名健康人和 2 名迷路功能障碍的患者在 3 T 和 7 T MRI 产生的稳态磁场中的眼球运动和刺痛时，他们发现所有健康人在 MRI 中都有强烈的眼球震颤，但迷路功能障碍的患者没有。这证明了迷路神经对于稳态磁场诱发的眼震的重要性。该研究还表明，眼球震颤强度不仅与稳态磁场磁感应强度成正比，而且还与稳态磁场方向和受试者的头部方向有关[60]。

目前研究表明，高场 MRI 产生的稳态磁场对人体神经系统是相对安全的。本书第 8 章表 8.1 和表 8.2 介绍了稳态磁场暴露的国际安全标准，将稳态磁场暴露上限定为 8 T。此外，研究人员发现暴露在 9.4 T MRI 产生的稳态磁场中，对健康志愿者的生命体征和认知能力无明显影响[61]。2020 年一项研究发现，除了眼动反应和金属味之外，疲劳、执行能力和工作记忆等认知功能并没有受到 10.5 T 高场 MRI 的明显影响（图 13.3）。其中，金属味明显与磁感应有关，随着场强增加而增加，眩晕感与磁感应呈弱相关。然而有趣的是，头晕目眩、紧张、复视、冷暖感都随着磁感应强度的增加而减少（图 13.4）[62]。

此外，对于孕妇和新生儿，加拿大的一份临床报道发现，在怀孕前三个月接受 MRI 检查的孕妇中，先天性发育异常无明显增加[63]。对于超高场 MRI，Budinger 和 Bird 指出，在 20 T 以下，脑部 MRI 和 MRS（磁共振波谱）在技术和人体安全方面都没有可预见的障碍[64]。

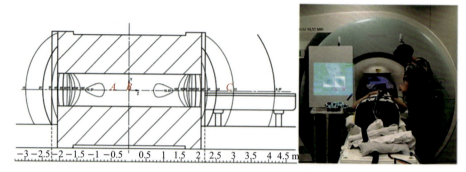

图 13.3　10.5 T 系统的图示（左）和一位受试者在进行成像研究前的照片（右）。对于身体研究，受试者的头部大约在 A 位置；对于头部研究，受试者的头部在 B 位置的中心。经许可转载自参考文献[62]

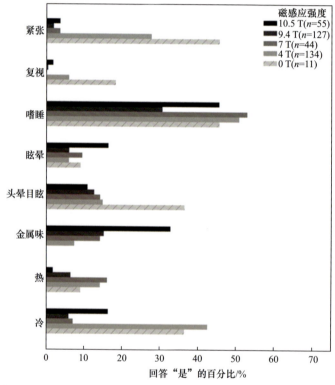

图 13.4　来自 0 T、4 T、7 T、9.4 T 和 10.5 T 的问卷调查结果。经许可转载自参考文献[62]

13.4.2 稳态磁场对人类神经系统影响的其他研究

除了 MRI，还有一些其他研究检测了稳态磁场对神经系统的影响。例如，有一些人体研究调查了稳态磁场对疼痛的影响，我们在 2021 年对这些研究进行了综述[46]，并对七项按疼痛评分评估稳态磁场镇痛效果的实验做了荟萃分析（图 13.5）。稳态磁场治疗与安慰剂对照之间效果的综合估计值具有边缘显著性，这表明稳态磁场治疗确实具有一定的镇痛效果。此外，我们最近发现增加磁感应强度可以直接显著提高磁场对多种小鼠疼痛模型的镇痛效果（未发表数据）。

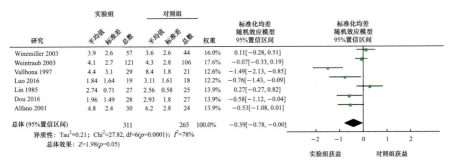

图 13.5 稳态磁场镇痛作用的森林图。这些研究中的磁感应强度范围为 0.02 ~ 0.4 T，经许可转载自参考文献[46]

研究人员也试图用 tSMS 探索稳态磁场对人类神经系统的影响。例如，在 2011 年，Oliviero 等记录了 11 名清醒受试者在 tSMS 前后 10 min 的运动皮层的单脉冲经颅磁刺激诱发的运动电位。他们发现运动皮层兴奋性平均降低了 25%，在 tSMS 结束后持续数分钟并与磁感应强度有关[65]。人们发现，tSMS 会降低人类前中央皮层的运动皮层兴奋性[66]，并能暂时改变皮层内的抑制系统[67]。此外，据报道，中等强度稳态磁场可以通过中枢神经系统调节免疫系统[68-70]，这在本书第 12 章有详细讨论。

13.5 讨论

目前有一些研究试图揭示稳态磁场如何影响神经系统。其中，研究最多的是稳态磁场通过前庭系统诱导的眼球震颤和眩晕。磁场对前庭刺激是由磁场与自然发生在迷路内淋巴液中的离子电流相互作用所产生的。Roberts 等对此进行了详细描述。他们认为，磁场产生洛伦兹力推动半规管顶端，导致眼球震颤，并强调内淋巴在传输离子电流和流体压力中的双重作用。同时，杯状的前庭器官作为一个压力传感器，使磁场能够引起眼震和眩晕（图 13.6）[60]。研究人员认为，前庭的结构和功能对研究动物和人类神经系统和磁场反应有很大意义[35, 36]。

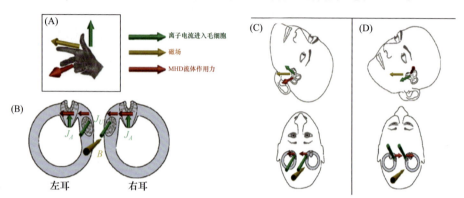

图 13.6　洛伦兹力的几何模型。（A）电流（绿色）、磁场（黄色）和所产生洛伦兹力（红色）之间的右手定则关系。（B）通过头顶看侧半规管、壶腹和椭圆囊的二维视图（垂直管道未显示），头部俯仰位置，产生的洛伦兹力向左（与图（C）方向相同）。如图（C）和（D）所示，椭圆囊力的贡献取决于头部在磁场中的俯仰位置。（C）同一头部俯仰位置的二维视图（椭圆囊电流矢量略微向上），产生的洛伦兹力作用于身体左侧。（D）头部俯仰位置（椭圆囊电流矢量略微向下），椭圆囊细胞洛伦兹力向右。转载自参考文献[60]，开放获取

在细胞水平上的结果是多变的。例如，有研究证明胞外调节蛋白激酶（ERK）和 c-Jun 氨基端激酶（JNK）分别在 5 T 稳态磁场暴露 1 h 的大鼠皮质神经元的分化活动和压力反应中被明显激活[71]。可能更深层次的原因是磁场诱导的静息膜电位的变化，这是一种微尺度的磁流体效应。稳态磁场也会影响细胞内 Ca^{2+} 浓度，表明这一机制涉及电压依赖的 Ca^{2+} 通道。一项研究报道了 4.74～43.45 mT 稳态磁场通过调节细胞内 Ca^{2+} 浓度，增加了小龙虾 LG 神经元的动作电位振幅[72]。在 8.08 mT O 型磁铁中暴露 30 min 后，LG 神经元的兴奋性突触后电位得到增强。这一结论被以下事实所证实，即无论是磁场处理的小龙虾电解液还是预先添加 Ca^{2+} 螯合剂和细胞内 Ca^{2+} 释放阻断剂都不能产生同样的效果[18]。

细胞膜中的磷脂、微管和肌动蛋白由于抗磁各向异性而导致的在稳态磁场中的取向至少是目前所观察到的稳态磁场生物学效应的部分原因。例如，Pall 发现了稳态磁场暴露后电压依赖性钙通道（VDCC）的活性以及细胞内钙和膜去极化的变化[73]。Eguchi 等发现施万细胞在暴露于 8 T 稳态强磁场 60 h 后发生平行排列。施万细胞肌动蛋白骨架也有同样排列，并且这种排列可以被鸟苷三磷酸酶 Rho

蛋白相关激酶所抑制[74]。

　　虽然目前关于稳态磁场镇痛作用的机制研究非常有限，但一些报道表明了膜受体以及电转导的参与（图 13.7）。例如，2012 年，Okano 等检测了体外蛙坐骨神经纤维，发现 0.7 T 稳态磁场可以使 C 型纤维的神经传导速度降低 5%[27]。作者推测，细胞膜和离子通道可能受到影响。虽然没有提供直接的分子水平的实验证据，但有趣的是，其他三项使用了膜受体激动剂、拮抗剂或膜受体表达水平本身而试图解决稳态磁场的镇痛机制的研究也均指向膜蛋白[46]。

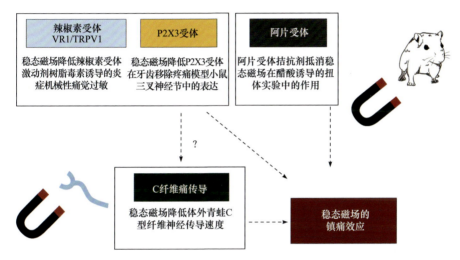

图 13.7　稳态磁场镇痛作用的潜在机制。经许可转载自参考文献[46]

13.6　结论

　　稳态磁场对神经系统的影响已引起越来越多的关注，但由于暴露对象、实验条件，包括稳态磁场参数（磁感应强度、方向、梯度、暴露时间等）和研究工具的不同，使我们无法对其确切影响得出明确结论。虽然稳态强磁场可能会短暂地干扰前庭器官，引起一些可逆转的不适感，但也有不少中等或强稳态磁场的积极作用被报道，如镇痛作用以及记忆和抗抑郁等精神状态的改善。因此，除了发掘其潜在机制，人们也应进行更多的研究来优化稳态磁场条件，以便我们在未来可以安全地将稳态磁场用于医学诊断以及相关治疗。

参 考 文 献

[1] Baillet S. Magnetoencephalography for brain electrophysiology and imaging. Nat Neurosci, 2017, 20(3): 327-339.

[2] Stefan H, Trinka E. Magnetoencephalography(MEG): Past, current and future perspectives for improved differentiation and treatment of epilepsies. Seizure, 2017, 44: 121-124.

[3] Hallett M. Transcranial magnetic stimulation: A primer. Neuron, 2007, 55(2): 187-199.

[4] Rossi S, Hallett M, Rossini P M, et al. Safety, ethical considerations, and application guidelines for the use of transcranial magnetic stimulation in clinical practice and research. Clin Neurophysiol, 2009, 120(12): 2008-2039.

[5] Pitcher D, Parkin B, Walsh V. Transcranial magnetic stimulation and the understanding of behavior. Annu Rev Psychol, 2021, 72: 97-121.

[6] Heilmaier C, Theysohn J M, Maderwald S, et al. A large-scale study on subjective perception of discomfort during 7 and 1.5 T MRI examinations. Bioelectromagnetics, 2011, 32(8): 610-619.

[7] Partonen T, Haukka J, Nevanlinna H, et al. Analysis of the seasonal pattern in suicide. J Affect Disord, 2004, 81(2): 133-139.

[8] Berk M, Dodd S, Henry M. Do ambient electromagnetic fields affect behaviour? A demonstration of the relationship between geomagnetic storm activity and suicide. Bioelectromagnetics, 2006, 27(2): 151-155.

[9] Nishimura T, Tsai I J, Yamauchi H, et al. Association of geomagnetic disturbances and suicide attempts in Taiwan, 1997-2013: A cross-sectional study. Int J Environ Res Public Health, 2020, 17(4).

[10] Pacini S, Vannelli G B, Barni T, et al. Effect of 0.2 T static magnetic field on human neurons: Remodeling and inhibition of signal transduction without genome instability. Neurosci Lett, 1999, 267(3): 185-188.

[11] Nakamichi N, Ishioka Y, Hirai T, et al. Possible promotion of neuronal differentiation in fetal rat brain neural progenitor cells after sustained exposure to static magnetism. J Neurosci Res, 2009, 87(11): 2406-2417.

[12] Wang Z, Che P L, Du J, et al. Static magnetic field exposure reproduces cellular effects of the Parkinson's disease drug candidate ZM241385. PLoS One, 2010, 5(11): e13883.

[13] Prasad A, Teh D B L, Blasiak A, et al. Static magnetic field stimulation enhances oligodendrocyte differentiation and secretion of neurotrophic factors. Sci Rep, 2017, 7(1): 6743.

[14] Ho S Y, Chen I C, Chen Y J, et al. Static magnetic field induced neural stem/progenitor cell early differentiation and promotes maturation. Stem Cells Int, 2019, 2019: 8790176.

[15] Perić-Mataruga V, Prolić Z, Nenadović V, et al. The effect of a static magnetic field on the morphometric characteristics of neurosecretory neurons and corpora allata in the pupae of yellow mealworm Tenebrio molitor(Tenebrionidae). Int J Radiat Biol, 2008, 84(2): 91-98.

[16] Nikolić L, Kartelija G, Nedeljković M. Effect of static magnetic fields on bioelectric properties of the Br and N1 neurons of snail Helix pomatia. Comp Biochem Physiol A Mol Integr Physiol,

2008, 151(4): 657-663.

[17] Nikolić L, Bataveljić D, Andjus P R, et al. Changes in the expression and current of the Na$^+$/K$^+$ pump in the snail nervous system after exposure to a static magnetic field. J Exp Biol, 2013, 216(Pt 18): 3531-3541.

[18] Yeh S R, Yang J W, Lee Y T, et al. Static magnetic field expose enhances neurotransmission in crayfish nervous system. Int J Radiat Biol, 2008, 84(7): 561-567.

[19] Cordeiro P G, Seckel B R, Miller C D, et al. Effect of a high-intensity static magnetic field on sciatic nerve regeneration in the rat. Plast Reconstr Surg, 1989, 83(2): 301-308.

[20] Yip Y P, Capriotti C, Norbash S G, et al. Effects of MR exposure on cell proliferation and migration of chick motoneurons. J Magn Reson Imaging, 1994, 4(6): 799-804.

[21] Hirai T, Yoneda Y. Functional alterations in immature cultured rat hippocampal neurons after sustained exposure to static magnetic fields. J Neurosci Res, 2004, 75(2): 230-240.

[22] Khodarahmi I, Mobasheri H, Firouzi M. The effect of 2.1 T static magnetic field on astrocyte viability and morphology. Magn Reson Imaging, 2010, 28(6): 903-909.

[23] Buemi M, Marino D, Di Pasquale G, et al. Cell proliferation/cell death balance in renal cell cultures after exposure to a static magnetic field. Nephron, 2001, 87(3): 269-273.

[24] Coots A, Shi R, Rosen A D. Effect of a 0.5-T static magnetic field on conduction in guinea pig spinal cord. J Neurol Sci, 2004, 222(1-2): 55-57.

[25] Valiron O, Peris L, Rikken G, et al. Cellular disorders induced by high magnetic fields. J Magn Reson Imaging, 2005, 22(3): 334-340.

[26] Yang Y, Yan Y, Zou X, et al. Static magnetic field modulates rhythmic activities of a cluster of large local interneurons in Drosophila antennal lobe. J Neurophysiol, 2011, 106(5): 2127-2135.

[27] Okano H, Ino H, Osawa Y, et al. The effects of moderate-intensity gradient static magnetic fields on nerve conduction. Bioelectromagnetics, 2012, 33(6): 518-526.

[28] Bodega G, Forcada I, Suárez I, et al. Acute and chronic effects of exposure to a 1-mT magnetic field on the cytoskeleton, stress proteins, and proliferation of astroglial cells in culture. Environ Res, 2005, 98(3): 355-362.

[29] Zhang B, Wang L, Zhan A, et al. Long-term exposure to a hypomagnetic field attenuates adult hippocampal neurogenesis and cognition. Nat Commun, 2021, 12(1): 1174.

[30] Khan M H, Huang X, Tian X, et al. Short- and long-term effects of 3.5-23.0 Tesla ultra-high magnetic fields on mice behaviour. Eur Radiol, 2022, 32(8): 5596-5605.

[31] Tkáč I, Benneyworth M A, Nichols-Meade T, et al. Long-term behavioral effects observed in mice chronically exposed to static ultra-high magnetic fields. Magn Reson Med, 2021, 86(3): 1544-1559.

[32] Agrawal Y, Carey J P, Della Santina C C, et al. Disorders of balance and vestibular function in US adults: Data from the National Health and Nutrition Examination Survey, 2001-2004. Arch Intern Med, 2009, 169(10): 938-944.

[33] Houpt T A, Carella L, Gonzalez D, et al. Behavioral effects on rats of motion within a high static magnetic field. Physiol Behav, 2011, 102(3-4): 338-346.

[34] Houpt T A, Kwon B, Houpt C E, et al. Orientation within a high magnetic field determines

swimming direction and laterality of c-Fos induction in mice. Am J Physiol Regul Integr Comp Physiol, 2013, 305(7): R793-803.

[35] Houpt T A, Cassell J A, Riccardi C, et al. Rats avoid high magnetic fields: Dependence on an intact vestibular system. Physiol Behav, 2007, 92(4): 741-747.

[36] Cason A M, Kwon B, Smith J C, et al. Labyrinthectomy abolishes the behavioral and neural response of rats to a high-strength static magnetic field. Physiol Behav, 2009, 97(1): 36-43.

[37] Berry R J, Bronson F H. Life history and bioeconomy of the house mouse. Biol Rev Camb Philos Soc, 1992, 67(4): 519-550.

[38] Battle D E. Diagnostic and statistical manual of mental disorders(DSM). CoDAS, 2013, 25(2): 191-192.

[39] Kiss B, Gyires K, Kellermayer M, et al. Lateral gradients significantly enhance static magnetic field-induced inhibition of pain responses in mice: A double blind experimental study. Bioelectromagnetics, 2013, 34(5): 385-396.

[40] Lv Y, Fan Y, Tian X, et al. The anti-depressive effects of ultra-high static magnetic field. J Magn Reson Imaging, 2022, 56(2): 354-365.

[41] Tian X, Wang C, Yu B, et al. 9.4 T static magnetic field ameliorates imatinib mesylate-induced toxicity and depression in mice. Eur J Nucl Med Mol Imaging, 2023, 50(2): 314-327.

[42] Ammari M, Jeljeli M, Maaroufi K, et al. Static magnetic field exposure affects behavior and learning in rats. Electromagn Biol Med, 2008, 27(2): 185-196.

[43] László J, Tímár J, Gyarmati Z, et al. Pain-inhibiting inhomogeneous static magnetic field fails to influence locomotor activity and anxiety behavior in mice: No interference between magnetic field- and morphine-treatment. Brain Res Bull, 2009, 79(5): 316-321.

[44] Tasić T, Lozić M, Glumac S, et al. Static magnetic field on behavior, hematological parameters and organ damage in spontaneously hypertensive rats. Ecotoxicol Environ Saf, 2021, 207: 111085.

[45] Tang S, Ye Y M, Yang L L, et al. Static magnetic field induces abnormality of glucose metabolism in rats' brain and results in anxiety-like behavior. J Chem Neuroanat, 2021, 113: 101923.

[46] Fan Y, Ji X, Zhang L, et al. The analgesic effects of static magnetic fields. Bioelectromagnetics, 2021, 42(2): 115-127.

[47] Gyires K, Zádori Z S, Rácz B, et al. Pharmacological analysis of inhomogeneous static magnetic field-induced antinociceptive action in the mouse. Bioelectromagnetics, 2008, 29(6): 456-462.

[48] Yang Z, Cao Y, Wang Y, et al. Behavioural responses and expression of P2X3 receptor in trigeminal ganglion after experimental tooth movement in rats. Arch Oral Biol, 2009, 54(1): 63-70.

[49] Zhu Y, Wang S, Long H, et al. Effect of static magnetic field on pain level and expression of P2X3 receptors in the trigeminal ganglion in mice following experimental tooth movement. Bioelectromagnetics, 2017, 38(1): 22-30.

[50] Ward B K, Tan G X, Roberts D C, et al. Strong static magnetic fields elicit swimming behaviors consistent with direct vestibular stimulation in adult zebrafish. PLoS One, 2014, 9(3): e92109.

[51] Pais-Roldán P, Singh A P, Schulz H, et al. High magnetic field induced otolith fusion in the

zebrafish larvae. Sci Rep, 2016, 6: 24151.

[52] Ge S, Li J, Huang D, et al. Strong static magnetic field delayed the early development of zebrafish. Open Biol., 2019, 9(10): 190137.

[53] Rosen A D, Lubowsky J. Magnetic field influence on central nervous system function. Exp. Neurol., 1987, 95(3): 679-687.

[54] Aguila J, Cudeiro J, Rivadulla C. Effects of static magnetic fields on the visual cortex: Reversible visual deficits and reduction of neuronal activity. Cereb. Cortex, 2016, 26(2): 628-638.

[55] De Wilde J P, Rivers A W, Price D L. A review of the current use of magnetic resonance imaging in pregnancy and safety implications for the fetus. Prog Biophys Mol Biol, 2005, 87(2-3): 335-353.

[56] Kim S J, Kim K A. Safety issues and updates under MR environments. Eur J Radiol, 2017, 89: 7-13.

[57] Hoff M N, McKinney A, Shellock F G, et al. Safety considerations of 7-T MRI in clinical practice. Radiology, 2019, 292(3): 509-518.

[58] Walker M, Fultz A, Davies C, et al. Symptoms experienced by MR technologists exposed to static magnetic fields. Radiol Technol, 2020, 91(4): 316-323.

[59] Heinrich A, Szostek A, Meyer P, et al. Cognition and sensation in very high static magnetic fields: A randomized case-crossover study with different field strengths. Radiology, 2013, 266(1): 236-245.

[60] Roberts D C, Marcelli V, Gillen J S, et al. MRI magnetic field stimulates rotational sensors of the brain. Curr Biol, 2011, 21(19): 1635-1640.

[61] Atkinson I C, Renteria L, Burd H, et al. Safety of human MRI at static fields above the FDA 8 T guideline: Sodium imaging at 9.4 T does not affect vital signs or cognitive ability. J Magn Reson Imaging, 2007, 26(5): 1222-1227.

[62] Grant A, Metzger G J, Van de Moortele P F, et al. 10.5 T MRI static field effects on human cognitive, vestibular, and physiological function. Magn Reson Imaging, 2020, 73: 163-176.

[63] Ray J G, Vermeulen M J, Bharatha A, et al. Association between MRI exposure during pregnancy and fetal and childhood outcomes. JAMA, 2016, 316(9): 952-961.

[64] Budinger T F, Bird M D. MRI and MRS of the human brain at magnetic fields of 14T to 20T: Technical feasibility, safety, and neuroscience horizons. NeuroImage, 2018, 168: 509-531.

[65] Oliviero A, Mordillo-Mateos L, Arias P, et al. Transcranial static magnetic field stimulation of the human motor cortex. J Physiol, 2011, 589(Pt 20): 4949-4958.

[66] Dileone M, Mordillo-Mateos L, Oliviero A, et al. Long-lasting effects of transcranial static magnetic field stimulation on motor cortex excitability. Brain Stimul., 2018, 11(4): 676-688.

[67] Nojima I, Koganemaru S, Fukuyama H, et al. Static magnetic field can transiently alter the human intracortical inhibitory system. Clin. Neurophysiol., 2015, 126(12): 2314-2319.

[68] Janković B D, Jovanova-Nešić K, Nikolić V. Locus ceruleus and immunity. III. Compromised immune function(antibody production, hypersensitivity skin reactions and experimental allergic encephalomyelitis) in rats with lesioned locus ceruleus is restored by magnetic fields applied to the brain. Int J Neurosci, 1993, 69(1-4): 251-269.

[69] Janković B D, Jovanova-Nesić K, Nikolić V, et al. Brain-applied magnetic fields and immune response: Role of the pineal gland. Int J Neurosci, 1993, 70(1-2): 127-134.

[70] Janković B D, Marić D, Ranin J, et al. Magnetic fields, brain and immunity: Effect on humoral and cell-mediated immune responses. Int J Neurosci, 1991, 59(1-3): 25-43.

[71] Prina-Mello A, Farrell E, Prendergast P J, et al. Influence of strong static magnetic fields on primary cortical neurons. Bioelectromagnetics, 2006, 27(1): 35-42.

[72] Ye S R, Yang J W, Chen C M. Effect of static magnetic fields on the amplitude of action potential in the lateral giant neuron of crayfish. Int J Radiat Biol, 2004, 80(10): 699-708.

[73] Pall M L. Electromagnetic fields act via activation of voltage-gated calcium channels to produce beneficial or adverse effects. J Cell Mol Med, 2013, 17(8): 958-965.

[74] Eguchi Y, Ogiue-Ikeda M, Ueno S. Control of orientation of rat Schwann cells using an 8-T static magnetic field. Neurosci Lett, 2003, 351(2): 130-132.

第 14 章
稳态磁场长期暴露的生物学效应

通常人们仅在短时间内暴露于稳态磁场，但在越来越多的情形下，包括植入患者体内的磁体、磁疗以及磁共振成像工作人员的职业暴露等，都使得人体对磁场的长期暴露变得不可避免。这种磁场暴露的潜在影响及相应机制也引发了广泛的实验研究。本章我们收集了连续或间歇性稳态磁场暴露超过两周的动物和人类实验数据。我们发现长期暴露于中度强度稳态磁场在动物模型中有着多方面影响，包括血压和血糖调节、疼痛缓解、促进骨形成等。同时，持续暴露与间歇性暴露、人体实验结果与流行病学研究之间也存在着差异。迄今为止的大多数动物和人类研究表明，稳态磁场长期暴露的健康风险微乎其微，甚至在中等强度磁场条件下会有一些益处，但仍有一些值得注意的例外。为了更好地利用稳态磁场，人们仍需更多的研究以全面评估各种稳态磁场对不同生理和病理条件的长期生物学效应。

14.1 引言

磁场可根据其参数分为多种类型。其中，在一定时间内磁感应强度和方向不变的恒定磁场被称为稳态磁场。例如，地球被 $25\sim65~\mu T$ 的地磁场包围，这是一种在一定时间和范围内静止的近均匀稳态磁场，但同时也会受到太阳风等的影响，因此并非绝对稳态。除此之外，稳态磁场在日常生活中还有许多应用，例如，磁共振成像机器的核心部分、核磁共振（NMR）光谱仪和 MagLev 磁悬浮列车。在过去几十年中，稳态磁场暴露的场景逐渐增多，因此稳态磁场与生物体之间的相互作用成为一个快速发展的研究方向。

目前，有几种比较有说服力的生物物理机制可以解释稳态磁场对生物体的影响，包括与离子传导电流的电动力学相互作用、均匀磁场中磁各向异性结构的取向性、梯度磁场中的顺磁或铁磁性物质所受的平移力以及化学反应的改变[1-4]。尽管理论相对简单，但由于生物系统的复杂性和研究中磁场参数的多变性，对各种实验现象的解释非常复杂，并且实验结果存在差异，这已在本书第 1 章中进行了细致讨论。

目前主要有两类人可能长期或反复接触稳态磁场。其中一类为职业暴露，包括在医院进行 MRI 检查的职工以及磁铁工厂的工人等。另一类则包括使用磁场来缓解疾病症状或改善健康的人群。例如，在胸骨上植入磁铁并与外部磁性支架配对，可以用于治疗漏斗胸患者[5]，或在胃食管反流病（GERD）患者的远端食道周围植入磁铁[6]（图 14.1），这两者都属于磁外科范畴。也有许多人使用基于稳态磁场的磁性床垫和手镯等。因此，了解磁场的长期生物学效应及其对人体的确切作用至关重要。

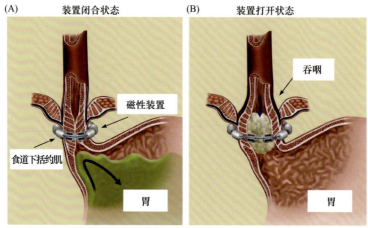

图 14.1　已在人体上使用多年的磁性括约肌增强装置（LINX 回流管理系统，Torax Medical，Shoreview，MN，USA）。（A）处于关闭状态的装置；（B）处于打开状态的装置。（图片摘自参考文献[7]）

在本章中我们对动物和人类长期暴露于稳态磁场（持续或间歇暴露≥两周）的研究进展进行总结，其中，我们需要特别关注实验中详细的磁场参数，这在本书的前几章中已被证明非常关键。我们对这些实验结果进行详细分析，以期更好地理解稳态磁场对活体生物的长期生物学影响以及未来的进一步应用。

14.2　动物实验

本节筛选了暴露于稳态磁场超过两周的研究，并进一步区分为连续暴露（每天 24 h）和间歇暴露（每天接触几分钟至数小时）。大多数动物研究使用了啮齿类作为研究对象，其他动物模型如斑马鱼、鳉鱼和海洋底栖动物也有相关报道。

14.2.1　连续暴露

本部分介绍动物连续暴露于稳态磁场每天 24 h 并超过两周，包括了非植入式暴露和植入式暴露。

1. 非植入式暴露

非植入式暴露指的是永磁体或电磁铁等磁性装置未被植入动物或人体内，而是被放置在动物或人体外部，以便稳态磁场可以穿透整个身体或特定目标区域（图 14.2）。这种途径实际上是磁生物学研究的最常见的方法。表 14.1 总结了动物持续暴露于稳态磁场所受到的影响，包括生殖系统、血压和疼痛缓解等方面。

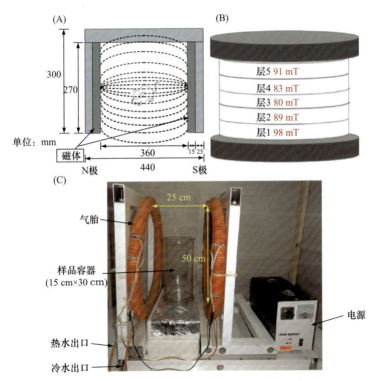

图 14.2　非植入式暴露研究所用稳态磁场装置示例。两个永磁体放置在（A）小鼠笼的相对侧（图片摘自参考文献[8]）；（B）盛有鱼胚胎的盘子的上下两侧（图片摘自参考文献[9]）。（C）用于产生电磁场的装置（图片摘自参考文献[10]）

在表 14.1 中，我们可以看到关于生殖系统的多项研究。事实上由于生殖系统对外界刺激相较其他系统更加敏感和脆弱，所以人们一直担心磁场等环境条件会对其产生影响。一项关于海洋底栖动物的研究表明，春季繁殖季的贻贝在 3.7 mT 稳态磁场中饲养 3 个月时，性腺指数和状况指数与对照组无显著差异[11]。暴露于高达 100 mT 稳态磁场 15 天的鳉鱼胚胎体内发育未显示任何异常[9]。Tablado 等将小鼠暴露于 0.7 T 稳态磁场中 35 天，未观察到其睾丸或附睾重量的变化，精子头部大小也未受影响[13,14]。然而，精子头部异常（缺少钩）的百分比有所增加[14]。Tablado 等还表明，怀孕小鼠暴露于 0.5～0.7 T 稳态磁场不会改变幼崽的身体或睾丸-附睾重量的增加[12]。尽管目前少有异常报道，但由于相关研究数量有限，明确长期暴露于稳态磁场对生殖系统的确切影响仍需更多研究。读者可参考我们前期撰写的一篇关于稳态磁场对生殖系统影响的综述，其中包括了对各种稳态磁场暴露参数的讨论[28]。

表 14.1　动物模型中连续长期稳态磁场暴露（非植入式）的影响

动物模型	磁体类型	磁感应强度	曝磁时间	效果	分类	参考文献
贻贝	电磁铁	0.0037 T	3 个月	性腺指数和状况指数无变化		[11]
青鳉鱼		约 0.1 T	15 d	对胚胎发育无影响		[9]
Of₁ 小鼠		0.5～0.7 T	妊娠至分娩	幼崽的身体或睾丸-附睾重量增加无变化	生殖系统	[12]
				睾丸或附睾重量无变化		[13]
Of₁ 小鼠		0.7 T	35 d	精子头部大小无变化，但精子头部异常增加		[14]
自发性高血压大鼠		0.005 T		抑制和延迟血压升高		[15]
Wistar-Kyoto 大鼠		0.025 T	12 周	逆转利血平引起的血压下降症状		[16]
自发性高血压大鼠	永磁体	0.01 T, 0.025 T		抑制和延缓高血压的发展	血压调节	[17]
Wistar 大鼠		0.012 T	10 周	抑制交感神经兴奋剂引起的高血压和血流动力学变化		[18]
自发性高血压大鼠		0.016 T	30 d	降低动脉血压，增强压力感受器反射敏感性		[19]
Sprague-Dawley 大鼠		0.03 T（范围 0.02～0.08 T）	12 周	缓解疼痛，增加活动性和骨矿物质密度	疼痛缓解	[20]
			4 周	改善血液流动和反应速度，缓解疼痛		[21]
Wistar 大鼠			12 周	抑制骨密度降低	骨骼系统	[8]
C57BL/6J 小鼠		0.6 T	21 d	减少全反式维甲酸诱导的骨质流失		[22]
			3 个月	减少地塞米松引起的骨质疏松		

续表

动物模型	磁体类型	磁感应强度	曝磁时间	效果	分类	参考文献
Wistar 大鼠		0.001 T	50 d	增加 ATP 酶、AChE 活性和 MDA 水平	突触小体	[23]
BKS-Lepr^{db}/J 小鼠	永磁体	0.015 T	10 周	促进糖尿病伤口愈合		[24]
C57BL/6J 小鼠		0.1 T	12 周	预防高血糖、体重增加、脂肪肝	糖尿病并发症	[25]
Sprague-Dawley 大鼠		0.18 T	19 d	促进糖尿病伤口愈合，增强伤口拉伸强度		[26]
C57BL/6 小鼠	超导磁体	2～12 T	28 d	生理指标无差异	安全性研究	[27]

　　除了关于生殖系统的影响，还有一些研究探讨了稳态磁场在血压调节中的作用。2003 年，Okano 等发现 3.0～10.0 mT 或 8.0～25.0 mT 稳态磁场暴露 12 周可抑制和延缓自发性高血压大鼠的高血压发展[17]。他们的后续研究发现，5 mT 即可产生相同降压效果，但当磁场降至 1 mT 后则该效果消失[15]。Tasić 等于 2017 年证实了这一结论[19]。另有研究表明，将环形柔性橡胶磁体戴在腹腔注射了苯肾上腺素和多巴酚丁胺的大鼠颈部 10 周，可以显著降低兴奋剂诱发的高血压[18]。然而有趣的是，Okano 等比较了 25 mT 稳态磁场对正常血压和低血压大鼠的影响。他们发现，25 mT 稳态磁场在 3 个月暴露期内不会引起正常小鼠任何心血管变化，但可以显著抑制利血平引起的低血压[16]。这些研究表明了一个有趣但同时也让人迷惑的现象，即稳态磁场可能并不会影响正常血压的动物，但会影响其病理条件下的血压。换而言之，稳态磁场似乎能够"恰当地"调节这些动物的血压，通过升高或降低血压使其恢复到正常水平。然而我们也需要注意的是，关于血压调节的研究很多都是由同一课题组开展的。因此，稳态磁场对血压的这种有趣的调节机制还需要进行更多深入的研究来证明。

　　另外，还有研究探索了稳态磁场对生物的其他影响，包括疼痛缓解、骨骼系统、伤口愈合和糖尿病并发症等方面。例如，30 mT 稳态磁场暴露 12 周在佐剂性关节炎大鼠上不仅具有止痛效果，而且还增加了其骨矿物质密度（BMD）[20]。Taniguchi 等使用相同实验条件，发现稳态磁场治疗可以抑制卵巢切除术（OVX）诱导的骨密度降低，这表明稳态磁场有可能用于对抗绝经后妇女更年期症状[8]。关于这一机制 Chen 等提出，磁场是通过影响骨髓间充质干细胞的分化来影响骨形成[22]。疼痛缓解则可能是由于稳态磁场引起的血流改善[21]。长期稳态磁场暴露还会增加大鼠突触体中的 ATP 酶、AChE（乙酰胆碱酯酶）活性和 MDA（丙二醛）水平[23]。此外，研究还表明长期稳态磁场处理可以对糖尿病创面愈合和其他糖尿病并发症产生积极影响[24-26]。

需要指出的是，由于实验装置的限制，大多数关于稳态磁场长期暴露的研究都使用了小于 1 T 的磁场。然而，有一项研究利用大口径超导磁体探索了小鼠连续 28 天暴露于稳态强磁场（2～12 T）的生物学效应。实验结果表明，暴露后小鼠的体重、脏体比或主要器官的组织形态学并无明显差异[27]。该实验为稳态强磁场在医学中的未来发展提供了必要的生物安全信息。

2. 植入式暴露

随着磁外科技术的发展，长期磁体植入已被证明有助于治疗多种疾病，如漏斗胸[5, 6]和胃食管反流病[6]等。此外，许多研究报道了中等稳态磁场对骨骼系统、免疫系统和神经系统有积极影响，这已在本书的第 11 章、12 章和 13 章中进行了讨论。为了在未来医学中充分利用稳态磁场，人们有必要探索长期磁体植入的安全性及其生物学效应。

有多项研究使用植入磁体来检查其对骨骼系统的影响（表 14.2）。1998 年，Yan 等在大鼠双侧股骨中植入了磁化的锥形棒，植入 12 周后大鼠的骨密度和骨钙含量与未磁化组相比都有所增加[29]。在相同稳态磁场磁感应强度下处理 21 天也可改善成骨[30]。在 OVX 大鼠植入小圆盘磁体 6 周（磁感应强度最大为 180 mT）也可起到显著增加骨密度值、改善腰椎骨质疏松的效果[31]（图 14.3）。一些研究人员认为，稳态磁场促进骨骼形成的根本原因是改善了侧支循环和血液循环。结扎股动脉的缺血性大鼠的骨密度和体重降低，而这些情况在植入 180 mT 磁体后第 3 周可以逆转[32]。

表 14.2　动物模型中连续长期稳态磁场暴露（植入永磁体）的效果

动物模型	磁感应强度	时间	效果	分类	参考文献
Wistar 大鼠	0.01～0.017 T	7 d	牙周膜宽度增加与牙根吸收	正畸牙齿移动	[33]
		14 d	牙齿移动无差异		
	0.06 T	14 d	增加 CD4+淋巴细胞的数量	免疫应答	[34]
		24 d	增加胸腺大小、血凝素滴度和		
		34 d	CD4+淋巴细胞数量		
		25 d	在正常和松果体切除的大鼠中，增加斑块形成细胞的数量和血凝素滴度，前者更明显		[35]
大鼠		21 d	增强正常大鼠的免疫反应，消除蓝斑破坏引起的免疫抑制		[36]

续表

动物模型	磁感应强度	时间	效果	分类	参考文献
Wistar 大鼠	0.16 T	3～7 周	增加血管运动幅度	血流动力学与血管收缩	[37]
自发性高血压大鼠		8 周	增加尼卡地平引起的低血压		[38]
		6 周	增强尼卡地平引起的低血压		[39]
Wistar 大鼠	0.18 T	12 周	增加骨密度和骨钙含量	骨骼系统	[29]
		21 d	提高体内成骨能力		[30]
		6 周	提高骨密度值，对骨质疏松腰椎有临床疗效		[31]
		3 周	增加骨密度和体重		[32]
			增加骨密度和侧枝循环		[40]

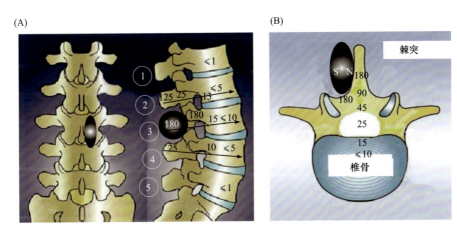

图 14.3　植入式稳态磁场暴露示例。（A）磁体植入腰椎及（B）磁场空间分布（单位：mT）。
（图片经许可摘自参考文献[32]）

　　另有研究表明，稳态磁场可以影响血流动力学。2005 年，Okano 等研究了中等强度稳态磁场和尼卡地平的联合作用，发现稳态磁场显著增加了尼卡地平引起的低血压[38]。他们随后的研究表明，稳态磁场可能通过 Ca^{2+} 通道更有效地拮抗 Ca^{2+} 内流，或通过上调诱导型一氧化氮（NO）合酶，从而增强尼卡地平诱导的低血压[39]。血管向内生长是成骨先决条件，而磁化棒植入 3～7 周后不仅会增加血流动力学，还会增加血管舒缩[37]。因此，目前有限的研究结果表明，磁棒植入可能通过改变血流动力学、Ca^{2+} 内流和血管收缩来增加骨密度。这些研究中的永磁体无论是棒状还是圆盘状，都具有约 180 mT 的最大磁感应强度，可能是由于这些实验中磁体的大小限制了其磁感应强度的上限。在不同磁场条件下进行更多研究以进行验证和改进，将会有助于稳态磁场（特别是来自永磁体的稳态磁场）在医学中的未来发展与应用。

还有一些关于磁场及其植入方式对免疫影响的研究，这在本书的第 12 章中已进行了详细讨论。应指出的是，理论上稳态磁场中动物的运动可以产生电流，从而产生更多的生物学效应[41]。然而，目前没有明确证据表明非植入实验和植入实验之间存在显著差异，这可能是因为大多数研究中的稳态磁场不够强，或动物自身在磁场中并没有进行活跃的活动。

14.2.2　间歇暴露

由于在现实中，一段时间内的间歇性稳态磁场暴露比连续暴露更方便可行，因此许多研究都是以这种方式进行（表 14.3）。人们使用了不同类型稳态磁场发生装置，包括较低磁感应强度的永磁体和常规电磁铁，以及较高磁感应强度的超导磁体和水冷磁体。

表 14.3　间歇暴露

动物模型	磁体类型	磁感应强度	曝磁时间	效果	参考文献
Sprague-Dawley 大鼠		0.004 T	2 h/d, 16 周	预防 T1DM 大鼠骨结构退化和强度降低	[46]
C57BL/6 小鼠		0.005 T	第一天 8 h，随后 2 h/d, 14 d	无听力损失	[47]
斑马鱼		0.0025 T, 0.005 T, 0.0075 T	1 h/d, 3 周	降低性激素的浓度	[48]
	电磁铁		1 h/d, 30 d	增加血红蛋白、红细胞、白细胞和血小板数量	[49]
Wistar 大鼠		0.128 T	1 h/d, 15 d	降低红细胞计数、血红蛋白和红细胞压积值	[50]
			1 h/d, 30 d	对附睾精子计数、精子活力和生殖器官重量无影响	[51]
				增加大鼠大脑皮层和海马的氧化应激	[52]
Balb/c 小鼠	永磁体	最高值 0.4767 T	30 min/d, 2 周	抑制神经性疼痛的敏感性增加	[42]
CD1 小鼠			30 min/d, 6 周	降低血糖水平	[43]

续表

动物模型	磁体类型	磁感应强度	曝磁时间	效果	参考文献
C57BL/6 小鼠	永磁体	最高值 0.4767 T	40 min/d，17 d	改善脂多糖诱导的小鼠早产（PTB）	[44]
BALB/c 小鼠		0.4～0.5 T	6 h/d，38 d	抑制 GIST-T1 肿瘤生长	[45]
Wistar 大白鼠	MRI 产生的稳态磁场	距 1.5 T MRI 的开口 50 cm，约 0.2 T	12 h/d，8 周	骨微结构和维生素 D 代谢恶化	[53]
C57BL/6J 小鼠		1.5、7 T	75 min/d，18 d	对后代无有害影响	[54]
		7 T		情绪行为、空间或情绪学习无变化	[55]
C57BL/6 小鼠		16.4 T	3 h/d，每周 2 次，4 周	损害前庭系统	[56]
			3 h/d，每周 2 次，8 周		

有很多实验利用了约 0.5 T 磁感应强度的永磁体。Antal 和 László 发现，最大磁感应强度为 476 mT 的由永磁体提供的磁场对慢性疼痛有用。他们发现每天 30 min 持续两周的磁场处理并不能阻止机械异常性疼痛的发展，但可以抑制神经性疼痛的敏感性增加[42]。此外，与糖尿病小鼠对照组相比，在相同实验条件下暴露 6 周可显著降低血糖水平[43]。他们还证明每天 40 min 全身暴露于稳态磁场可改善脂多糖（LPS）诱导的小鼠早产（PTB）[44]。Tian 等使用表面磁感应强度最大为 0.5 T 的永磁体（磁场方向竖直向上，每天 6 h，持续 38 天），发现可以抑制裸鼠中 GIST-T1 肿瘤生长 19.3%[45]。在这些研究中并未发现不良反应。

电磁铁产生的不同强度稳态磁场影响更为多样。有实验表明，4 mT 稳态磁场暴露 16 周（2 h/d）可防止 1 型糖尿病大鼠的骨结构恶化和强度降低[46]。2h/d 5 mT 稳态磁场暴露 14 天对噪声引起的听力损失无损害，作者提出，尽管稳态磁场最初促进了活性氧水平，但随后也加速了抗氧化酶的激活，这些综合作用最终导致听力损失的变化微乎其微[47]。另有实验表明在稳态磁场和镉（Cd）的联合作用下，大鼠大脑皮层和海马氧化应激有所增加[52]。此外，尽管 128 mT 稳态磁场暴露 30 天后对附睾精子计数、精子活力或生殖器官重量无影响[51]，但暴露于 2.5 mT、5 mT、7.5 mT 的斑马鱼皮质醇水平升高，性激素浓度降低[48]。因此，正如我们最近在综述中所讨论[28]，关于电磁铁对生殖系统的影响还需开展更多研究。此外，稳态磁场对血液学参数的影响也不一致。Amara 等和 Elferchichi 等都使用了 128 mT 稳态磁场，前者的实验发现亚急性暴露（1 h/d，5 天）不会改变血液学参数，但连续暴露 30 天会显著增加血红蛋白、红细胞、白细胞和血小板数量[49]。而 Elferchichi 等发现，每天 1 h 连续 15 天稳态磁场处理会降低红细胞计数、血红蛋白和红细胞压积值[50]。

MRI 产生的稳态磁场的效果也有不同。一项研究中怀孕小鼠在整个怀孕期间均暴露在 MRI 磁体孔开口（1.5 T 和 7 T，75 min/d，18 天），并未观察到对怀孕率、畸形、性别分布或后代产后死亡的影响[54]，也未观察到在情绪行为、空间或情绪学习方面的影响[55]。然而也有一些不利生物学效应的报道。例如，暴露于 16.4 T 稳态磁场（每天 3 h，每周 2 次）4 周和 8 周都会导致小鼠前庭系统受损[56]。夜间置于距离 1.5 T MRI 设备磁体孔开口 50 cm 位置的稳态磁场暴露组（12 h/d，8 周，实际磁场约 200 mT）的骨微结构和维生素 D 代谢会有所恶化，体现为平均皮质厚度、平均小梁壁厚度、每平方毫米的骨小梁数量和平均维生素 D 水平均有所降低[53]。

14.3 人体实验

由于实验、伦理和法规的限制，目前只有少数研究关注了人类稳态磁场长期暴露的影响（表 14.4），包括正畸牙齿移动和疼痛缓解等，这两方面研究都没有显示出有害效果，部分情形下甚至会有益。例如，Bondemark 等研究了稳态磁场对人类牙髓和牙龈的影响。首先在 1995 年，他们在 7 位受试者的第一上颌前白齿和邻近牙龈组织附近黏接最大磁感应强度为 0.09 T 的磁体 8 周，发现不会导致人类牙髓或牙龈组织学任何可检测的变化[57]。1998 年，他们将强度稍高的磁体黏结到 8 名受试者的上前白齿颊面上 9 个月，发现稳态磁场不会影响人类颊黏膜[58]。2003 年，Weintraub 等将 375 名 II 或 III 期糖尿病周围神经病变（DPN）患者随机分组，实验组穿着磁化鞋垫（45 mT）连续 4 个月。他们的结果表明，磁化鞋垫可以减少麻木、刺痛和运动引起的足部疼痛[59]。然而，其他研究人员评估了 11 名脊柱畸形和背痛的受试者，发现每周 10 次每次 30 min 非均匀稳态磁场的局部暴露对疼痛感知没有临床显著影响[60]。

表 14.4 使用永磁体的人体实验

受试者	磁感应强度	曝磁时间	效果	参考文献
七个人的前白齿和邻近牙龈组织	0.01～0.09 T	8 周，连续	人类牙髓和牙龈无组织学可检测到的变化	[57]

续表

受试者	磁感应强度	曝磁时间	效果	参考文献
八个人的上颌前磨牙颊面	0.08~0.14 T	9 个月，连续	无角化增加或其他表面异常迹象	[58]
糖尿病周围神经病变（DPN）患者的足部	0.045 T	4 个月，磁化鞋垫，间歇	减少麻木、刺痛和运动引起的足部疼痛	[59]
脊椎畸形和背痛患者	0.192 T	30 min/周，10 周，间歇	对疼痛无临床影响	[60]
100 名胃食管反流病（GERD）患者	N/A	植入时间中值 3 年（从 378 d 至 6 年）	减少远端食管酸暴露，改善持续症状，无实质性或新的安全问题	[61]
1000 名 GERD 患者	N/A	植入时间中值 274 d	无术中并发症，无器械移位或故障	[62]
85 名 GERD 患者	N/A	5 年	无设备腐蚀、迁移或故障，改善防回流屏障	[7]

　　事实上，在人体上稳态磁场长期暴露最好的研究实例之一是磁括约肌增强装置（MSAD），这是一种用于治疗胃食管反流病的可植入装置（图 14.1）[7]，在世界范围内有着广泛应用。除了在临床上能有效治疗胃食管反流病外，还有几项关于此类治疗安全性的研究。例如，在 6 年期间对 100 名患者进行的一项调查显示，MSAD 可安全、长期地减少食管酸暴露，并显著改善症状[61]。对首批 1000 名接受 MSAD 治疗的患者进行的另一项安全性分析也证实了该装置和植入技术本身的安全性[62]。此外，一项针对 85 名植入了这种磁性装置的受试者的研究表明，它有效地改善了抗回流屏障并在五年内没有出现新的安全风险[7]。

14.4　流行病学研究

　　大多数动物和人类研究表明，长期接触稳态磁场无明显影响，甚至在有些方面是有益的，但令人感兴趣和担忧的是，一些以问卷形式开展的研究则揭示了一些可能存在的潜在风险（表 14.5）。例如，关于高血压与 MRI 产生的稳态磁场暴露之间关系的调查表明，二者可能相关[63]。Schaap 等还观察到，在使用 1.5 T、3.0 T 和 7.0 T MRI 扫描仪的人员中，MRI 磁感应强度与报道的症状（主要是眩晕）之间存在正相关[64]。Ghadimi 等设计了一份问卷以收集 120 名 MRI 人员的信息，发现与对照组相比，MRI 工作者的不良反应频率增加，头痛、睡眠问题、心悸、疲劳和注意力问题等症状的比例更高[65]。这些调查表明，稳态磁场的职业暴露可能与健康问题有一定相关性，并且与暴露时间相比，磁感应强度似乎是一个主要影响因素。然而，这些研究没有排除其他混杂变量的影响，包括环境污染物以及 MRI 从业者自身的潜在偏见等。

表 14.5　MRI 职业暴露的流行病学研究

研究对象	磁感应强度	效果	参考文献
14 家临床和研究 MRI 设施的 361 名员工	1.5 T, 3.0 T 和 7.0 T	MRI 磁感应强度与报道症状（如眩晕）之间存在正相关	[64]
MRI 制造厂的男性员工	累计曝磁剂量≥7.4 K T·min	高血压的发生可能与稳态磁场暴露有关	[63]
120 名 MRI 人员	高达 0.5 T	有较高比例如头痛、睡眠问题、心悸、疲劳和注意力问题的症状	[65]

14.5　讨论

我们对稳态磁场不同方式长期暴露的生物学效应进行了总结。有趣的是，连续暴露与间歇性暴露之间存在一些差异。连续稳态磁场暴露大多显示出微乎其微的或是有益的影响，而间歇性暴露的结果则具有高度的可变性。我们认为这主要有两个原因。

首先，由于实验装置的限制，大多数连续稳态磁场暴露实验都使用了永磁体，而间歇曝磁实验则使用了包括永磁体、电磁体等各种不同类型的磁体。有趣的是，实验观测到的不利影响似乎集中于涉及电磁体的研究。考虑到电磁装置可能会产生额外的热量、噪声和弱电场等因素，目前很难确定这些不良影响是否由这些干扰因素所致。同样由于实验装置的限制，大多数连续的稳态磁场暴露实验都使用了中等强度的磁场，而间歇暴露的磁感应强度这一变量则各不相同，而更高的磁感应强度产生更多的效果也比较合理。

其次，连续暴露与间歇暴露之间的差异可能涉及一般适应综合征（GAS）。研究表明，生物体对压力刺激的反应强度可随时间波动，这被称为 GAS。在连续暴露中这种刺激只发生一次，但在间歇性暴露中刺激会反复发生，这可能会使生物系统更难恢复稳态。可以佐证这一假设的是，即便使用相同类型的磁场设备及磁感应强度，连续和间歇暴露于交变磁场的影响也是不同的。例如，一项研究表明，间歇性电磁场（1 min 开/关循环，每 2 h 重复 10 次，每天 6 次，共 2 天）与 NO 的联合使用会增加细胞死亡，但与 NO 联合使用的连续 48 h 暴露则不会增加细胞死亡[66]。1993 年，研究人员研究了 45 Hz 磁场对大脑功能的影响，其中 10 名志愿者暴露于连续磁场，10 名志愿者则接受 1 h 的间歇性暴露（1 s 开/关循环）。大多数脑电图测量值的变化是在间歇性暴露后观察到的，而相同振幅和频率的连续暴露则未产生显著变化[67]。

在人类研究中，尽管目前的实验结果没有显示出不良影响，但通过 MRI 工作者问卷的流行病学研究报道了高血压、头痛、睡眠障碍和其他健康问题的出现。我们认为至少有四个原因。首先，MRI 中的磁场高于大多数实验研究，并且站在 MRI 机器旁的工作人员所暴露的磁场存在明显梯度。这两者都可能造成更显著的生物学效应。其次，接受调查的大多数 MRI 工作者已经使用 MRI 设备多年，因此暴露时间要长得多。再次，由于 MRI 工作者反复且间歇性地暴露在磁场中，我们上面提到的一般适应综合征也适用于这种情况。最后，问卷调查也很难排除心理因素。

值得一提的是，尽管现有的研究表明大多数长期稳态磁场暴露不会对动物或人类造成严重有害的影响，但我们仍需要额外关注并开展更多的研究。事实上，我们最近发现，即使是永磁体产生的中等强度稳态磁场也可能在某些特殊条件下对生物体产生有害影响。例如，摄入大量酒精的小鼠的健康状况会因连续暴露于约 0.1 T 的竖直向上的近均匀稳态磁场（永磁板提供的约 4.5×10^{-3} Wb 的磁通量）而恶化，但不会发生在竖直向下的近均匀稳态磁场中[68]。相比之下，当使用健康小鼠和相同的稳态磁场时，即使是连续暴露多年，小鼠的健康状况也不会受到损害，甚至还有所改善[69]。这些稳态磁场也改善了饮用少量酒精的小鼠的健康状况。我们于前文中也讨论过稳态磁场对暴露前不同血压水平的小鼠的影响也完全不同。因此，生物体自身的状态可能也是决定稳态磁场暴露效果的一个非常重要的因素。此外，据报道，0.7 T 稳态磁场暴露 35 天可能会导致精子头部异常，这也应引起警觉及后续投入更多的研究[14]。

14.6　结论

在本章中，我们回顾了动物和人类连续或间歇性暴露于稳态磁场超过两周所产生的生物学效应。大多数研究均在动物模型上开展，表明长期接触适当强度的稳态磁场可以在缓解疼痛、促进骨形成、调节血压和血糖等方面发挥积极作用。

尽管针对人类的研究有限，但目前在中等强度稳态磁场条件下的研究也表明其对人体似乎也有一些积极影响。流行病学研究（大多数使用问卷调查形式）表明磁场存在潜在的轻微负面影响，但这并未排除心理因素的影响。未来开展更多的双盲实验来研究稳态磁场长期暴露的生物学影响，将有助于促进其在健康和医学中的安全应用。

参 考 文 献

[1] World Health Organization, Static fields. World Health Organization: Geneva, 2006.

[2] Maret G, Dransfeld K. Macromolecules and membranes in high magnetic fields. Physica B+C, 1977, 86: 1077-1083.

[3] Tanimoto Y, Takashima M, Itoh M. Magnetic field effect on the hydrogen abstraction reactions of aromatic carbonyls in sds micellar solution. Chem. Lett., 1984, 13(11): 1981-1984.

[4] Torbati M, Mozaffari K, Liu L, et al. Coupling of mechanical deformation and electromagnetic fields in biological cells. Rev. Mod. Phys, 2022, 94: 025003.

[5] Jamshidi R, Harrison M. Magnet-mediated thoracic remodeling: A new approach to the Sunken chest. Expert Rev. Med. Devic., 2007, 4(3): 283-286.

[6] Bortolotti M. Magnetic challenge against gastroesophageal reflux. World J Gastroenterol, 2021, 27(48): 8227-8241.

[7] Ganz R A, Edmundowicz S A, Taiganides P A, et al. Long-term outcomes of patients receiving a magnetic sphincter augmentation device for gastroesophageal reflux. Clin. Gastroenterol. H., 2016, 14(5): 671-677.

[8] Taniguchi N, Kanai S. Efficacy of static magnetic field for locomotor activity of experimental osteopenia. EvidBased Complement. Alternat. Med., 2007, 4(1): 99-105.

[9] Sun W, He Y, Leung S W, et al. *In vivo* analysis of embryo development and behavioral response of medaka fish under static magnetic field exposures. Int J Env. Res Pub. He., 2019, 16(5): 844.

[10] Loghmannia J, Heidari B, Rozati S A, et al. The physiological responses of the Caspian kutum(Rutilus frisii kutum) fry to the static magnetic fields with different intensities during acute and subacute exposures. Ecotox. Environ. Safe., 2015, 111: 215-219.

[11] Bochert R, Zettler M L. Long-term exposure of several marine benthic animals to static magnetic fields. Bioelectromagnetics, 2004, 25(7): 498-502.

[12] Tablado L, Soler C, Núñez M, et al. Development of mouse testis and epididymis following intrauterine exposure to a static magnetic field. Bioelectromagnetics, 2000, 21(1): 19-24.

[13] Tablado L, Pérez-Sánchez F, Soler C. Is sperm motility maturation affected by static magnetic fields? Environ. Health Persp., 1996, 104(11): 1212-1216.

[14] Tablado L, Pérez-Sánchez F, Núñez J, et al. Effects of exposure to static magnetic fields on the morphology and morphometry of mouse epididymal sperm. Bioelectromagnetics, 1998, 19(6): 377-383.

[15] Okano H, Masuda H, Ohkubo C. Decreased plasma levels of nitric oxide metabolites, angiotensin

II, and aldosterone in spontaneously hypertensive rats exposed to 5 mT static magnetic field. Bioelectromagnetics, 2005, 26 (3): 161-172.

[16] Okano H, Masuda H, Ohkubo C. Effects of 25 mT static magnetic field on blood pressure in reserpine-induced hypotensive Wistar-Kyoto rats. Bioelectromagnetics, 2005, 26(1): 36-48.

[17] Okano H, Ohkubo C. Effects of static magnetic fields on plasma levels of angiotensin II and aldosterone associated with arterial blood pressure in genetically hypertensive rats. Bioelectromagnetics, 2003, 24(6): 403-412.

[18] Okano H, Ohkubo C. Effects of 12 mT static magnetic field on sympathetic agonist-induced hypertension in Wistar rats. Bioelectromagnetics, 2007, 28(5): 369-378.

[19] Tasić T, Djordjević D M, De Luka S R, et al. Static magnetic field reduces blood pressure short-term variability and enhances baro-receptor reflex sensitivity in spontaneously hypertensive rats. Int J Radiat. Biol., 2017, 93(5): 527-534.

[20] Taniguchi N, Kanai S, Kawamoto M, et al. Study on application of static magnetic field for adjuvant arthritis rats. Evid. Based Complement. Alternat. Med., 2004, 1(2): 187-191.

[21] Kanai S, Taniguchi N. Efficacy of static magnetic field for pain of adjuvant arthritis rats. Advances in Bioscience and Biotechnology, 2012, 3: 511-515 .

[22] Chen G, Zhuo Y, Tao B, et al. Moderate SMFs attenuate bone loss in mice by promoting directional osteogenic differentiation of BMSCs. Stem Cell Res. Ther., 2020, 11(1): 487.

[23] Dinčić M, Krstić D Z, Čolović M B, et al. Modulation of rat synaptosomal ATPases and acetylcholinesterase activities induced by chronic exposure to the static magnetic field. Int J Radiat Biol., 2018, 94(11): 1062-1071.

[24] Feng C, Yu B, Song C, et al. Static magnetic fields reduce oxidative stress to improve wound healing and alleviate diabetic complications. Cells, 2022, 11(3): 443.

[25] Yu B, Liu J, Cheng J, et al. A static magnetic field improves iron metabolism and prevents high-fat-diet/streptozocin-induced diabetes. The Innovation, 2021, 2: 100077.

[26] Jing D, Shen G, Cai J, et al. Effects of 180 mT static magnetic fields on diabetic wound healing in rats. Bioelectromagnetics, 2010, 31(8): 640-648.

[27] Wang S, Luo J, Lv H, et al. Safety of exposure to high static magnetic fields(2 T-12 T): A study on mice. Eur. Radiol., 2019, 29(11): 6029-6037.

[28] Song C, Yu B, Wang J, et al. Effects of moderate to high static magnetic fields on reproduction. Bioelectromagnetics, 2022, 43(4): 278-291.

[29] Yan Q C, Tomita N, Ikada Y. Effects of static magnetic field on bone formation of rat femurs. Med. Eng. Phys., 1998, 20(6): 397-402.

[30] Nagai N, Inoue M, Ishiwari Y, et al. Age and magnetic effects on ectopic bone formation induced by purified bone morphogenetic protein. Pathophysiology, 2000, 7(2): 107-114.

[31] Xu S, Okano H, Tomita N, et al. Recovery effects of a 180 mT static magnetic field on bone mineral density of osteoporotic lumbar vertebrae in ovariectomized rats. Evid. Based Complement. Alternat. Med., 2011, 2011: 620984.

[32] Xu S, Tomita N, Ohata R, et al. Static magnetic field effects on bone formation of rats with an ischemic bone model. Biomed Mater Eng., 2001, 11(3): 257-263.

[33] Tengku B S, Joseph B K, Harbrow D, et al. Effect of a static magnetic field on orthodontic tooth movement in the rat. Eur. J. Orthod., 2000, 22(5): 475-487.

[34] Janković B D, Marić D, Ranin J, et al. Magnetic fields, brain and immunity: Effect on humoral and cell-mediated immune responses. Int. J. Neurosci., 1991, 59(1-3): 25-43.

[35] Janković B D, Jovanova-Nešić K, Nikolić V, et al. Brain-applied magnetic fields and immune response: Role of the pineal gland. Int. J. Neurosci., 1993, 70(1-2): 127-134.

[36] Janković B D, Jovanova-Nesić K, Nikolić V. Locus ceruleus and immunity. III. Compromised immune function(antibody production, hypersensitivity skin reactions and experimental allergic encephalomyelitis) in rats with lesioned locus ceruleus is restored by magnetic fields applied to the brain. Int. J. Neurosci., 1993, 69(1-4): 251-269.

[37] Xu S, Okano H, Nakajima M, et al. Static magnetic field effects on impaired peripheral vasomotion in conscious rats. Evid. Based Complement. Alternat. Med., 2013, 2013: 746968.

[38] Okano H, Ohkubo C. Exposure to a moderate intensity static magnetic field enhances the hypotensive effect of a calcium channel blocker in spontaneously hypertensive rats. Bioelectromagnetics, 2005, 26(8): 611-623.

[39] Okano H, Ohkubo C. Elevated plasma nitric oxide metabolites in hypertension: Synergistic vasodepressor effects of a static magnetic field and nicardipine in spontaneously hypertensive rats. Clin Hemorheol. Micro., 2006, 34(1-2): 303-308.

[40] Xu S, Tomita N, Ikeuchi K, et al. Recovery of small-sized blood vessels in ischemic bone under static magnetic field. Evid. Based Complement. Alternat. Med., 2007, 4: 59-63.

[41] Crozier S, Trakic A, Wang H, et al. Numerical study of currents in workers induced by body-motion around high-ultrahigh field MRI magnets. J. Magn. Reson. Imaging, 2007, 26(5): 1261-1277.

[42] Antal M, László J. Exposure to inhomogeneous static magnetic field ceases mechanical allodynia in neuropathic pain in mice. Bioelectromagnetics, 2009, 30: 438-445.

[43] László J, Szilvási J, Fényi A, et al. Daily exposure to inhomogeneous static magnetic field significantly reduces blood glucose level in diabetic mice. Int. J. Radiat. Biol., 2011, 87: 36-45.

[44] László J, Pórszász R. Exposure to static magnetic field delays induced preterm birth occurrence in mice. Am. J. Obstet. Gynecol., 2011, 205(4): 362.e26-31.

[45] Tian X, Wang D, Zha M, et al. Magnetic field direction differentially impacts the growth of different cell types. Electromagn Biol. Med., 2018, 37(2): 114-125.

[46] Zhang H, Gan L, Zhu X, et al. Moderate-intensity 4mT static magnetic fields prevent bone architectural deterioration and strength reduction by stimulating bone formation in streptozotocin-treated diabetic rats. Bone, 2018, 107: 36-44.

[47] Politański P, Rajkowska E, Pawlaczyk-Łuszczyńska M, et al. Static magnetic field affects oxidative stress in mouse cochlea. Int J Occup. Med. Env., 2010, 23(4): 377-384.

[48] Sedigh E, Heidari B, Roozati A, et al. The effect of different intensities of static magnetic field on stress and selected reproductive indices of the zebrafish(*Danio rerio*) during acute and subacute exposure. B. Environ. Contam. .Tox., 2019, 102(2): 204-209.

[49] Amara S, Abdelmelek H, Salem M, et al. Effects of static magnetic field exposure on

hematological and biochemical parameters in rats. Braz. Arch. Biol. Techn., 2006, 49(6): 889-895.

[50] Elferchichi M, Mercier J, Ammari M, et al. Subacute static magnetic field exposure in rat induces a pseudoanemia status with increase in MCT4 and Glut4 proteins in glycolytic muscle. Environ Sci. Pollut. Res. Int., 2016, 23(2): 1265-1273.

[51] Amara S, Abdelmelek H, Garrel C, et al. Effects of subchronic exposure to static magnetic field on testicular function in rats. Arch. Med. Res., 2006, 37(8): 947-952.

[52] Amara S, Douki T, Garrel C, et al. Effects of static magnetic field and cadmium on oxidative stress and DNA damage in rat cortex brain and hippocampus. Toxicol Ind. Health, 2011, 27(2): 99-106.

[53] Gungor H R, Akkaya S, Ok N, et al. Chronic exposure to static magnetic fields from magnetic resonance imaging devices deserves screening for osteoporosis and vitamin D levels: A rat model. Int. J. Env. Res. Pub. He., 2015, 12(8): 8919-8932.

[54] Zahedi Y, Zaun G, Maderwald S, et al. Impact of repetitive exposure to strong static magnetic fields on pregnancy and embryonic development of mice. J. Magn. Reson. Imaging, 2014, 39(3): 691-699.

[55] Hoyer C, Vogt M A, Richter S H, et al. Repetitive exposure to a 7 Tesla static magnetic field of mice in utero does not cause alterations in basal emotional and cognitive behavior in adulthood. Reprod. Toxicol., 2012, 34(1): 86-92.

[56] Tkáč I, Benneyworth M A, Nichols-Meade T, et al. Long-term behavioral effects observed in mice chronically exposed to static ultra-high magnetic fields. Magn. Reson. Med., 2021, 86(3): 1544-1559.

[57] Bondemark L, Kurol J, Larsson A. Human dental pulp and gingival tissue after static magnetic field exposure. Eur. J. Orthodont., 1995, 17(2): 85-91.

[58] Bondemark L, Kurol J, Larsson A. Long-term effects of orthodontic magnets on human buccal mucosa: A clinical, histological and immunohistochemical study. Eur. J. Orthodont., 1998, 20(3): 211-218.

[59] Weintraub M I, Wolfe G I, Barohn R A, et al. Static magnetic field therapy for symptomatic diabetic neuropathy: A randomized, double-blind, placebo-controlled trial. Arch. Phys. Med. Rehab., 2003, 84(5): 736-746.

[60] Mészáros S, Tabák A G, Horváth C, et al. Influence of local exposure to static magnetic field on pain perception and bone turnover of osteoporotic patients with vertebral deformity—a randomized controlled trial. Int. J. Radiat. Biol., 2013, 89(10): 877-885.

[61] Bonavina L, Saino G, Bona D, et al. One hundred consecutive patients treated with magnetic sphincter augmentation for gastroesophageal reflux disease: 6 years of clinical experience from a single center. J. Am. Coll. Surgeons, 2013, 217(4): 577-585.

[62] Lipham J C, Taiganides P A, Louie B E, et al. Safety analysis of first 1000 patients treated with magnetic sphincter augmentation for gastroesophageal reflux disease. Dis. Esophagus, 2015, 28(4): 305-311.

[63] Bongers S, Slottje P, Kromhout H. Development of hypertension after long-term exposure to static magnetic fields among workers from a magnetic resonance imaging device manufacturing

facility. Environ. Res., 2018, 164: 565-573.

[64] Schaap K, Christopher-de Vries Y, Mason C K, et al. Occupational exposure of healthcare and research staff to static magnetic stray fields from 1.5-7 Tesla MRI scanners is associated with reporting of transient symptoms. Occup. Environ. Med., 2014, 71(6): 423-429.

[65] Ghadimi-Moghadam A, Mortazavi S M J, Hosseini-Moghadam A, et al. Does exposure to static magnetic fields generated by magnetic resonance imaging scanners raise safety problems for personnel? J.Bio. Phys. Engineering, 2018, 8(3): 333-336.

[66] Boland A, Delapierre D, Mossay D, et al. Effect of intermittent and continuous exposure to electromagnetic fields on cultured hippocampal cells. Bioelectromagnetics, 2002, 23(2): 97-105.

[67] Lyskov E B, Juutilainen J, Jousmäki V, et al. Effects of 45-Hz magnetic fields on the functional state of the human brain. Bioelectromagnetics, 1993, 14(2): 87-95.

[68] Song C, Chen H, Yu B, et al. Magnetic fields affect alcoholic liver disease by liver cell oxidative stress and proliferation regulation. Research, 2023, 6: 0097.

[69] Fan Y, Yu X, Yu B, et al. Life on magnet: Long-term exposure of moderate static magnetic fields on the lifespan and healthspan of mice. Antioxidants, 2022, 12(1): 108.

第 15 章
稳态磁场用于磁疗的前景、困难和机遇

本章概述了电磁场（EMF），尤其是稳态磁场，在人类疾病治疗领域的应用前景。对于被广泛质疑的"磁疗"，在一定程度上是由过去两个世纪甚至更长时间中从业者过分夸大其词所导致。而本章将为此提供一些潜在基础。另外，令人信服的科学基础能够推动新的发展，从而可以使磁疗从一个备受质疑的医学实践转变为主流医学。尽管还不够全面，但本章的目的是对一些从目前的信息看来有望从磁疗中获益的特定人类疾病实例进行总结。

15.1　引言

涉及电磁场的治疗方法可以追溯到磁和电的最初使用和探索。据民间传闻，稳态磁场（即不随时间变化的磁场）疗法可以追溯到两到三千年前（公元前一千年左右[1]），也就是当"磁石"被认为有能力从人体中"吸走"疾病时[2, 3]。16 世纪早期，瑞士医生 Paracelsus 就用磁铁成功治疗了一些癫痫、腹泻和出血；18 世纪中期，一位奥地利医生 Franz Mesmer 在巴黎开设了一家治疗沙龙，以治疗身体天生具有的"动物磁性"的不良影响[1]。随着电作为能源的出现，电磁场被添加至治疗系统，在 19 世纪中期就被用于辅助骨愈合，而在 20 世纪 70 年代已有确切的文献报告验证了其有效性[4, 5]。

自第二次世界大战以来，磁场疗法（在本章中简称为"磁疗"）尽管在不同国家被接受的程度参差不齐，但还是在全球范围内蓬勃发展，每年估计有 200 万人使用[6]。磁疗有很多吸引人的特点，包括相对许多其他治疗方式而言具有较低的成本、非侵入性以及比较确定的安全性（当然也有明显的例外，如佩戴心脏起搏器或胰岛素泵等医疗器械植入物的人群）。另外，磁疗长久以来经常被认为是江湖医术。例如在 19 世纪晚期，撒切尔芝加哥磁疗用品公司（一家邮购公司），他们声称"如果被正确应用，磁能够治愈所有可治愈的疾病，无论病因"[7]。

现如今，来自某些方面的类似夸张言论继续模糊了磁疗的有效科学基础。在某种程度上，磁疗仍然存在争议的原因在于，一方面它的反对者坚持发表极端的笼统声明来断然否认磁场有益健康的可能，而另一方面，许多磁疗支持者则承诺磁场能够神奇地治愈一系列不同的疾病。而我们可以肯定，现实一定是介于这两个极端之间。而本章的目的就是对人类磁场疗法进行概述，包括目前已知的、未知的以及需要知道（和解决）什么来推动这一领域的发展。

15.2 电磁场治疗方式概述

虽然有些武断，但 Markov 在一个关于磁场对人类健康影响的介绍中将电磁场治疗方式分为了五类（一些分类方案则划分为六类）[8]。下面将对此进行简要介绍。

15.2.1 低频正弦波

低频正弦波（LFS）电磁场主要来源于商品化电力输送，在北美地区为 60 Hz，在欧洲和亚洲通常为 50 Hz[8]。低频正弦波的用途之一是在深部脑刺激中替代高频场来治疗癫痫[9, 10]。另一个潜在的应用是治疗癌症[11]；更广泛地说，研究者正致力于使用不同频率的电磁场来治疗癌症，其中也包括了稳态磁场[12]。

15.2.2 脉冲电磁场

脉冲电磁场（PEMF）是具有特定波形和振幅的低频场[8]。Bassett 及其同事在 20 世纪 70 年代就已经将脉冲电磁场治疗引入临床，他们将特定的两相低频信号用于骨愈合，特别是用于治疗陈旧性骨折[4, 5]。尽管仍有研究质疑脉冲电磁场疗法的疗效[13]，经颅磁刺激设备已经被美国食品药品监督管理局（FDA）批准用于治疗对化学抗抑郁药物无响应的患者[14, 15]。此外，还有大量的脉冲电磁场设备被打上 FDA 认证的"保健设备"标志销售，但事实上这些产品都不被允许宣称有治病的功效[16]。

此外，除了单纯的骨愈合和治疗抑郁症外，有几项研究确实表明脉冲电磁场有各种形式的治疗效果。Elshiwi 和同事在 2019 年的一项研究表明，脉冲电磁场用于治疗腰背疼时，可以改善物理治疗的临床结果[17]。脉冲电磁场还显示出治疗类风湿性关节炎和其他以慢性炎症和免疫功能障碍为特征的疾病的潜力[18]。最近的研究发现，脉冲电磁场对间充质干细胞具有促成骨和软骨形成的作用，因此可用于再生医学领域，以改善移植和组织修复[19]。

15.2.3　脉冲射频场

脉冲射频场（PRF）疗法是指每秒以一定速率产生射频振荡的技术，范围为 $1.0 \times 10^4 \sim 3.0 \times 10^{11}$ Hz。在治疗方面，脉冲射频场可以用来替代自 20 世纪 70 年代以来就一直被用于缓解疼痛并且不会造成组织破坏的连续射频（CRF）疗法[20]。这些治疗方法由导管传送到身体的精确位置，通常利用的频率在 300～750 kHz。正如前面所提到，它们主要有两个模式：一个是设计为能够在连续模式下产生深部热量，而另一个是在非热脉冲模式下使用短的（如 20 ms）高电压脉冲串，随后进入长时间（如 480 ms）的静息期来消散热量；它们可被用于软组织刺激[8]。热脉冲射频场（即连续射频）是通过加温至 60～80℃，提供高电流聚焦于目标组织（如肿瘤或引起心律失常的心脏组织），从而导致局部组织的破坏[20]。

对于非热脉冲射频场是否真的能避免因加热而产生的生物学效应，目前仍存在争议。例如，将温度保持或低于 42℃尽管可以将细胞死亡或组织破坏降到最低，但是仍然可以引发热休克反应。解决这一模棱两可的问题对于全面定义脉冲射频场疗法相关治疗的生化机制尤为必要。虽然目前脉冲射频场的机制（甚至是效果）仍不确定，但它正在被用于越来越多适应证的治疗中，尤其是对于疼痛症状的改善，包括轴性疼痛、神经痛、面部疼痛、腹股沟疼痛和睾丸痛，以及其他各种疼痛症状[20]。

15.2.4　经颅磁/电刺激

经颅磁刺激（TMS）是将非常短的磁脉冲应用到大脑的特定区域[8]。在应用 TMS 时，磁场发生器会放置在受试者头部的邻近部位[21]，线圈通过电磁感应在位于其下方的脑区产生电流。TMS 可用于诊断大脑和肌肉之间的连接，从而评估多种适应证的损伤，包括中风、多发性硬化、肌肉萎缩性硬化症、运动障碍、运动神经元疾病和损伤[21]。

在治疗方面，TMS 已经被用于评估运动障碍、中风、肌肉萎缩性硬化症、多发性硬化、癫痫、意识障碍、耳鸣、抑郁症、焦虑症、强迫症、精神分裂症以及嗜癖/成瘾等[22]。并且，最近的研究结果继续支持 TMS 作为治疗难治性抑郁症[23]和青少年抑郁症的一种选择[24]。此外，Philip 和同事在 2019 年的一项研究表明，一种新形式的 TMS——间歇性脉冲刺激（iTBS），可能对治疗创伤后应激障碍有效[25]。TMS 作为治疗重度抑郁症和强迫症这两种精神疾病的治疗方法，分别于 2008 年和 2018 年获得 FDA 批准[26]。

Lefaucheur 等在 2020 年的一篇综述中指出，已有充分证据表明初级运动皮层（M1）的高频（HF）TMS 对于治疗侧疼痛的止痛，以及左背外侧前额叶皮层（DLPFC）的 HF-TMS 对于治疗抗抑郁，都具有"明确效果"。而右背外侧前额叶皮层的低频（LF）TMS 对于治疗抗抑郁（左侧对于帕金森患者）、左背外侧前额叶皮层的 HF-TMS 对于治疗纤维肌痛，双侧 M1 区域 HF-TMS 对于治疗运动损伤，间歇性脉冲刺激对于治疗多发性硬化症患者的痉挛等都有"可能的疗效"。最后他们还指出，TMS 对很多适应证都"可能有效果"，包括左颞叶皮质的 LF-TMS 在幻听和慢性耳鸣中的应用等[22]。

15.2.5 稳态磁场

各种永磁体的特征之一是产生不随时间变化——也就是"稳态的/静止的"磁场。另外，线圈中通的直流电（DC）也会产生稳态磁场[8]。这些被称为"稳态磁场或静磁场"的磁场是本书主要关注点，对此我们已经在第 1 章中进行了详细描述。在本章中，我们将进一步讨论稳态磁场的磁感应强度，包括强度为地磁场范围（<0.65 Gs）的微弱磁场，并将讨论这些微弱磁场"缺失"的情况。这自然提供了一个令人信服的证据，说明人类是可以探测到并且无意识地对弱磁场产生响应。最后我们将提供高达 1 T 的中等磁场治疗应用概述。虽然在磁疗中很少使用高于 1 T 的磁场，但是人们在磁共振成像过程中却会暴露于这些强度的磁场。通常来讲，这些磁场并不会对健康产生任何明显的危害。

15.2.6 "非治疗用途"电磁场暴露减轻安全性担忧

在过去的一个世纪左右，人类无意地接触到人造电磁场的行为越来越多。例如，在 19 世纪晚期，金属工业、焊接工艺和某些电气化铁路系统的兴起，让工人甚至是旁观者严重暴露于稳态磁场；1921 年，Drinker 和 Thomson 提出这样一个问题："磁场是否构成了工业危害"，但结论是，并没有[27]。多年来，随着"电磁场"这一新威胁的出现[28]，如生活在高压电线下或手机的广泛使用，引发了人们对儿童和脑部癌症的担忧。但经详细调查研究后发现，并没有关于其损害的明确证据。最终，对很多此类研究进行荟萃分析之后，人们对电磁场暴露对人体健康会造成任何可测量的危害表示怀疑，这为建立磁疗安全性提出了有用的基线。另外，如果假设这些磁场对人类健康没有显著影响，那么电磁场有害效应的缺乏同时也使人们对其是否会产生有益的影响而产生怀疑。本章中很大一部分就是在直接或间接地讨论这个谬论。

15.3 不同磁感应强度的稳态磁场疗法的生物医学效应

15.3.1 未经许可但广泛使用的中低稳态磁场"DIY"自制疗法

现有的"磁疗"中最大的一部分属于自制（DIY）类。在此类别中，人们使用各种类型的永磁体来提供持续的稳态磁场。用互联网快速搜索一下就会发现这种磁疗的方式被用于治疗各种疾病（虽然笔者是 2017 年 1 月进行的搜索，但至少最近 20 年以来都是这样）。搜索结果会出现磁性床垫、磁铁嵌入式枕头、磁性鞋垫、磁性背带、腿和胳膊的磁性支持物、磁性手环、磁性手指环和脚趾环等，总之就是磁铁基本上可以佩戴于身体的任何部位。基于多方面的原因，笔者在这里并未提及任何具体的网址。首先，任何特定的商业链接都可能很快过时；其次，本书希望能够避免出现对任何特定产品的支持；最后，我们鼓励感兴趣的读者对"磁疗产品"（或类似的术语）自行搜索。这样的搜索不仅会找出很多出售这些产品的网站，而且会有很多链接来"披露"整个磁疗的概念，讽刺消费者掉入 10 亿美元的"骗局"（报道所称的 20 年前这些产品的年销售保守估值[29]），也有很多链接乐观地赞同磁疗可以有效地治疗各种疾病，还有越来越多的产品被用来治疗宠物。

单凭直觉，许多 DIY 磁疗的尝试很可能是被误导而且效果也很微弱。即使他们声称所使用的磁铁是"高质量的"（例如，是由最新的钕合金制成），磁感应强度范围为几十到几百高斯（比地球磁场高出 2~3 个数量级），但关键问题是磁铁本身并不具备治疗性。关于这一点 Markov 也曾经讨论过[6]，他描述了"磁疗法"其实是一种错误的说法。相反，他强调，磁铁的治疗效果来自它们产生的"场"，以及这些磁场与人体内目标组织或器官的相互作用（注意本章中的"磁疗"即为磁"场"疗法）。在这方面，值得注意的是磁感应强度会随着与永磁体表面距离的加大而呈指数性衰减（例如，对于数百高斯的磁铁，距离其表面仅几毫米就可以使其磁感应强度变化 2 个数量级），因此深层组织中的磁感应强度可以忽略不计，而深层组织需要被磁场穿透才能对据称用磁疗治疗的许多疾病产生影响。

举一个例子来说明这个陷阱，有研究表明商业性的磁性毯子并不会影响马的血液循环[30]或人的疼痛知觉[31]。这个结果其实是在意料之中，因为所使用的磁感应强度并没有有效地穿透到目标血管和神经所处的深层组织。其他一些更琐碎但很重要的是，如果通过衣服或其他方式放在身体周围的磁铁很松散，或没有坚持使用或连续佩戴，就会接触到不一致的磁场。举个例子，在离 500 Gs 磁铁的表面仅 1 cm 或 2 cm 时，磁感应强度就可能只有 1 Gs。因此，在 DIY 磁疗中，剂量作为一个决定了治疗结果的关键参数，往往很难准确确定[6]。

15.3.2　亚磁场——默认磁疗的依据?

有趣的是，地磁场缺失所导致的效应从另一方面有力地说明了微弱至中等强度稳态磁场对人类健康的影响。人们利用了一个世纪的努力来研究可用于保护如海底电缆、电力变压器、阴极射线管和磁卡盒等敏感设备免受磁场影响的材料。为了达到所需屏蔽条件，科学家已经开发出"mu-metal"，其代表性成分是 77%镍、16%铁、5%铜和 2%铬或钼[32]。从本质上说，"mu-metal"是一种高导磁率合金，它本身并不会阻止磁场，而是为磁力线提供了一种路径，使其可以绕过被屏蔽的区域。关于磁场屏蔽的细节在很大程度上已经超出了本章讨论范围，若想知道更多信息可以查询相关网站（如磁性屏蔽产品供应商提供的技术文件，如 https://store-w4rbnih33r.mybigcommerce.com/content/how_do_magnetic_shields_work.pdf）。在这个讨论中，关键的一点是这些产品可以有效地保护物体不受环境磁场的影响，而为了实际目的，可以将研究对象从背景磁场（一般是地磁场）中隔离出来。地磁场屏蔽后就产生了所谓的"亚磁场"。

过去几年的一系列实验表明，亚磁场对包括人在内的不同物种都有许多生物学和生物医学效应。例如，长期亚磁场暴露与昆虫[33]，两栖动物（如蝾螈[34]）、青蛙[35]和啮齿动物（如小鼠[36]）的胚胎畸形以及小鼠胚胎干细胞中的异常 DNA 甲基化[37]有关。另外，在啮齿动物中，亚磁场还有其他作用，包括抑制应激诱导的镇痛[38]、去甲肾上腺素的释放减少[39,40]、海马区的学习能力和神经发生障碍[41]以及鸟类[42]和果蝇[43]的学习缺陷。最后，据报道，亚磁场的负面影响已延伸到人类；由于将人类置于人工屏蔽的亚磁场区域一般来说并不现实，所以从航天中得到的证据往往最令人信服，因为那里的地磁场强度可以忽略不计。已有研究显示出亚磁场对人类的影响包括了扰乱昼夜节律[44,45]和削弱认知功能[46]。

对许多物种来说，亚磁场对他们的一些生物过程普遍存在有害的影响，包括人们仍在猜测但看似合理的现象，这也强化了弱磁场确实具有合理的生物医学相关性的观点。例如，地磁场看起来使我们保持健康并促进了人体正常生理机能。从这些观察中推断，假设缺乏磁场是有害的，那么比地球磁场更强的磁感应强度可能会增加并扩展地磁场的有益影响。这与药理学也有相似之处，例如，许多天然的"药物"（如阿司匹林或抗氧化剂白藜芦醇），人们必须要摄取远超过自然消耗的量，才能产生医学效果[47]。同样也有人提出了这样的观点：人类是在比如今大一个数量级的地球磁感应强度下进化而来的（地球磁场在不断减弱，甚至在百万年的时间尺度上极性逆转[48]，这与大规模物种灭绝有关[49]）——为了从磁疗中获得最大利益，更强的磁场应该（甚至是"必须"）被利用起来。

15.3.3　更高场强的磁场对人类健康的影响

1. 中等强度稳态磁场治疗

使用强于地磁场强度的磁场对人类治疗的好处（或必要性）促使了人们致力于使用比地磁场更强的稳态磁场。在某些情况下，这些策略涉及数十至数百毫特斯拉范围内"自制"磁场的应用，但正如上面所讨论，这些努力对于需要深入机体组织的治疗很可能无效。而通常来自欧洲的医疗设备因为能制造出更强的电磁场，已作为另一种选择被市场推广。FDA 批准其作为"一般性保健"[16]，而禁止其宣称对任何具体医学适应证的有效性。

在某些情况下，磁疗的支持者正在寻求更严格的疗效证据。Joe Kirschvink 等为了证明人类受到了与医学应用相关的外部磁场的影响，一直在做持续不断的努力[50]。而另一个推进治疗干预的例子是由先进磁力研究所（AMRi）提供的。他们开发出了一个"磁分子增能器"（MME）设备[51]，该设备能够产生 0.3～0.5 T 稳态磁场，在半径 20 cm 范围内能够完全穿透人体（图 15.1）。假设磁场感应的"生物传感器"直接位于病变组织或受损组织，那么患者受影响区域则处于磁场中心。双盲临床试验结果显示，该设备似乎有抗腰痛的疗效（临床试验识别号：NCT00325377），并可能改善糖尿病神经病变的症状（临床试验识别号：NCT00134524）。然而这些研究结果却难以解释，因为阳性的治疗结果与安慰剂处理的患者相比并没有统计学差异，后者也得到了显著改善（Dean Bonlie 与 Yerama 教授的个人交流）。这些临床研究展现了在确定磁疗临床疗效过程中的两个反复出现的主题：首先，磁疗在疼痛感知治疗方面（也是这些临床试验的主题）是最有效的；再次，安慰剂的疗效在磁疗中往往也是很显著的，这两点将在 15.5.3 节中进一步阐述。

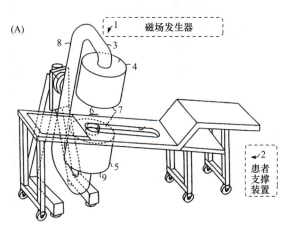

(B)

图 15.1　MME 设备以及患者治疗图示。（A）MME 由两个主要元件构成：磁场发生器（1）用于产生磁场，患者支撑装置（2）用于在磁场中固定患者。主要部分如下：1.磁场发生器；2.患者支撑装置，用于将患者定位在磁场内；3.磁路；4.上电磁铁；5.下电磁铁；　6.间隙；7.相邻极面；8.C 形核心；9.对立极面。C 形核心的横截面为圆形，直径为 8 英寸（20.3 厘米）。（B）处于 MME 设备中的患者处于仰卧位；应该注意的是，如患者想以其他位置接受治疗，如侧位，磁场发生器装置则可以通过旋转和调整 48、50 和 52 的位置来调整患者的位置。公共网站图片：http://www.amri-intl.com/

2. 更高场强的稳态磁场处理

虽然高于 1 T 的强磁场很少被用于磁疗，但是在磁共振成像（MRI）中，人们通常会暴露在强磁场下。截至 2016 年，有超过 1.5 亿人接受过 MRI 检查，其中有 1000 万人需要每年都接受检查[52]。总的来说，人们认为 MRI 对健康没有任何明显的影响，不管是有益的还是有害的[53]。由于缺乏明显的反应，因此 FDA 等监管机构一般认为稳态磁场是安全的[16]。Hartwig 等在全面分析了现有关于描述稳态磁场对体外和体内效应的文献后，认为带有 1 T 稳态磁场的 MRI 仪器通常是无害的[27]，但也有另外一些不确定的报告显示其对急性神经行为（如手眼协调能力的速度、视觉和听觉工作记忆问题）有影响[54]；以及增加 MRI 工作者的自然流产率（不具有统计学显著性）[55]。值得注意的是，这些研究报道都与 MRI 工作者有关；毫无疑问，基于这些推测性研究所提出的警告，目前已经加强了相关的安全标准并在继续跟进，只是后续的相关问题还没有被报道。

15.4　治疗领域的前景

磁疗已被应用到几乎任何可以想象的人类疾病中。例如，一些网站总结了用磁场疗法（大部分是上面提到的 DIY 方法）诊断或治疗的病症，包括关节炎、癌症、循环障碍、纤维肌痛、艾滋病病毒/艾滋病、免疫功能紊乱、感染、炎症、失眠、多发性硬化症、肌肉疼痛、神经病变（糖尿病神经病变等）、疼痛、风湿性关节炎、坐骨神经痛、压力以及增加能量和延长寿命。上述 AMRi 公司利用更高场强的稳态磁场疗法，正在研究其对从脊髓损伤、脑损伤、中风损伤、多发性硬化症、肌肉营养不良、脑瘫、帕金森病、老年痴呆症、充血性心力衰竭到骨关节修复的骨科疾病等各种疾病的治疗。正如之后在 15.5 节中所述，很多人认为"一刀切"的治疗方法对许多适应证都有效是不太可能的，这种质疑在一定程度上也导致了对磁场治疗有效性的怀疑。然而，正如下面讨论的，疼痛的感知、血流量和心血管所受的影响，以及神经系统中细胞所受的影响都为稳态磁场的有益效应提供了令人信服的科学依据，如果能被仔细严格地应用到临床，就会为人类磁场治疗提供合理依据。

15.4.1　疼痛感知

大量证据表明，暴露在电磁场中会影响疼痛敏感性（痛觉）和疼痛抑制（镇痛），尤其是急性暴露于各种电磁场会抑制镇痛作用[56]。然而，在一些研究中，由于电磁场的持续时间、强度、频率和重复的差异，实际上却观察到了镇痛效应的增强[56]。虽然许多相关研究涉及不同生物，包括从蜗牛到老鼠再到人类，有的研究使用了时变磁场，但也有大量的证据表明稳态磁场可以影响疼痛感知。其中最令人信服的是对亚磁场的研究，人们发现小鼠能够明显地感应到并对周围地磁场的缺失做出反应。 例如，一项开创性的研究显示，小鼠在曝磁 4~6 天后经历了最大的镇痛反应[38]。 后续研究则展现了一种更复杂的双相反应，连续 10 天每天 1 h 的地磁场屏蔽处理中，其疼痛阈值在最初两天内降低，随后在第 5 天急剧上升，而在第 8 天恢复到曝磁前[56]。有趣的是，这种动力学大致反映了将在 15.4.3 节中更详细描述的基于中等强度稳态磁场的体外细胞实验反应[57]。最近人们发现，对人类的初级运动皮层（M1）和初级体感皮层（S1）应用经颅静磁场刺激（tSMS）可能会影响皮层疼痛处理，使其成为一种可能的非侵入性方法，与其他标准护理治疗一起治疗慢性疼痛[58]。

15.4.2　血液流动/血管形成

在本书第 4 章中已有详细讨论，磁疗对人类的有益影响通常被认为是改善了血液流动。尽管许多网上的说法都是荒谬的，例如，磁场吸引血液中的铁这一观点是基于人们对血红蛋白是铁磁性的误解。事实与之相反，含氧血液其实是抗磁性的，这意味着存在着一种真实的但几乎可以忽略的力量来排斥血液；另外，脱氧的血液是顺磁性的，这又意味着存在着一种几乎可以忽略的力量来吸引血液[59]。不论哪种方式，这些效应与热运动和血液流动相比，都微不足道。关于这一点，我们已在本书第 4 章进行了详细讨论。

　　尽管如此，虽然许多相互冲突或不确定的研究结果导致了结论的不确定性，但有证据表明磁场可以合理地调节人类和其他哺乳动物的血液流动。除此之外，其实我们可以将存在的一些"负面"结果解释为，所使用的磁场的磁感应强度不足以深入到目标血管所在的组织中。例如上面提到马的例子[30]，另外一项类似的研究表明 500 Gs（0.05 T）的磁场对于健康年轻男性前臂血流也同样无效[60]；因为在组织内的目标血管位置上，磁感应强度会降低 2~3 个数量级，所以会有这样的结果也不足为奇。相比之下，强度高出约 10 倍（4042 Gs 或 0.4 T）的磁场则影响了接受治疗的手指的血流（有统计学意义）[61]。但有趣的是，它实际上是减少了血液流动，而这被认为是与治疗有益的目的相悖。

　　一组使用了相似磁感应强度（0.18~0.25 T）的研究也表现出了稳态磁场对兔子血液流动的影响[62-64]。并且这些研究均论证了血管扩张的双相反应，即在血管收缩时曝磁会增强血管扩张，而当血管扩张时曝磁会增强血管收缩；换而言之，稳态磁场似乎能够维持循环系统的平衡和"正常化"血管功能。另外，在小鼠中也观察到一种概念上相似的归一化效应，经过 4~7 天的持续稳态磁场暴露后，外科手术造成的血管网络的直径扩张可以被消除[65]。综上所述，这些研究表明虽然稳态磁场暴露确实对血流有影响，但它很可能不是通过含铁血红蛋白分子或红细胞本身的磁感应效应来介导的。

　　相反，磁场对血液流动的治疗效应很可能是通过"非经典"机制（并非在本书第 4 章中详细讨论的在多种生物中天然存在的三种分子机制：磁铁颗粒、化学磁感应和电磁感应）。这些研究的另一个有趣的特点是需要大于 0.1 T（1000 Gs）的场强。正如前面所提到，一种比较简单的解释是较弱的场强不能穿透足够深的组织到达预期作用部位（即血管本身）；另一种解释（同样也在第 4 章中详细讨论过）是 0.2 T 或更高的磁感应强度能改变脂类的生物物理特性[66]。因此，脂质双分子层（即生物膜）的性质受到的影响可以解释许多在磁疗中所观察到的现象。例如，膜的生物物理特性的改变会导致离子通道的变化，并进一步导致离子流的变化，而并非是稳态磁场直接影响了离子运动（如通过电磁感应或霍尔效应，有时会被假定来解释磁疗的机制）。类似地，信号通路活性的变化可以通过磁场暴露对细胞膜生物物理特性的影响来解释，如下面讨论的神经细胞。笔者将在下一节中以本实验室的研究为例来讨论这两个主题。

　　除了影响血流外，一些研究表明稳态磁场可以在血管生成和改善血管化方面发挥作用，通常与纳米复合支架联合使用。例如，2016 年的一项研究表明，稳态磁场和磁性纳米颗粒支架折叠联合刺激的小鼠成骨细胞促进了内皮细胞的血管生成，主要表现为血管生成相关基因的表达和毛细血管的形成[67]。后来的另一项研究表明，当含有细胞的纳米复合水凝胶暴露于稳态磁场时，组织的血管化更快，这表明稳态磁场对工程骨移植物具有促进血管生成作用[68]。最近，人们发现，由磁性纳米颗粒和稳态磁场刺激的骨间充质干细胞衍生的外泌体可以促进血管生成并改善伤口愈合[69, 70]。

15.4.3　用于治疗神经系统疾病和神经再生的体外证据

为了找到科学依据来证实利用 0.1~1 T 的中等强度磁场可能是治疗神经疾病的一种可行方案，我们使用了约 0.25 T 的稳态磁场处理 PC12 大鼠肾上腺嗜铬细胞瘤细胞系。PC12 细胞本身能显示出帕金森病（PD）的代谢特征[71, 72]，比如拥有多巴胺（DA）合成、代谢和运输的细胞内底物，而且大量表达参与帕金森病的腺苷 A_{2A} 受体（如 $A_{2A}R$）[73]。在这些研究中，我们发现稳态磁场的治疗重现了一种 $A_{2A}R$ 选择性拮抗剂 ZM241385 所引发的一些反应；另外，与 ZM241385 类似，暴露于稳态磁场也抵消了由 $A_{2A}R$ 激动剂 CGS21680 加剧的一些帕金森病相关的表型[74]。我们通过这些结果提出了一个有趣的假设，即稳态磁场可以以一种非侵入性的方式重现出一类有希望的非多巴胺能帕金森病药物（如 ZM241385）所能呈现出的效应；更广泛地说，通过对 $A_{2A}R$ 的调节，稳态磁场具有改善阿尔茨海默病和亨廷顿病等其他神经系统疾病的潜力[75]。

在笔者实验室的另一项研究中，稳态磁场介导的反应与人类胚胎细胞 hEBD LVEC 细胞系[76]中白细胞介素-6 瞬时信号相关联，并可转化为在整个细胞水平上可观察到的变化[57]。在这些细胞中观察到的反应在接触稳态磁场后很快开始，首先在 15~30 min 内会观察到白细胞介素-6 mRNA 的转录增加，在接下来的 2~4 天促炎症细胞因子分泌增加。

因为白细胞介素-6 可诱导神经干细胞分化为星形胶质细胞[77]，这种类型细胞的增殖会导致疤痕形成而不是再生，这在医学上通常是不需要的，所以我们研究了稳态磁场治疗过程中是否有出现星形胶质细胞的证据。有趣的是，我们并未观察到与白细胞介素-6 暴露预期的与星形胶质细胞分化（增殖减缓和形态改变）一致的反应；而且星形胶质细胞分化的生化指标也不明显（图 15.2（A））。相反，我们发现了神经元（图 15.2（B））和少突胶质细胞（图 15.2（C），（D））的标记物，则表明稳态磁场调节了其他通路（在这项研究中，稳态磁场暴露后除白细胞介素-6 外还有另外 9 种信号通路受到了影响[57]），而事实上这是一种常见的、但通常不需要的白细胞介素-6 的促炎性反应。最后，如果稳态磁场治疗能够促使体内少突胶质细胞的形成而不伴随星形胶质细胞的增加，那么这种能力可能被用于与少突胶质细胞疾病有关的多发性硬化的非侵入性治疗。

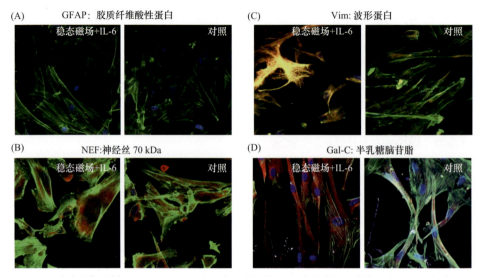

图 15.2　稳态磁场逆转了 hEBD LVEC（人类胚胎）中的星形胶质细胞分化。在这些研究中，细胞用 4.0 ng/mL IL-6 和稳态磁场处理，单层细胞分别用俄勒冈绿色 488 标记的鬼笔环肽来标记纤维状肌动蛋白，DAPI（蓝色）标记细胞核，红色标记（A）GFAP 星形胶质细胞标记物；（B）神经元标记物；前胶质细胞表达标记物（C）Vim 以及（D）Gal-C（改编自参考文献[57]）

除笔者实验室以外的其他研究也检测了稳态磁场在神经疾病治疗以及神经生长和再生中的作用。例如，人们发现中等强度稳态磁场促进少突胶质细胞前体细胞向少突胶质细胞分化及神经营养因子的分泌[78]，并且增加神经球的形成和神经前体细胞的增殖[79]。然而，同样强度范围的稳态磁场也会对星形胶质细胞产生负面影响，包括对其活力产生不利影响并降低其线粒体功能[80]。专门用于治疗神经疾病的稳态磁场研究案例包括 Rivadulla 等 2018 年的一项研究，证明了大鼠和 508 只猴子的癫痫样皮质活动都有所降低[81]；Dileone 等稍早的一项研究表明，稳态磁场在帕金森病患者中以多巴胺依赖的方式调节皮层活动[82]。

15.4.4　干细胞

稳态磁场在生物应用研究的最新进展之一是稳态磁场被用作调节干细胞命运的方法，用于干细胞工程。尤其是用于成软骨、成骨和成脂肪干细胞，据推测也可用于诱导干细胞合成和分泌细胞外微泡来用于再生医学[83]。例如，研究表明磁性纳米颗粒和稳态磁场刺激骨间充质干细胞可以产生促进成骨和血管生成的外泌体[70]。24 mT 稳态磁场也可以影响人类间充质干细胞的增殖、排列和干性标记基因的表达，表明稳态磁场可用作诱导分化的工具[84]。与此同时，脂肪来源的干细胞已被研究用于改善心脏再生。干细胞预先加载超顺磁性氧化铁颗粒并暴露于稳态磁场，可以导致心脏细胞驻留增加，心脏功能恢复改善[85]。此外，一些涉及稳态磁场的其他形式的干细胞研究也已进行。例如，如 15.4.3 节所述[78]，中等强度稳态磁场可提高小鼠神经祖细胞增殖活性，并增加神经球的形成。与干细胞相关的稳态磁场应用才刚刚开始，但已在多种不同细胞类型的再生医学领域显示出了良好的前景。

15.4.5　稳态磁场的其他治疗领域

也有许多其他的，没有那么突出的稳态磁场治疗应用已被研究，包括 2 型糖尿病和其他氧化还原相关代谢疾病[86]，联合电离辐射对放射治疗终点的影响[87]，以及磁场对牙齿正畸和口腔组织再生[88]。稳态磁场治疗在干细胞研究中的应用等其他应用在未来可能会成为重要的研究课题。

15.5　稳态磁场的临床研究面临的困难和磁疗的接纳

15.5.1　夸大和模棱两可的言论和完全反对磁疗

即使是长期使用药物，想要精确地将治疗参数与各种病理适应证相匹配仍然是一项艰巨的任务。例如，人类花费了一个世纪的时间才明白如何充分地把阿司匹林作为一种药物来利用；而事实上，我们对这种药物的某些方面仍然知之甚少，包括其药理层面上仍未阐明对阿司匹林的酯酶加工[89]。然而科学家目前已知许多阿司匹林新药效，包括在短时间间隔内服用高剂量的阿司匹林有抗炎和镇痛效果，而持续服用低剂量阿司匹林会降低患心血管疾病的风险。另外，没有证据表明阿司匹林对如胰腺癌或阿尔茨海默病等许多其他病症有效。这里再次使用阿司匹林作为例子来说明磁场治疗所需要面对的困难和吸取的教训。就像阿司匹林一样，如果对一个错误的医疗适应证进行测试，或者使用了错误的剂量或持续时间，那么将很容易呈现出无效的结论，但这并不意味着它对其他疾病没有任何益处。同样地，如果某种治疗方式对某种疾病没有效果，那么磁场疗法也不应被驳斥；事实与之相反，仔细研究那些不起作用的条件，可能对指导治疗疾病以及其他磁疗起作用的疾病非常有帮助。

不幸的是，正如 10 年前的一篇囊括了 50 多项研究结果的综述所描述的[90,91]，磁疗的效力一直模棱两可，这在很大程度上归因于研究设计的缺陷。在这些研究中，只有两项提供了足够详细的实验方案来真正重复实验。虽然最近还没有一份系统化的研究报告对此进行总结，但从过去 10 年的文献中可以看出，报道中实验条件不完全的问题一直延续到了今天。正如 Markov 在文中非常严肃地强调，在磁场治疗的各种参数明确之前——从一个非常基本的术语水平开始去解决"磁疗法"和"磁场疗法"之间的语义差异（即磁铁本身并没有治疗作用，但是它们产生的磁场则可以）造成的混乱——磁疗往往被边缘化，并没被主流科学和医学界完全接受[6]。事实上，Markov 和他的同事们在至少 20 年的时间里一直在试图对这些问题进行研究，并在这种情况下提出了一组必须考虑和明确定义的参数，这些将在 15.5.2 节中进一步讨论。

15.5.2 磁疗中需要控制的参数

市售的电磁场设备多种多样——它们通常表现不佳并且有时被冠以不准确的强度规格——使得人们很难去比较各项研究中所使用的特定设备的物理和工程特性。而这一点对临床医疗分析造成了巨大障碍。Markov 概述了一组必须控制的参数，进行了定义并报道，以便能够评估磁疗法的结果[6]。这些参数包括：磁场类型、磁场强度或磁感应强度、空间梯度（dB/dx）、部位、暴露时间、穿透深度、磁感应强度变化速率（dB/dt）、频率、脉冲形状，以及组成（电或磁）。而对于稳态磁场而言，其优势在于并不需要考虑上面所说的后四项参数，因此相对简单，并在理论上增加了研究的可重复性。

15.5.3 安慰剂效应

根据 10 多年前 Del Seppia 及同事们在综述中总结的大量研究结果看来，疼痛反应可能是唯一的确定磁场可以产生的有益医疗效果的例子[56]。目前大多相关研究都是在动物体内完成，其中多为啮齿动物，而这些研究可能并没有安慰剂效应。然而，安慰剂效应在人类中则不能被轻易忽视。事实上，在确定磁场具有治疗益处方面存在困难的部分原因就是难以设计充分考虑了安慰剂效应的实验。例如，1978 年的一项研究描述了"极端聪明的人在无意中利用微妙的辅助线索来探测到磁场的存在"[28]。当然在很多情况下，受试者即使不是"极端聪明"，也很容易弄清楚他们是否属于一项研究的安慰剂对照组，因为磁铁可以吸引像回形针这类的物体，所以很容易被区分。

如前所述，证据表明需要至少 0.2 T 的深穿透稳态磁场来影响膜的生物物理性质[66]，这与人类在细胞水平上的治疗反应有关[57,74]。以深度穿透方式传递这些磁场（如 0.3～0.5 T）的最可行方法是使用线圈。这种仪器的一个例子是 AMRi[51] 开发的 MME 设备（图 15.1），该设备需要长约 7 mi（英里，1 mi=1.609344 km）

的铜线圈置于患者的上方和下方（整个设备高度接近两层楼那么高）。理论上，通过严格监控治疗环境，可以避免在日常活动中使用 DIY 型可穿戴磁体（如吸引或不吸引松散回形针）进行对照临床试验时遇到的缺陷。然而，在实际操作中，产生稳态磁场所需的设备会产生一种可感知的嗡嗡声，从而可以被人们明显感知是否正在进行实际的治疗。因此，双盲临床研究（ClinicalTrials.gov 标识符：NCT00325377 和 NCT00134524）对其对照受试者使用了记录有 MME 装置噪声的设备以模拟 MME 装置开启时所产生的"嗡嗡声"。有趣但也许并不奇怪的是，在这些研究中研究者观察到了一个巨大的安慰剂效应，因为对照组的受试者相信他们也在经历真正的稳态磁场治疗。

但值得指出的是，安慰治疗并不等同于不治疗。事实证明，即使是经过假治疗（sham-treated），受试者的低段背部疼痛和糖尿病性神经病变等长期症状也会和磁场治疗组一样得到改善，而传统治疗方法对其并不起作用。并且安慰剂效应还取决于患者对治疗有效性的信念。事实上，有人提出了相反的"nocebo"效应，即不相信治疗的患者甚至可能会出现症状恶化[92]。值得注意的是，"信念"虽然是一个相当模糊的概念，但在理论上可能可以通过由大脑控制的阿片类神经递质转化为生理调节。

事实上，安慰剂效应可以说非常强大。如果试图客观地衡量的话，它对医疗干预的贡献大致占到了总体效果的 30%～40%。此外，安慰剂效应的影响因治疗方式和疾病状况而异。据报道，镇咳药物的安慰剂效果在急性上呼吸道感染患者中会更强。在这些患者中，85%的咳嗽减少与安慰剂效应有关，而只有 15%与药物的实际生理效应有关[93]。根据人们从精神病学吸取的教训，似乎安慰剂效应对稳态磁场治疗的反应具有同样的普遍影响[94]，因此我们应该考虑把安慰剂效应作为一种事实来接受，而不是为其感到尴尬。

15.6　结论

本章描述了各种不同的电磁治疗模式，其中主要关注的是稳态磁场。到目前为止，稳态磁场在表现出治疗希望的同时也在被贬低，部分原因是其从业者的夸张宣扬。因此，当患者接受磁场治疗时，需针对上述的例如疼痛感知和控制、血流和血管形成、神经再生以及干细胞分化等特定医学适应证制定严格的指导方案，维持"质量控制"，从而达到应有的疗效。

参 考 文 献

[1] Mourino M R. From Thales to Lauterbur, or from the lodestone to MR imaging: Magnetism and medicine. Radiology, 1991, 180(3): 593-612.

[2] Zyss T. Magnetotherapy. Neuro Endocrinol Lett, 2008, 29(1): 161-201.

[3] Palermo E. Does magnetic therapy work? Live Science, 2015. Online entry, February 11, 2015. http://www.livescience.com/40174-magnetic-therapy.html.

[4] Bassett C A, Pawluk R J, Pilla A A. Acceleration of fracture repair by electromagnetic fields. A surgically noninvasive method. Ann. N. Y. Acad. Sci., 1974, 238: 242-262.

[5] Bassett C A, Pawluk R J, Pilla A A. Augmentation of bone repair by inductively coupled electromagnetic fields. Science, 1974, 184(4136): 575-577.

[6] Markov M S. What need to be known about the therapy with static magnetic fields. The Environmentalist, 2009, 29(2): 169-176.

[7] Macklis R. Magnetic healing, quackery and the debate about the health effects of electromagnetic fields. Ann. Med., 1993, 118(5): 376-383.

[8] Markov M S. Electromagnetic fields and life. J. Electr. Electron. Syst., 2014, 3: 119.

[9] Goodman J H. Low frequency sine wave stimulation decreases the incidence of kindled seizures, in Advances in Behavioral Biology, M.E. Corcoran and S.L. Moshé, Editors. 2005, Springer: Boston, MA, USA.

[10] Goodman J H, Berger R E, Tcheng T K. Preemptive low-frequency stimulation decreases the incidence of amygdala-kindled seizures. Epilepsia, 2005, 46(1): 1-7.

[11] Blackman C F. Treating cancer with amplitude-modulated electromagnetic fields: A potential paradigm shift, again? Brit. J. Cancer, 2012, 106(2): 241-242.

[12] Zimmerman J W, Pennison M J, Brezovich I, et al. Cancer cell proliferation is inhibited by specific modulation frequencies. Brit. J. Cancer, 2012, 2012(106): 307-313.

[13] Rose R E C, Bryan-Frankson B A. Is there still a role for pulsed electromagnetic field in the treatment of delayed unions and nonunions. Internet J. Orthop. Surg., 2008, 10(1).

[14] Martiny K, Lunde M, Bech P. Transcranial low voltage pulsed electromagnetic fields in patients with treatment-resistant depression. Biol. Psychiatry, 2010, 68(2): 163-169.

[15] Anonymous. Guidance for industry and FDA staff - Class II special controls guidance document: repetitive transcranial magnetic stimulation(rTMS) systems. US Food and Drug Administration, 2011. Document number 1728: p. http://www.fda.gov/MedicalDevices/ Device RegulationandGuidance/ GuidanceDocuments/ ucm265269.htm.

[16] Anonymous. General wellness: Policy for low risk devices - guidance for industry and Food and Drug Administration staff. U.S. Food and Drug Administration, 2015. Document number 1300013: p.http://www.fda.gov/downloads/medicaldevices/deviceregulationandguidance/ guidancedocuments/ucm429674.pdf.

[17] Elshiwi A M, Hamada H A, Mosaad D, et al. Effect of pulsed electromagnetic field on nonspecific low back pain patients: A randomized controlled trial. Braz. J. Phys. Ther., 2019, 23(3): 244-249.

[18] Ross C L, Ang D C, Almeida-Porada G. Targeting mesenchymal stromal cells/pericytes(MSCs) with pulsed electromagnetic field(PEMF) has the potential to treat rheumatoid arthritis. Front. Immunol., 2019, 10: 266.

[19] Varani K, Vincenzi F, Pasquini S, et al. Pulsed electromagnetic field stimulation in osteogenesis and chondrogenesis: Signaling pathways and therapeutic implications. Int. J. Mol. Sci., 2021, 22(2): 809.

[20] Byrd D, MacKey S. Pulsed radiofrequency for chronic pain. Curr. Pain Headache Rep., 2008, 12(1): 37-41.

[21] Groppa S, Oliviero A, Eisen A, et al. A practical guide to diagnostic transcranial magnetic stimulation: Report of an IFCN committee. Clin. Neurophysiol., 2012, 123(5): 858-882.

[22] Lefaucheur J P, André-Obadia N, Antal A, et al. Evidence-based guidelines on the therapeutic use of repetitive transcranial magnetic stimulation(rTMS). Clin. Neurophysiol., 2014, 125(11): 2150-2206.

[23] Garnaat S L, Yuan S, Wang H, et al. Updates on transcranial magnetic stimulation therapy for major depressive disorder. Psychiat. Clin. N. Am., 2018, 41(3): 419-431.

[24] Croarkin P E, MacMaster F P. Transcranial magnetic stimulation for adolescent depression. Child. Adol. Psych. Cl., 2019, 28(1): 33-43.

[25] Philip N S, Barredo J, Aiken E, et al. Theta-burst transcranial magnetic stimulation for posttraumatic stress disorder. Am. J. Psychiat., 2019, 176(11): 939-948.

[26] Iglesias A H. Transcranial magnetic stimulation as treatment in multiple neurologic conditions. Curr. Neurol. Neurosci., 2020, 20(1): 1.

[27] Drinker C K,Thompson R M. Does the magne tic field constitute an industrial hazard? d. Indust. Hyg. Toxicol., 1921,3: 117-129.

[28] Tucker R D, Schmitt O H. Tests for human perception of 60 Hz moderate strength magnetic fields. IEEE T. Biomed. Eng., 1978, 25(6): 509-518.

[29] Weintraub M. Magnetic biostimulation in painful peripheral neuropathy: a novel intervention—a randomized, double-placebo crossover study. Am. J. Pain Manage., 1999, 9: 8-17.

[30] Steyn P F, Ramey D W, Kirschvink J, et al. Effect of a static magnetic field on blood flow to the metacarpus in horses. J. Am. Vet. Med. Assoc., 2000. 2000(217): 6.

[31] Kuipers N T, Sauder C L, Ray C A. Influence of static magnetic fields on pain perception and sympathetic nerve activity in humans. J. Appl. Physiol., 2007, 102(4): 1410-1415.

[32] Jiles D C. Introduction to Magnetism and Magnetic Materials. 2nd ed. 1998, Boca Raton: CRC Press.

[33] Wan G J, Jiang S L, Zhao Z C, et al. Bio-effects of near-zero magnetic fields on the growth, development and reproduction of small brown planthopper, Laodelphax striatellus and brown planthopper, Nilaparvata lugens. J. Insect. Physiol., 2014, 68: 7-15.

[34] Asashima M, Shimada K, Pfeiffer C J, Magnetic shielding induces early developmental abnormalities in the newt, Cynops pyrrhogaster. Bioelectromagnetics, 1991, 12: 215-224.

[35] Mo W C, Liu Y, Cooper H M, et al. Altered development of Xenopus embryos in a hypogeomagnetic field. Bioelectromagnetics, 2012, 33: 238-246.

[36] Fesenko E E, Mezhevikina L M, Osipenko M A, et al. Effect of the "zero" magnetic field on early embryogenesis in mice. Electromagn. Biol. Med., 2010, 29: 1-8.

[37] Baek S, Choi H, Park H, et al. Effects of a hypomagnetic field on DNA methylation during the differentiation of embryonic stem cells. Sci. Rep., 2019, 9(1): 1333.

[38] Prato F S, Robertson J A, Desjardins D, et al. Daily repeated magnetic field shielding induces analgesia in CD-1 mice. Bioelectromagnetics, 2005, 26(2): 109-117.

[39] Choleris E, Del Seppia C, Thomas A W, et al. Shielding, but not zeroing of the ambient magnetic field reduces stress-induced analgesia in mice. Proc. Biol. Sci., 2002, 269(1487): 193-201.

[40] Zhang X, Li J F, Wu Q J, et al. Effects of hypomagnetic field on noradrenergic activities in the brainstem of golden *Hamster*. Bioelectromagnetics, 2007, 28: 155-158.

[41] Zhang Y, Cao L, Varga V, et al. Cholinergic suppression of hippocampal sharp-wave ripples impairs working memory. P. Natl. A. Sci., 2021, 118(15): e2016432118.

[42] Xu M L, Wang X B, Li B, et al. Long-term memory was impaired in one-trial passive avoidance task of day-old chicks hatching from hypomagnetic field space. Chinese Sci. Bull., 2003, 48: 2454-2457.

[43] Zhang B, Lu H, Xi W, et al. Exposure to hypomagnetic field space for multiple generations causes *Amnesia* in *Drosophila melanogaster*. Neurosci. Lett., 2004, 371(2-3): 190-195.

[44] Wever R. The effects of electric fields on circadian rhythmicity in men. Life Sci. Space Res., 1970, 8: 177-187.

[45] Bliss V L, Heppner F H. Circadian activity rhythm influenced by near zero magnetic field. Nature, 1976, 261(5559): 411-412.

[46] Binhi V N, Sarimov R M. Zero magnetic field effect observed in human cognitive processes. Electromagn. Biol. Med., 2009, 28: 310-315.

[47] Scott E, Steward W P, Gescher A J, et al. Resveratrol. Mol. Nutr. Food Res., 2012, 56(1): 7-13.

[48] Mori N, Schmitt D, Wicht J, et al. Domino model for geomagnetic field reversals. Phys. Rev. E. Stat. Nonlin. Soft Matter Phys., 2013, 87(1): 012108.

[49] Lipowski A, Lipowska D. Long-term evolution of an ecosystem with spontaneous periodicity of mass extinctions. Theory. Biosci., 2006, 125(1): 67-77.

[50] Kirschvink J L, Kobayashi-Kirschvink A, Woodford B J. Magnetite biomineralization in the human brain. Proceedings of the National Academy of Sciences of the United States of America, 1992, 89(16): 7683-7687.

[51] Bonlie D R. Treatment using oriented unidirectional DC magnetic field U.S.P. Office, Editor. 2001: United States.

[52] Anonymous. Information for patients. International Society for Magnetic Resonance in Medicine 2016. Available online: p. http://www.ismrm.org/resources/information-for-patients/.

[53] Schenck J F. Safety of strong, static magnetic fields. J. Magn. Reson. Imaging, 2000, 12: 2-19.

[54] de Vocht F, Stevens T, van Wendel De Joode B, et al. Acute neurobehavioral effects of exposure to static magnetic fields: analyses of exposure-response relations. J. Magn. Reson. Imaging, 2006, 23: 291-297.

[55] Evans J A, Savitz D A, Kanal E, et al. Infertility and pregnancy outcome among magnetic

resonance imaging workers. J. Occup. Med., 1993, 35: 1191-1195.

[56] Del Seppia C, Ghione S, Luschi P, et al. Pain perception and electromagnetic fields. Neurosci. Biobehav. R., 2007, 31(4): 619-642.

[57] Wang Z, Sarje A, Che P L, et al. Moderate strength(0.23-0.28 T) static magnetic fields(SMF) modulate signaling and differentiation in human embryonic cells. BMC Genomics, 2009, 4(10): 356.

[58] Kirimoto H, Tamaki H, Otsuru N, et al. Transcranial static magnetic field stimulation over the primary motor cortex induces plastic changes in cortical nociceptive processing. Front. Hum. Neurosci.. 2018, 12: 63.

[59] Zborowski M, Ostera G R, Moore L R, et al. Red blood cell magnetophoresis. Biophys. J., 2003, 84(4): 2638-2645.

[60] Martel G F, Andrews S C, Roseboom C G. Comparison of static and placebo magnets on resting forearm blood flow in young, healthy men. J. Orthop. Sports. Phys. Ther., 2002, 32(10): 518-524.

[61] Mayrovitz H N, Groseclose E E. Effects of a static magnetic field of either polarity on skin microcirculation. Microvasc. Res., 2005, 69(1-2): 24-27.

[62] Xu S, Okano H, Ohkubo C. Subchronic effects of static magnetic fields on cutaneous microcirculation in rabbits. In Vivo., 1998, 12(4): 383-389.

[63] Okano H, Ohkubo C. Modulatory effects of static magnetic fields on blood pressure in rabbits. Bioelectromagnetics, 2001, 22: 408-418.

[64] Gmitrov J, Ohkubo C, Okano H. Effect of 0.25 T static magnetic field on microcirculation in rabbits. Bioelectromagnetics, 2002, 23(3): 224-229.

[65] Morris C E, Skalak T C. Chronic static magnetic field exposure alters microvessel enlargement resulting from surgical intervention. J. Appl. Physiol., 2007, 103(2): 629-636.

[66] Braganza L F, Blott B H, Coe T J, et al. The superdiamagnetic effect of magnetic fields on one and two component multilamellar liposomes. Biochim. Biophys. Acta., 1984, 801(1): 66-75.

[67] Yun H M, Ahn S J, Park K R, et al. Magnetic nanocomposite scaffolds combined with static magnetic field in the stimulation of osteoblastic differentiation and bone formation. Biomaterials, 2016, 85: 88-98.

[68] Filippi M, Dasen B, Guerrero J, et al. Magnetic nanocomposite hydrogels and static magnetic field stimulate the osteoblastic and vasculogenic profile of adipose-derived cells. Biomaterials, 2019, 223: 119468.

[69] Wu D, Kang L, Tian J, et al. Exosomes derived from bone mesenchymal stem cells with the stimulation of Fe_3O_4 nanoparticles and static magnetic field enhance wound healing through upregulated miR-21-5p. Int. J. Nanomedicine. 2020, 15: 7979-7993.

[70] Wu D, Chang X, Tian J, et al. Bone mesenchymal stem cells stimulation by magnetic nanoparticles and a static magnetic field: Release of exosomal miR-1260a improves osteogenesis and angiogenesis. J. Nanobiotechnol., 2021, 19(1): 209.

[71] Blum D, Torch S, Nissou M F, et al. Extracellular toxicity of 6-hydroxydopamine on PC12 cells. Neurosci. Lett., 2000, 283: 193-196.

[72] Meng H, Li C, Feng L, et al. Effects of Ginkgolide B on 6-OHDA-induced apoptosis and calcium

over load in cultured PC12. Int. J. Dev. Neurosci., 2007, 25: 509-514.

[73] Kobayashi S, Conforti L, Pun R Y, et al. Adenosine modulates hypoxia-induced responses in rat PC12 cells via the A_{2A} receptor. J. Physiol., 1998, 508: 95-107.

[74] Wang Z, Che P L, Du J, et al. Static magnetic field exposure reproduces cellular effects of the Parkinson's disease drug candidate ZM241385. PLoS One, 2010, 5(11): e13883.

[75] Takahashi R N, Pamplona F A, Prediger R D S. Adenosine receptor antagonists for cognitive dysfunction: A review of animal studies. Front. Biosci., 2008, 13: 2614-2632.

[76] Shamblott M J, Axelman J, Littlefield J W, et al. Human embryonic germ cell derivatives express a broad range of developmentally distinct markers and proliferate extensively in vitro. P. Natl. Acad. Sci. USA., 2001, 98: 113-118.

[77] Taga T, Fukuda S. Role of IL-6 in the neural stem cell differentiation. Clin. Rev.Allerg. Immu., 2006, 28(3): 249-256.

[78] Prasad A, Teh D B L, Blasiak A, et al. Static magnetic field stimulation enhances oligodendrocyte differentiation and secretion of neurotrophic factors. Sci. Rep., 2017, 7(1): 6743.

[79] Ho S Y, Chen I C, Chen Y J, et al. Static magnetic field induced neural stem/progenitor cell early differentiation and promotes maturation. Stem Cells Int., 2019, 2019: 8790176.

[80] da Costa C, Martins L A M, Koth A P, et al. Static magnetic stimulation induces changes in the oxidative status and cell viability parameters in a primary culture model of astrocytes. Cell Biochem. Biophys., 2021, 79(4): 873-885.

[81] Rivadulla C, Aguilar J, Coletti M, et al. Static magnetic fields reduce epileptiform activity in anesthetized rat and monkey. Sci. Rep., 2018, 8(1): 15985.

[82] Dileone M, Carrasco-López M C, Segundo-Rodriguez J C, et al. Dopamine-dependent changes of cortical excitability induced by transcranial static magnetic field stimulation in Parkinson's disease. Sci. Rep., 2017, 7(1): 4329.

[83] Marycz K, Kornicka K, Röcken M. Static magnetic field(SMF) as a regulator of stem cell fate – new perspectives in regenerative medicine arising from an underestimated tool. Stem Cell Rev., 2018, 14(6): 785-792.

[84] Sadri M, Abdolmaleki P, Abrun S, et al. Static magnetic field effect on cell alignment, growth, and differentiation in human cord-derived mesenchymal stem cells. Cell. Mol. Bioeng., 2017, 10(3): 249-262.

[85] Wang J, Xiang B, Deng J, et al. Externally applied static magnetic field enhances cardiac retention and functional benefit of magnetically iron-labeled adipose-derived stem cells in infarcted hearts. STEM CELLS Transl. Med., 2016, 5(10): 1380-1393.

[86] Carter C S, Huang S C, Searby C C, et al. Exposure to static magnetic and electric fields treats type 2 diabetes. Cell Metab., 2020, 32(4): 561-574.e7.

[87] Mohajer J K, Nisbet A, Velliou E, et al. Biological effects of static magnetic field exposure in the context of MR-guided radiotherapy. Br. J. Radiol., 2019, 92(1094): 20180484.

[88] Lew W Z, Feng S W, Lee S Y, et al. The review of bioeffects of static magnetic fields on the oral tissue-derived cells and its application in regenerative medicine. Cells, 2021, 10(10): 2662.

[89] Lavis L D. Ester bonds in prodrugs. ACS Chem. Biol., 2008, 3(4): 203-206.

[90] Colbert A P, Markov M S, Souder J S. Static magnetic field therapy: Dosimetry considerations. J. Altern. Complem. Med., 2008, 14(5): 577-582.

[91] Colbert A, Sauder J, Markov M. Static magnetic field therapy: Methodological challenges to conducting clinical trials. The Environmentalist, 2009, 29(2): 177-185.

[92] Kennedy W P. The nocebo reaction. Med. Exp. Int. J. Exp. Med., 1961, 95: 203-205.

[93] Eccles R. The powerful placebo in cough studies? Pulm. Pharmacol. Ther., 2002, 15(3): 303-308.

[94] Horgan J. Psychiatrists, instead of being embarrassed by placebo effect, should embrace it, author says. Scientific American, 2013. Cross-Check: p. https://blogs.scientificamerican.com/ cross-check/psychiatrists-instead-of-being-embarrassed-by-placebo-effect-should-embrace-it-author-says/.